道路危险货物运输从业人员培训丛书

道路危险货物运输

安全监管手册——国家、行业标准篇

○ 交通部公路司　组织编写

人民交通出版社

内容提要

本书是道路危险货物运输从业人员培训丛书之一，主要对有关道路危险货物运输安全监管的国家、行业标准进行了介绍。它既是道路危险货物运输从业人员上岗培训教材，又是各级运政管理人员依法行政，科学、规范执法的实用手册，也可作为大、中专院校相关专业的教学参考书。

图书在版编目（CIP）数据

道路危险货物运输安全监管手册．国家、行业标准篇/交通部公路司组织编写．—北京：人民交通出版社，2005.5

ISBN 7-114-05521-8

Ⅰ.道... Ⅱ.交... Ⅲ.①公路运输：危险货物运输-安全管理-国家标准-中国-手册②公路运输：危险货物运输-安全管理-行业标准-中国-手册 Ⅳ.U492.8

中国版本图书馆 CIP 数据核字（2005）第 029192 号

道路危险货物运输从业人员培训丛书

书　　名：道路危险货物运输安全监管手册——国家、行业标准篇
著 作 者：交通部公路司
责任编辑：黄兴娜
出版发行：人民交通出版社
地　　址：(100011)北京市朝阳区安定门外外馆斜街 3 号
网　　址：http://www.ccpress.com.cn
销售电话：(010)85285838,85285995
总 经 销：北京中交盛世书刊有限公司
经　　销：各地新华书店
印　　刷：北京鑫正大印刷有限公司
开　　本：787×980　1/16
印　　张：32.25
插　　页：1
字　　数：536 千
版　　次：2005 年 8 月第 1 版
印　　次：2005 年 8 月第 1 次印刷
书　　号：ISBN 7-114-05521-8
印　　数：0001－5000 册
定　　价：50.00 元

道路危险货物运输从业人员培训丛书
编 审 委 员 会

前 言

道路运输业具有机动、灵活和“门到门”运输的特点，在我国的危险货物运输方面发挥了重要作用。目前，我国从事道路危险货物运输的企业(单位)约有5000家，专用车辆近10万辆、从业人员20多万人。为保障道路危险货物运输安全，《中华人民共和国安全生产法》、《危险化学品安全管理条例》和《中华人民共和国道路运输条例》都明确规定，从事特种作业人员，必须经过专业培训，取得特种作业操作资格证书，方可上岗作业。为了全面贯彻落实《中华人民共和国安全生产法》、《危险化学品安全管理条例》和《中华人民共和国道路运输条例》，交通部颁发了《关于发布道路危险货物运输从业人员培训教学计划与教学大纲的通知》(交公路发〔2005〕181号)，并组织有关专家编写了道路危险货物运输从业人员培训丛书。旨在加强道路危险货物运输从业人员培训，提高其专业技术水平和规范操作的能力，从运输生产制度和源头上切实减少、杜绝重大责任事故的发生。

本丛书包括《道路危险货物运输从业人员培训教材》、《道路危险货物运输安全监管手册——政策、法规篇》、《道路危险货物运输安全监管手册——国家、行业标准篇》、《道路危险货物运输重大事故案例》(内部发行)和《道路危险货物运输安全简明手册》，注重基本常识和操作，突出实用性和可操作性。它既是道路危险货物运输从业人员上岗培训教材，又是各级运政管理人员依法行政，科学、规范执法的实用手册，也可作为大、中专院校相关专业的教学参考书。

本丛书在编写过程中，得到了江苏、山西、天津、广西、广东、吉林、上海、北京等省、自治区、直辖市运输管理局、道路危险货物运输企业(单位)和长安大学的大力支持，许多同志提供了丰富的资料，并提出了许多宝贵的修改意见，使丛书内容更加丰富、充实，在此一并表示感谢！由于编写时间仓促，加之水平有限，书中难免存在错误和不妥之处，诚望读者批评指正。

本丛书编审委员会

2004.12.2

目 录

第一篇 国家标准

第二篇 行业标准

第一篇

国 家 标 准

1.危险货物品名表 (GB 12268—90)

List of dangerous goods

1 主题内容与适用范围

本标准规定了危险货物的品名和编号。

本标准适用于危险货物运输、生产、贮存和销售。

2 引用标准

GB 6944 危险货物分类和品名编号

GB 7694 危险货物命名原则

3 术语

稀释 dilution

指在物品中加入水、醇或其他溶剂,以降低溶液的浓度或涂料的粘度。

涂层 coating

指物品表面经处理后,包覆一层油、蜡或其他材料,可防止物品与水或其他物质发生化学反应。

4 第1类 爆炸品

4.1 第1项 具有整体爆炸危险的物质和物品

编号	品名	别名	备注[1)]
11001	爆破用电雷管	工程电雷管	0030
11002	爆破用非电雷管	工程非电雷管	0029
11003	弹药用雷管	炮弹雷管	0073

国家技术监督局 1990-03-19 批准 1990-09-01 实施

续上表

编号	品　名	别　名	备注[1)]
11004	爆破用非电雷管组件		0360
11005	传爆管〔带雷管的〕	助爆管	0225
11006	传爆管〔不带雷管的〕	助爆管	0042
11007	导爆索〔外包金属的〕		0290
11008	导爆索〔柔性的〕		0065
11009	爆炸管		0043
11010	火帽		0377
11011	点火管		0121
11012	起爆引信		0106
11013	起爆引信〔带有安全保护装置的〕		0408
11014	无线电引信		
11015	压电引信		
11016	机械引信		
11017	点火引信〔高炮用〕		
	旋翼控制器〔航弹用〕		
11018	迭氮(化)钡〔干的或含水＜50%〕		0224
11019	迭氮(化)铅〔含水或水加乙醇≥20%〕		0129
11020	重氮甲烷		
11021	二硝基重氮酚〔含水或水加乙醇≥40%〕	重氮二硝基苯酚	0074
11022	三硝基间苯二酚铅〔含水或水加乙醇≥20%〕	收敛酸铅	0130
11023	脒基亚硝氨基脒基叉肼〔含水≥30%〕		0113
11024	脒基亚硝氨基脒基四氮烯〔含水或水加乙醇≥30%〕	四氮烯;特屈拉辛	0114
11025	雷(酸)汞〔含水或水加乙醇≥20%〕		0135
11026	高氯酸〔浓度＞72%〕		
11027	硝基胍〔干的或含水＜20%〕	橄苦岩	0282
11028	硝基脲		0147
11029	硝酸脲〔干的或含水＜20%〕		0220
11030	硝酸重氮苯		

续上表

编号	品　名	别　名	备注
11031	硝化淀粉〔干的或含水<20%〕		0146
11032	硝化纤维素	硝化棉	
	〔干的或含水(或乙醇)<25%〕		0340
	〔含增塑剂<18%〕		0341
11033	硝化丙三醇〔含不挥发、不溶于水的钝感剂≥40%〕	硝化甘油;甘油三硝酸酯	0143
11034	硝化丙三醇乙醇溶液〔含硝化甘油1%~10%〕	硝化甘油乙醇溶液	0144
11035	2,4,6-三硝基甲苯〔干的或含水<30%〕	梯恩梯(TNT)	0209
11036	2,4,6-三硝基甲苯与铝混合物	特里托纳尔	0390
11037	三硝基甲苯与三硝基苯混合物		0388
	三硝基甲苯与六硝基-1,2二苯乙烯混合物	三硝基甲苯与六硝基芪混合物	0388
11038	三硝基甲苯与三硝基苯和六硝基-1,2-二苯乙烯混合物	三硝基甲苯与三硝基苯和六硝基芪混合物	0389
11039	三硝基甲苯与硝基萘混合物	梯萘炸药	
11040	2,4,6-三硝基苯甲硝胺	特屈儿	0208
11041	环三次甲基三硝胺	黑索金;旋风炸药	
	〔含水≥15%〕		0072
	〔钝感的〕		0483
11042	环三次甲基三硝胺与三硝基甲苯混合物〔干的或含水<15%〕	黑索金与梯恩梯混合炸药;黑索雷特	0118
11043	环三次甲基三硝胺与三硝基甲苯和铝粉混合物	黑索金与梯恩梯和铝粉混合炸药;黑索托纳尔	0393
11044	环三次甲基三硝胺与环四次甲基四硝胺混合物〔含水≥15%或含钝感剂≥10%〕	黑索金与奥克托金混合物	0391
11045	以环三次甲基三硝胺为主体混合物〔未列名的〕	以黑索金为主体混合炸药	
11046	环四次甲基四硝胺	奥克托金(HMX)	
	〔含水≥15%〕		0226
	〔钝感的〕		0484

续上表

编号	品名	别名	备注
11047	环四次甲基四硝胺与三硝基甲苯混合物〔干的或含水＜15%〕	奥克托金与梯恩梯混合炸药;奥克雷特	0266
11048	以环四次甲基四硝胺为主体混合物〔未列名的〕	以奥克托金为主体混合炸药	
11049	季戊四醇四硝酸酯	泰安;喷梯尔	
	〔含水≥25%或含钝感剂≥15%〕		0150
	〔含蜡≥7%〕		0411
11050	季戊四醇四硝酸酯与三硝基甲苯混合物〔干的或含水＜15%〕	泰安与梯恩梯混合炸药;彭托雷特	0151
11051	以季戊四醇四硝酸酯为主体混合物〔未列名的〕	以泰安为主体混合炸药	
11052	二硝基〔苯〕酚〔干的或含水＜15%〕		0076
11053	二硝基间苯二酚〔干的或含水＜15%〕		0078
11054	1,3,5-三硝基苯〔干的或含水＜30%〕	均三硝基苯	0214
11055	2,4,6-三硝基二甲苯		
11056	2,4,6-三硝基氯(化)苯	苦基氯	0155
11057	2,4,6-三硝基苯酚〔干的或含水＜30%〕	苦味酸	0154
11058	2,4,6-三硝基苯酚钠	苦味酸钠	
11059	2,4,6-三硝基苯酚铵〔干的或含水＜10%〕	苦味酸铵	0004
11060	三硝基间甲酚		0216
11061	2,4,6-三硝基间苯二酚	收敛酸	0219,0394
11062	三硝基苯甲醚	三硝基茴香醚	0213
11063	三硝基苯乙醚		0218
11064	2,4,6-三硝基苯甲酸〔干的或含水＜30%〕	三硝基安息香酸	0215
11065	三硝基苯磺酸		0386
11066	2,4,6-三硝基苯磺酸钠		
11067	2,4,6-三硝基苯胺	苦基胺	0153
11068	2,3,4,6-四硝基苯胺		0207
11069	三硝基芴酮		0387
11070	三硝基萘		0217
11071	四硝基萘		
11072	四硝基萘胺		
11073	六硝基二苯胺	六硝炸药;二苦基胺	0079

续上表

编号	品　　名	别　　名	备注
11074	六硝基二苯胺铵盐	曙黄	
11075	六硝基二苯硫〔干的或含水<10%〕	二苦基硫	0401
11076	六硝基-1,2-二苯乙烯	六硝基芪	0392
11077	甘露糖醇六硝酸酯〔含水或水加乙醇≥40%〕	六硝基甘露醇	0133
11078	二乙二醇二硝酸酯〔含不挥发、不溶于水的钝感剂≥25%〕	二甘醇二硝酸酯	0075
11079	甲基丙烯酸三硝基乙酯		
11080	5-硝基苯并三唑	硝基连三氮杂茚	0385
11081	高氯酸铵		0402
11082	硝酸铵〔含可燃物>0.2%,包括以碳计算的任何有机物,但不包括任何其他添加剂〕		0222
11083	硝酸铵肥料〔比硝酸铵(含可燃物>0.2%,包括以碳计算的任何有机物,但不包括任何其他添加剂)更易爆炸〕		0223
11084	硝铵炸药	铵梯炸药	
11085	浆状火药〔含乙醇≥17%〕	吸收药团	0433
11086	辅助炸药装药		0060
11087	锥孔装药〔外包金属的,柔性的,线型的〕	空心装药	0288
11088	锥孔装药〔不带雷管的〕	空心装药	0059
11089	爆破用装药		0048
11090	民用炸药装药〔不带雷管的〕		0442
11091	A型爆破用炸药		0081
11092	B型爆破用炸药		0082
11093	C型爆破用炸药		0083
11094	D型爆破用炸药		0084
11095	E型爆破用炸药		0241
11096	黑火药〔粒状或粉状〕		0027
11097	黑火药制品 如:黑火药丸 黑火药包		0028
11098	炮用发射药		0279
11099	无烟火药 如:单基火药		0160

续上表

编号	品　　名	别　　名	备注
	双基火药		
11100	火箭发动机用推进剂	双基推进剂	0271
11101	火箭发动机用复合推进剂	复基推进剂	0273
11102	闪光粉		0094
11103	闪光弹药		0049
11104	火箭〔装有炸药的〕		0180,0181
11105	火箭发动机		0280
11106	火箭弹头〔装有炸药的〕		0369,0286
11107	液体燃料火箭〔装有炸药的〕		0397
11108	弹丸〔装有炸药的〕		0167,0168
11109	炸弹〔装有炸药的〕		0034,0033
11110	燃烧炸弹〔装有易燃液体和炸药的〕		0399
11111	深水炸弹		0056
11112	武器用弹药〔装有炸药和发射药或推进剂〕 如:分装式炮弹 定装式半备炮弹 定装式半备火箭弹 定装式半备迫击炮弹		0006
11113	武器用弹药〔装有炸药的〕 如:定装式全备炮弹 定装式全备火箭		0005
11114	武器用弹药〔空包弹〕		0326
11115	震源弹		
11116	测深装置〔爆炸性的〕		0296,0374
11117	摄影闪光弹		0037,0038
11118	地面照明弹		0418
11119	空中照明弹		0420
11120	手榴弹、枪榴弹		0284,0292
11121	地雷		0136,0137
11122	鱼雷		0329,0330,0449,0451
11123	鱼雷战斗部		0221
11124	水雷		

续上表

编号	品　　名	别　　名	备注
11125	抛撒地雷器		
11126	火箭扫雷弹		
11127	火箭爆破器		
11128	爆破筒		
11129	油井用爆炸破孔装置〔不带雷管的〕		0099
11130	油井用射孔枪〔不带雷管的〕		0124
11131	船舶呼救信号器〔非水活化装置〕		0194
11132	铁路轨道信号器		0192
11133	烟雾信号器〔带有爆炸音响装置的〕		0196
11134	烟火制品〔为技术目的用的〕		0428
11135	烟火制品		0333
11136	爆炸物质〔未列名的〕		0357,0461, 0473,0474, 0475,0476
11137	爆炸物品〔未列名的〕		0354,0462, 0463,0464, 0465

注:1)备注栏内的数码是指联合国危险货物运输问题专家委员会推荐的《最常见运输危险货物品名表》中的编号。下同。

4.2　第2项　具有抛射危险但无整体爆炸危险的物质和物品

编号	品　　名	别　　名	备注
12001	弹药用雷管	炮弹雷管	0364
12002	传爆管〔带有雷管的〕		0268
12003	传爆管〔不带雷管的〕		0283
12004	导爆索〔外包金属的〕		0102
12005	点火管		0314
12006	起爆引信		0107
12007	起爆引信〔带有安全保护装置的〕		0409
12008	炮用发射药		0414
12009	火箭发动机用推进剂		0415
12010	火箭发动机用复合推进剂		0416
12011	火箭〔带有炸药的〕		0182,0295
12012	火箭〔带有抛射药的〕		0436
12013	火箭发动机		0281

续上表

编号	品名	别名	备注
12014	火箭发动机〔装有自发火的液体燃料，带有或不带有抛射药的〕		0322
12015	火箭发动机〔装有液体燃料的〕		0395
12016	液体燃料火箭〔装有炸药的〕		0398
12017	火箭弹头〔装有炸药的〕		0287
12018	弹丸〔装有炸药的〕		0169,0324
12019	弹丸〔带有爆炸管或抛射药的〕		0346,0426,0434
12020	炸弹〔装有炸药的〕		0035,0291
12021	燃烧炸弹〔装有易燃液体和炸药的〕		0400
12022	武器用弹药〔装有炸药的〕		0007
12023	武器用弹药〔装有炸药和发射药或推进剂〕 如:穿甲弹 填砂弹 猎枪子弹 小口径步枪子弹 运动弹		0321
12024	武器用弹药〔带有惰性弹丸的，小型的〕		0328
12025	武器用弹药〔空包弹〕		0413
12026	燃烧弹药〔非水活化的，不含白磷或磷化物，带有或不带有爆炸管、抛射药或发射药〕		0009
12027	白磷燃烧弹药〔带有爆炸管、抛射药或发射药〕		0243
12028	白磷烟幕弹药〔非水活化的，带有爆炸管、抛射药或发射药〕		0245
12029	照明弹药〔带有或不带有爆炸管、抛射药或发射药〕		0171
12030	烟幕弹药〔非水活化的，不含白磷或磷化物，带有或不带有爆炸管、抛射药或发射药〕		0015
12031	催泪弹药〔带有爆炸管、抛射药或发射药〕		0018
12032	毒气弹药〔非水活化的，带有爆炸管、抛射药或发射药〕		0020
12033	摄影闪光弹		0039

续上表

编号	品　　名	别　　名	备注
12034	摄影用闪光粉		
12035	地面照明弹		0419
12036	空中照明弹		0421
12037	炮用宣传弹		
12038	测深装置〔爆炸性的〕		0375,0204
12039	手榴弹或枪榴弹〔练习用〕		0372
12040	手榴弹或枪榴弹〔装有炸药的〕		0293,0285
12041	地雷〔装有炸药的〕		0138,0294
12042	抛射空降伞兵靶		
12043	水活化装置〔带有爆炸管、抛射药或发射药〕		0248
12044	动力装置用药包	安全弹药	0381
12045	民用炸药装药〔不带雷管的〕		0443
12046	锥孔装药〔不带雷管的〕	空心装药	0439
12047	民用火箭	土火箭	
12048	抛绳火箭		0238
12049	烟雾信号器〔带有爆炸音响装置的〕		0313
12050	引火物品		0380
12051	烟火制品〔为技术目的用的〕		0429
12052	烟火制品		0334
12053	爆炸导火线部件〔未列名的〕		0382
12054	爆炸物质〔未列名的〕		0355
12055	爆炸物品〔未列名的〕		0358,0466,0467,0468,0469

4.3　第3项　具有燃烧危险和较小爆炸或较小抛射危险，或两者兼有、但无整体爆炸危险的物质和物品

编号	品　　名	别　　名	备注
13001	速燃导火索		0101
13002	管状点火药盒		0319
13003	点火管		0315
13004	点火引信		0316
13005	二亚硝基苯		0406

续上表

编号	品　　名	别　　名	备注
13006	二硝基邻甲(苯)酚钠〔干的或含水<15%〕		0234
13007	硝基芳香族衍生物钾盐〔爆炸性的〕		0158
13008	硝基芳香族衍生物钠盐〔爆炸性的,未列名的〕		0203
13009	硝基芳香族衍生物的爆燃金属盐类〔未列名的〕		0132
13010	二硝基(苯)酚碱金属盐〔干的或含水<15%〕		0077
13011	4,6-二硝基-2-氨基苯酚钠〔干的或含水<20%〕	苦氨酸钠	0235
13012	4,6-二硝基-2-氨基苯酚锆〔干的或含水<20%〕	苦氨酸锆	0236
13013	硝化二乙醇胺火药		
13014	硝化纤维素〔含乙醇≥25%〕		0342
13015	硝化纤维素〔含增塑剂≥18%〕		0343
13016	浆状火药〔含水≥35%〕	吸收药团	0159
13017	无烟火药		0161
	如:三基火药		
13018	炮用发射药		0242
13019	动力装置用药包		0275
13020	火箭发动机用推进剂		0272
13021	火箭发动机用复合推进剂		0274
13022	火箭〔带有惰性弹头的〕		0183
13023	火箭〔带有抛射药的〕		0437
13024	抛绳火箭		0240
13025	火箭发动机		0186
13026	火箭发动机〔装有液体燃料的〕		0396
13027	火箭发动机〔装有自发火的液体燃料,带有或不带有抛射药的〕		0250
13028	惰性弹丸〔带有曳光管的〕		0424
13029	武器用弹药〔空包弹,小型的〕		0327
13030	武器用弹药〔带有惰性弹丸的〕		0417

续上表

编号	品 名	别 名	备注
13031	燃烧弹药〔非水活化的，不含白磷或磷化物，带有或不带有爆炸管、抛射药或发射药〕		0010
13032	燃烧弹药〔液体或凝胶型的，带有爆炸管、抛射药或发射药〕		0247
13033	白磷燃烧弹药〔带有爆炸管、抛射药或发射药〕		0244
13034	白磷烟幕弹药〔非水活化的，带有爆炸管、抛射药或发射药〕		0246
13035	信号弹药		0054
13036	照明弹药〔带有或不带有爆炸管、抛射药或发射药〕		0254
13037	烟幕弹药〔非水活化的，不含白磷或磷化物，带有或不带有爆炸管、抛射药或发射药〕		0016
13038	催泪弹药〔带有爆炸管、抛射药或发射药〕		0019
13039	毒气弹药〔非水活化的，带有爆炸管、抛射药或发射药〕		0021
13040	闪光弹药		0050
13041	摄影闪光弹		0299
13042	闪光粉		0305
13043	地面照明弹〔非水活化装置〕		0092
13044	空中照明弹 如:航空标志弹 航空照相弹		0093
13045	航空爆炸燃烧弹		
13046	烟幕弹〔练习用〕		
13047	手榴弹或枪榴弹〔练习用〕		0318
13048	可燃药筒〔不带底火的，空的〕		0447
13049	弹药用曳光管		0212
13050	反坦克雷〔练习用〕		
13051	鱼雷〔带有液体燃料，带有或不带有炸药的〕		0450
13052	水活化装置〔带有爆炸管、抛射药或发射药〕		0249
13053	油井用药包		0277

续上表

编号	品　　名	别　　名	备注
13054	船舶呼救信号器〔非水活化装置〕		0195
13055	烟火制品〔为技术目的用的〕		0430
13056	烟火制品		0335
	如:礼花弹	焰火	
13057	爆炸物质〔未列名的〕		0359,0477,0478
13058	爆炸物品〔未列名的〕		0356,0470

4.4　第4项　无重大危险的爆炸物质和物品

编号	品　　名	别　　名	备注
14001	爆破用电雷管		0255,0456
14002	爆破用非电雷管		0267,0455
14003	爆破用非电雷管组件		0361
14004	弹药用雷管		0365,0366
14005	导爆索〔外包金属的,柔性的〕		0104
14006	导爆索〔柔性的〕		0289
14007	导火索		0066
14008	导火索〔金属管外壳的〕		0103
14009	安全导火索		0105
14010	点火管〔导火索用〕		0131
14011	点火管		0325,0454
14012	火帽		0044,0378
14013	管状点火药盒		0320,0376
14014	点火引信		0317,0368
14015	起爆引信		0257,0367
14016	起爆引信〔带有安全保护装置的〕		0410
14017	四唑并-1-乙酸	四氮杂茂-1-乙酸	0407
14018	5-巯基四唑并-1-乙酸		0448
14019	弹丸〔装有炸药的〕		0344
14020	弹丸〔带有爆炸管或发射药的〕		0347,0427,0435
14021	惰性弹丸〔带有曳光管的〕		0345,0425
14022	火箭〔带有抛射药的〕		0438
14023	火箭弹头〔带有爆炸管或抛射药的〕		0370,0371

续上表

编号	品　名	别　名	备注
14024	抛绳火箭		0453
14025	武器用弹药〔不包括空包弹〕		0012
14026	武器用弹药〔空包安全弹药〕		0014
14027	武器用弹药〔空包弹,小型的〕		0338
14028	武器用弹药〔带有惰性弹丸的,小型的〕		0339
14029	武器用弹药〔装有炸药的〕		0348,0412
14030	燃烧弹药〔非水活化的,不含白磷和磷化物,带有或不带有爆炸管、抛射药或发射药〕		0300
14031	信号弹药		0312,0405
14032	照明弹药〔带有或不带有爆炸管、抛射药或发射药〕		0297
14033	烟幕弹药〔非水活化的,不含白磷或磷化物,带有或不带有爆炸管、抛射药或发射药〕		0303
14034	催泪弹药〔带有或不带有爆炸管、抛射药或发射药〕		0301
14035	空中照明弹		0403,0404
14036	手榴弹或枪榴弹〔练习用〕		0110,0452
14037	动力装置用药包		0276,0323
14038	可燃药筒〔不带底火的,空的〕		0446
14039	空药筒〔带底火的〕		0055,0379
14040	弹药用曳光管		0306
14041	爆炸泄压装置		0173
14042	油井用药包		0278
14043	锥孔装药〔外包金属的,柔性的,线型的〕	空心装药	0237
14044	锥孔装药〔不带雷管的〕	空心装药	0440,0441
14045	民用炸药装药〔不带雷管的〕		0445,0444
14046	练习用弹药		0362
14047	试验用弹药		0363
14048	手持信号器		0191,0373
14049	铁路轨道信号器〔爆炸性的〕	响墩	0193
14050	烟雾信号器〔不带有爆炸音响装置的〕		0197
14051	电缆爆炸切割器		0070
14052	爆炸铆钉		0174
14053	火炬信号		

续上表

编号	品　　名	别　　名	备注
14054	烟火制品〔为技术目的用的〕		0431,0432
14055	烟火制品		0336,0337
	如:烟花		
	爆竹		
	鞭炮		
14056	爆炸物质〔未列名的〕		0383,0384,0479,0480,0481
14057	爆炸物品〔未列名的〕		0349,0350,0351,0352,0353,0471,0472

4.5 第5项　非常不敏感的爆炸物质

编号	品　　名	别　　名	备注
15001	B型爆破用炸药		0331
15002	E型爆破用炸药		0332
15003	铵油炸药		
15004	铵沥蜡炸药		
15005	爆炸物质〔未列名的〕		0482
15006	爆炸物品〔未列名的〕		

5　第2类　压缩气体和液化气体

5.1 第1项　易燃气体

编号	品　　名	别　　名	备注
21001	氢〔压缩的〕	氢气	1049
21002	氢〔液化的〕	液氢	1966
21003	氢气和甲烷混合物〔压缩的〕		2034
21004	氘	重氢	1957
21005	一氧化碳		1016
21006	硫化氢〔液化的〕		1053
21007	甲烷〔压缩的〕		1971
	天然气〔含甲烷的;压缩的〕	沼气	1971

续上表

编号	品　　名	别　　名	备注
21008	甲烷〔液化的〕	液化甲烷	1972
	天然气〔含甲烷的;液化的〕	液化天然气	1972
21009	乙烷〔压缩的〕		1035
21010	乙烷〔液化的〕	液化乙烷	1961
21011	丙烷		1978
21012	正丁烷		1011
	异丁烷		1969
21013	2,2-二甲基丙烷		2044
21014	环丙烷〔液化的〕		1027
21015	环丁烷		2601
21016	乙烯〔压缩的〕		1962
21017	乙烯〔液化的〕	液化乙烯	1038
21018	丙烯		1077
21019	1-丁烯		1012
	2-丁烯		
21020	异丁烯		1055
21021	丙二烯〔抑制了的〕		2200
21022	1,3-丁二烯〔抑制了的〕	联乙烯	1010
21023	1,3-戊二烯〔抑制了的〕		
	1,4-戊二烯〔抑制了的〕		
21024	乙炔〔溶于介质的〕	电石气	1001
21025	1-丁炔〔抑制了的〕	乙基乙炔	2452
21026	氟甲烷	甲基氟	2454
21027	氟乙烷	乙基氟;R161	2453
21028	1,1-二氟乙烷	R152a	1030
21029	1,1,1-三氟乙烷	R143a	2035
21030	氟乙烯〔抑制了的〕	乙烯基氟	1860
21031	1,1-二氟乙烯	偏二氟乙烯;R1132a	1959
21032	四氟乙烯〔抑制了的〕		1081
21033	二氟氯乙烷	R142b	2517
21034	三氟氯乙烯〔抑制了的〕	氯三氟乙烯;R1113	1082
21035	三氟溴乙烯	溴三氟乙烯	2419
21036	氯乙烷	乙基氯	1037
21037	氯乙烯〔抑制了的〕	乙烯基氯	1086

续上表

编号	品　名	别　名	备注
21038	溴乙烯〔抑制了的〕	乙烯基溴	1085
21039	环氧乙烷	氧化乙烯	1040
21040	(二)甲醚		1033
21041	甲乙醚	乙甲醚;甲氧基乙烷	1039
21042	乙烯基甲醚〔抑制了的〕	甲基乙烯醚	1087
21043	一甲胺〔无水〕	氨基甲烷;甲胺	1061
21044	二甲胺〔无水〕		1032
21045	三甲胺〔无水〕		1083
21046	乙胺	氨基乙烷	1036
21047	甲硫醇	巯基甲烷	1064
21048	亚硝酸甲酯〔特许的〕		2455
21049	乙硼烷	二硼烷	1911
21050	四氢化硅	硅烷;甲硅烷	2203
21051	甲基氯硅烷	氯甲基硅烷	2534
21052	石油气	原油气	1071
21053	石油气〔液化的〕	液化石油气	1075
21054	氯甲烷和二氯甲烷混合物		1912
21055	丙炔和丙二烯混合物〔稳定的〕	甲基乙炔和丙二烯混合物	1060
21056	发动机燃料〔含易燃气体的〕		1960
21057	烟雾剂类		1950
21058	烃类气体或其混合物〔压缩的,未列名的〕		1964
21059	烃类气体或其混合物〔液化的,未列名的〕		1965
21060	压缩或液化气体〔易燃的,未列名的〕		1954
21061	压缩或液化气体〔易燃、有毒的,未列名的〕		1953

5.2　第2项　不燃气体

编号	品　名	别　名	备注
22001	氧〔压缩的〕		1072
22002	氧〔液化的〕	液氧	1073
22003	空气〔压缩的〕		1002
22004	空气〔液化的〕		1003
22005	氮〔压缩的〕		1066

续上表

编号	品　　名	别　　名	备注
22006	氮〔液化的〕	液氮	1977
22007	氦〔压缩的〕		1046
22008	氦〔液化的〕	液氦	1963
22009	氖〔压缩的〕		1065
22010	氖〔液化的〕	液氖	1913
22011	氩〔压缩的〕		1006
22012	氩〔液化的〕	液氩	1951
22013	氪〔压缩的〕		1056
22014	氪〔液化的〕	液氪	1970
22015	氙〔压缩的〕		2036
22016	氙〔液化的〕	液氙	2591
22017	一氧化二氮〔压缩的〕	氧化亚氮;笑气	1070
22018	一氧化二氮〔液化的〕	氧化亚氮;笑气	2201
22019	二氧化碳〔压缩的〕	碳(酸)酐	1013
22020	二氧化碳〔液化的〕		2187
22021	六氟化硫		1080
22022	氯化氢〔无水〕		1050,2186
22023	三氯化硼		1741
22024	碘化氢〔无水〕		2197
22025	氨溶液〔含氨>35%~≤50%〕		2073
	含氨肥料〔含游离氨>35%〕		1043
22026	稀有气体混合物		
	如:氦氖混合气		1979
22027	稀有气体和氧气混合物		1980
22028	稀有气体和氮气混合物		1981
22029	二氧化碳和氧气混合物		1014
22030	二氧化碳和一氧化二氮混合物		1015
22031	二氧化碳和环氧乙烷混合物〔含环氧乙烷≤6%〕	二氧化碳和氧化乙烯混合物	1952
22032	三氟甲烷	R23;氟仿	1984
22033	四氟甲烷	R14	1982
22034	六氟乙烷	R116;全氟乙烷	2193
22035	八氟丙烷	全氟丙烷	2423
22036	八氟环丁烷	RC318	1976

续上表

编号	品　名	别　名	备注
22037	六氟丙烯	全氟丙烯	1858
22038	八氟-2-丁烯	全氟-2-丁烯	2422
	八氟异丁烯	全氟异丁烯	
22039	氯二氟甲烷	R22	1018
22040	氯三氟甲烷	R13	1022
22041	氯三氟乙烷	R133a	1983
22042	氯四氟乙烷	R124	1021
22043	氯五氟乙烷	R115	1020
22044	二氯一氟甲烷	R21	1029
22045	二氯二氟甲烷	R12	1028
22046	二氯四氟乙烷	R114	1958
22047	三氯一氟甲烷	R11	
22048	氯二氟溴甲烷	R12B1	1974
22049	溴三氟甲烷	R13B1	1009
22050	氯二氟甲烷和氯五氟乙烷共沸物	R502	1973
22051	氯三氟甲烷和三氟甲烷共沸物	R503	2599
22052	二氯二氟甲烷和二氟乙烷共沸物	R500	2602
22053	压缩或液化气体〔不燃,未列名的〕		1956

5.3　第3项　有毒气体

编号	品　名	别　名	备注
23001	氟〔压缩的〕		1045
23002	氯〔液化的〕	液氯	1017
23003	氨〔液化的,含氨>50%〕	液氨	1005
23004	溴化氢〔无水〕		1048
23005	磷化氢	磷化三氢;膦	2199
23006	砷化氢	砷化三氢;胂	2188
23007	硒化氢〔无水〕		2202
23008	锑化氢	锑化三氢;脎	2676
23009	一氧化氮		1660
23010	一氧化氮和四氧化二氮混合物		1975
23011	三氧化二氮〔特许的〕	亚硝酐	2421
23012	四氧化二氮〔液化的〕	二氧化氮	1067
23013	二氧化硫〔液化的〕	亚硫酸酐	1079

续上表

编号	品　　名	别　　名	备注
23014	二氟化氧		2190
23015	三氟化氯		1749
23016	三氟化氮		2451
23017	三氟化磷		
23018	三氟化硼	氟化硼	1008
23019	四氟化硫		2418
23020	四氟化硅	氟化硅	1859
23021	五氟化氯		2548
23022	五氟化磷		2198
23023	六氟化硒		2194
23024	六氟化碲		2195
23025	六氟化钨		2196
23026	氯化溴	溴化氯	2901
23027	氯化氰	氰化氯;氯甲腈	1589
23028	氰〔液化的〕		1026
23029	一氧化碳和氢气混合物	水煤气	2600
23030	煤气		1023
23031	四氟(代)肼		
23032	六氟丙酮		2420
23033	羰基硫	硫化碳酰	2204
23034	硫酰氟	氟化磺酰	2191
23035	羰基氟	氟化碳酰	2417
23036	过氯酰氟	氟化过氯氧;氟化过氯酰	3083
23037	三氟乙酰氯	氯化三氟乙酰	3057
23038	碳酰氯	光气	1076
23039	亚硝酰氯	氯化亚硝酰	1069
23040	氯甲烷	甲基氯;R40	1063
23041	溴甲烷	甲基溴	1062
23042	二氯硅烷		2189
23043	锗烷		2192
23044	三氯硝基甲烷和氯甲烷混合物	氯化苦和氯甲烷混合物	1582

续上表

编号	品　名	别　名	备注
23045	三氯硝基甲烷和溴甲烷混合物	氯化苦和溴甲烷混合物	1581
23046	四磷酸六乙酯和压缩气体混合物		1612
23047	焦磷酸四乙酯和压缩气体混合物		1705
23048	二硫代焦磷酸四乙酯和压缩气体混合物		1703
23049	二氧化碳和环氧乙烷混合物〔含环氧乙烷>6%〕	二氧化碳和氧化乙烯混合物	1041
23050	二氯二氟甲烷和环氧乙烷混合物〔含环氧乙烷≤12%〕	二氯二氟甲烷和氧化乙烯混合物	3070
23051	气体杀虫剂〔有毒的,未列名的〕		1967,1968
23052	压缩或液化气体〔有毒的,未列名的〕		1955

6　第3类　易燃液体

6.1　第1项　低闪点液体

编号	品　名	别　名	备注
31001	汽油〔闪点<-18℃〕		1257,1203
31002	正戊烷	戊烷	1265
	2-甲基丁烷	异戊烷	1265
31003	环戊烷		1146
31004	环己烷	六氢化苯	1145
31005	己烷及其异构体		1208
	如:正己烷	己烷	1208
	2-甲基戊烷	异己烷	1208
	2,2-二甲基丁烷	新己烷	
	2,3-二甲基丁烷	二异丙基	2457
	己烷异构体混合物		
31006	1-戊烯		1108
	2-戊烯		
31007	异戊烯		2371
	如:2-甲基-1-丁烯		2459
	3-甲基-1-丁烯	α-异戊烯	2561
	2-甲基-2-丁烯	β-异戊烯	2460
31008	环戊烯		2246

续上表

编号	品　名	别　名	备注
31009	1-已烯	丁基乙烯	2370
	2-已烯		
31010	已烯异构体		
	如:异已烯		2288
	2,3-二甲基-1-丁烯		
	2,3-二甲基-2-丁烯	四甲基乙烯	
	2-甲基-1-戊烯		
	2-甲基-2-戊烯		
	3-甲基-1-戊烯		
	3-甲基-2-戊烯		
	4-甲基-1-戊烯		
	4-甲基-2-戊烯		
	2-乙基-1-丁烯		
31011	异庚烯		2287
31012	2-甲基-1,3-丁二烯〔抑制了的〕	异戊间二烯	1218
31013	2-氯-1,3-丁二烯〔抑制了的〕		1991
31014	已二烯		2458
	如:1,3-已二烯		2458
	1,4-已二烯		2458
	1,5-已二烯		2458
	2,4-已二烯		2458
31015	甲基戊二烯		2461
31016	二环庚二烯	2,5-降冰片二烯	2251
31017	2-丁炔	巴豆炔;二甲基乙炔	1144
31018	1-戊炔	丙基乙炔	
31019	1-氯丙烷	氯(正)丙烷;丙基氯	1278
31020	2-氯丙烷	氯异丙烷;异丙基氯	2356
31021	2-氯丙烯	异丙烯基氯	2456
	3-氯丙烯	烯丙基氯;α-氯丙烯	1100
31022	乙醛		1089
31023	异丁醛		2045

续上表

编号	品　　名	别　　名	备注
31024	丙烯醛〔抑制了的〕		1092
31025	丙酮	二甲(基)酮	1090
31026	乙醚	二乙(基)醚	1155
31027	正丙醚	二(正)丙醚	2384
	异丙醚	二异丙(基)醚	1159
31028	甲基丙基醚	甲丙醚	2612
	乙基丙基醚	乙丙醚	2615
31029	乙烯基乙醚〔抑制了的〕	乙基乙烯醚 乙氧基乙烯	1302
31030	二乙烯基醚〔抑制了的〕	乙烯基醚	1167
31031	二甲氧基甲烷	甲撑二甲醚;二甲醇缩甲醛;甲缩醛	1234
	1,1-二甲氧基乙烷	二甲醇缩乙醛;乙醛缩二甲醇	2377
	二乙氧基甲烷	甲醛缩二乙醇;二乙醇缩甲醛	2373
	1,1-二乙氧基乙烷	乙叉二乙基醚;二乙醇缩乙醛;乙缩醛	1088
31032	1,2-环氧丙烷〔抑制了的〕	氧化丙烯;甲基环氧乙烷	1280
31033	甲硫醚	二甲硫	1164
31034	乙硫醇	硫氢乙烷;巯基乙烷	2363
31035	正丙硫醇	硫代正丙醇;1-巯基丙烷	2402
	异丙硫醇	硫代异丙醇;2-巯基丙烷	
31036	2-丁基硫醇	仲丁硫醇	1228
	叔丁基硫醇	叔丁硫醇	1228
31037	甲酸甲酯		1243
31038	甲酸乙酯		1190
31039	亚硝酸乙酯醇溶液		1194
31040	呋喃	氧杂茂	2389
31041	2-甲基呋喃		2301

续上表

编号	品　　名	别　　名	备注
31042	四氢呋喃	氧杂环戊烷	2056
31043	四氢吡喃	氧己环	
31044	甲胺水溶液	氨基甲烷水溶液	1235
31045	乙胺水溶液〔浓度 50% ~ 70%〕	氨基乙烷水溶液	2270
31046	二乙胺		1154
31047	1-氨基丙烷	正丙胺	1277
	2-氨基丙烷	异丙胺	1221
31048	3-氨基丙烯	烯丙胺	2334
31049	四甲基硅烷	四甲基硅	2749
31050	二硫化碳		1131
31051	锆〔悬浮于易燃液体中的〕		1308
31052	环氧乙烷和氧化丙烯混合物〔含环氧乙烷≤30%〕	氧化乙烯和氧化丙烯混合物	2983
31053	易燃液体〔闪点 < -18℃,未列名的〕		1992,1993,2924

6.2 第 2 项 中闪点液体

编号	品　　名	别　　名	备注
32001	汽油〔闪点 ≥ -18℃ ~ < 23℃〕		1203,1257
32002	石油醚	石油精	1271
32003	石油原油	原油	1267,1255
32004	石脑油	溶剂油	1256,2553
32005	3-甲基戊烷		1208
32006	正庚烷		1206
32007	庚烷异构体		1206
	如:2-甲基己烷		1206
	3-甲基己烷		1206
	2,2-二甲基戊烷		1206
	2,3-二甲基戊烷		1206
	2,4-二甲基戊烷	二异丙基甲烷	1206
	3,3-二甲基戊烷	2,2-二乙基丙烷	1206
	3-乙基戊烷		1206
	2,2,3-三甲基丁烷		1206
32008	正辛烷		1262

续上表

编号	品名	别名	备注
32009	辛烷异构体		1262
	如:异辛烷		1262
	2,2,3-三甲基戊烷		1262
	2,2,4-三甲基戊烷		1262
	2,3,4-三甲基戊烷		1262
	2,2-二甲基己烷		1262
	2,3-二甲基己烷		1262
	2,4-二甲基己烷		1262
	3,3-二甲基己烷		1262
	3,4-二甲基己烷		1262
	2-甲基庚烷		1262
	3-甲基庚烷		1262
	4-甲基庚烷		1262
	3-乙基己烷		1262
	2-甲基-3-乙基戊烷		1262
32010	2,2,4-三甲基己烷		
	2,2,5-三甲基己烷		
32011	环戊烷衍生物		
	如:甲基环戊烷		2298
	乙基环戊烷		
	1,1-二甲基环戊烷		
	1,2-二甲基环戊烷		
	1,3-二甲基环戊烷		
	正丙基环戊烷		
32012	环己烷衍生物		
	如:甲基环己烷	六氢(化)甲苯:环己基甲烷	2296,2263
	1,1-二甲基环己烷		
	1,2-二甲基环己烷		2263
	1,3-二甲基环己烷		2263
	1,4-二甲基环己烷		2263
	叔丁基环己烷	特丁基环己烷;环己基叔丁烷	2263
32013	环庚烷		2241

续上表

编号	品　　名	别　　名	备注
32014	3-甲基-1-丁烯	异丙基乙烯	2561
32015	1-庚烯	正庚烯;正戊基乙烯	2278
	2-庚烯		
	3-庚烯		
32016	1-辛烯		
	2-辛烯		
32017	辛烯异构体		
	如:异辛烯		1216
	2,4,4-三甲基-1-戊烯		2050
	2,4,4-三甲基-2-戊烯		2050
32018	辛二烯		2309
32019	2,6-二甲基-3-庚烯		
32020	1-甲基-1-环戊烯		
32021	1,3-环戊二烯		
32022	环己烯	1,2,3,4-四氢化苯	2256
32023	环己烯衍生物		
	如:4-甲基-1-环己烯		
	4-乙烯-1-环己烯		
32024	1,3-环己二烯	1,2-二氢苯	
	1,4-环己二烯	1,4-二氢苯	
32025	环庚烯		2242
32026	1,3,5-环庚三烯	环庚三烯	2603
32027	环辛烯		
32028	1,3,5,7-环辛四烯	环辛四烯	2358
32029	1-己炔		
	2-己炔		
	3-己炔		
32030	1-庚炔	正庚炔	
32031	1-辛炔		
	2-辛炔		
	3-辛炔		
	4-辛炔		
32032	异丙烯基乙炔		

续上表

编号	品　名	别　名	备注
32033	1-氯丁烷	正丁基氯;氯代正丁烷	1127
	氯代异丁烷	异丁基氯	
	2-氯丁烷	仲丁基氯;氯代仲丁烷	
	氯代叔丁烷	叔丁基氯;特丁基氯	
32034	氯代正戊烷	正戊基氯	1107
	1-氯-3-甲基丁烷	异戊基氯;氯代异戊烷	
32035	1,1-二氯乙烷	乙叉二氯	2362
	1,2-二氯乙烷	乙撑二氯;亚乙基二氯;1,2-二氯化乙烯	1184
32036	1,2-二氯丙烷	二氯化丙烯	1279
32037	氯化环戊烷		
32038	1-氯-2-丁烯		
	3-氯-1-丁烯		
32039	1-氯-2-甲基-2-丙烯	2-甲基-3-氯丙烯;甲基烯丙基氯;氯化异丁烯	2554
32040	1,1-二氯乙烯〔抑制了的〕	偏二氯乙烯	1303
	1,2-二氯乙烯	二氯化乙炔	1150
32041	2,3-二氯丙烯		2047
32042	2-溴丙烷	异丙基溴;溴代异丙烷	2344
32043	1-溴丁烷	正丁基溴;溴代正丁烷	1126
	1-溴-2-甲基丙烷	异丁基溴;溴代异丁烷	2342
	2-溴丁烷	仲丁基溴;溴代仲丁烷	2339
	2-溴-2-甲基丙烷	叔丁基溴;特丁基溴;溴代叔丁烷	

续上表

编号	品　　名	别　　名	备注
32044	1-溴-3-甲基丁烷	异戊基溴;溴代异戊烷	2341
	2-溴戊烷	仲戊基溴;溴代仲戊烷	2343
32045	3-溴-1-丙烯	烯丙基溴	1099
32046	3-溴丙炔		2345
32047	1-碘丙烷	正丙基碘;碘代正丙烷	2392
	2-碘丙烷	异丙基碘;碘代异丙烷	
32048	1-碘-2-甲基丙烷	异丁基碘;碘代异丁烷	2391
	2-碘丁烷	仲丁基碘;碘代仲丁烷	2390
	2-碘-2-甲基丙烷	叔丁基碘;碘代叔丁烷	
32049	3-碘-1-丙烯	烯丙基碘;碘化烯丙基	1723
	3-碘-2-丙烯	丙烯基碘;碘代丙烯	
32050	苯	纯苯	1114
	溶剂苯		
32051	粗苯	动力苯;混合苯	
	重质苯		
32052	甲基苯	甲苯	1294
32053	乙基苯	乙苯	1175
32054	氟代苯	氟苯	2387
32055	1,2-二氟苯	邻二氟苯	
	1,3-二氟苯	间二氟苯	
	1,4-二氟苯	对二氟苯	
32056	2-氟甲苯	邻氟甲苯;邻甲(基)氟苯;2-甲(基)氟苯	2388

续上表

编号	品名	别名	备注
	3-氟甲苯	间氟甲苯；间甲(基)氟苯；3-甲(基)氟苯	2388
	4-氟甲苯	对氟甲苯；对甲(基)氟苯；4-甲(基)氟苯	2388
32057	三氟甲苯		2338
32058	甲醇		1230
32059	黄染料母醇10%甲醇溶液	砧吨氢醇10%甲醇溶液	
32060	甲醇钠甲醇溶液	甲醇钠合甲醇	1289
32061	乙醇〔无水〕	无水酒精	1170
	乙醇溶液〔闪点≥－18℃～＜23℃〕	酒精溶液	
	变性乙醇	变性酒精	
32062	硝化甘油乙醇溶液〔含硝化甘油≤5%〕		1204,3064
32063	乙醇钠乙醇溶液	乙醇钠合乙醇	
32064	1-丙醇	正丙醇	1274
	2-丙醇	异丙醇	1219
32065	2-丙烯-1-醇	烯丙醇；蒜醇	1098
32066	2-甲基-2-丙醇	三甲基甲醇；特丁醇；叔丁醇	1120
32067	丙醛		1275
32068	正丁醛		1129
32069	正戊醛		2058
	3-甲基丁醛	异戊醛	
32070	2-乙基丁醛	二乙基乙醛	1178
32071	2-丁烯醛〔抑制了的〕	巴豆醛；β-甲基丙烯醛	1143
32072	α－甲基丙烯醛	异丁烯醛	2396
32073	2-丁酮	乙基甲基酮；甲乙酮	1193
32074	3-甲基-2-丁酮	甲基异丙基(甲)酮	2397
	2-戊酮	甲(基)丙(基)酮	1249
	3-戊酮	二乙(基)酮	1156

续上表

编号	品　　名	别　　名	备注
32075	3-甲基-2-戊酮	甲基仲丁基(甲)酮	
	4-甲基-2-戊酮	甲基异丁基(甲)酮;异己酮	1245
	2-甲基-3-戊酮	乙基异丙基(甲)酮	
32076	2,4-二甲基-3-戊酮	二异丙基甲酮	
32077	4-羟基-4-甲基-2-戊酮	双丙酮醇	1148
32078	3-丁烯-2-酮	甲基乙烯基(甲)酮;丁烯酮	1251
32079	1-戊烯-3-酮	乙烯乙基甲酮	
32080	甲基异丙烯(甲)酮〔抑制了的〕		1246
32081	二甲基(乙)二酮	双乙酰;丁二酮	2346
32082	三氟丙酮		
32083	甲基正丁基醚	1-甲氧基丁烷;甲丁醚	2350
32084	甲基叔丁基醚		2398
32085	乙基正丁基醚	乙氧基丁烷;乙丁醚	1179
32086	乙基烯丙基醚	烯丙基乙基醚	2335
32087	正丁基乙烯(基)醚〔抑制了的〕	正丁氧基乙烯;乙烯(基)正丁醚	2352
	异丁基乙烯(基)醚〔抑制了的〕	乙烯(基)异丁醚;异丁氧基乙烯	1304
32088	二烯丙基醚	烯丙基醚	2360
32089	氯甲基甲醚	甲基氯甲醚	1239
32090	氯甲基乙醚		2354
32091	乙烯(2-氯乙基)醚	(2-氯乙基)乙烯醚	
32092	2-溴乙基乙醚		2340
32093	1,2-二甲氧基乙烷	乙二醇二甲醚;二甲基溶纤剂	2252
32094	2,2-二甲氧基丙烷		

续上表

编号	品　名	别　名	备注
32095	3,3-二乙氧基丙烯	丙烯醛二乙缩醛;二乙基缩醛丙烯醛	2374
32096	二氧戊环	乙二醇缩甲醛	1166
32097	1,2-环氧丁烷〔抑制了的〕	氧化丁烯	3022
32098	1,4-二氧杂环己烷	6 二噁烷;1,4-二氧己环	1165
32099	2,5-二甲基呋喃	2,5-二甲基氧(杂)茂	
32100	2-甲基四氢呋喃	四氢-2-甲基呋喃	2536
32101	氧茚	苯并呋喃;香豆酮;古马隆	
32102	2,3-二氢吡喃		2376
32103	四氢化吡咯	吡咯烷;四氢氮杂茂	1922
32104	吡啶	氮杂苯	1282
32105	1,2,5,6-四氢吡啶		2410
32106	哌啶	六氢吡啶;氮已环	2401
32107	N-甲基哌啶	N-甲基六氢吡啶	2399
	2-甲基哌啶	2-甲基六氢吡啶	
	3-甲基哌啶	3-甲基六氢吡啶	
	4-甲基哌啶	4-甲基六氢吡啶	
32108	N-乙基哌啶	N-乙基六氢吡啶	2386
32109	N-甲基吗啉		2535
32110	噻吩	硫杂茂;硫代呋喃	2414
32111	四氢噻吩	四甲撑硫;四氢硫杂茂	2412
32112	3-甲基噻吩	甲基硫茂	
32113	硫代乙酸	硫代醋酸	2436
32114	二硫化二甲基	二甲二硫;甲基化二硫	2381
32115	(二)乙硫醚	硫代乙醚;二乙硫	2375
32116	正丁硫醇	1-硫代丁醇	2347
	2-甲基-1-丙硫醇	异丁硫醇	
32117	1-戊硫醇	正戊硫醇	1111

续上表

编号	品名	别名	备注
	3-甲基-1-丁硫醇	异戊硫醇	
	2-甲基-2-丁硫醇	叔戊硫醇;特戊硫醇	
	2-甲基-1-丁硫醇		
	戊硫醇异构体混合物		
32118	2-丙烯-1-硫醇	烯丙基硫醇	
32119	乙酰氯	氯(化)乙酰	1717
32120	丙酰氯	氯(化)丙酰	1815
32121	正丁酰氯	氯(化)丁酰	2353
	异丁酰氯	氯(化)异丁酰	2395
32122	甲酸正丙酯		
	甲酸异丙酯		1281
32123	甲酸正丁酯		1128
	甲酸异丁酯		2393
32124	原甲酸(三)甲酯	三甲氧基甲烷	
32125	甲酸烯丙酯		2336
32126	乙酸甲酯	醋酸甲酯	1231
32127	乙酸乙酯	醋酸乙酯	1173
32128	乙酸正丙酯	醋酸正丙酯	1276
	乙酸异丙酯	醋酸异丙酯	1220
32129	乙酸三甲酯	1,1,1-三甲氧基乙烷	
32130	乙酸正丁酯	醋酸正丁酯	1123
	乙酸异丁酯	醋酸异丁酯	1213
	乙酸仲丁酯	醋酸仲丁酯	1123
	乙酸叔丁酯	醋酸叔丁酯	1123
32131	乙酸乙烯酯〔抑制了的〕	乙烯基乙酸酯;醋酸乙烯酯	1301
32132	乙酸异丙烯酯	醋酸异丙烯酯	2403
32133	乙酸烯丙酯	醋酸烯丙酯	2333
32134	三氟乙酸乙酯	三氟醋酸乙酯	
32135	丙酸甲酯		1248
32136	丙酸乙酯		1195
32137	丙酸异丙酯		2409

续上表

编号	品　　名	别　　名	备注
32138	丙酸异丁酯		2394
	丙酸仲丁酯		
32139	丙酸烯丙酯		
32140	正丁酸甲酯		1237
	异丁酸甲酯		
32141	异丁酸乙酯		2385
32142	异丁酸异丙酯		2406
32143	正丁酸乙烯酯〔抑制了的〕	乙烯基丁酸酯	2838
32144	正戊酸甲酯		
	异戊酸甲酯		2400
32145	2,2-二甲基丙酸甲酯	三甲基乙酸甲酯	
32146	丙烯酸甲酯〔抑制了的〕		1919
32147	丙烯酸乙酯〔抑制了的〕		1917
32148	丁烯酸甲酯	巴豆酸甲酯	
	丁烯酸乙酯	巴豆酸乙酯	1862
32149	异丁烯酸甲酯〔抑制了的〕	甲基丙烯酸甲酯;牙托水;有机玻璃单体	1247
	异丁烯酸乙酯〔抑制了的〕	甲基丙烯酸乙酯	2277
32150	氯甲酸甲酯		1238
32151	氯甲酸乙酯		1182
32152	氯甲酸异丙酯		2407
32153	亚硝酸酯类化合物		
	如:亚硝酸正丙酯		
	亚硝酸异丙酯		
	亚硝酸正丁酯		2351
	亚硝酸异丁酯		2351
	亚硝酸正戊酯		1113
	亚硝酸异戊酯		1113
32154	硝酸乙酯醇溶液		
32155	硝酸正丙酯		1865
	硝酸异丙酯		1222
32156	硼酸(三)甲酯	三甲氧基硼烷	2416
	硼酸(三)乙酯	三乙氧基硼烷	1176

续上表

编号	品名	别名	备注
32157	碳酸(二)甲酯		1161
32158	钛酸(四)乙酯	四乙氧基钛	
	钛酸(四)正丙酯		2413
	钛酸(四)异丙酯		
32159	乙腈	甲基氰	1648
32160	丙腈	乙基氰	2404
32161	正丁腈	丙基氰	2411
	异丁腈	异丙基氰	2284
32162	丙烯腈〔抑制了的〕	氰(基)乙烯	1093
32163	甲基丙烯腈〔抑制了的〕		3079
32164	异氰酸酯类〔易燃的〕		
	如:异氰酸甲酯		2480
	异氰酸乙酯		2481
	异氰酸正丙酯		2482
	异氰酸异丙酯		2483
	异氰酸正丁酯		2485
	异氰酸异丁酯		2486
	异氰酸叔丁酯		2484
	甲氧基异氰酸甲酯	甲氧基甲基异氰酸酯	2605
32165	硫代异氰酸甲酯	异硫氰酸甲酯;甲基芥子油	2477
32166	二甲胺溶液		1160
32167	三甲胺溶液		1297
32168	三乙胺		1296
32169	混胺-02		
32170	二(正)丙胺		2383
	二异丙胺		1158
32171	N,N-二甲基丙胺		2266
32172	正丁胺	1-氨基丁烷	1125
	异丁胺	1-氨基-2-甲基丙烷	1214
	仲丁胺	2-氨基丁烷	
	叔丁胺	2-氨基-2-甲基丙烷;特丁胺	

续上表

编号	品名	别名	备注
32173	N-甲基(正)丁胺		2945
32174	二仲丁胺		
32175	正戊胺	1-氨基戊烷	1106
	异戊胺	1-氨基-3-甲基丁烷	
	仲戊胺	1-甲基丁胺	
32176	1,3-二甲基丁胺	2-氨基-4-甲基戊烷	2379
32177	N,N-二异丙基乙胺	N-乙基二异丙胺	
32178	N,N,N′,N′-四甲基乙二胺	1,2-双(二甲基氨基)乙烷	2372
32179	二烯丙(基)胺		2359
32180	丙烯亚胺〔抑制了的〕	甲基氮丙环	1921
32181	环戊胺	氨基环戊烷	
32182	六亚甲基亚胺		2493
32183	甲基肼	甲基联胺	1244
32184	1,1-二甲基肼	二甲基肼〔不对称〕	1163
	1,2-二甲基肼	二甲基肼〔对称〕	2382
32185	六甲基二硅烷胺	六甲基二硅亚胺	
32186	有机硅烷化合物		
	如:甲基三氯硅烷	三氯甲基硅烷	1250
	二甲基二氯硅烷	二氯二甲基硅烷	1162
	三甲基氯硅烷	氯化三甲基硅烷	1298
	乙基三氯硅烷	三氯乙基硅烷	1196
	乙烯(基)三氯硅烷〔抑制了的〕	三氯乙烯硅烷	1305
	二甲基二乙氧基硅烷	二乙氧基二甲基硅烷	2380
	三甲基乙氧基硅烷	乙氧基三甲基硅烷	
	六甲基二硅烷		
32187	六甲基二硅醚	六甲基氧二硅烷	
32188	正硅酸甲酯	四甲氧基硅烷;硅酸四甲酯;原硅酸甲酯	2606
32189	二乙基硒		
32190	硝化纤维素溶液〔含氮量≤12.6%,含硝化纤维素≤55%〕	硝化棉溶液	2059

续上表

编号	品　　名	别　　名	备注
32191	杜仲胶溶液	古塔波胶溶液	1205
32192	焦油		
	如:煤焦油		1136
	松焦油		
32193	含丙酮的制品		
	如:去光水		
	二硫化钼润滑膜		
	电子束管石墨乳		
	电子数码管石墨乳		
32194	含苯或甲苯的制品		
	如:分离焦油		
	塑料印油		
	偶氮紫苯溶液		
	塑料薄膜油墨		
	闪烁液		
32195	含乙醇或乙醚的制品		
	如:天青醇溶液		
	引擎开导剂	发动机冷起动装置起动液	
	水准器泡	水平泡	
	正硅酸乙酯包埋液		
	记号笔墨水		
	尼古劳定溶液		
	尼龙丝网感光浆		
	阳离子表面活性洗涤剂		
	防灰剂		
	红磷溶液		
	苄氯菊酯乙醇溶液	灭害灵浓液	
	鸡眼水		
	苯乙酸乙醇溶液		
	金属络合染料〔皮革用〕		
	贴胡胶		
	染皮鞋水		
	胶体石墨乙醇制剂		

续上表

编号	品名	别名	备注
	烟用香精		
	着色渗透剂〔金属探伤用〕		
	硫汞白癜疯擦药		
	照相红碘水		
	打字蜡纸改正液		
	打字机洗字水		
	醇溶凹印油墨		
32196	含一级易燃溶剂的胶粘剂〔闪点≥-18℃~<23℃〕		1133
	如：丙烯酸酯胶粘剂		
	氯丁酚醛胶粘剂	强力胶	
	聚氨基甲酸酯胶粘剂	地面敷料	
	202胶粘剂	列克那胶；汽缸床垫胶；列克纳	
	301胶粘剂	BS-3	
	303胶粘剂		
	730胶粘剂		
	1452#胶粘剂	有机硅云母胶	
	JX-15胶粘剂		
	JY-7胶粘剂		
	SF-5胶粘剂		
	传真纸粘合剂		
	聚氨酯粘合剂		
	嫌气性密封粘合剂		
	聚氨酯导电粘合剂	DAD-2胶	
	酚醛·丁腈粘合剂	JX-5胶	
	酚醛·缩醛有机硅粘合剂	JE-1胶	
	酚醛·缩醛粘合剂	201#、204#、205#粘合剂	
	聚乙烯醇缩醛胶	6胶	
	聚硅氧橡皮基印模膏		
	多用粘结胶		
	FS203C胶		
	压敏胶		

续上表

编号	品　　名	别　　名	备注
	过氯乙烯胶		
	体患除凝胶		
	汽车门窗胶		
	橡胶金属胶	金属密着胶	
	液体密封胶		
	聚氨酯涂层胶		
	黑醇酸隔热胶	黑色防声隔热涂料	
	橡胶水		
	蜡纸胶水		
	氟橡胶胶浆		
	硝基胶液		
	缩醛胶液		
	缩醛烘干胶液		
	硅酸苯悬浮液		
	聚氨酯化学灌浆材料	FT-901 堵固剂;氰凝	
	伏栏	甲基丙烯酸氯化铬〔浸在异丙醇溶液中的〕	
32197	含一级易燃溶剂的合成树脂〔闪点≥-18℃~<23℃〕		1866
	如:醇酸树脂		
	酚醛树脂		
	有机硅树脂		
	环氧树脂		
32198	含一级易燃溶剂的油漆、辅助材料及涂料〔闪点≥-18℃~<23℃〕		1139,1263,
	如:乙烯防腐漆		1293
	丙烯酸清烘漆		
	丙烯酸清漆		
	丙烯酸漆稀释剂		
	脱漆剂		

续上表

编号	品　　名	别　　名	备注
	甲级清喷漆〔静电用〕		
	7110 甲聚氨酯固化剂		
	再生胶沥青涂料		
	有机硅建筑防水剂		
	有机硅漆稀释剂		
	过氯乙烯木器漆		
	过氯乙烯可剥漆		
	过氯乙烯底漆		
	过氯乙烯清漆		
	过氯乙烯磁漆		
	过氯乙烯防腐清漆		
	过氯乙烯防腐磁漆		
	过氯乙烯防腐漆		
	过氯乙烯防潮清漆		
	过氯乙烯锤纹漆		
	过氯乙烯锤纹漆稀释剂		
	过氯乙烯漆稀释剂		
	虫胶清漆	泡立水;虫胶液	
	纤维素漆		
	沥青漆稀释剂		
	环氧漆固化剂		
	环氧漆稀释剂		
	氨基漆稀释剂		
	氨基静电漆稀释剂		
	FM 涂料	蜂蜜桶内壁涂料	
	酚醛皱纹漆稀释剂		
	银幕白漆		
	偏氯乙烯清漆		
	硝基木器清漆	硝基蜡克	
	硝基底漆		
	硝基透明清漆		
	硝基清漆		
	硝基磁漆		
	硝基绝缘漆		

续上表

编号	品　　名	别　　名	备注
	硝基铅笔漆〔包括底漆〕		
	硝基涂布清漆		
	硝基铝箔清漆		
	硝基铝箔漆稀释剂		
	硝基裂纹漆		
	硝基锤纹漆		
	硝基静电清烘漆		
	硝基漆防潮剂		
	硝基漆稀释剂	香蕉水	2060
	硝基罐头漆		
	PM2035 溶液		
	聚苯乙烯塑料地板漆		
	聚氨酯漆稀释剂	聚酯氨基稀释剂	
	聚酯树脂清漆		
	聚酯漆包线漆稀释剂		
	聚酯漆稀释剂		
	缩醛漆稀释剂		
	醇酸漆稀释剂		
	磷化底漆		
	磷化液		
32199	含一级易燃溶剂的其他制品〔闪点≥-18℃～<23℃〕		
	如:显影液		
	分散液		
	汽油氯仿混合液		
	荧光探伤液		
	卡尔费休试剂		
	皮革光滑剂		
	皮革顶层涂饰剂	鞋用光亮剂	
	皮革光亮剂		
	印刷油墨		1210
	快干助焊剂		
	氢化可的松涂膜剂		
	汽油稀型防锈油		

续上表

编号	品　　名	别　　名	备注
	半干型防锈油		
	洗油	亮光油;亮油;上光油	
	溶剂稀释型防锈油		
	薄层防锈油		
	皮肤防护膜		
	镜头水		
	电子束光刻胶		
	胶套		
	胶帽		
	封口胶		
	香料制品		1266
32200	易燃液体〔闪点≥-18℃~<23℃,未列名的〕		1992,1993,2924

6.3　第3项　高闪点液体

编号	品　　名	别　　名	备注
33501	煤油	火油	1223
33502	金属镧〔浸在煤油中的〕		
	金属钕〔浸在煤油中的〕		
	金属铈〔浸在煤油中的〕		
	米许合金〔浸在煤油中的〕		
33503	磺化煤油		
33504	环辛烷		
33505	壬烷及其导构体		
	2,2-二甲基庚烷		1920
	2,3-二甲基庚烷		
	2,4-二甲基庚烷		
	2,5-二甲基庚烷		
	3,3-二甲基庚烷		
	3,4-二甲基庚烷		
	3,5-二甲基庚烷		
	4,4-二甲基庚烷		
33506	正癸烷		2247

续上表

编号	品　　名	别　　名	备注
33507	五甲基庚烷		2286
33508	乙基环己烷		
33509	正丁基环戊烷		
	异丁基环戊烷		
33510	1-环己基正丁烷	正丁基环己烷	
	环己基异丁烷	异丁基环己烷	
	2-环己基丁烷	仲丁基环己烷	
33511	三聚丙烯	三丙烯	2057
33512	四聚丙烯	四丙烯	2850
33513	三聚异丁烯	三异丁烯	2324
33514	1-壬烯		
	2-壬烯		
	3-壬烯		
	4-壬烯		
33515	1-癸烯		
33516	2,5-二甲基-1,5-已二烯		
	2,5-二甲基-2,4-已二烯		
33517	二聚环戊二烯	双茂	2048
33518	甲基环戊二烯		
33519	1,3-环辛二烯		2520
	1,5-环辛二烯		2520
33520	硝基甲烷		1261
33521	硝基乙烷		2842
33522	1-硝基丙烷		2608
	2-硝基丙烷		2608
33523	1,3-二硝基丙烷		
33524	1-硝基丁烷		
	2-硝基丁烷		
33525	1,3-二氯丙烷		
	1,4-二氯丁烷		
	1,5-二氯戊烷		1152
33526	氯(代)正已烷	已基氯	
33527	溴已烷	已基溴	
33528	1,2-二氯丙烯	2-氯丙烯基氯	2047

续上表

编号	品名	别名	备注
	1,3-二氯丙烯		
33529	1,3-二氯-2-丁烯		
	1,4-二氯-2-丁烯		
33530	1-溴丙烷	正丙基溴;溴代正丙烷	
33531	溴代正戊烷	正戊基溴	
33532	溴代环戊烷	环戊基溴	
33533	1-碘丁烷	正丁基碘;碘代正丁烷	
33534	1-碘戊烷	正戊基碘;碘代正戊烷	
33535	1,2-二甲苯	邻二甲苯	1307
	1,3-二甲苯	间二甲苯	1307
	1,4-二甲苯	对二甲苯	1307
	二甲苯异构体混合物		1307
33536	1,2,3-三甲基苯	连三甲基苯	
	1,2,4-三甲基苯	假枯烯	
	1,3,5-三甲基苯	均三甲苯	2325
33537	1,2-二乙基苯	邻二乙基苯	2049
	1,3-二乙基苯	间二乙基苯	2049
	1,4-二乙基苯	对二乙基苯	2049
33538	丙(基)苯		2364
	异丙(基)苯	枯烯	1918
33539	1-甲基-3-丙基苯	3-丙基甲苯	
	1-甲基-4-丙基苯	4-丙基甲苯	
	甲基异丙基苯	伞花烃	2046
33540	正丁(基)苯		2709
	异丁(基)苯		
	仲丁(基)苯		
	叔丁(基)苯		
33541	苯乙烯〔抑制了的〕	乙烯苯	2055
33542	4-甲基苯乙烯〔抑制了的〕	对甲基苯乙烯	
33543	乙烯基甲苯异构体混合物〔抑制了的〕		2618

续上表

编号	品 名	别 名	备注
33544	2-苯基丙烯	异丙烯基苯	2303
33545	苯乙炔	乙炔苯	
33546	氯苯	一氯化苯	1134
33547	溴苯		2514
	二溴苯		2711
33548	2-氯甲苯	邻氯甲苯	2238
	3-氯甲苯	间氯甲苯	2238
	4-氯甲苯	对氯甲苯	2238
33549	三氟氯化甲苯	三氟甲基氯苯	2234
33550	十氢化萘	萘烷	1147
33551	含乙醇饮料〔按体积比乙醇≥24%,每一容器盛装>5L的〕	含酒精饮料	3065
33552	正丁醇		1120
	2-甲基-1-丙醇	异丁醇	1112
	2-丁醇	仲丁醇	1120
33553	1-戊醇	正戊醇	1105
	3-甲基-1-丁醇	异戊醇	
	2-戊醇	仲戊醇	
	2-甲基-2-丁醇	叔戊醇	
	2-甲基-1-丁醇	活性戊醇;旋性戊醇	
	3-甲基-2-丁醇		
	杂戊醇	杂醇油	1201
33554	1-甲基戊醇	仲己醇;2-已醇	2282
	2-甲基-1-戊醇		
	2-甲基-2-戊醇		2560
	2-甲基-3-戊醇		
	3-甲基-3-戊醇		
	4-甲基-2-戊醇		
	1-乙基丁醇	3-已醇	
	2-乙基丁醇		2275
33555	环丙基甲醇		
33556	环戊醇	羟基环戊烷	2244
33557	甲基环己醇	六氢甲酚	2617

续上表

编号	品　　名	别　　名	备注
33558	2-丁烯-1-醇	巴豆醇;丁烯醇	
	2-甲基烯丙醇	异丁烯醇	2614
33559	丙炔醇		
33560	1-丁炔-3-醇		
	2-甲基-3-丁炔-2-醇		
	3-甲基-1-戊炔-3-醇	2-乙炔-2-丁醇	
33561	3-羟基-2-丁酮	乙酰甲基甲醇	2621
33562	5-羟基-2-戊酮	乙酰丙醇	
33563	环已(基)硫醇		3054
33564	2,2,2-三氟乙醇		
33565	二(正)丁醚	正丁醚;氧化二丁烷	1149
33566	二异戊醚		
33567	苯甲醚	茴香醚;甲氧基苯	2222
33568	二丙硫醚	正丙硫醚;二丙基硫;硫化二正丙基	
33569	乙二醇甲醚	2-甲氧基乙醇;甲基溶纤剂	1188
	乙二醇乙醚	2-乙氧基乙醇;乙基溶纤剂	1171
	乙二醇二乙醚	1,2-二乙氧基乙烷;二乙基溶纤剂	1153
	乙二醇异丙醚	2-异丙氧基乙醇	
	丙二醇乙醚	1-乙氧基-2-丙醇	
33570	乙酸乙二醇甲醚	2-甲氧基乙酸乙酯;乙酸甲基溶纤剂;乙二醇甲醚乙酸酯	1189
	乙酸乙二醇乙醚	2-乙氧基乙酸乙酯;乙酸乙基溶纤剂;乙二醇乙醚乙酸酯	1172
33571	甲氧基乙酸甲酯		
	3-甲氧基乙酸丁酯	3-甲氧基丁基乙酸酯	2708
33572	烯丙基缩水甘油醚		2219

续上表

编号	品　　名	别　　名	备注
33573	正己醛		1207
	α-甲基戊醛		2367
33574	正庚醛		3056
	2,3-二甲基戊醛		
33575	辛醛		
	如:乙基己醛		1191
33576	三聚乙醛	仲(乙)醛;三聚醋醛	1264
33577	二聚丙烯醛〔抑制了的〕		2607
33578	2,3-环氧-1-丙醛	缩水甘油醛	2622
33579	二甲基氯乙缩醛		
33580	1,2,3,6-四氢化苯甲醛		2498
33581	糖醛	呋喃甲醛	1199
33582	2-己酮	甲基丁基(甲)酮	
	3-己酮	乙基丙基(甲)酮	
	甲基叔丁基(甲)酮	3,3-二甲基-2-丁酮;1,1,1-三甲基丙酮;甲基特丁基酮	
33583	2-庚酮	甲基戊基(甲)酮	1110
	3-庚酮	乙基正丁基(甲)酮	
	4-庚酮	乳酮;二丙基(甲)酮	2710
	5-甲基-2-己酮		2302
33584	3-辛酮	乙基戊基(甲)酮	2271
33585	二异丁基(甲)酮	2,6-二甲基-4-庚酮	1157
33586	甲基环己酮		2297
33587	2,4-戊二酮	乙酰丙酮	2310
33588	4-甲基-3-戊烯-2-酮	异丙叉丙酮;莱基化氧;异亚丙基丙酮	1229
	5-己烯-2-酮	烯丙基丙酮	
33589	乙酰(基)乙烯酮〔抑制了的〕	双烯酮;二乙烯酮	2521
33590	环戊酮		2245
	环己酮		1915
	环庚酮	软木酮	

续上表

编号	品　　名	别　　名	备注
33591	4-甲氧基-4-甲基-2-戊酮		2293
33592	异丁酸		2529
33593	异丁(酸)酐		2530
33594	丁酮缩醛酯	乙酰乙醛二甲缩醛酯	
33595	甲酸酯类化合物		
	如:甲酸正戊酯		1109
	甲酸异戊酯		1109
	甲酸正己酯		
	原甲酸(三)乙酯	三乙氧基甲烷	2524
	甲酸环己酯		
33596	乙酸酯类化合物		
	如:乙酸正戊酯	醋酸正戊酯	1104
	乙酸异戊酯	醋酸异戊酯	
	乙酸正己酯	醋酸正己酯	
	乙酸仲己酯	2-乙酸-4-甲基戊酯	1233
	乙酸环己酯	醋酸环己酯	2243
	乙酸乙基丁酯	醋酸乙基丁酯;乙基丁基乙酸酯	1177
	乙酸氯乙酯	醋酸氯乙酯	
33597	丙酸酯类化合物		
	如:丙酸正丁酯		1914
	丙酸正戊酯		
	丙酸异戊酯		
	原丙酸(三)乙酯	1,1,1-三乙氧基丙烷	
33598	丁酸酯类化合物		
	如:正丁酸乙酯		1180
	正丁酸正丙酯		
	正丁酸异丙酯		2405
	正丁酸正丁酯		
	丁酸戊酯		2620
	异丁酸正丙酯		
	异丁酸异丁酯		2528

续上表

编号	品　　名	别　　名	备注
	2-羟基异丁酸乙酯	2-羟基-2-甲基丙酸乙酯	
	丁酸丙烯酯		
33599	戊酸酯类化合物		
	如:正戊酸乙酯		
	异戊酸乙酯		
	正戊酸正丙酯		
	异戊酸异丙酯		
33600	正己酸甲酯		
	正己酸乙酯		
33601	丙烯酸酯类化合物		
	如:丙烯酸正丁酯〔抑制了的〕		2348
	丙烯酸异丁酯〔抑制了的〕		2527
	甲基丙烯酸正丁酯〔抑制了的〕		2227
	甲基丙烯酸异丁酯〔抑制了的〕		
	丙烯酸-2-硝基丁酯		2283
33602	2-羟基丙酸甲酯	乳酸甲酯	
	2-羟基丙酸乙酯	乳酸乙酯	1192
33603	氯乙酸异丙酯	氯醋酸异丙酯	2947
33604	2-氯丙酸甲酯		2933
	2-氯丙酸乙酯		2935
	3-氯丙酸乙酯		
	2-氯丙酸异丙酯		2934
33605	重氮乙酸乙酯	重氮醋酸乙酯	
33606	硝酸正丁酯		
	硝酸正戊酯		1112
	硝酸异戊酯		
33607	硼酸(三)异丙酯		2616
33608	碳酸(二)乙酯		2366
	碳酸(二)丙酯		
	碳酸乙丁酯		
33609	正硅酸乙酯	硅酸四乙酯;四乙氧基硅烷	1292
33610	亚磷酸三甲酯		2329

续上表

编号	品名	别名	备注
	亚磷酸三乙酯		2323
	亚磷酸二丁酯		
33611	1,2-环氧-3-乙氧基丙烷		2752
33612	2,5-二甲基-1,4-二噁烷		2707
	4,4-二甲基-1,3-二噁烷		
33613	吡咯	一氮二烯五环;氮(杂)茂	
33614	2-甲基吡啶	α-皮考林	2313
	3-甲基吡啶	β-皮考林	
	4-甲基吡啶	γ-皮考林	
33615	2,4-二甲基吡啶	2,4-二甲基氮杂苯	
	2,5-二甲基吡啶	2,5-二甲基氮杂苯	
	2,6-二甲基吡啶	2,6-二甲基氮杂苯	
	3,4-二甲基吡啶	3,4-二甲基氮杂苯	
	3,5-二甲基吡啶	3,5-二甲基氮杂苯	
33616	1,4-二甲基哌嗪		
33617	吗啉		2054
	2,6-二甲基吗啉		
	N-乙基吗啉	N-乙基四氢-1,4-噁嗪	
33618	三正丙胺		2260
33619	二异丁胺		2361
33620	正己胺	1-氨基己烷	
33621	叔辛胺		
33622	三烯丙(基)胺	三(2-丙烯基)胺	2610
33623	N,N-二甲基-2,3-丙二胺	3-二甲胺基-1-丙烷	
33624	N,N-二甲基乙醇胺	N,N-二甲基-2-羟基乙胺	2051
33625	N,N-二甲基丙醇胺	3-(二甲胺基)-1-丙醇	
	N,N-二甲基异丙醇胺	1-(二甲胺基)-2-丙醇	
33626	N,N-二乙基乙醇胺	2-(二乙胺基)乙醇	2686
33627	N,N-二甲基甲酰胺	甲酰二甲胺	2265

续上表

编号	品　名	别　名	备注
33628	乙醛肟	亚乙基羟胺；亚乙基肟	2332
33629	丁醛肟		2840
33630	N,N-二甲基氨基乙腈	2-(二甲胺基)乙腈	2378
33631	无水肼(含肼>64%)	无水联氨	2029
33632	二乙(基)肼〔不对称〕		
33633	糠胺	2-呋喃甲胺；麸胺	2526
33634	四氢糠胺		2943
33635	乙基三乙氧基硅烷	三乙氧基乙基硅烷	
	乙烯三乙氧基硅烷	三乙氧基乙烯硅烷	
33636	樟脑油	樟木油	1130
33637	乳香油		
33638	松油		1272
	松节油		1299
	松节油混合萜	松脂萜；芸香烯	
	松油精	松香油	1286
33639	双戊烯	二聚戊烯；苎烯；1,8-萜二烯	2052
33640	氧化环己烯		
33641	萜品油烯	⊿$^{1-2,4-8}$萜二烯；异松油烯	2541
33642	α-蒎烯	α-松油萜	2368
	β-蒎烯		
33643	松香水		
33644	桉叶油		1169
	桉叶油醇		
	迷迭香油		
33645	含二级易燃溶剂的合成树脂 如：丁醇改性酚醛树脂 三聚氰胺甲醛树酯 三聚氰胺树酯 干性醇酸树脂(以二甲苯、乙酸丁酯、200#溶剂油等为溶剂的) 无油醇酸树脂		1866

续上表

编号	品　名	别　名	备注
	不干性醇酸树脂(以二甲苯、200#溶剂油等为溶剂的)		
	不饱和聚酯树脂		
	甲醇改性三羟甲基三聚氰胺甲醛树脂		
	苯代三聚氰胺甲醛树脂	苯鸟粪胺树脂	
	硅钢片树脂		
	氨基树脂		
	聚氨基甲酸酯树脂		
	聚氨酯树脂		
	潮气固化型聚氨基甲酸酯		
33646	含二级易燃溶剂的油漆、辅助材料及涂料		
	如:乙烯防腐底漆		
	凡立水		
	木材防腐漆		
	互感器环氧酯磁漆		
	丙烯酸底漆		
	丙烯酸磁漆		
	丙烯酸氨基清烘漆		
	丙烯酸烘漆		
	有机硅耐高温漆		
	过氯乙烯耐氨磁漆		
	过氯乙烯氯化橡胶磁漆		
	红丹油性防锈漆		
	远红外线辐射涂料		
	沥青半导体漆		
	沥青防污漆		
	沥青底漆		
	沥青绝缘漆		
	沥青清烘漆		
	沥青清漆		
	沥青耐酸漆		
	沥青锅炉漆		
	沥青磁漆		
	沥青醇酸氨基烘漆		

续上表

编号	品名	别名	备注
	环氧防腐漆		
	环氧绝缘烘漆		
	环氧绝缘漆		
	环氧烘漆		
	环氧清漆		
	环氧磁漆		
	环氧醇酸清烘漆		
	环氧酚醛防腐烘漆		
	环氧腻子		
	环氧富锌底漆		
	环氧聚氯酯耐水漆		
	环烷酸铜防虫漆		
	松香防污漆		
	苯乙烯焦油涂料		
	鱼油沥青涂料		
	油封清漆		
	油基硅钢片漆		
	玻璃管绝缘漆		
	贴花快燥清漆		
	钙酯清漆		
	氨基透明烘漆		
	氨基清烘漆		
	氨基静电清烘漆		
	氨基醇酸绝缘漆		
	酚醛绝缘漆		
	酚醛烘漆		
	酚醛清漆		
	酚醛漆包线漆		
	酚醛透明漆		
	酚醛硅钢片漆		
	铝红酚醛防锈漆		
	铝粉乙烯底漆		
	铝粉有机硅耐热漆		
	铝粉环氧沥青耐油底漆		

续上表

编号	品　名	别　名	备注
	铝粉酚醛磁漆		
	铝粉氯化橡胶底漆		
	铝粉缩醛磁漆		
	铝粉醇酸磁漆		
	银灰三防锤纹漆		
	银灰氨基锤纹漆		
	银灰酚醛磁漆		
	银粉浆	铝银浆；银浆；铝粉浆	
	偏氯乙烯磁漆		
	偏氯乙烯底漆		
	硝基腻子		
	嵌缝油膏		
	黑色氯丁橡胶可剥漆		
	酯胶清烘漆		
	酯胶清漆		
	硼钡酚醛防锈漆		
	煤焦沥青清漆	黑水罗松	
	塑料增光剂	PVC 光亮剂	
	聚合清油		
	聚酯树脂绝缘漆		
	聚酯树脂漆包线漆		
	聚酰亚胺漆包线漆		
	醇酸绝缘漆		
	醇酸烘漆		
	醇酸清漆		
	醇酸漆包线漆		
33647	含二级易燃溶剂的其他制品		
	如：煤炭浮选剂		
	环庚亚胺二甲苯溶剂		
	苯甲酰胺乳剂		
	金属钝化剂		
	钮扣磨光剂		
	环烷酸稀土催干剂	涂料催干剂	

续上表

编号	品　　名	别　　名	备注
	擦铜水		
	淡金水		
	防冻水		
	癣药水		
	刹车油		1118
	发光油		
	地板油		
	修相油		
	油画上光油		
	油画色调合油	调色油	
	鱼鳞光		
	闪烁体材料		
	氧化锌静电复印油墨		
	塑料油墨		
	如:塑料凸板油墨		
	塑料喷涂油墨		
	影印油墨		
	软管滚涂油墨		
	软管白墨	白可丁	
	驻退液	斯切奥尔-M液	
	皂素母液		
	但马酸二甲苯溶液		
	环化橡胶二甲苯溶液		
	硬脂酰氯化铬	防水剂CR	
	清除液(照相用)		
	涂底液(照相用)		
	医用羊肠线		
	药用酊剂类		1293
	如:碘酒		
33648	易燃液体〔闪点23~61℃,未列名的〕		1992,1993,2924

7　第4类　易燃固体、自燃物品和遇湿易燃物品

7.1　第1项　易燃固体

编号	品　　名	别　　名	备注
41001	红磷	赤磷	1338
41002	三硫化(二)磷		1343
41003	三硫化(四)磷		1341
41004	七硫化(四)磷		1339
41005	亚磷酸二氢铅	二盐基亚磷酸铅;二盐	2989
41006	氢化钛		1871
41007	氢化锆		1437
41008	铁铈齐		1323
41009	4-亚硝基(苯)酚	对亚硝基(苯)酚	
41010	2,4-二硝基(苯)酚〔含水≥15%〕		1320
	2,5-二硝基(苯)酚〔含水≥15%〕		
	2,6-二硝基(苯)酚〔含水≥15%〕		
41011	2,4-二硝基间苯二酚〔含水≥15%〕		1322
41012	二硝基邻甲酚钠〔含水≥15%〕		1348
41013	2,4-二硝基苯甲醚	2,4-二硝基茴香醚	
41014	2,4-二硝基苯肼		
41015	2,4-二硝基氯化苄	2,4-二硝基苯(代)氯甲烷	
41016	1,5-二硝基萘		
	1,8-二硝基萘		
41017	三硝基苯〔含水≥30%〕		1354
41018	2,4,6-三硝基甲苯〔含水≥30%〕		1356
41019	三硝基苯甲酸〔含水≥30%〕		1355
41020	六硝基二苯硫〔含水≥10%〕	二苦基硫	2852
41021	N,N′-二亚硝基五亚甲基四胺〔含钝感剂〕	发泡剂H	2972
41022	N,N′-二亚硝基-N,N′-二甲基对苯二酰胺		2973
41023	硝基胍〔含水≥20%〕		1336
41024	硝酸脲〔含水≥20%〕		1357
41025	2,4,6-三硝基苯酚〔含水≥30%〕	苦味酸	1344
41026	2,4,6-三硝基苯酚铵〔含水≥10%〕	苦味酸铵	1310

续上表

编号	品名	别名	备注
41027	2,4,6-三硝基苯酚银〔含水≥30%〕	苦味酸银	1347
41028	苦味酸芴及其盐		
41029	4,6-二硝基-2-氨基苯酚钠〔含水≥20%〕	苦氨酸钠	1349
41030	4,6-二硝基-2-氨基苯酚锆〔含水≥20%〕	苦氨酸锆	1517
41031	硝化纤维素〔含水≥25%〕	硝化棉	2555
	硝化纤维素〔含氮≤12.6%,含醇≥25%〕	硝化棉	2556
	硝化纤维素〔含氮≤12.6%,含增塑物质≥18%〕	硝化棉	2557
41032	硝化淀粉〔含水≥20%〕		1337
41033	硝化沥青		
41034	异山梨醇二硝酸酯混合物〔含乳糖、淀粉或磷酸盐≥60%〕	混合异山梨醇二硝酸酯	2907
41035	迭氮钡〔含水≥50%〕		1571
41036	苯磺酰肼	发泡剂 BSH	2970
41037	1,3-二磺酰肼苯		2971
41038	二-(苯磺酰肼)醚	二苯醚二磺酰肼;发泡剂 OB	2951
41039	偶氮二甲酰胺	发泡剂 AC	
41040	2,2′-偶氮二异丁腈	发泡剂 N	2952
41041	2,2′-偶氮-二-(2-甲基丁腈)		3030
41042	2,2′-偶氮-二-(2,4-二甲基戊腈)	偶氮二异庚腈	2953
41043	1,1′-偶氮-二-(六氢苄腈)		2954
41044	2,2′-偶氮-二-(2,4-二甲基-4-甲氧基戊腈)		2955
41045	3-氯-4-二乙氨基苯重氮氯化锌盐	晒图盐 BG	3033
41046	4-二丙基氨基苯重氮氯化锌盐		3034
41047	3-(2-羟基乙氧基)-4-吡咯烷基-1-苯重氮氯化锌盐		3035
41048	2,5-二乙氧基-4-吗啉代苯重氮氯化锌盐		3036
41049	4-〔苄基(甲基)氨基〕-3-乙氧基苯重氮氯化锌盐		3038
41050	4-〔苄基(乙基)氨基〕-3-乙氧基苯重氮氯化锌盐		3037
41051	4-二甲基氨基-6-(2-二甲基氨基乙氧基)甲苯-2-重氮氯化锌盐		3039

续上表

编号	品　名	别　名	备注
41052	感光剂蓝 BB 色盐		
41053	重氮氨基苯	三氮二苯;苯氨基重氮苯	
41054	2-重氮-1-萘酚-4-磺酸钠		3040
	2-重氮-1-萘酚-5-磺酸钠		3041
41055	2-重氮-1-萘酚-4-磺酰氯		3042
	2-重氮-1-萘酚-5-磺酰氯		3043
41056	癸硼烷	十硼烷;十硼氢	1868
41057	聚苯乙烯珠体〔可发性的〕		2211
41058	火柴〔任何地方可擦燃〕		1331
41059	铝镍合金氢化催化剂		
41060	一级易燃固体〔未列名的〕		1325,2925,2926
41501	硫磺		1350,2448
41502	镁〔片状、带状或条状〕		1869
	镁合金〔片状、带状或条状,含镁 > 50%〕		
41503	铝粉〔有涂层的〕	铝银粉	1309
41504	金属钛粉〔含水≥25%〕	钛粉;海绵钛粉	1352
41505	金属钛粒	钛粒;海绵钛粒	2878
41506	金属锰粉〔含水≥25%〕	锰粉	
41507	金属锆粉〔含水≥25%〕	锆粉	1358
41508	金属锆片		2858
	金属锆条		2858
	金属锆丝		
41509	金属铪粉〔含水≥25%〕	铪粉	1326
41510	硅粉〔非晶形的〕		1346
41511	萘	粗萘;精萘	1334
		萘饼	2304
41512	1-甲基萘	α-甲基萘	
	2-甲基萘	β-甲基萘	
41513	1-硝基萘		2538
	2-硝基萘		
41514	1,8-萘二甲酸酐	萘酐	
41515	苊	萘乙环	

续上表

编号	品　名	别　名	备注
41516	硝基苊		
41517	1,2,4,5-四甲苯	均四甲苯	
41518	2-硝基联苯	邻硝基联苯	
	4-硝基联苯	对硝基联苯	
41519	二硝基联苯		
41520	5-叔丁基-2,4,6-三硝基间二甲苯		2956
41521	4,6-二硝基-2-氨基苯酚	二硝基氨基苯酚;苦氨酸	
41522	2,4-二硝基萘酚钠	马汀氏黄;色淀黄	
41523	3,5-二硝基苯甲酰氯	3,5-二硝基氯化苯甲酰	
41524	2,7-二硝基芴		
41525	1,5-二羟基-4,8-二硝基蒽醌		
41526	2,4-二亚硝基间苯二酚	1,3-二羟基-2,4-二亚硝基苯	
41527	十八烷基乙酰胺	十八烷醋酸酰胺	
41528	六亚甲基四胺	六甲撑四胺;乌洛托品	1328
41529	氨基胍重碳酸盐		
41530	2,2-二硝基丙烷		
41531	2,2,3′,3′-四甲基丁烷	六甲基乙烷;双叔丁基	
41532	三聚甲醛	三聚蚁醛;对称三噁烷	
41533	多聚甲醛	聚蚁醛;聚合甲醛	2213
41534	聚乙醛	四聚乙醛	1332
41535	2-莰醇	冰片;龙脑	1312
41536	2-莰酮	樟脑	2717
41537	莰烯	樟脑萜;莰芬	
41538	咔唑	亚氨基二亚苯;9-氮(杂)芴	
41539	环烷酸钴〔粉状的〕	萘酸钴	2001
41540	环烷酸锌	萘酸锌	
41541	树脂酸钙		1313,1314

续上表

编号	品　名	别　名	备注
41542	树脂酸铝		2715
41543	树脂酸锰		1330
41544	树脂酸钴		1318
41545	树脂酸锌		2714
41546	干喷漆及其制品 如:硝化纤维漆布 硝化纤维漆纸 硝化纤维漆片		
41547	硝化纤维塑料〔板、片、棒、管、卷等状;不包括碎屑〕	赛璐珞	2000
41548	铝铁熔剂		
41549	火补胶		
41550	生松香	焦油松香;松脂	
41551	安全火柴		1944,1945,2254
※41552[1]	棉花 亚麻 大麻 木棉 黄麻 剑麻		
41553	二级易燃固本〔未列名的〕		1325,2925,2926

注:1)本标准危险货物品名编号前加“※”符号,表示该货物在国内运输时,经运输主管部门批准才可按普通货物办理。下同。

7.2　第 2 项　自燃物品

编号	品　名	别　名	备注
42001	黄磷	白磷	2447,1381
42002	金属钙粉	钙粉	1855
	钙合金粉		1855
42003	钡合金		1854
42004	镍催化剂		1378,2881
42005	金属锆粉〔干燥的〕	锆粉	2008

续上表

编号	品　　名	别　　名	备注
42006	金属铪粉〔干燥的〕		2545
42007	金属钛粉〔干燥的〕	钛粉	2546
42008	三氯化钛	氯化亚钛	2441
42009	硫化钠〔无水或含结晶水＜30％〕		1385
42010	硫化钾〔无水或含结晶水＜30％〕		1382
42011	硫氢化钠〔含结晶水＜25％〕	氢硫化钠	2318
42012	连二亚硫酸钠[1]	保险粉；低亚硫酸钠	1384
42013	连二亚硫酸钾	低亚硫酸钾	1929
42014	连二亚硫酸钙		1923
42015	硼氢化铝	氢硼化铝	2870
42016	二氨基镁		2004
42017	二苯基镁		2005
42018	烷基镁		3053
	如：二甲基镁		
	二乙基镁		
42019	苯基溴化镁〔浸在乙醚中的〕		
42020	甲醇钠	甲氧基钠	1431
42021	烷基锂		2445
42022	烷基铝		3051
	如：三甲基铝		
	三乙基铝		
	三丙基铝		
	三丁基铝		
	三异丁基铝		
42023	烷基铝氢化物		3076
42024	烷基铝卤化物		3052
	如：氯化二乙基铝		
	二氯化乙基铝	乙基二氯化铝	
	三氯化三甲基(二)铝		
	三氯化三乙基(二)铝		
	三溴化三甲基(二)铝		
42025	二甲基锌		1370

续上表

编号	品名	别名	备注
42026	二乙基锌		1366
42027	三乙基锑		
42028	三甲基硼	甲基硼	
42029	三乙基硼		
42030	三丁基硼		
42031	戊硼烷	五硼烷	1380
42032	9-磷杂双环壬烷	环辛二烯磷	2940
42033	4-亚硝基-N,N-二甲基苯胺	对亚硝基二甲(基)苯胺;N,N-二甲基-4-亚硝基苯胺	1369
42034	4-亚硝基-N,N-二乙基苯胺	对亚硝基二乙(基)苯胺;N,N-二乙基-4-亚硝基苯胺	
42035	硝化纤维片基	硝化纤维胶片;废硝化纤维电影胶片;废硝化纤维底片	1324
42036	铝导线焊接药包		
42037	一级自燃物品〔未列名的〕		3088,2845,2846
42501	金属锆〔干的,碎屑〕		2009,1932
42502	含油金属屑		2793
42503	代森锰及其制品〔含代森锰 > 60%〕		2210
42504	硝化纤维塑料碎屑	赛璐珞碎屑	2002
42505	棉花〔潮湿的〕		1365
42506	油布、绸及其制品 漆布及其制品		
42507	拷纱		
42508	云母带	柔软云母板	
42509	动、植物纤维及其制品〔含动、植物油的〕 如:油棉纱 油麻丝		1373,1364,1856
42510	油纸及其制品		1379
42511	二级自燃物品〔未列名的〕		3088

续上表

编号	品　　名	别　　名	备注
※42521	活性碳		1362
※42522	碳〔来自动、植物〕		1361
※42523	废氧化铁〔煤气中提炼的〕	废海绵铁	1376
※42524	椰肉干		1363
※42525	种子饼		
	〔含油＞10%或含油水总量＞20%〕		1386,2217
	〔含油＜10%或含油水总量＜20%〕		
	〔含油＜1.5%和含水 11%〕		
	如：菜籽饼		
	棉籽饼		
	油菜籽饼		
	葵花籽饼		
	尼日尔草籽饼		
	大豆饼		
	花生饼		
	玉米饼		
	米糠饼		
	椰子饼		
	亚麻仁饼		
	棕榈仁饼		
※42526	鱼粉〔未加抗氧化剂的〕		1374
	鱼渣		2216

注：1)外贸运输按 42012；内贸运输按 43046。

7.3 第 3 项　遇湿易燃物品

编号	品　　名	别　　名	备注
43001	金属锂	锂	1415
43002	金属钠	钠	1428
43003	金属钾	钾	2257
	钾合金		1420
43004	钾钠合金	钠钾合金	1422
43005	金属钙	钙	1401
	钙合金		
	如：铜钙合金		1401
43006	金属铷	铷	1423
43007	金属铯	铯	1407

续上表

编号	品　　名	别　　名	备注
43008	金属锶	锶	
43009	金属钡	钡	1400
	钡合金		1399
43010	碱金属汞齐		1389
	如:钾汞齐		
43011	碱土金属汞齐		1392
43012	镁粉		
	镁合金粉		
	如:铈镁合金粉		
	镁铝粉		1418
43013	铝粉〔未涂层的〕	铝银粉	1396
43014	锌粉		1436
	锌尘		
43015	铈〔粉、屑〕		3078
43016	氢化锂		1414,2805
43017	氢化钠		1427
43018	氢化钾		
43019	氢化镁	二氢化镁	2010
43020	氢化钙		1404
43021	氢化铝		2463
43022	氢化铝锂	四氢化铝锂	1410,1411
43023	氢化铝钠	四氢化铝钠	2835
43024	氮化锂		2806
43025	碳化钙	电石	1402
43026	碳化铝		1394
43027	硅锂		1417
43028	硅铁锂		2830
43029	硅铁铝〔粉末状的〕		1395
43030	硅化镁		2624
43031	硅化钙		1405
43032	磷化钠		1432
43033	磷化钾		2012
43034	磷化钙	二磷化三钙	1360
43035	磷化镁	二磷化三镁	2011

续上表

编号	品 名	别 名	备注
43036	磷化铝		1397
	磷化铝熏蒸剂		
43037	磷化铝镁		1419
43038	磷化锌		1714
43039	磷化锶		2013
43040	磷化锡		1433
43041	五硫化(二)磷		1340
43042	氨基(化)锂		1412
	氨基(化)钙		
43043	硼氢化锂	氢硼化锂	1413
43044	硼氢化钠	氢硼化钠	1426
43045	硼氢化钾	氢硼化钾	1870
43046	连二亚硫酸钠[1)]	保险粉;低亚硫酸钠	1384
43047	三氟化硼甲醚络合物		2965
43048	甲基溴化镁〔浸在乙醚中〕		1928
43049	三氯硅烷	硅仿;硅氯仿	1295
43050	甲基二氯硅烷	二氯甲基硅烷	1242
	乙基二氯硅烷		1183
43051	一级遇湿易燃物品〔未列名的〕		2813
43501	镁粒〔有涂层的,粒度≥149μm〕		2950
43502	锌灰		1435
43503	硅钙		1406
	硅锰钙		2844
43504	硅铝		1398
※43505	硅铁〔含硅≥30%~<90%〕		1408
43506	氢化钡		
43507	氰氨化钙〔含碳化钙>0.1%〕	石灰氮	1403
43508	连二亚硫酸锌	低亚硫酸锌	1931
43509	代森锰及其制品〔抑制了的〕		2968
43510	二级遇湿易燃物品〔未列名的〕		2813

注:1)外贸运输按42012;内贸运输按43046。

8 第5类 氧化剂和有机过氧化物

8.1 第1项 氧化剂

编号	品名	别名	备注
51001	过氧化氢〔含量>60%,特许的〕	双氧水	2015
	过氧化氢〔含量20%~60%〕	双氧水	2014
51002	过氧化钠	双氧化钠;二氧化钠	1504
51003	过氧化钾		1491
51004	过氧化锂		1472
※51005	过氧化镁	二氧化镁	1476
51006	过氧化钙	二氧化钙	1457
51007	过氧化锶	二氧化锶	1509
51008	过氧化钡	二氧化钡	1449
※51009	过氧化锌	二氧化锌	1516
51010	无机过氧化物〔未列名的〕		1483
51011	超氧化物及其混合物		
	如:超氧化钠	三氧化二钠	2547
	超氧化钾		2466
	产氧剂		
51012	三氟化溴		1746
51013	五氟化溴		1745
51014	五氟化碘		2495
51015	高氯酸〔含酸50%~72%〕	过氯酸	1873
51016	高氯酸钙	过氯酸钙	1455
51017	高氯酸铵	过氯酸铵	1442
51018	高氯酸钠	过氯酸钠	1502
51019	高氯酸钾	过氯酸钾	1489
51020	高氯酸锂	过氯酸锂	
51021	高氯酸镁	过氯酸镁	1475
51022	高氯酸钡	过氯酸钡	1447
51023	高氯酸锶	过氯酸锶	1508
51024	高氯酸铅	过氯酸铅	1470
51025	高氯酸亚铁		
51026	高氯酸银	过氯酸银	

续上表

编号	品　　名	别　　名	备注
51027	高氯酸盐〔未列名的〕		1481
51028	氯酸溶液〔浓度≤10%〕		2626
51029	氯酸铵		
51030	氯酸钠		1495
	氯酸钠溶液		2428
51031	氯酸钾		1485
	氯酸钾溶液		2427
51032	氯酸镁		2723
51033	氯酸铯		
51034	氯酸锶		1506
51035	氯酸钡		1445
51036	氯酸钙		1452
	氯酸钙溶液		2429
51037	氯酸铜		2721
51038	氯酸锌		1513
51039	氯酸铊		2573
51040	氯酸银		
51041	无机氯酸盐类〔未列名的〕		1461
51042	无机亚氯酸盐类〔未列名的〕		1462
51043	次氯酸钙〔含有效氯>39%〕		1748
	漂粉精〔含有效氯>39%〕	高级晒粉	
	次氯酸钙混合物〔含有效氯>39%〕		
51044	次氯酸锂		1471
51045	次氯酸钡〔含有效氯>22%〕		2741
51046	亚氯酸钠		1496
	亚氯酸钙		1453
51047	高锰酸钠	过锰酸钠	1503
51048	高锰酸钾	过锰酸钾;灰锰氧	1490
51049	高锰酸钙	过锰酸钙	1456
51050	高锰酸钡	过锰酸钡	1448
51051	高锰酸锌		1515
51052	高锰酸银	过锰酸银	
51053	高锰酸盐类〔未列名的〕		1482
51054	硝酸锂		2722

续上表

编号	品　　名	别　　名	备注
51055	硝酸钠		1498
51056	硝酸钾		1486
51057	硝酸钙		1454
51058	硝酸铯		1451
51059	硝酸锶		1507
51060	硝酸钡		1446
51061	硝酸铍		2464
51062	硝酸锌		1514
51063	硝酸银		1493
51064	硝酸锆		2728
51065	硝酸铅		1469
51066	一级无机硝酸盐类〔未列名的〕		1477
51067	含硝酸盐制品〔未列名的〕		
51068	硝酸胍	硝酸亚氨脲	1467
51069	硝酸铵〔含可燃物≤0.2%〕		1942
51070	硝酸铵肥料〔含可燃物≤0.4%〕		2067～2072
51071	亚硝酸铵		
51072	亚硝酸锌铵		1512
51073	亚硝酸钾		1488
51074	一级无机亚硝酸盐类〔未列名的〕		
51075	高氯酸醋酐溶液	过氯酸醋酐溶液	
51076	过氧化氢尿素		1511
51077	二氯异氰尿酸		2465
51078	三氯异氰尿酸		2468
51079	四硝基甲烷		1510
51080	一级氧化剂〔未列名的〕		1479,3085,3087
51501	过氧化氢〔含量8%～20%〕	双氧水	2984
51502	过氧化铅	二氧化铅	1872
51503	过(二)碳酸钠		2467
51504	过硫酸铵	高硫酸铵;过二硫酸铵	1444
	过硫酸钠	高硫酸钠;过二硫酸钠	1505

续上表

编号	品　　名	别　　名	备注
	过硫酸钾	高硫酸钾;过二硫酸钾	1492
51505	高硼酸钠	过硼酸钠	
51506	锰酸钾		
51507	高铼酸铵	过铼酸铵	
51508	高铼酸钾	过铼酸钾	
51509	次氯酸钙〔含有效氯 10%～39%〕		2208
	次氯酸钙混合物或水合物		
	〔含有效氯 10%～39%〕		
	〔含水量 5.5%～10%〕		2880
	如:漂白粉		
51510	溴酸钠		1494
	溴酸钾		1484
	溴酸镁		1473
	溴酸锶		
	溴酸钡		2719
	溴酸锌		2469
	溴酸银		
	溴酸镉		
	溴酸铅		
51511	溴酸盐类〔未列名的〕		1450
51512	高碘酸	过碘酸;仲高碘酸	
51513	高碘酸铵	过碘酸铵	
	高碘酸钡	过碘酸钡	
	高碘酸钠		
	仲高碘酸钠	仲过碘酸钠;一缩原高碘酸钠	
	偏高碘酸钠		
	高碘酸钾		
	仲高碘酸钾	仲过碘酸钾	
	偏高碘酸钾	偏过碘酸钾	
51514	高碘酸盐类〔未列名的〕		
51515	碘酸		
51516	五氧化二碘	碘酐	

续上表

编号	品名	别名	备注
51517	碘酸铵		
	碘酸钠		
	碘酸钾		
	碘酸钾合一碘酸	碘酸氢钾;重碘酸钾	
	碘酸钾合二碘酸		
	碘酸锂		
	碘酸钙		
	碘酸锶		
	碘酸钡		
	碘酸锰		
	碘酸铁		
	碘酸锌		
	碘酸银		
	碘酸镉		
	碘酸铅		
51518	碘酸盐类〔未列名的〕		
51519	三氧化铬〔无水〕	铬(酸)酐	1463
51520	重铬酸铵	红矾铵	1439
	二水合重铬酸锂		
	重铬酸钠	红矾钠	
	重铬酸钾	红矾钾	
	重铬酸铯		
	重铬酸钡		
	重铬酸铝		
	重铬酸铜		
	重铬酸锌		
	重铬酸银		
51521	重铬酸盐类〔未列名的〕		
51522	硝酸镁		1474
	硝酸铝		1438
	硝酸铬		2720
	硝酸锰	硝酸亚锰	2724
	硝酸铁	硝酸高铁	1466

续上表

编号	品名	别名	备注
	硝酸镍	硝酸亚镍	2725
	硝酸钴	硝酸亚钴	
	硝酸镍铵	四氨硝酸镍	
	硝酸铜		
	硝酸氧锆	硝酸锆酰	
	硝酸铑		
	硝酸钯		
	硝酸镉		
	硝酸镓		
	硝酸铟		
	硝酸铋		
51523	硝酸镨		
	硝酸钕		
	硝酸钕镨	硝酸镨钕	1465
	硝酸钐		
	硝酸镝		
	硝酸铒		
	硝酸镧		
	硝酸铈	硝酸亚铈	
	硝酸铈铵		
	硝酸铈钠		
	硝酸铈钾		
	硝酸镱		
	硝酸镥		
	硝酸钇		
51524	二级无机硝酸盐类〔未列名的〕		
51525	亚硝酸钠		1500
	亚硝酸钙		
	亚硝酸钡		
	亚硝酸镍		2726
51526	氧化银		
51527	二级氧化剂〔未列名的〕		1479,3085,3087

8.2 第2项 有机过氧化物

编号	品 名	别 名	备注
52001	2,2-过氧化二氢丙烷〔含量≤27%,带有惰性固体〕		2178
52002	2,5-二甲基-2,5-过氧化二氢己烷〔含量≤82%,含水〕		2174
52003	2,2-双-(过氧化叔丁基)丙烷		
	〔在溶液中,含量≤52%〕		2883
	〔含量≤42%,带有惰性固体,带有A型稀释剂≥13%〕		2884
52004	2,2-双-(过氧化叔丁基)丁烷〔在溶液中,含量≤52%〕		2111
52005	2,5-二甲基-2,5-双-(过氧化叔丁基)己烷		
	〔工业纯〕		2155
	〔含量≤52%,带有惰性固体〕		2156
52006	2,2-双-(4,4-二叔丁基过氧化环己基)丙烷〔含量≤42%,带有惰性固体〕		2168
52007	2,5-二甲基-2,5-双-(过氧化-2-乙基己酰)己烷〔工业纯〕		2157
52008	2,5-二甲基-2,5-双-(过氧化-3,5,5-三甲基己酰)己烷〔在溶液中,含量≤77%〕	2,5-二甲基-2,5-双-(过氧化异壬酰)己烷	3060
52009	2,5-二甲基-2,5-双-(过氧化苯甲酰)己烷		
	〔工业纯〕		2172
	〔含量≤82%,带有惰性固体〕		2173
	〔含量≤82%,含水〕		2959
52010	1,1-双-(过氧化叔丁基)环己烷		
	〔工业纯〕		2179
	〔在溶液中,含量≤52%〕		2897
	〔在溶液中,含量>52%~≤77%〕		2180
	〔含量≤42%,带有惰性固体,带有A型稀释剂≥13%〕		2885
	〔在溶液中,含量≤27%,带有A型稀释剂≥36%和乙基苯≥36%〕		3069

续上表

编号	品　　名	别　　名	备注
52011	1,1-双-(过氧化叔丁基)-3,3,5-三甲基环己烷		
	〔工业纯〕		2145
	〔在溶液中,含量≤57%〕		2146
	〔含量≤57%,带有惰性固体〕		2147
52012	过氧化乙酰磺酰环己烷	乙酰过氧化磺酰环己烷	
	〔含量≤82%,含水≥12%〕		2082
	〔在溶液中,含量≤32%〕		2083
52013	过氧化双-(1-羟基环己烷)〔工业纯〕		2148
52014	3,3,6,6,9,9-六甲基-1,2,4,5-四氧环壬烷		
	〔工业纯〕		2165
	〔在溶液中,含量≤52%〕		2167
	〔含量≤52%,带有惰性固体〕		2166
52015	2,5-二甲基-2,5-双-(过氧化叔丁基)-3-己炔		
	〔工业纯〕		2158
	〔含量≤52%,带有惰性固体〕		2159
52016	过氧化氢异丙基	异丙基过氧化氢	
52017	过氧化氢叔丁基	过氧化氢第三丁基;过氧化叔丁醇	
	〔含量≤80%,带有氢过氧化二叔丁基和/或A型稀释剂〕		2092
	〔含量≤72%,含水〕		2093
	〔含量>72%~≤90%,含水〕		2094
	〔含量≤82%,含水≥7%,含氢过氧化二叔丁基≥9%〕		3075
52018	过氧化氢叔戊基〔在溶液中,含量≤88%,含水≥6%〕		3067
52019	1,1,3,3-四甲基丁基过氧化氢〔工业纯〕	过氧化氢叔辛基	2160
52020	过氧化氢异丙苯〔工业纯〕	过氧化羟基茴香素;枯基过氧化氢	2116
52021	过氧化氢二异丙(基)苯〔在溶液中,含量≤72%〕		2171

续上表

编号	品　　名	别　　名	备注
52022	过氧化氢二叔丁基异丙(基)苯		
52023	过氧化氢蒎烷〔工业纯〕	过氧化氢-2,6,6-三甲基降蒎基	2162
52024	过氧化氢(对)蓋烷〔工业纯〕		2125
52025	过氧化氢四氢化萘〔工业纯〕		2136
52026	过氧化二叔丁基〔工业纯〕		2102
52027	过氧化叔丁基苯〔工业纯〕		
52028	过氧化叔丁基异丙(基)苯〔工业纯〕		2091
52029	1,3-双-(2-叔丁基过氧化异丙基)苯		2112
	〔工业纯〕		
	〔含量>42%,带有惰性固体〕		
	1,4-双-(2-叔丁基过氧化异丙基)苯		
	〔工业纯〕		
	〔含量>42%,带有惰性固体〕		
52030	过氧化二异丙苯	过氧化二枯基;硫化剂 DCP	2121
	〔工业纯〕		
	〔含量>42%,带有惰性固体〕		
52031	过氧化异丁基甲基甲酮		2126
	〔在溶液中,含量≤62%,带有 A 型稀释剂〕		
	〔含 A 型稀释剂≥19%和含甲基异丁基酮≥19%〕		
52032	过氧化甲乙酮	过氧化丁酮液;催化剂糊 M	
	〔在溶液中,含量≤45%,含有效氧≤10%〕		2550
	〔在溶液中,含量≤52%,含有效氧>10%〕		2563
	〔在尼龙酸二异丁酯中,含量≤40%,含有效氧≤8.2%〕		3068
52033	过氧化乙酰丙酮		
	〔在溶液中,含量≤42%,含水≥8%,含A型稀释剂≥48%,含有效氧≤4.7%〕		2080
	〔糊状物,含量≤32%,含溶剂≥44%,含水≥9%,带有惰性固体≥11%〕		3061

续上表

编号	品　　名	别　　名	备注
52034	过氧化环己酮		
	〔在溶液中,含量≤72%,含有效氧≤9%〕		2118
	〔含量≤91%,含水〕		2119
	〔糊状物,含量≤72%,含有效氧≤9%〕		2896
	过氧化环己酮浆 如:催化剂糊 H 催化剂糊 HCH		
52035	过氧化甲基环己酮〔在溶液中,含量≤67%〕		3046
52036	过氧化二丙酮醇〔在混合物中,含量≤57%,含水≥8%,含二丙酮醇≤26%,含过氧化氢≤9%,含有效氧≤10%〕		2163
52037	过氧化(二)乙酰〔在溶液中,含量≤27%〕		2084
52038	过氧化(二)丙酰〔在溶液中,含量≤27%〕		2132
52039	过氧化(二)异丁酰〔在溶液中,含量≤52%〕		2182
52040	过氧化(二)正辛酰〔工业纯〕		2129
52041	过氧化(二)正壬酰〔工业纯〕		2130
52042	过氧化(二)异壬酰〔工业纯〕	过氧化二-(3,5,5-三甲基己酰)	2128
52043	过氧化(二)癸酰〔工业纯〕		2120
52044	过氧化十二(烷)酰	过氧化(二)月桂酰;引发剂 B	
	〔工业纯〕		2124
	〔含量≤42%,在水中均匀分布〕		2893
52045	过氧化(二)苯甲酰		
	〔工业纯〕		2085
	〔含量>52%,带有惰性固体〕		2085
	〔糊状物,含量≤72%〕		2087
	〔含量>77%~<95%,含水〕		2088
	〔含量≥32%~≤52%,带有惰性固体〕		2089
	〔含量≤77%,含水〕		2090
	〔含量≤62%,带有惰性固体≥28%,含水≥10%〕		3074
	过氧化(二)苯甲酰油膏		

续上表

编号	品名	别名	备注
52046	过氧化二-(2-甲基苯甲酰)〔含量≤87,含水〕	过氧化二-(2-氧苯甲酰)	2593
52047	过氧化二-(2-氯苯甲酰)〔含量≤77%,含水〕	过氧化二-(邻氯苯甲酰)	
	过氧化二-(4-氯苯甲酰)	过氧化二-(对氯苯甲酰)	
	〔含量≤77%,含水〕		2113
	〔糊状物,含量≤52%〕		2114
	〔在溶液中,含量≤52%〕		2115
52048	过氧化二-(2,4-二氯苯甲酰)	2,4,2,4-四氯过氧化二苯甲酰	
	〔含量≤77%,含水〕	硫化剂 DCBP	2137
	〔糊状物,含量≤52%〕		2138
	〔在溶液中,含量≤52%〕		2139
52049	过氧化乙酰苯甲酰〔在溶液中,含量≤45%〕	乙酰过氧化苯(甲)酰	2081
52050	过甲酸	过蚁酸	
52051	过乙酸	过醋酸;过氧化乙酸;乙酰过氧化氢	
	〔含量≤43%,含水≥5%,含乙酸≥35%,含过氧化氢≤6%,含有稳定剂〕		2131
	〔含量≤16%,含水≥39%,含乙酸≥15%,含过氧化氢≤24%,含有稳定剂〕		3045
52052	过氧化(二)丁二酸	过氧化双丁二酸;过氧化丁二酰;过氧化(二)琥珀酸	
	〔工业纯〕		2135
	〔含量≤72%,含水〕		2962
52053	双过氧化壬二酸〔含量≤27%,含壬二酸≥13%,含硫酸钠≥53%〕		2958
52054	双过氧化十二烷二酸〔含量≤42%,含硫酸钠≥56%〕		3063

续上表

编号	品　　名	别　　名	备注
52055	过氧化氢苯甲酰	过苯甲酸	
52056	过氧化-3-氯苯甲酸	过氧化间氯苯甲酸	
	〔含量＞57%～≤86%，带有3-氯苯甲酸〕		2755
	〔含≤57%，含水和3-氯苯甲酸〕		3081
52057	过苯二甲酸		
52058	叔丁基过苯二甲酸	第三丁基过苯二甲酸	
52059	过氧化乙酸叔丁酯	过氧化醋酸叔丁酯；过氧化叔丁基乙酸酯	
	〔在溶液中，含量＞52%～≤77%〕		2095
	〔在溶液中，含量≤52%〕		2096
52060	过氧化二乙基乙酸叔丁酯	过氧化二乙基醋酸叔丁酯；过氧化叔丁基二乙基乙酸酯	
	〔工业纯〕		2144
	〔在溶液中，含量≤33%，带有过氧化苯甲酸叔丁酯≤33%〕		2551
52061	3,3-双-(过氧化叔丁基)丁酸乙酯		
	〔工业纯〕		2184
	〔在溶液中，含量≤77%〕		2185
	〔含量≤52%，带有惰性固体〕		2598
52062	过氧化异丁酸叔丁酯	过氧化叔丁基异丁酸酯	
	〔在溶液中，含量＞52%～≤77%〕		2142
	〔在溶液中，含量≤52%〕		2562
52063	4,4-双-(过氧化叔丁基)戊酸正丁酯		
	〔工业纯〕		2140
	〔含量≤52%，带有惰性固体〕		2141
52064	过氧化新戊酸叔丁酯	过氧化叔丁基新戊酸酯	
	〔在溶液中，含量＞67%～≤77%〕		2110
	〔在溶液中，含量≤67%〕		3047

续上表

编号	品　　名	别　　名	备注
52065	过氧化新戊酸叔戊酯〔在溶液中,含量≤77%〕	过氧化叔戊基新戊酸酯	2957
52066	过氧化新戊酸异丙基苯酯〔在溶液中,含量≤77%〕	过氧化异丙苯基新戊酸酯;过氧化新戊酸枯基酯	2964
52067	过氧化-2-乙基已酸叔丁酯	过氧化叔丁基-2-乙基已酸酯	
	〔工业纯〕		2143
	〔含量≤31%,含2,2-二-(过氧化叔丁基)丁烷≤36%,含钝感剂≥33%〕		2886
	〔含量≤12%,含2,2-二-(过氧化叔丁基)丁烷≤14%,含A型稀释剂≥14%,带有惰性固体≥60%〕		2887
	〔在溶液中,含量≤52%〕		2888
52068	过氧化-2-已基已酸叔戊酯〔工业纯〕	过氧化叔戊基-2-乙基已酸酯	2398
52069	过氧化-2-乙基已酸-1,1,3,3-四甲基丁酯〔工业纯〕	过氧化-1,1,3,3-四甲基丁基-2-乙基乙酸酯;过氧化-2-乙基已酸叔辛酯	2161
52070	过氧化-3,5,5-三甲基已酸叔丁酯〔工业纯〕	过氧化异壬酸叔丁酯;过氧化叔丁基-3,5,5-三甲基已酸酯过氧化叔丁基新癸酸酯	2104
52071	过氧化新癸酸叔丁酯		
	〔工业纯〕		2594
	〔在溶液中,含量≤77%〕		2177
52072	过氧化新癸酸叔戊酯	过氧化叔戊基新癸酸酯	
	〔在溶液中,含量≤77%〕		2891
52073	过氧化新癸酸异丙基苯酯〔在溶液中,含量≤77%〕	过氧化异丙苯基新癸酸酯;过氧化新癸酸枯基酯	2963

续上表

编号	品　　名	别　　名	备注
52074	过氧化丁烯酸叔丁酯〔在溶液中，含量≤77%〕	过氧化叔丁基丁烯酸酯；过氧化巴豆酸叔丁酯	2183
52075	过氧化顺式丁烯二酸叔丁酯	过氧化叔丁基顺式丁烯二酸酯；过氧化马来酸叔丁酯	
	〔工业纯〕		2099
	〔在溶液中，含量≤52%〕		2100
	〔糊状物，含量≤52%〕		2101
52076	过氧化苯甲酸叔丁酯	过氧化叔丁基苯甲酸酯	
	〔工业纯〕		2097
	〔在溶液中，含量＞77%〕		2097
	〔在溶液中，含量≤77%〕		2098
	〔含量≤52%，带有惰性固体〕		2890
52077	过氧化苯甲酸叔戊酯〔在溶液中，含量≤92%〕		3044
52078	过氧化邻苯二甲酸叔丁酯〔工业纯〕	过氧化叔丁基邻苯二甲酸酯	2105
52079	双-(过氧化叔丁基)邻苯二甲酸酯		
	〔工业纯〕		2106
	〔在溶液中，含量≤52%〕		2107
	〔糊状物，含量≤52%〕		2108
52080	过氧化异丙基碳酸叔丁酯〔在溶液中，含量≤77%〕	叔丁基过氧化异丙基碳酸酯	2103
52081	过氧化十八烷酰碳酸叔丁酯〔工业纯〕	叔丁基过氧化硬脂酰碳酸酯	3062
52082	2,4,4-三甲基戊基-2-过氧化苯氧基乙酸酯〔在溶液中，含量≤37%〕	2,4,4-三甲基戊基-2-过氧化苯氧基醋酸酯	2961
52083	3-过氧化叔丁基-3-邻羟甲基苯甲酸内酯〔工业纯〕	3-过氧化叔丁基-3-苯基酞内酯	2596
52084	过氧化二碳酸二乙酯〔在溶液中，含量≤27%〕	过氧化二乙基二碳酸酯	2175

续上表

编号	品　　名	别　　名	备注
52085	过氧化二碳酸二正丙酯〔工业纯〕	过氧化二正丙基二碳酸酯	2176
52086	过氧化二碳酸二异丙酯	过氧化二异丙基二碳酸酯	
	〔工业纯〕		2133
	〔在溶液中,含量≤52%〕		2134
52087	过氧化二碳酸二正丁酯	过氧化二正丁基二碳酸酯	
	〔在溶液中,含量≤52%〕		2169
	〔在溶液中,含量≤27%〕		2170
52088	过氧化二碳酸二仲丁酯	过氧化二仲丁基二碳酸酯	
	〔工业纯〕		2150
	〔在溶液中,含量≤52%〕		2151
52089	过氧化二碳酸二-(2-乙基己基)酯	过氧化二-(2-乙基己基)二碳酸酯	
	〔工业纯〕		2122
	〔在溶液中,含量≤77%〕		2123
	〔含量≤42%,在水中均匀分布〕		2060
52090	过氧化二碳酸二(异十三烷基)酯〔工业纯〕	过氧化二(异十三烷基)二碳酸酯	2889
52091	过氧化二碳酸二(十四烷基)酯	过氧化二(十四烷基)二碳酸酯	
	〔工业纯〕		2595
	〔含量≤42%,在水中均匀分布〕		2892
52092	过氧化二碳酸二(十六烷基)酯	过氧化二(十六烷基)二碳酸酯	
	〔工业纯〕		2164
	〔含量≤42%,在水中均匀分布〕		2895
52093	过氧化二碳酸二(十八烷基)酯〔含量≤87%,含有十八烷醇〕	过氧化二(十八烷基)二碳酸酯;过氧化二碳酸二硬脂酰酯	2592

续上表

编号	品名	别名	备注
52094	过氧化二碳酸二环已酯	过氧化二环已基二碳酸酯	
	〔工业纯〕		2152
	〔含量≤91%,含水〕		2153
52095	过氧化二碳酸-二-(4-叔丁基环已基)酯	过氧化-二-(4-叔丁基环已基)二碳酸酯	
	〔工业纯〕		2154
	〔含量≤42%,在水中均匀分布〕		2894
52096	过氧化二碳酸二苯甲酯〔含量≤87%,含水〕	过氧化苄基二碳酸酯	2149
52097	过氧化二碳酸-二-(2-苯氧基乙基)酯	过氧化-二-(2-苯氧基乙基)二碳酸酯	
	〔工业纯〕		3058
	〔含量≤85%,含水〕		3059
52098	过氧化二-(3,5,5-三甲基-1,2-二氧戊环)〔糊状物,含量≤52%〕		2597
52099	过氧化蒎烯		
52100	土荆芥油	藜油;除蛔素;除蛔油	
52101	有机过氧化物混合物〔未列名的〕		2756
52102	有机过氧化物〔未列名的〕		2255,2899

9 第6类 毒害品和感染性物品

9.1 第1项 毒害品

编号	品名	别名	备注
61001	氰化物		
	如:氰化钠	山奈	1689
	氰化钾		1680
	氰化钙		1575
	氰化钡		1565
	氰化钴		
	氰化镍	氰化亚镍	1653
	氰化镍钾	氰化钾镍	

续上表

编号	品 名	别 名	备注
	氰化铜	氰化高铜	1587
	氰化银		1684
	氰化银钾	银氰化钾	
	氰化锌		1713
	氰化镉		
	氰化汞	氰化高汞	1636
	氰化汞钾	汞氰化钾;氰化钾汞	1626
	氰化铅		1620
	氰化铈		
	氰化亚铜		
	氰化亚铜(三)钠	紫铜盐;紫铜矾;氰化铜钠	2316
	氰化亚铜(三)钾	氰化亚铜钾	1679
	氰化金钾		
	氰熔体	氰熔块	
	氰化溴	溴化氰	1889
61002	氰化物溶液		1935
	如:氰化亚铜(三)钠溶液	氰化亚铜钠溶液	2317
	镀铜药水		
	镀锌药水		
61003	氰化氢〔无水,稳定的〕	无水氢氰酸	1051
61004	氢氰酸〔含量≤20%〕		1613
61005	氢氰酸蒸熏剂		
61006	砷		1558
	砷粉		1562
61007	三氧化(二)砷	白砒;砒霜;亚砷(酸)酐	1561
61008	伦敦紫		1621
61009	亚砷酸盐类		1556,1557
	如:亚砷酸钠	偏亚砷酸钠	2027
	亚砷酸钠水溶液		1686
	亚砷酸钾		1678
	亚砷酸钙		
	亚砷酸锶	原亚砷酸锶	1691

续上表

编号	品　　名	别　　名	备注
	亚砷酸钡		
	亚砷酸铁		1607
	亚砷酸铜	亚砷酸氢铜	1586
	亚砷酸银	原亚砷酸银	1683
	亚砷酸锌		1712
	亚砷酸铅		1618
	亚砷酸锑		
	乙酰亚砷酸铜	祖母绿;翡翠绿;醋酸亚砷酸铜	1585
61010	五氧化(二)砷	砷(酸)酐	1559
61011	砷酸		1553,1554
	偏砷酸		
	焦砷酸		
61012	砷酸盐类		1556,1557
	如:砷酸铵		1546
	砷酸氢二铵		
	砷酸钠	原砷酸钠;砷酸三钠	1685
	偏砷酸钠		
	砷酸氢二钠		
	砷酸二氢钠		
	砷酸钾		1677
	砷酸二氢钾		
	砷酸镁		1622
	砷酸钙	砷酸三钙	1573
	砷酸钡		
	砷酸铁		1606
	砷酸亚铁		1608
	砷酸铜		
	砷酸银		
	砷酸锌		1712
	砷酸汞	砷酸氢汞	1623
	砷酸铅		1617
	砷酸锑		

续上表

编号	品　　名	别　　名	备注
61013	三氟化砷	氟化亚砷	
	三氯化砷	氯化亚砷	1560
61014	三溴化砷	溴化亚砷	1555
	三碘化砷	碘化亚砷	
61015	二氧化硒	亚硒酐;无水亚硒酸	
61016	亚硒酸盐类		2630
	如:亚硒酸钠		
	亚硒酸氢钠		
	亚硒酸钾		
	亚硒酸镁		
	亚硒酸钙		
	亚硒酸钡		
	亚硒酸铝		
	亚硒酸铜		
	亚硒酸银		
	亚硒酸铈		
61017	硒酸盐类		2630
	如:硒酸钠		
	硒酸钾		
	硒酸钡		
	硒酸铜	硒酸高铜	
61018	硒化物		
	如:硒化铁		
	硒化锌		
	硒化镉		
	硒化铅		
61019	卤化硒		
	如:氯化硒	二氯化二硒	
	四氯化硒		
	溴化硒		
	四溴化硒		
61020	二硫化硒		2657
61021	一级钡化合物		1564

续上表

编号	品名	别名	备注
	如:氯化钡		
	氢氧化钡		
61022	铊	金属铊	
61023	铊化合物		1707
	如:氧化亚铊	一氧化(二)铊	
	氧化铊	三氧化(二)铊	
	氢氧化铊		
	氯化亚铊	一氯化铊	
	溴化亚铊	一溴化铊	
	碘化亚铊	一碘化铊	
	三碘化铊		
	硝酸铊		2727
	硫酸亚铊		
	碳酸亚铊		
	磷酸亚铊		
61024	铍粉		1567
61025	铍化合物		1566
	如:氧化铍		
	氢氧化铍		
	氯化铍		
	碳酸铍		
	硫酸铍		
	硫酸铍钾		
	铬酸铍		
	氟铍酸铵	氟化铍铵	
	氟铍酸钠		
61026	四氧化锇	锇(酸)酐	2471
61027	氯锇酸铵	氯化锇铵	
61028	三氧化(二)钒〔非熔融的〕		2860
	五氧化二钒〔非熔融的〕	钒(酸)酐	2862
61029	钒酸钾		
	偏钒酸钾		2864
	偏钒酸铵		2859
	聚钒酸铵	多钒酸铵	2861

续上表

编号	品　　名	别　　名	备注
	钒酸铵钠		2863
	硫酸氧钒	硫酸钒酰	2931
61030	一级无机汞化合物		
	如:氧氰化汞〔钝化的〕	氰氧化汞	1642
	砷化汞		
	硝酸汞	硝酸高汞	1625
	氟化汞	二氟化汞	
	氯化汞	氯化高汞;二氯化汞	1624
	碘化汞	碘化高汞;二碘化汞	1638
61031	羰基金属		
	如:羰基镍	四羰基镍;四碳酰镍	1259
	五羰基铁		1994
61032	二氯硫化碳	硫光气;硫代羰基氯	2474
61033	迭氮(化)钠		1687
61034	一级无机毒害品〔未列名的〕		2810,2811,3086
61051	三氯硝基甲烷	氯化苦;硝基三氯甲烷	1580
61052	3-氯-1,2-环氧丙烷	环氧氯丙烷	2023
61053	3-溴-1,2-环氧丙烷	环氧溴丙烷	2558
61054	溴甲烷和二溴乙烷液体混合物		1647
61055	六氯环戊二烯	全氯环戊二烯	2646
61056	硝基苯		1662
61057	1,2-二硝基苯	邻二硝基苯	1597
	1,3-二硝基苯	间二硝基苯	1597
	1,4-二硝基苯	对二硝基苯	1597
61058	2-硝基甲苯	邻硝基甲苯	1664
	3-硝基甲苯	间硝基甲苯	1664
	4-硝基甲苯	对硝基甲苯	1664
61059	3-硝基-4-氯三氟甲苯	2-氯-5-三氟甲基硝基苯	2307
61060	硝基三氟甲苯	3-硝基三氟甲苯;间硝基三氟甲苯	2306
61061	苯肼化(二)氯		1672

续上表

编号	品　　名	别　　名	备注
61062	多氯联苯		2315
61063	氯化苄	苄基氯;α-氯甲苯	1738
61064	二氯化苄	二氯甲(基)苯;苄叉二氯	1886
61065	溴化苄	苄基溴;α-溴甲苯	1737
61066	碘化苄	苄基碘;α-碘甲苯	2653
61067	苯酚	酚;石炭酸	1671,2312
61068	苯酚溶液		2821
61069	杂酚	粗酚;煤焦酚	
61070	苯酚树酯		
61071	焦油酸		
61072	甲苯基酸	克利沙酸	2022
61073	2-甲(苯)酚	邻甲(苯)酚	2076
	3-甲(苯)酚	间甲(苯)酚	2076
	4-甲(苯)酚	对甲(苯)酚	2076
	甲(苯)酚异构体混合物		
61074	4,6-二硝基邻甲苯酚	4,6-二硝基邻甲酚	1598
61075	二硝基苯酚溶液		1599
61076	二硝基邻甲酚铵		1843
61077	乙撑亚胺〔抑制了的〕	氮丙环;吖丙啶	1185
61078	一级 N-取代苯胺类		
	如:N,N-二甲(基)苯胺		2253
	N-乙基邻甲苯胺	乙氨基邻甲苯	2754
	N-乙基间甲苯胺	乙氨基间甲苯	2754
	N-乙基对甲苯胺	乙氨基对甲苯	2754
	N-正丁基苯胺		2738
61079	一氯乙醛	氯乙醛	2232
	三氯乙醛〔无水的,抑制了的〕	氯醛;氯油	2075
61080	六氟丙酮水合物	全氟丙酮水合物;水合六氟丙酮	2552
61081	六氯丙酮		2661
61082	二氯四氟丙酮	敌锈酮	
61083	甲基溴丙酮		1610
61084	1,2-二溴-3-丁酮		2648

续上表

编号	品名	别名	备注
61085	2-吡咯酮		
61086	二氯(二)甲醚	对称二氯(二)甲醚	2249
61087	二氯异丙(基)醚		2490
61088	丙酮氰醇	丙酮合氰化氢	1541
61089	全氯甲硫醇	三氯硫氯甲烷;过氯甲硫醇;四氯硫代碳酰	1670
61090	苯(基)硫醇	苯硫酚;巯基苯;硫代苯酚	2337
61091	2-巯基乙醇	硫代乙二醇	2966
61092	2-巯基丙酸		2936
61093	一级有机汞化合物		
	如:乙酸汞	醋酸汞	1629
	油酸汞		1640
	葡萄糖酸汞		1637
	核酸汞		1639
	水杨酸汞		1644
	乙酸甲氧基乙基汞	醋酸甲氧基乙基汞	
	氯化甲氧基乙基汞		
	氯化甲基汞		
	羟基甲基汞		
	氢氧化苯汞		1894
	硝酸苯汞		1895
	苯甲酸汞	安息香酸汞	1631
61094	一级有机铍化合物		
	如:乙酸铍	醋酸铍	
61095	一级有机铊化合物		
	如:甲酸亚铊	甲酸铊;蚁酸铊	
	乙酸亚铊	乙酸铊;醋酸铊	
	丙二酸铊	丙二酸亚铊	
61096	一级有机锡化合物		2788
	如:硫酸二乙基锡		
	硫酸三乙基锡		
	酸式硫酸三乙基锡		

续上表

编号	品　　名	别　　名	备注
	二丁基氧化锡	氧化二丁基锡	
61097	烷基铅类		
	如：四甲基铅		
	四乙基铅	发动机燃料抗爆混合物	1649
61098	一级有机胂化合物		1556,1557
	如：乙基二氯胂	二氯化乙基胂	1892
	二苯(基)氯胂	氯化二苯胂	1699
	二苯(基)胺氯胂	吩吡嗪化氯；亚当氏气	1698
61099	氟乙酸	氟醋酸	2642
61100	氟乙酸钠	氟醋酸钠	2629
	氟乙酸钾	氟醋酸钾	2628
61101	一级氯甲酸酯类		2742
	如：氯甲酸(正)丙酯		2740
	氯甲酸三氯甲酯	双光气	
	氯甲酸氯甲酯		2745
	氯甲酸-2-己基己酯		2748
	氯甲酸环丁酯		2744
	氯甲酸环己酯		
	氯甲酸苯酯		2746
61102	一级氯乙酸酯类		
	如：氯乙酸甲酯	氯醋酸甲酯	2295
	氯乙酸乙酯	氯醋酸乙酯	1181
	氯乙酸乙烯酯	氯醋酸乙烯酯 乙烯基氯乙酸酯	2589
61103	一级溴乙酸酯类		
	如：溴乙酸甲酯	溴醋酸甲酯	2643
	溴乙酸乙酯	溴醋酸乙酯	1603
61104	2-丁烯腈〔反式〕	巴豆腈；丙烯基氰	
	3-丁烯腈	烯丙基氰	
61105	3-氯丙腈	β-氯丙腈；氰化-β-氯乙烷	
61106	溴苯乙腈	溴苄基氰	1694
61107	苯乙醇腈	苯甲氰醇；扁桃腈	
61108	硫氰酸甲酯		

续上表

编号	品名	别名	备注
	硫氰酸乙酯		
61109	一级异氰酸酯类〔有毒的〕		
	如:异氰酸三氟甲苯酯	三氟甲苯异氰酸酯	2285
	异氰酸-3-氯-4-甲苯酯	3-氯-4-甲基苯(基)异氰酸酯	2236
	异氰酸二氯苯酯	3,4-二氯苯基异氰酸酯	2250
	异氰酸环已酯	环已基异氰酸酯	2488
	异氰酸苯酯	苯基异氰酸酯	2487
61110	一级异氰酸酯类〔未列名的〕		3080
	一级异氰酸酯溶液〔沸点 < 300℃,未列名的〕		2206
61111	一级二异氰酸酯类		
	如:六亚甲基二异氰酸酯	六甲撑二异氰酸酯;1,6-二异氰酸已烷	2281
	甲苯-2,4-二异氰酸酯	2,4-二异氰酸甲苯酯	2078
61112	磷酸三甲苯酯	磷酸三甲酚酯;增塑剂 TCP	2574
61113	二硫代焦磷酸四乙酯		1704
61114	氟磷酸(二)异丙酯		
61115	甲基丙烯酸二甲基氨基乙酯	二甲氨基乙基异丁烯酸酯	2522
61116	硫酸(二)甲酯		1595
61117	1-萘基脲	萘脲	1652
61118	2-氯吡啶	萘脲	2822
61119	N-正丁基咪唑	N-正丁基-1,3-二氮杂茂	2690
61120	三-(1-吖丙啶基)氧化膦溶液		2501
61121	一级生物碱类		1544
	如:马钱子碱	士的宁	1692
	硫酸马钱子碱	硫酸士的宁	
	盐酸马钱子碱	盐酸士的宁	
	硝基马钱子碱		

续上表

编号	品　　名	别　　名	备注
	番木鳖碱	二甲氧基马钱子碱	1570
	毒毛旋花苷 G	羊角拗质	
	毒毛旋花苷 K		
61122	一级染料或染料中间体〔有毒的，未列名的〕		1602
61123	苦毒浆果〔木防己属〕		1584
61124	磷化铝农药		3048
61125	一级有机磷固态农药		2783
	如：久效磷〔含量 > 25%〕	SD-9129	
	吡唑磷〔含量 > 5%〕	彼氧磷	
	对氧磷		
	甲基对硫磷〔含量 > 15%〕	甲基 1605	
	苯硫磷〔含量 > 15%〕	伊皮恩	
	水胺硫磷	羧胺磷	
	氯硫磷〔含量 > 5%〕	氯赛昂	
	蝇毒磷〔含量 > 30%〕	蝇毒；蝇毒硫磷	
	因毒磷〔含量 > 45%〕		
	对溴磷		
	碘吸磷		
	保棉磷〔含量 > 20%〕	谷硫磷 谷赛昂；甲基谷硫磷	
	杀扑磷〔含量 > 40%〕	麦达西磷	
	氯亚磷		
	威菌磷〔含量 > 20%〕	三唑磷胺	
	硫环磷〔含量 > 15%〕	棉安磷；棉环磷	
	甲胺磷	杀螨隆；多灭磷；多灭灵；克螨隆；脱麦隆	
	益棉磷〔含量 > 25%〕	乙基保棉磷；乙基谷硫磷	
61126	一级有机磷液态农药		2784，3017，3018
	如：磷胺〔含量 > 30%〕	大灭虫	

续上表

编号	品　　名	别　　名	备注
	速灭磷〔含量 > 5%〕		
	丙氟磷	异丙氟	
	毒虫畏〔含量 > 20%〕	杀螟威；SD-7859；GC-4072	
	百治磷〔含量 > 25%〕	百特磷	
	保米磷		
	特普		
	对硫磷〔含量 > 4%〕	1605；乙基对硫磷；一扫光	
	丙胺磷		
	甲基异柳磷	甲基异柳磷胺；异柳磷 1 号	
	异丙胺磷	乙基异柳磷；异柳磷 2 号	
	1059〔含量 > 3%〕	内吸磷；杀虱多	
	治螟磷〔含量 > 10%〕	硫特普；触杀灵；苏化 203；治螟灵	
	丰索磷〔含量 > 4%〕	丰索硫磷	
	氧乐果〔含量 > 3%〕	氧化乐果；华果	
	毒壤磷〔含量 > 30%〕	壤虫磷	
	氯甲硫磷	CMS2957	
	果虫磷		
	治线磷〔含量 > 5%〕	治线灵；硫磷嗪	
	田乐磷		
	甲硫磷	GC 6505	
	甲拌磷〔含量 > 2%〕	3911	
	乙拌磷〔含量 > 15%〕	敌死通；M-74	
	异丙磷		
	三硫磷乳剂〔含量 > 20%〕	三赛昂乳剂	
	特丁磷		
	地虫磷〔含量 > 6%〕	地虫硫磷	
	乙硫磷〔含量 > 25%〕	1240 蚜螨立死；益赛昂；易赛昂；乙赛昂；蚜螨	

续上表

编号	品　　名	别　　名	备注
	氯甲磷〔含量>15%〕		
	灭蚜磷〔含量>30%〕		
	地安磷〔含量>5%〕	二噻磷	
	保棉丰乳剂	甲拌磷亚砜乳剂;异亚砜乳剂;3911 亚砜乳剂	
	发果〔含量>15%〕	亚果;乙基乐果	
	砜拌磷〔含量>5%〕		
	敌杀磷〔含量>40%〕	敌恶磷;二恶磷	
	甲氟磷〔含量>2%〕	四甲氟	
	甲基硫环磷		
	伐线丹		
	甲胺磷乳剂	杀螨隆乳剂;多灭磷乳剂;多灭灵乳剂;克螨隆乳剂;脱麦隆乳剂	
	八甲磷	八甲基焦磷酰胺;希拉登	
	水胺硫磷乳剂	羧胺磷乳剂	
	对溴磷乳剂		
	氯亚磷乳剂		
	克线磷乳剂	灭线磷乳剂;力满库乳剂	
61127	一级有机氯固态农药		2761
	如:艾氏剂〔含量>75%〕	化合物-118	
	异艾氏剂〔含量>10%〕		
	狄氏剂	化合物-497	
	异狄氏剂〔含量>5%〕		
	碳氯灵〔含量>1%〕	碳氯特灵	
	硫丹〔含量>80%〕		
61128	一级有机氯液态农药		2762,2995,2996
	如:艾氏剂乳剂〔含量>75%〕		

续上表

编号	品　　名	别　　名	备注
	异艾氏剂乳剂〔含量>10%〕		
	异狄氏剂乳剂〔含量>5%〕		
61129	一级含汞固态农药		1674,2777
	如:赛力散	乙酸苯汞;裕米农;龙汞	
	西力生	氯化乙基汞	
	谷乐生	磷酸乙基汞;谷仁乐生;乌斯普龙;汞制剂2号	
61130	一级含汞液态农药		2778,3011,3012
61131	一级有机锡固态农药		2786
61132	一级有机锡液态农药		2787,3019,3020
	如:氯丙锡	氯化三丙基锡;三丙锡氯	
61133	一级氨基甲酸酯固态农药		2757,2771
	如:己酮肟威	敌克威;庚硫威;特氨叉威;久效威;肟吸威	
	灭害威	灭多虫;灭索威;乙肟威	
	灭多威〔含量>30%〕		
	克百威〔含量>10%〕	呋喃丹;卡巴呋喃;虫螨威	
	自克威〔含量>25%〕	兹克威	
	伐虫脒〔含量>40%〕	抗螨脒	
	抗虫威		
	肟杀威	棉果威	
	间异丙威	虫草灵;间位叶蝉散	
	杀线威	草肟威;甲氯叉威	
	敌蝇威〔含量>50%〕		
	涕灭威	丁醛肟威;涕灭克	
	腈叉威		

续上表

编号	品　名	别　名	备注
	恶虫威〔含量>65%〕	苯恶威	
61134	一级氨基甲酸酯液态农药		2758,2772,2991,2992
	如:异索威〔含量>20%〕	异兰;异索兰	
61135	一级灭鼠固态农药		
	如:毒鼠磷		
	溴代毒鼠磷		
	除鼠磷 206		
	克灭鼠〔含量>80%〕	呋杀鼠灵	
	杀鼠灵〔含量>2%〕	华法灵	
	杀鼠迷		
	溴联苯杀鼠迷	大隆杀鼠剂;大隆;溴敌拿鼠	
	敌拿鼠	鼠得克	
	灭鼠安		
	RH-908	LH-1106	
	敌鼠〔含量>2%〕		
	鼠完〔含量>55%〕		
	杀鼠酮〔含量>55%〕		
	氯鼠酮〔含量>4%〕		
	溴敌隆		
	扑灭鼠	普罗米特;灭鼠丹	
	灭鼠优	抗鼠灵	
	安妥	α-萘基硫脲	1651
	没鼠命	毒鼠强	
	毒鼠硅	氯硅宁;硅灭鼠	
	鼠立死〔含量>2%〕	杀鼠嘧啶	
	鼠特灵	鼠克星;灭鼠宁	
	氟乙酰胺	敌蚜胺	
	UK-786		
	硫酸铊〔含量>30%〕		1707
61136	一级灭鼠液态农药		
	如:除鼠磷 203		
	除鼠磷 205		

续上表

编号	品　　名	别　　名	备注
	鼠甘伏	鼠甘氟;甘氟;甘伏;伏鼠醇	
	氯鼠酮乳剂		
	克灭鼠水溶剂〔含量>20%〕		
61137	一级其他固态农药		2588
	如:灭蚜胺	氟乙酰苯胺	
	氨丙灵		
	放线菌酮	放线酮;农抗101	
	地乐施〔含量>80%〕		
	特乐酚〔含量>50%〕	二硝特丁酚;异地乐酚	
	灭散白蚁药粉		
	生牛皮杀虫药		
	蚕杀虫药		
61138	一级其他液态农药		2902,2903,3021
	如:抗菌剂401	乙基大蒜素	
	特乐酚乳剂〔含量>50%〕	二硝特丁酚乳剂;异地乐酚乳剂	
	甲氰菊酯乳剂		
61139	一级有机毒害品〔未列名的〕		2810,2811
61501	二级无机硫氰酸盐类		
	如:硫氰酸钙	硫氰化钙	
	硫氰酸汞		1646
	硫氰酸汞钾		
	硫氰酸汞铵		
61502	硒粉		2658
61503	二级无机钡化合物		
	如:氧化钡	一氧化钡	1884
61504	镉化合物		2570
	如:碲化镉		
61505	锑粉		2871
61506	五氧化二锑	锑酸酐	
	三硫化二锑	硫化亚锑	

续上表

编号	品　　名	别　　名	备注
61507	一氧化铅	黄丹	
	四氧化(三)铅	红丹;铅丹	
	硅酸铅		
61508	锌汞齐	锌汞合金	
	铅汞齐	铅汞合金	
61509	二级无机汞化合物		
	如:氯化铵汞	白降汞	1630
	氯化钾汞	氯化汞钾	
	溴化汞	溴化高汞;二溴化汞	1634
	溴化亚汞	一溴化汞	1634
	碘化亚汞	一碘化汞	
	碘化钾汞	碘化汞钾	1643
	氧化汞	一氧化汞;黄降汞;红降汞	1641
	氧化亚汞	黑降汞	
	硝酸亚汞		1627
	硫酸汞	硫酸高汞	1645
	硫酸亚汞		1628
	焦硫酸汞		1633
61510	碲化合物		
	如:亚碲酸钠		
61511	砷钴矿		
61512	氮化镁		
61513	二级无机氟化合物		
	如:氟化铵		2505
	氟化锂		
	氟化钠		1690
	氟化钾		1812
	氟化铷		
	氟化铯		
	氟化钡		
	氟化亚锑	三氟化锑	
	三氟化铋		

续上表

编号	品 名	别 名	备注
	五氟化铋		
	氟化铅	二氟化铅	
	四氟化铅		
	氟化铜	二氟化铜	
	氟化铝	三氟化铝	
	氟化锌		
	氟化镉		
	氟化锆		
	氟化亚钴	二氟化钴	
	氟化钴	三氟化钴	
	氟化镧	三氟化镧	
61514	二级无机氟硅酸盐类		2856
	如:氟硅酸钠		2674
	氟硅酸钾		2655
	氟硅酸铵		2854
	氟硅酸镁		2853
	氟硅酸钡		
	氟硅酸锌		2855
61515	二级无机氟硼酸盐类		
	如:氟硼酸镉		
	氟硼酸银		
	氟硼酸铅		
	氟硼酸铅溶液〔含量>28%〕		
	氟硼酸锌		
61516	氟钽酸钾	钽氟酸钾;七氟化钽钾	
61517	氟锆酸钾	氟化锆钾	
61518	二级含硫无机农药		
	如:石硫合剂	多硫化钙	
	硫钡合剂	多硫化钡;硫钡粉	
	胶体硫		
61519	二级其他无机农药		
	如:硫酸铜	蓝矾;胆矾;五水硫酸铜	

续上表

编号	品名	别名	备注
	松脂合剂	松碱合剂	
61520	二级无机毒害品〔未列名的〕		3086,2810,2811
61551	1,5,9-环十二碳三烯		2518
61552	二氯甲烷	亚甲基氯;甲撑氯	1593
61553	三氯甲烷	氯仿	1888
61554	四氯化碳	四氯甲烷	1846
61555	1,1,1-三氯乙烷	甲基氯仿	2831
	1,1,2-三氯乙烷		
61556	1,1,2,2-四氯乙烷		1702
61557	五氯乙烷		1669
61558	六氯乙烷	六氯化碳;全氯乙烷	
61559	1,2,3-三氯丙烷		
61560	2-氯-2-甲基丁烷	叔戊基氯;氯代叔戊烷	
61561	二溴甲烷	二溴化亚甲基	2664
61562	三溴甲烷	溴仿	2515
61563	四溴甲烷	四溴化碳	2516
61564	溴(化)乙烷	乙基溴;溴代乙烷	1891
61565	1,2-二溴乙烷	乙撑二溴	1605
61566	1,1,2,2-四溴乙烷		2504
61567	1,2-二溴丙烷		
	二溴异丙烷		
61568	碘甲烷	甲基碘	2644
61569	二碘甲烷		
61570	三碘甲烷	碘仿	
61571	碘乙烷	乙基碘	
61572	1-碘-3-甲基丁烷	异戊基碘;碘代异戊烷	
61573	1,2,2-三氯三氟乙烷	1,2,2-三氟三氯乙烷;R113	
61574	氯溴甲烷	甲撑溴氯;溴氯甲烷	1887

续上表

编号	品　　名	别　　名	备注
61575	1-氯-2-溴乙烷	1-溴-2-氯乙烷；氯乙基溴	
61576	1-氯-2-溴丙烷	2-溴-1-氯丙烷	
	1-氯-2-溴丙烷	2-溴-1-氯丙烷	
	1-氯-3-溴丙烷	3-溴-1-氯丙烷	2683
	2-氯-1-溴丙烷	1-溴-2-氯丙烷	
	2-氯-2-溴丙烷	2-溴-2-氯丙烷	
61577	二溴二氟甲烷	二氟二溴甲烷	1941
61578	1-氯-1-硝基丙烷	1-硝基-1-氯丙烷	
	2-氯-2-硝基丙烷	2-硝基-2-氯丙烷	
61579	1,1-二氯-1-硝基乙烷		2650
61580	氯代烯烃类		
	如:三氯乙烯		1710
	四氯乙烯	全氯乙烯	1897
	三氯丁烯		2322
	六氯-1,3-丁二烯	全氯-1,3-丁二烯	2279
	八氯环戊烯		
61581	三溴乙烯		
61582	1,4-二羟基-2-丁炔	1,4-丁炔二醇;电镀发光剂	2716
61583	2-氯乙醇	乙撑氯醇	1135
61584	2-氯-1-丙醇	2-氯-1-羟基丙烷	2611
	3-氯-1-丙醇	三亚甲基氯醇	2849
	1-氯-2-丙醇	氯异丙醇;丙氯仲醇	
61585	1,3-二氯-2-丙醇	1,3-二氯异丙醇;1,3-二氯代甘油	2750
61586	3-氯-1,2-丙二醇	α-氯代丙三醇;3-氯-1,2-二羟基丙烷	2689
61587	2-溴乙醇		
61588	N,N-二(正)丁基氨基乙醇	N,N-二(正)丁基乙醇胺;2-二丁氨基乙醇	2873
61589	α-甲基苯基甲醇	苯(基)甲基甲醇;α-甲基苄醇	2937

续上表

编号	品名	别名	备注
61590	2-呋喃甲醇	糠醇	2874
61591	硫醇类		3071
	如:己硫醇	巯基己烷	
	叔己硫醇		
	正辛硫醇	巯基辛烷	
	1,1,3,3-四甲基-1-丁硫醇	特辛硫醇;叔辛硫醇	3023
	十二烷基硫醇	月桂硫醇;十二硫醇	
	苄硫醇	α-甲苯硫醇	
	苯(基)乙硫醇		
	对氯苯硫醇	4-氯硫酚;对氯硫酚	
	邻氨基苯硫醇	2-氨基硫代苯酚;2-巯基苯胺;邻氨基苯硫酚	
	2-硫代呋喃甲醇	糠硫醇	
61592	2-丁氧基乙醇	乙二醇丁醚;丁基溶纤剂	2369
61593	二(2-环氧丙基)醚	二缩水甘油醚;双环氧稀释剂	
	双环氧丙烷苯基醚		
61594	1,2-二氯二乙醚	乙基-1,2-二氯乙醚	
	2,2-二氯二乙醚	对称二氯二乙醚	1916
61595	硫醚类		
	如:二烯丙基硫醚	硫化二烯丙基;烯丙基硫醚	
	羟基乙硫醚	α-乙硫基乙醇	
	二(2-氯乙基)硫醚	二氯二乙硫醚;芥子气;双氯乙基硫	
61596	丁撑亚砜	四甲(基)撑亚砜	
61597	三溴乙醛	溴醛	
61598	3-羟(基)丁醛	3-丁醇醛	2839
61599	2-羟基苯甲醛	邻羟基苯甲醛;水杨醛	

续上表

编号	品　　名	别　　名	备注
61600	4-硫代戊醛	甲基巯基丙醛	2785
61601	一氯(代)丙酮	氯丙酮	1695
61602	1,1-二氯丙酮		
	1,3-二氯丙酮		2649
61603	1,1,1,3-四氯丙酮		
61604	溴丙酮		1569
61605	三氯三氟丙酮	1,1,3-三氯-1,3,3-三氟丙酮	
61606	七氟丁酸	全氟丁酸	
61607	七氟丁酸钠		
61608	氟乙酸乙酯	氟醋酸乙酯	
61609	二级氯甲酸酯类		
	如:氯甲酸(正)丁酯		2743
	氯甲酸异丁酯		
	氯甲酸仲丁酯		
	氯甲酸正戊酯		
	氯甲酸叔丁基环己(基)酯	叔丁基环己基氯甲酸酯	2747
61610	氯乙酸钠		2659
61611	氯乙酸丁酯	氯醋酸丁酯	
	氯乙酸仲丁酯	氯醋酸仲丁酯	
	氯乙酸叔丁酯	氯醋酸叔丁酯	
61612	二氯乙酸甲酯	二氯醋酸甲酯	2299
61613	二氯乙酸乙酯	二氯醋酸乙酯	
61614	三氯乙酸甲酯	三氯醋酸甲酯	2533
61615	2-氯正丁酸乙酯		
	3-氯正丁酸乙酯		
	4-氯正丁酸乙酯		
61616	氯磺酸甲酯		
61617	溴乙酸酯类		
	如:溴乙酸(正)丙酯	溴醋酸(正)丙酯	
	溴乙酸异丙酯	溴醋酸异丙酯	
	溴乙酸正丁酯	溴醋酸正丁酯	
	溴乙酸异丁酯	溴醋酸异丁酯	

续上表

编号	品　　名	别　　名	备注
	溴乙酸叔丁酯	溴醋酸叔丁酯	
61618	2-溴丙酸	α-溴丙酸	
	3-溴丙酸	β-溴丙酸	
61619	2-溴-2-甲基丙酸乙酯	2-溴异丁酸乙酯	
61620	乙酸间甲酚酯	醋酸间甲酚酯	
61621	乙二酸酯类		
	如:乙二酸二甲酯	草酸二甲酯;草酸甲酯	
	乙二酸二乙酯	草酸二乙酯;草酸乙酯	2525
	乙二酸二丁酯	草酸二丁酯;草酸丁酯	
	乙二酸二烯丙酯	草酸二烯丙酯;草酸烯丙酯	
61622	六氯内次甲基四氢邻苯二甲酸酐		
61623	均苯四甲酸酐		
61624	苯甲酸甲酯	尼哦油	2938
61625	硫酸(二)乙酯		1594
61626	硼酸三烯丙基酯	三烯丙基硼酸酯	2609
61627	硅酸酯类		
	如:硅酸二乙酯	缩合硅酸乙酯	
	硅酸丁酯		
61628	铬酸叔丁酯四氯化碳溶液		
61629	戊腈	丁基氰;氰化丁烷	
	异戊腈	氰化异丁烷	
	己腈	戊基氰;氰化正戊烷	
	4-甲基戊腈	异戊基氰;氰化异戊烷;异己腈	
	庚腈	氰化正己烷	
	正辛腈	庚基氰	
61630	丙二腈	二氰甲烷;氰化亚甲基;缩苹果腈	2647
	丁二腈	1,2-二氰基乙烷;琥珀腈	

续上表

编号	品　　名	别　　名	备注
	戊二腈	1,3-二氰基丙烷	
	己二腈	1,4-二氰基丁烷;氰化四亚甲基	2205
	庚二腈	1,5-二氰基戊烷	
	辛二腈	1,6-二氰基己烷	
61631	β,β′-氧化二丙腈	2,2′-二氰二乙基醚;3,3′-氧化二丙腈;双(2-氰乙基)醚	
61632	β,β′-亚氨基二丙腈	双(β-氰基乙基)胺	
61633	β,β′-硫代二丙腈		
61634	氯(代)乙腈	氰化氯甲烷;氯甲基氰	2668
	二氯乙腈	氰化二氯甲烷	
	三氯乙腈	氰化三氯甲烷	
61635	3-溴丙腈	β-溴丙腈;溴乙基氰	
61636	β-二甲氨基丙腈	2-(二甲胺基)乙基氰	
61637	二乙(基)氨基氰	氰化二乙胺	
61638	苯甲腈	氰化苯;苯基氰;氰基苯;苄腈	2224
61639	2-甲基苯甲腈	邻甲苯基氰;邻甲基苯甲腈	
	3-甲基苯甲腈	间甲苯基氰;间甲基苯甲腈	
	4-甲基苯甲腈	对甲苯基氰;对甲基苯甲腈	
61640	3-氨基苯甲腈	间氨基苯甲腈;氰化氨基苯	
61641	苯乙腈	氰化苄;苄基氰	2470
61642	4-硝基苯乙腈	对硝基苯乙腈;对硝基苄基氰;对硝基氰化苄	
61643	3,6-二羟基邻苯二甲腈	2,3-二氰基对苯二酚	

续上表

编号	品　名	别　名	备注
61644	1-萘甲腈	萘甲腈;α-萘甲腈	
61645	氰(基)乙酸	氰(基)醋酸	
61646	氰(基)乙酸乙酯	氰(基)醋酸乙酯;乙(基)氰(基)乙酸酯	2666
61647	氰(基)乙酸丁酯	氰(基)醋酸丁酯;丁(基)氰(基)乙酸酯	
61648	异氰(基)乙酸乙酯		
61649	4-氰基苯甲酸	对氰基苯甲酸	
61650	双(1-氰基-2-乙氧基苯)		
	双(1-氰基-3-乙氧基苯)		
61651	四氰基(代)乙烯	四氰代乙烯	
61652	三聚氰酸三烯丙酯		
61653	二级异氰酸酯类〔有毒的〕		
	如:异氰酸十八酯	十八异氰酸酯	
	异氰酸对硝基苯(酯)	对硝基苯异氰酸酯;异氰酸-4-硝基苯(酯)	
	异氰酸对溴苯酯	4-溴异氰酸苯酯	
	异氰酸-1-萘酯	α-萘异氰酸酯	
	异氰酸联苯酯	联苯基异氰酸酯;苯基异氰酸苯	
61654	二级二异氰酸酯类		
	如:二苯甲烷-4,4′-二异氰酸酯	4,4′-二异氰酸二苯甲烷	2489
	异佛尔酮二异氰酸酯		2290
	三甲基己基二异氰酸酯	二异氰酸三甲基六亚甲基酯	2328
	乙(基)苯(基)二异氰酸酯	二异氰酸乙基苯酯	
61655	硫氰酸酯类		
	如:硫氰酸异丙酯		
	硫氰酸丁酯		
	硫氰酸异戊酯		
	硫氰酸苄	硫氰化苄;硫氰酸苄酯	

续上表

编号	品　　名	别　　名	备注
	对硫氰酸苯胺	对硫氰基苯胺;硫氰酸对氨基苯(酯)	
61656	异硫氰酸酯类		
	如:异硫氰酸烯丙酯〔抑制了的〕	烯丙基异硫氰酸酯;烯丙基芥子油	1545
	异硫氰酸苯酯	苯基芥子油	
	异硫氰酸-1-萘酯		
61657	1,2-二氯苯	邻二氯苯	1591
	1,3-二氯苯	间二氯苯	
	1,4-二氯苯	对二氯苯	1592
61658	1,2,3-三氯(代)苯		2321
	1,2,4-三氯(代)苯		2321
	1,3,5-三氯(代)苯		2321
61659	1,2,3,4-四氯(代)苯		
	1,2,3,5-四氯(代)苯		
	1,2,4,5-四氯(代)苯		
61660	2,4-二氯甲苯		
	2,5-二氯甲苯		
	2,6-二氯甲苯		
	3,4-二氯甲苯		
61661	4-氯二甲苯	对氯二甲苯	
61662	4-氯苄基氯	对氯苄基氯;对氯苯甲基氯	2235
61663	3,4-二氯苄基氯	3,4-二氯氯化苄;氯化-3,4-二氯苄	
61664	氯乙酰苯	苯基氯甲基甲酮	1697
61665	4-氯(化)联苯	对氯(化)联苯;联苯(基)氯	
61666	1-氯化萘	α-氯化萘;α-氯代萘;1-氯代萘	
61667	2-氯氟苯	邻氯氟苯;2-氟氯苯;邻氟氯苯	
	3-氯氟苯	间氯氟苯;3-氟氯苯;间氟氯苯	

续上表

编号	品　　名	别　　名	备注
	4-氯氟苯	对氯氟苯;4-氟氯苯;对氟氯苯	
61668	2-氯三氟甲苯	邻氯三氟甲苯	
	3-氯三氟甲苯	间氯三氟甲苯	
	4-氯三氟甲苯	对氯三氟甲苯	
61669	2-溴甲苯	邻溴甲苯;邻甲(基)溴苯;2-甲(基)溴苯	
	3-溴甲苯	间溴甲苯;间甲(基)溴苯;3-甲(基)溴苯	
	4-溴甲苯	对溴甲苯;对甲(基)溴苯;4-甲(基)溴苯	
61670	3-溴-1,2-二甲(基)苯	间溴邻二甲苯;2,3-二甲基溴化苯	
	4-溴-1,2-二甲(基)苯	对溴邻二甲苯;3,4-二甲基溴化苯	
61671	甲(基)苄基溴	甲基溴化苄;α-溴代二甲苯	1701
61672	溴乙酰苯	苯甲酰甲基溴	2645
61673	4-溴苯乙酰基溴	对溴苯乙酰基溴	
61674	2,4-二硝基甲苯		2038
	2,6-二硝基甲苯		1600
61675	2-硝基-1,3-二甲苯	1,3-二甲基-2-硝基苯;2-硝基间二甲苯	1665
	2-硝基-1,4-二甲苯	1,4-二甲基-2-硝基苯;2-硝基对二甲苯 2,5-二甲基硝基苯;邻硝基对二甲苯	1665
	3-硝基-1,2-二甲苯	1,2-二甲基-3-硝基苯;3-硝基邻二甲苯	1665

续上表

编号	品　名	别　名	备注
	4-硝基-1,2-二甲苯	1,2-二甲基-4-硝基苯;4-硝基邻二甲苯;4,5-二甲基硝基苯	1665
	4-硝基-1,3-二甲苯	1,3-二甲基-4-硝基苯;4-硝基间二甲苯;2,4-二甲基硝基苯;对硝基间二甲苯	1665
	5-硝基-1,3-二甲苯	1,3-二甲基-5-硝基苯;5-硝基间二甲苯;3,5-二甲基硝基苯	1665
61676	邻硝基乙苯		
	对硝基乙苯		
61677	1-氟-2,4-二硝基苯	2,4-二硝基氟化苯	
61678	2-氯硝基苯	邻氯硝基苯	1578
	3-氯硝基苯	间氯硝基苯	1578
	4-氯硝基苯	对氯硝基苯	1578
	氯硝基苯异构体混合物	混合硝基氯化苯;冷母液	
61679	2,3-二氯硝基苯		
	2,4-二氯硝基苯		
	2,5-二氯硝基苯		
	3,4-二氯硝基苯		
61680	五氯硝基苯	硝基五氯苯	
61681	1-氯-2,4-二硝基苯	2,4-二硝基氯(化)苯	1577
61682	α-氯化筒箭毒碱		
61683	4-氯-2-硝基甲苯	对氯邻硝基甲苯	2433
61684	硝基二氯乙(基)苯		
61685	2-硝基氯(化)苄	邻硝基氯(化)苄;邻硝基苯氯甲烷;邻硝基苄基氯	
	3-硝基氯(化)苄	间硝基氯(化)苄;间硝基苯氯甲烷;间硝基苄基氯	

续上表

编号	品　　名	别　　名	备注
	4-硝基氯(化)苄	对硝基氯(化)苄;对硝基苯氯甲烷;对硝基苄基氯	
61686	对硝基苯甲酰氯	氯化对硝基苯甲酰	
61687	对甲苯磺酰氯		
	邻甲苯磺酰氯		
	2,4-二硝基苯磺酰氯		
	4-溴苯磺酰氯		
61688	2-硝基溴苯	邻硝基溴苯;邻溴硝基苯	2732
	3-硝基溴苯	间硝基溴苯;间溴硝基苯	2732
	4-硝基溴苯	对硝基溴苯;对溴硝基苯	2732
61689	1-溴-3,4-二硝基苯	1,2-二硝基-4-溴化苯	
	1-溴-2,4-二硝基苯	3,4-二硝基溴化苯;1,3-二硝基-4-溴化苯;2,4-二硝基溴化苯	
61690	4-硝基溴(化)苄	对硝基溴(化)苄;对硝基苯溴甲烷;对硝基苄基溴	
61691	2-硝基碘苯	2-碘硝基苯;邻硝基碘苯;邻碘硝基苯	
	3-硝基碘苯	3-碘硝基苯;间硝基碘苯;间碘硝基苯	
	4-硝基碘苯	4-碘硝基苯;对硝基碘苯;对碘硝基苯	
61692	二硝基巯基苯	二硝基硫氢代苯	
61693	二硫代二甲基氟化苯		
61694	二硫代-4,4′-二氨基(代)二苯	4,4′-二氨基二苯基二硫醚;二硫代对氨基苯	

续上表

编号	品　名	别　名	备注
61695	丁基甲苯		2667
61696	4-乙烯基间二甲苯	2,4-二甲基苯乙烯	
61697	2-硝基苯甲醚	邻硝基苯甲醚;邻硝基茴香醚;邻甲氧基硝基苯	2730
	3-硝基苯甲醚	间硝基苯甲醚;间硝基茴香醚;间甲氧基硝基苯	2730
	4-硝基苯甲醚	对硝基苯甲醚;对硝基茴香醚;对甲氧基硝基苯	
61698	2-硝基苯乙醚	邻硝基苯乙醚;邻乙氧基硝基苯	
	4-硝基苯乙醚	对硝基苯乙醚;对乙氧基硝基苯	
61699	4-溴苯甲醚	对溴苯甲醚;对溴茴香醚	
61700	二甲(苯)酚		2261
	如:2,3-二甲(苯)酚	1-羟基-2,3-二甲基苯	
	2,4-二甲(苯)酚	1-羟基-2,4-二甲基苯	
	2,5-二甲(苯)酚	1-羟基-2,5-二甲基苯	
	2,6-二甲(苯)酚	1-羟基-2,6-二甲基苯	
	3,4-二甲(苯)酚	1-羟基-3,4-二甲基苯	
	3,5-二甲(苯)酚	1-羟基-3,5-二甲基苯	
61701	丁基苯酚类		2228,2229
	如:2-叔丁基苯酚	邻叔丁基苯酚	
	4-叔丁基苯酚	对叔丁基苯酚	

续上表

编号	品　名	别　名	备注
		对特丁基苯酚;4-羟基-1-叔丁基苯	
61702	烷基(苯)酚〔包括 C_2 ~ C_8 同系物,未列名的〕		2430
61703	2-氯苯酚	邻氯(苯)酚;2-氯-1-羟基苯;2-羟基氯苯;邻羟基氯苯	2021
	3-氯苯酚	间氯(苯)酚;3-氯-1-羟基苯;3-羟基氯苯;间羟基氯苯	2020
	4-氯苯酚	对氯(苯)酚;4-氯-1-羟基苯;4-羟基氯苯;对羟基氯苯	2020
61704	2,3-二氯(苯)酚		
	2,4-二氯(苯)酚		
	2,5-二氯(苯)酚		
	2,6-二氯(苯)酚		
	3,4-二氯(苯)酚		
61705	2,4,5-三氯(苯)酚		
	2,4,6-三氯(苯)酚		
61706	2,3,4,6-四氯(苯)酚		
61707	2-氯间甲酚	2-氯-3-羟基甲苯	2669
	4-氯间甲酚	2-氯-5-羟基甲苯	2669
	6-氯间甲酚	4-氯-5-羟基甲苯	2669
61708	2,2′-亚甲基-双-(3,4,6-三氯苯酚)		2875
61709	五氯(苯)酚锌		
	五氯(苯)酚铜		
61710	2-溴(苯)酚	邻溴(苯)酚	
	3-溴(苯)酚	间溴(苯)酚	
	4-溴(苯)酚	对溴(苯)酚	
61711	4-碘(苯)酚	对碘(苯)酚	
61712	2-硝基(苯)酚	邻硝基(苯)酚	1663
	3-硝基(苯)酚	间硝基(苯)酚	1663

续上表

编号	品　名	别　名	备注
	4-硝基(苯)酚	对硝基(苯)酚	1663
61713	邻硝基(苯)酚钠		
	对硝基(苯)酚钠		
61714	邻硝基(苯)酚钾		
	对硝基(苯)酚钾		
61715	2,4-二硝基(苯)酚钠		
61716	4-氯-2-硝基(苯)酚		
	4-氯-2-硝基(苯)酚钠盐		
61717	2-硝基-4-甲(苯)酚	4-甲基-2-硝基(苯)酚	2446
61718	5-亚硝基-2-甲(苯)酚	5-亚硝基邻甲(苯)酚	
61719	2,4-二硝基萘酚		
61720	2-氨基(苯)酚	邻氨基(苯)酚	2512
	3-氨基(苯)酚	间氨基(苯)酚	2512
	4-氨基(苯)酚	对氨基(苯)酚	2512
61721	盐酸-2-氨基酚	盐酸邻氨基酚	
	盐酸-3-氨基酚	盐酸间氨基酚	
	盐酸-4-氨基酚	盐酸对氨基酚	
61722	邻氨基(苯)酚铜盐	乌尔丝 GG	
61723	4-氯-2-氨基(苯)酚	2-氨基-4-氯(苯)酚;对氯邻氨基(苯)酚	2673
61724	4-硝基-2-氨基(苯)酚	2-氨基-4-硝基(苯)酚;邻氨基对硝基(苯)酚;对硝基邻氨基(苯)酚	
	5-硝基-2-氨基(苯)酚	2-氨基-5-硝基(苯)酚	
61725	1,2-苯二酚	邻苯二酚	
	1,3-苯二酚	间苯二酚	2876
	1,4-苯二酚	对苯二酚;氢醌	2662
61726	4-亚硝基间苯二酚	4-羟基邻苯醌肟;2-羟基对苯醌肟	

续上表

编号	品　名	别　名	备注
61727	间苯三酚	1,3,5-三羟基苯;均苯三酚	
61728	(正)庚胺	氨基庚烷	
61729	1,4-丁二胺	1,4-二氨基丁烷;四亚甲基二胺;腐肉碱	
61730	1,5-戊二胺	1,5-二氨基戊烷;五亚甲基二胺;尸毒素	
61731	1-二乙基氨基-4-氨基戊烷	2-氨基-5-二乙基氨基戊烷	2946
61732	环已二胺	1,2-二氨基环已烷	
61733	二(正)戊胺		2841
61734	亚硝酸二环已胺	二环已胺亚硝酸	2687
61735	N-亚硝基二甲胺	二甲基亚硝胺	
61736	三氟化硼乙胺		
61737	N,N′-氟磷酰二异丙胺		
61738	二烯丙基(代)氰胺	N-氰基二烯丙基胺	
61739	氨基甲酸胺		
61740	丙烯酰胺		2074
61741	N,N-双-(1,2-丙撑)间苯二甲酰胺	间苯二甲酰丙烯亚胺	
61742	邻苯二甲酰亚胺	酞酰亚胺	
61743	4-硝基苯甲酰胺	对硝基苯甲酰胺	
61744	硫代甲酰胺		
61745	4,4′-二氨基二苯砜	氨苯砜	
61746	苯胺	氨基苯	1547
61747	硝酸苯胺		
	硫酸苯胺		
	盐酸苯胺		1548
61748	乙酸苯胺	醋酸苯胺	
61749	邻苯二甲酸苯胺		
61750	2-甲基苯胺	邻甲苯胺;2-氨基甲苯;邻氨基甲苯	1708
	3-甲基苯胺	间甲苯胺;3-氨基甲苯;间氨基甲苯	1708

续上表

编号	品　名	别　名	备注
	4-甲基苯胺	对甲苯胺;4-氨基甲苯;对氨基甲苯	1708
61751	硫酸-2-甲苯胺	硫酸邻甲苯胺	
	硫酸-3-甲苯胺	硫酸间甲苯胺	
61752	盐酸-4-甲苯胺	盐酸对甲苯胺	
61753	2,3-二甲(基)苯胺	1-氨基-2,3-二甲基苯	1711
	2,4-二甲(基)苯胺	1-氨基-2,4-二甲基苯	1711
	2,5-二甲(基)苯胺	1-氨基-2,5-二甲基苯	1711
	2,6-二甲(基)苯胺	1-氨基-2,6-二甲基苯	1711
	3,4-二甲(基)苯胺	1-氨基-3,4-二甲基苯	1711
	3,5-二甲(基)苯胺	1-氨基-3,5-二甲基苯	1711
	二甲(基)苯胺异构体混合物		
61754	2-乙基苯胺	邻乙基苯胺;邻氨基乙苯	2273
61755	2-苄基二甲苯胺		
61756	二级N-取代苯胺类		
	如:N-甲基苯胺		2294
	N-乙基苯胺		2272
	N-正丙基苯胺	N-苯基丙胺	
	N,N-二乙(基)苯胺	二乙氨基苯	2432
	N,N-二丁(基)苯胺		
	N,N-二乙基邻甲苯胺	2-(二乙胺基)甲苯	
	N,N-二乙基间甲苯胺	3-(二乙胺基)甲苯	
	N,N-二乙基对甲苯胺	4-(二乙胺基)甲苯	
61757	盐酸-N-取代苯胺类	N-取代苯胺盐酸	
	如:盐酸-N-甲基苯胺	N-甲基苯胺盐酸	
	盐酸-N-乙基苯胺	N-乙基苯胺盐酸	

续上表

编号	品名	别名	备注
	盐酸-N,N-二甲基苯胺	N,N-二甲基苯胺盐酸	
	盐酸-N,N-二乙基苯胺	N,N-二乙基苯胺盐酸	
61758	N-苯(基)乙酰胺	乙酰苯胺;退热冰	
61759	苄胺	苯甲胺	
61760	N-苄基-N-乙基苯胺	N-乙基-N-苄基苯胺;苄乙基苯胺	2274
61761	N-乙基苄基甲苯胺		2753
61762	2-氟苯胺	邻氟苯胺;邻氨基氟(化)苯	2941
	3-氟苯胺	间氟苯胺;间氨基氟(化)苯	
	4-氟苯胺	对氟苯胺;对氨基氟(化)苯	2941
61763	2-三氟甲基苯胺	2-氨基三氟甲苯	2942
	3-三氟甲基苯胺	3-氨基三氟甲苯;间三氟甲(基)苯胺	2948
61764	三氟乙酰苯胺		
61765	氢氟硅酸苯胺	苯胺氢氟硅酸	
61766	2-氯苯胺	邻氯苯胺;邻氨基氯苯	2019
	3-氯苯胺	间氯苯胺;间氨基氯苯	2019
	4-氯苯胺	对氯苯胺;对氨基氯苯	2018
61767	盐酸-2-氯苯胺	盐酸邻氯苯胺;黄色基 GC	
	盐酸-3-氯苯胺	盐酸间氯苯胺;橙色基 GC	
61768	2,3-二氯苯胺		1590
	2,4-二氯苯胺		1590
	2,5-二氯苯胺		1590
	2,6-二氯苯胺		1590

续上表

编号	品　　名	别　　名	备注
	3,4-二氯苯胺		
	3,5-二氯苯胺		
	二氯苯胺异构体混合物		
61769	2,4,5-三氯苯胺	1-氨基-2,4,5-三氯苯	
	2,4,6-三氯苯胺	1-氨基-2,4,6-三氯苯	
61770	5-氯-2-甲基苯胺	5-氯邻甲苯胺;2-氨基-4-氯甲苯	2239
	氯甲苯胺异构体混合物		2239
61771	盐酸-4-氯-2-甲苯胺	4-氯邻甲苯胺盐酸	1579
61772	2-氯-4-硝基苯胺	邻氯对硝基苯胺	2237
	4-氯-2-硝基苯胺	对氯邻硝基苯胺	2237
61773	2-氯乙酰-N-乙酰苯胺	邻氯乙酰-N-乙酰苯胺	
61774	2-溴苯胺	邻溴苯胺;邻氨基溴化苯	
	3-溴苯胺	间溴苯胺;间氨基溴化苯	
	4-溴苯胺	对溴苯胺;对氨基溴化苯	
61775	2,4-二溴苯胺		
	2,5-二溴苯胺		
61776	2,4,6-三溴苯胺		
61777	2-硝基苯胺	邻硝基苯胺;1-氨基-2-硝基苯	1661
	3-硝基苯胺	间硝基苯胺;1-氨基-3-硝基苯	1661
	4-硝基苯胺	对硝基苯胺;1-氨基-4-硝基苯	1661
61778	2,4-二硝基苯胺		1596
	2,6-二硝基苯胺		1596
	3,5-二硝基苯胺		1596
61779	2-硝基-4-甲苯胺	邻硝基对甲苯胺	2660

续上表

编号	品　名	别　名	备注
	3-硝基-4-甲苯胺	间硝基对甲苯胺	2660
	4-硝基-2-甲苯胺	对硝基邻甲苯胺	2660
61780	2-硝基-N,N-二甲基苯胺	N,N-二甲基邻硝基苯胺;邻硝基二甲苯胺	
	3-硝基-N,N-二甲基苯胺	N,N-二甲基间硝基苯胺;间硝基二甲苯胺	
	4-硝基-N,N-二甲基苯胺	N,N-二甲基对硝基苯胺;对硝基二甲苯胺	
61781	2-硝基-N,N-二乙基苯胺	N,N-二乙基邻硝基苯胺;邻硝基二乙基苯胺	
	3-硝基-N,N-二乙基苯胺	N,N-二乙基间硝基苯胺;间硝基二乙基苯胺	
	4-硝基-N,N-二乙基苯胺	N,N-二乙基对硝基苯胺;对硝基二乙基苯胺	
61782	硫酸邻乙基间硝基苯胺	邻乙基间硝基苯胺硫酸	
61783	盐酸-4-亚硝基-N,N-二甲基苯胺	N,N-二甲基-4-亚硝基苯胺盐酸	
61784	2-甲氧基苯胺	邻甲氧基苯胺;邻氨基苯甲醚;邻茴香胺	2431
	3-甲氧基苯胺	间甲氧基苯胺;间氨基苯甲醚;间茴香胺	2431
	4-甲氧基苯胺	对甲氧基苯胺;对氨基苯甲醚;对茴香胺	2431

续上表

编号	品　名	别　名	备注
61785	2-乙氧基苯胺	邻氨基苯乙醚;邻乙氧基苯胺	2311
	3-乙氧基苯胺	间乙氧基苯胺;间氨基苯乙醚	2311
	4-乙氧基苯胺	对乙氧基苯胺;对氨基苯乙醚	2311
61786	3-甲基-6-甲氧基苯胺	邻氨基对甲苯甲醚	
61787	4-硝基-2-甲氧基苯胺	5-硝基-2-氨基苯甲醚;对硝基邻甲氧基苯胺	
61788	2-氯-4-甲氧基苯胺	3-氯-4-氨基苯甲醚;间氯对氨基苯甲醚	2233
	2-氯-6-甲氧基苯胺	3-氯-2-氨基苯甲醚	2233
	3-氯-2-甲氧基苯胺	6-氯-2-氨基苯甲醚	2233
	3-氯-4-甲氧基苯胺	2-氯-4-氨基苯甲醚;邻氯对氨基苯甲醚	2233
	3-氯-5-甲氧基苯胺	5-氯-3-氨基苯甲醚	2233
	4-氯-2-甲氧基苯胺	5-氯-2-氨基苯甲醚	2233
	4-氯-3-甲氧基苯胺	6-氯-3-氨基苯甲醚	2233
	5-氯-2-甲氧基苯胺	4-氯-2-氨基苯甲醚	2233
61789	1,2-苯二胺	1,2-二氨基苯;邻苯二胺	1673
	1,3-苯二胺	1,3-二氨基苯;间苯二胺	1673
	1,4-苯二胺	1,4-二氨基苯;对苯二胺;乌尔丝 D	1673
61790	盐酸邻苯二胺	盐酸邻二氨基苯	
	盐酸间苯二胺	盐酸间二氨基苯	
	盐酸对苯二胺	盐酸对二氨基苯;对苯二胺盐酸	

续上表

编号	品　　名	别　　名	备注
61791	硫酸间苯二胺	硫酸间二氨基苯	
	硫酸对苯二胺	硫酸对二氨基苯	
61792	盐酸-4-硝基间苯二胺	乌尔丝 4G	
61793	对苯二胺和间二氨基甲苯混合物	乌尔丝 DB	
61794	仲丁基对苯二胺		
61795	N-乙酰对苯二胺	对氨基苯乙酰胺;对乙酰氨基苯胺	
61796	4-氨基-N,N-二甲基苯胺	N,N-二甲基对苯二胺;对氨基-N,N-二甲基苯胺	
61797	硫酸-4-氨基-N,N-二甲基苯胺	N,N-二甲基对苯二胺硫酸;对氨基-N,N-二甲基苯胺硫酸	
	硫酸-4-氨基-N,N-二乙基苯胺	N,N-二乙基对苯二胺硫酸;对氨基-N,N-二乙基苯胺硫酸	
61798	盐酸-4-氨基-N,N-二乙基苯胺	N,N-二乙基对苯二胺盐酸;对氨基-N,N-二乙基苯胺盐酸	
61799	草酸-4-氨基-N,N-二甲基苯胺	N,N-二甲基对苯二胺草酸;对氨基-N,N-二甲基苯胺草酸	
61800	2,4-二氨基甲苯	甲苯-2,4-二胺	1709
	2,5-二氨基甲苯	甲苯-2,5-二胺	1709
	2,6-二氨基甲苯	甲苯-2,6-二胺	1709
61801	硫酸-2,4-二氨基甲苯	2,4-二氨基甲苯硫酸	
	硫酸-2,5-二氨基甲苯	2,5-二氨基甲苯硫酸	
61802	2-氨基联苯	邻氨基联苯;邻苯基苯胺	
	4-氨基联苯	对氨基联苯;对苯基苯胺	

续上表

编号	品名	别名	备注
61803	4,4′-二氨基联苯	联苯胺;二氨基联苯	1885
61804	盐酸-4,4′-二氨基联苯	硫酸联苯胺;联苯胺硫酸	
	盐酸-4,4′-二氨基联苯	盐酸联苯胺;联苯胺盐酸	
61805	3,3′-二甲基-4,4′-二氨基联苯	3,3′-二甲基联苯胺;邻二氨基二甲基联苯	
	盐酸-3,3′-二甲基-4,4′-二氨基联苯	3,3′-二甲基联苯胺盐酸;邻二氨基二甲基联苯盐酸	
61806	2,2′-二甲氧基-4,4′-二氨基联苯	2,2′-二甲氧基联苯胺;邻二甲氧基联苯胺	
	盐酸-2,2′-二甲氧基-4,4′-二氨基联苯	2,2′-二甲氧基联苯胺盐酸; 2,2′-二甲氧基-4,4′-二氨基联苯盐酸	
	3,3′-二甲氧基-4,4′-二氨基联苯	3,3′-二甲氧基联苯胺;邻联(二)茴香胺	
	盐酸-3,3′-二甲氧基-4,4′-二氨基联苯	3,3′-二甲氧基联苯胺盐酸;邻联(二)茴香胺盐酸	
61807	盐酸-3,3′-二氨基联苯胺	3,3′-二氨基联苯胺盐酸; 3,4,3,′4′-四氨基联苯盐酸;硒试剂	
61808	盐酸-3,3′-二氯联苯胺	3,3′-二氯联苯胺盐酸	
61809	4,4′-二氨基二苯基甲烷	亚甲基二苯胺	2651
61810	N-亚硝基二苯胺	二苯亚硝胺	
61811	2,4-二硝基二苯胺		
	3,4-二硝基二苯胺		

续上表

编号	品　　名	别　　名	备注
61812	4-氨基二苯胺	对氨基二苯胺	
61813	苯肼	苯基联胺	2572
61814	硫酸苯肼	苯肼硫酸	
	盐酸苯肼	苯肼盐酸	
61815	2-硝基苯肼	邻硝基苯肼	
	3-硝基苯肼	间硝基苯肼	
	4-硝基苯肼	对硝基苯肼	
61816	间硝基苯甲酰肼		
	对硝基苯甲酰肼		
61817	4-溴苯肼	对溴苯肼	
61818	甲酰苯肼		
61819	1,1-二苯肼	不对称二苯肼	
	1,2-二苯肼	对称二苯肼	
61820	4,4′-二硝基二苯基二氨基脲	4,4′-二硝基二苯基羰(酰)二肼;对二硝基二苯基羰(酰)二肼	
61821	硫脲	硫代尿素	
61822	苯醌		2587
61823	2,3-二氰-5,6-二氯氢醌		
61824	氯用肟	氯甲醛肟	
61825	5-硝基呋喃甲肟	5-硝基糠醛肟	
61826	N,N′-二苯基乙脒		
61827	1,2,3,4-四氯化萘		
61828	1-萘乙酸	α-萘乙酸;α-萘醋酸	
	2-萘乙酸	β-萘乙酸;β-萘醋酸	
61829	1-萘乙酸钠	α-萘乙酸钠;α-萘醋酸钠	
61830	1-萘胺	α-萘胺;1-氨基萘	2077
	2-萘胺	β-萘胺;2-氨基萘	1650
61831	盐酸-1-萘胺	α-萘胺盐酸	
	盐酸-2-萘胺	β-萘胺盐酸	
61832	N-乙基-1-萘胺	N-乙基-α-萘胺	
	N,N-二乙基-1-萘胺	N,N-二乙基-α-萘胺	
61833	1-硝基-2-萘胺	2-氨基-1-硝基萘	

续上表

编号	品　名	别　名	备注
	2-硝基-1-萘胺	1-氨基-2-硝基萘;β-硝基-α-萘胺	
61834	N-苯基-2-萘胺	防老剂 D	
61835	5,6,7,8-四氢-1-萘胺	1-氨基-5,6,7,8-四氢萘	
61836	盐酸-1-萘乙二胺	α-萘乙二胺盐酸	
61837	1,1′-联萘		
61838	2-乙基吡啶		
	3-乙基吡啶		
	4-乙基吡啶		
61839	2-甲基-5-乙基吡啶		2300
61840	2-乙烯基吡啶		3073
	3-乙烯基吡啶		3073
	4-乙烯基吡啶		3073
61841	2-硝基吡啶		
	3-硝基吡啶		
	4-硝基吡啶		
61842	2-氨基吡啶	邻氨基吡啶	2671
	3-氨基吡啶	间氨基吡啶	2671
	4-氨基吡啶	对氨基吡啶	2671
61843	2-苄基吡啶	2-苯甲基吡啶	
	4-苄基吡啶	4-苯甲基吡啶	
61844	对硝基苄基吡啶	4-硝基苯甲基吡啶	
61845	三氟化硼吡啶		
	三氟化硼哌啶		
61846	吖啶	10-氮(杂)蒽	2731
61847	喹啉	苯并吡啶;氮杂萘	2656
61848	2-甲基喹啉		
	4-甲基喹啉		
	6-甲基喹啉		
	7-甲基喹啉		
	8-甲基喹啉		
61849	1-甲基异喹啉		
	3-甲基异喹啉		
	4-甲基异喹啉		

续上表

编号	品　　名	别　　名	备注
	5-甲基异喹啉		
	6-甲基异喹啉		
	7-甲基异喹啉		
	8-甲基异喹啉		
61850	3-氨基喹林		
	4-氨基喹啉		
61851	二级有机汞化合物		
	如:二乙(基)汞		
	乙酸亚汞		
	草酸汞		
	萘磺汞		
	二苯(基)汞		
	4-氯汞苯甲酸	对氯化汞苯甲酸	
	2-氯汞苯酚		
	五氯(苯)酚汞		
	五氯苯酚苯基汞		
61852	二级有机钡化合物		1564
	如:甲酸钡		
	乙酸钡	醋酸钡	
	十二酸钡	月桂酸钡	
61853	乙酸铅	醋酸铅	1616
61854	三氟乙酸铬	三氟醋酸铬	
61855	乳酸锑		1550
	酒石酸锑钾	吐酒石;酒石酸钾锑;酒石酸氧锑钾	1551
61856	二级有机胂化合物		
	如:二氯化苯胂		
	二碘化苯胂	苯基二碘胂	
	甲(基)胂酸		
	丙(基)胂酸		
	苯胂酸		
	2-硝基苯胂酸	邻硝基苯胂酸	
	3-硝基苯胂酸	间硝基苯胂酸	
	4-硝基苯胂酸	对硝基苯胂酸	
	3-硝基-4-羟基苯胂酸	4-羟基-3-硝基苯胂酸	

续上表

编号	品名	别名	备注
	蒽醌-1-胂酸	蒽醌-α-胂酸	
	2-氨基苯胂酸	邻氨基苯胂酸	
	3-氨基苯胂酸	间氨基苯胂酸	
	4-氨基苯胂酸	对氨基苯胂酸	
	4-二甲氨基偶氮苯-4′-胂酸	锆试剂	
	二甲胂酸	卡可基酸	1572
	二甲基胂酸钠		1688
	4-氨基苯胂酸钠	对氨基苯胂酸钠	2473
61857	二级有机锡化合物		
	如:二丁基二(十二酸)锡	二丁基二月桂酸锡;月桂酸二丁基锡	
	三丁基氟化锡		
	四丁(基)锡		
	四苯(基)锡		
	二丁基顺丁烯二酸锡	顺丁烯二酸二丁基锡;失火苹果酸二丁基锡	
	辛酸亚锡	含锡稳定剂	
61858	四丁基碘化磷	碘代四丁基磷	
61859	四丁基氢氧化磷		
61860	三(2-甲基氮丙啶)氧化膦	三(2-甲基氮杂环丙烯)氧化膦	
61861	三苯(基)磷		
61862	四磷酸六乙酯	乙基四磷酸酯	1611
61863	二(2-乙基己基)磷酸酯	2-乙基己基-2′-乙基己基磷酸酯	
	P204 磷酸酯萃取剂		
	P507 磷酸酯萃取剂		
61864	二异丙基二硫代磷酸锑		
61865	二级有机硒化合物		
	如:二苯基二硒		
	二甲氨基二氮硒杂茚		
	硒脲		
	N,N-二甲基硒脲	不对称二甲基硒脲	
61866	甲基三乙氧基硅烷	三乙氧基甲基硅烷	

续上表

编号	品　名	别　名	备注
61867	4-甲氧基二苯胺-4-氯化重氮苯	凡拉明蓝盐 B;安安蓝 B 色盐	
61868	二级生物碱类		1544
	如:斑蝥素		
	藤黄	海藤	
	全阿片素	潘托邦	
	阿片	鸦片	
	烟碱	尼古丁	1654
	硫酸化烟碱		1658
	烟碱氯化氢	烟碱盐酸盐	1656
	酒石酸化烟碱		1659
	水杨酸化烟碱		1657
	烟碱化合物及制剂〔液体的,未列名的〕		1655
61869	煤焦沥青	焦油沥青	1999
61870	蒽油乳剂		
	蒽油乳膏		
61871	腰果壳油	脱羧腰果壳液	
61872	生漆	大漆	
61873	二级染料或染料中间体〔有毒的,未列名的〕		1602
61874	二级有机磷固态农药		2783
	如:敌敌畏颗粒剂〔含量 5% ~ 35%〕		
	敌百虫〔含量 > 80%〕	敌百虫原粉;敌百虫兽用;敌百虫可溶性粉剂	
	久效磷颗粒剂〔含量 3% ~ 25%〕	SD-9192 颗粒剂	
	磷胺粉剂〔含量 3% ~ 30%〕	大灭虫粉剂	
	二溴磷粉剂〔含量 > 50%〕	二溴灵粉剂	
	杀虫畏粉剂、可湿性粉剂	杀虫威粉剂、可湿性粉剂;704 粉剂、可湿粉剂;甲基杀螟威粉剂、可湿性粉剂	
	毒虫畏粉剂、颗粒剂〔含量 2% ~ 20%〕	杀螟威粉剂、颗粒剂	

续上表

编号	品　名	别　名	备注
	百治磷粉剂〔含量3%～25%〕	百特磷粉剂	
	丁烯磷粉剂〔含量>15%〕	赛吸磷粉剂	
	甲硫磷可湿性粉剂、颗粒剂		
	保米磷粉剂、可湿性粉剂、饵剂		
	吡唑磷〔含量<5%〕	彼氧磷	
	对硫磷粉剂〔含量<4%〕	1605粉剂；一扫光粉剂；乙基对硫磷粉剂	
	甲基对硫磷粉剂〔含量1%～15%〕	甲基1605粉剂	
	丙胺磷粉剂、颗粒剂		
	甲基异柳磷粉剂	异柳磷1号粉剂	
	异丙胺磷颗粒剂	乙基异柳磷颗粒剂；异柳磷2号颗粒剂	
	内吸磷粉剂〔含量<3%〕	1059粉剂	
	甲基内吸磷粉剂〔含量>10%〕	甲基1059粉剂	
	二嗪农粉剂、颗粒剂〔含量>15%〕	地亚农粉剂、颗粒剂；大亚仙农粉剂	
	倍硫磷粉剂、可湿性粉剂、颗粒剂〔含量>60%〕	百治屠粉剂、可湿性粉剂、颗粒剂；蕃硫磷粉剂、可湿性粉剂、颗粒剂	
	杀螟硫磷粉剂、可湿性粉剂	杀螟松；杀螟磷；速灭虫；苏米松；苏米硫磷；速灭松粉剂、可湿性粉剂	
	苯硫磷粉剂〔含量3%～15%〕	伊皮恩粉剂	
	丰索磷粉剂、可湿性粉剂、颗粒剂〔含量<4%〕	丰索硫磷粉剂、可湿性粉剂、颗粒剂	
	辛硫磷颗粒剂	肟硫磷颗粒剂；倍氰松颗粒剂；腈肟磷颗粒剂	
	嘧啶硫磷颗粒剂〔含量>30%〕	乙基虫螨磷颗粒剂	

续上表

编号	品　　名	别　　名	备注
	喹硫磷颗粒剂	喹恶磷颗粒剂；爱卡士颗粒剂	
	毒死蜱粉剂、颗粒剂〔含量>15%〕	氯蜱硫磷粉剂、颗粒剂；乐施苯粉剂、颗粒剂	
	嘧啶氧磷粉剂	灭定磷粉剂；N-23粉剂	
	氯硫磷粉剂〔含量<5%〕	氯赛昂粉剂	
	异氯磷粉剂、可湿性粉剂	异氯硫磷粉剂、可湿性粉剂	
	蝇毒磷粉剂、可湿性粉剂	蝇毒粉剂、可湿性粉剂；蝇毒硫磷粉剂	
	皮蝇磷粉剂、丸剂、可湿性粉剂	皮蝇硫磷粉剂、丸剂、可湿性粉剂	
	杀螟腈粉剂	S-4084粉剂	
	蔬果磷粉剂	杀抗松粉剂；环硫磷粉剂；水杨硫磷粉剂	
	因毒磷粉剂〔含量5%~45%〕		
	氯甲硫磷可湿性粉剂、颗粒剂		
	果虫磷可湿性粉剂、颗粒剂		
	治线磷〔含量<5%〕	治磷灵；硫磷嗪	
	乙基溴硫磷可湿性粉剂、颗粒剂〔含量>10%〕		
	除线磷〔含量>50%〕		
	砜吸磷〔含量2%~90%〕		
	三唑磷粉剂		
	蚜灭多〔含量>10%〕		
	稻瘟净粉剂、可湿性粉剂		
	异稻瘟净粉剂	异丙稻瘟净粉剂	
	定菌磷粉剂〔含量>55%〕	吡啶磷粉剂	
	甲拌磷粉剂〔含量<20%〕	3911粉剂	

续上表

编号	品　　名	别　　名	备注
	乙拌磷粉剂、可湿性粉剂	敌死通粉剂、可湿性粉剂；M-74粉剂、可湿性粉剂	
	甲基乙拌磷粉剂〔含量5%～50%〕	二甲硫吸磷粉剂；M-81粉剂	
	异丙磷颗粒剂		
	三硫磷粉剂、可湿性粉剂	三赛昂粉剂、可湿性粉剂	
	甲基三硫磷粉剂〔含量＞15%〕		
	特丁磷颗粒剂		
	地虫硫磷粉剂、颗粒剂	N-2790粉剂、颗粒剂；地虫磷粉剂	
	谷硫磷可湿性粉剂	保棉磷可湿性粉剂；谷赛昂可湿性粉剂；甲基谷硫磷可湿性粉剂	
	乙基稻丰散粉剂		
	乙硫磷粉剂、可湿性粉剂、颗粒剂〔含量2%～25%〕		
	丰丙磷颗粒剂	异丙丰颗粒剂	
	乐果粉剂、可湿性粉剂〔含量＞30%〕	乐戈粉剂、可湿性粉剂	
	亚胺硫磷粉剂、可湿性粉剂〔含量＞15%〕	亚胺磷粉剂、可湿性粉剂；酞胺硫磷粉剂、可湿性粉剂	
	伏杀硫磷粉剂、可湿性粉剂〔含量＞20%〕	伏杀磷粉剂、可湿性粉剂	
	茂果粉剂	吗啉硫磷粉剂、吗福松粉剂	
	脱叶磷粉剂		
	稻丰散粉剂	甲基乙酯磷粉剂；益尔散粉剂；S-2940粉剂	
	灭蚜松粉剂、可湿性粉剂、拌种剂	灭蚜灵粉剂、可湿性粉剂、拌种剂；灭那虫粉剂、可湿性粉剂、拌种剂	

续上表

编号	品　　名	别　　名	备注
	益果粉剂、可湿性粉剂、颗粒剂		
	敌杀磷粉剂〔含量4%～40%〕	敌恶磷粉剂；二恶磷粉剂	
	安果粉剂〔含量>65%〕		
	氯甲磷粉剂、颗粒剂〔含量1%～15%〕		
	杀扑磷可湿性粉剂〔含量4%～40%〕	麦达西磷可湿性粉剂	
	益棉磷粉剂、可湿性粉剂〔含量2%～25%〕	乙基保棉磷可湿性粉剂；乙基谷硫磷可湿性粉剂	
	灭克磷粉剂〔含量3%～10%〕	益收宝粉剂	
	灭蚜磷粉剂、可湿性粉剂〔含量4%～25%〕		
	地安磷粉剂、颗粒剂〔含量<5%〕	二噻磷粉剂、颗粒剂	
	克瘟散粉剂	稻瘟光粉剂；西双散粉剂	
	威菌磷〔含量2%～20%〕	三唑磷胺	
	甲氟磷粉剂〔含量<2%〕	四甲氟粉剂	
	乙酰甲胺磷粉剂	高灭磷粉剂；杀虫灵粉剂	
	硫环磷粉剂、颗粒剂〔含量2%～15%〕	棉安磷粉剂、颗粒剂；棉环磷粉剂、颗粒剂	
	甲基硫环磷颗粒剂		
	伐线丹颗粒剂		
	克线磷颗粒剂	灭线磷颗粒剂；力满库颗粒剂	
	育畜磷〔含量>90%〕		
61875	二级有机磷液态农药		2784,3017,3018
	如:敌敌畏	DDVP乳剂；杀虫快油雾剂；敌敌畏油雾剂；敌敌畏气雾弹	

续上表

编号	品　名	别　名	备注
	久效磷乳剂〔含量 0.5% ~ 25%〕	SD-9129 乳剂	
	磷胺乳剂〔含量 0.5% ~ 30%〕	磷胺液剂;大灭虫乳剂	
	速灭磷乳剂、水剂〔含量 < 5%〕		
	二溴磷乳剂〔含量 > 10%〕	二溴灵乳剂;二溴化敌敌畏乳剂	
	杀虫畏乳剂	杀虫威乳剂;甲基杀螟威乳剂;704 乳剂	
	毒虫畏乳剂〔含量 0.5% ~ 20%〕	杀螟威乳剂	
	百治磷乳剂〔含量 0.5% ~ 25%〕	百特磷乳剂	
	丁烯磷乳剂〔含量 > 3%〕	赛吸磷乳剂	
	2,4-滴磷酯乳剂〔含量 > 35%〕	伐垄磷乳剂	
	对硫磷乳剂〔含量 < 40%〕	1605 乳剂;一扫光乳剂;乙基对硫磷乳剂	
	甲基对硫磷乳剂〔含量 < 15%〕	甲基 1605 乳剂	
	内吸磷乳剂〔含量 < 3%〕	1059 乳剂	
	甲基内吸磷〔含量 > 3%〕	甲基 1059	
	治螟磷〔含量 < 10%〕	硫特普;触杀灵;苏化 203;治螟灵	
	二嗪农〔含量 > 4%〕	地亚农;大亚仙农;二嗪农原油	
	倍硫磷〔含量 > 15%〕	百治屠;蕃硫磷	
	杀螟硫磷〔含量 > 10%〕	杀螟松;杀螟磷;速灭虫;速灭松;苏米松;苏米硫磷	
	苯硫磷乳剂〔含量 3% ~ 15%〕		
	丰索磷乳剂〔含量 < 4%〕	丰索硫磷乳剂	
	辛硫磷	肟硫磷;倍氰松;腈肟磷	
	嘧啶硫磷〔含量 > 5%〕	乙基虫螨磷	
	喹硫磷	喹恶磷;奎硫磷;夏卡士	

续上表

编号	品　　名	别　　名	备注
	毒死蜱乳剂〔含量>4%〕	氯蜱硫磷乳剂；乐施苯乳剂	
	嘧啶氧磷	N-23；灭定磷	
	氯硫磷乳剂〔含量<5%〕	氯赛昂乳剂	
	蝇毒磷乳剂〔含量0.5%~30%〕	蝇毒乳剂；蝇毒硫磷乳剂	
	皮蝇磷乳剂、水混悬剂	皮蝇硫磷乳剂、水混悬剂	
	杀螟腈	S-4084	
	糠硫磷		
	蔬果硫磷乳剂	杀抗松乳剂；环硫磷乳剂；水杨硫磷乳剂	
	双硫磷〔含量>50%〕		
	因毒磷〔含量1%~45%〕		
	毒壤磷	壤虫磷	
	乙基溴硫磷		
	除线磷乳剂〔含量>10%〕		
	砜吸磷〔含量>90%〕		
	三唑磷		
	稻瘟净		
	异稻瘟净	异丙稻瘟净	
	定菌磷乳剂〔含量>15%〕	吡啶磷乳剂	
	甲拌磷乳剂〔含量<2%〕	3911乳剂	
	乙拌磷乳剂〔含量<15%〕	敌死通乳剂；M-74乳剂	
	甲基乙拌磷〔含量>50%〕	二甲硫吸磷；M-81	
	三硫磷乳剂〔含量0.5%~20%〕	三赛昂乳剂	
	甲基三硫磷〔含量<4%〕		
	地虫硫磷乳剂〔含量<6%〕	N-2790乳剂；地虫磷乳剂	
	保棉磷乳剂〔含量0.5%~20%〕	谷硫磷乳剂；谷赛昂乳剂；甲基谷硫磷乳剂	

续上表

编号	品　　名	别　　名	备注
	乙基稻丰散		
	乙硫磷乳剂〔含量0.5%~25%〕		
	丰丙磷	异丙丰	
	乐果〔含量>10%〕	乐戈;乐果苯溶液	
	亚胺硫磷乳剂〔含量>4%〕	亚胺硫磷乳油	
	伏杀硫磷乳剂〔含量>5%〕	伏杀磷乳剂	
	茂果乳剂		
	脱叶磷		
	稻丰散	甲基乙酯磷;益尔散;S-2940	
	灭蚜松乳剂	灭蚜灵乳剂;灭那虫乳剂	
	益果乳剂〔含量>5%〕		
	敌杀磷乳剂〔含量1%~40%〕	敌恶磷乳剂;二恶磷乳剂	
	安果〔含量>15%〕		
	氯甲磷乳剂〔含量<15%〕		
	杀扑磷乳剂〔含量1%~40%〕	麦达西磷乳剂	
	益棉磷乳剂〔含量0.25%~25%〕	乙基保棉磷乳剂;乙基谷硫磷乳剂	
	灭克磷〔含量>3%〕	益收宝〔含量>3%〕	
	克瘟散	稻瘟光;西双散	
	地安磷乳剂〔含量<5%〕	二噻磷乳剂	
	发果乳剂〔含量<15%〕	亚果乳剂;乙基乐果乳剂	
	砜拌磷乳剂〔含量<5%〕		
	芬硫磷〔含量>2%〕	酚开普顿	
	蚜螨特	四硫特普	
	马拉硫磷	马拉松;4049;马拉赛昂	
	赛果乳剂〔含量>30%〕		
	地散磷〔含量>35%〕		
	甲氟磷乳剂〔含量<2%〕	四甲氟乳剂	

续上表

编号	品 名	别 名	备注
	乙酰甲胺磷乳剂〔含量>40%〕	高灭磷乳剂;杀虫灵乳剂	
	硫环磷乳剂〔含量0.5%~15%〕	棉安磷乳剂;棉环磷乳剂	
	育畜磷乳剂〔含量>20%〕		
61876	二级有机氯固态农药		2761
	如:艾氏剂可湿性粉剂〔含量7%~75%〕		
	异艾氏剂粉剂〔含量1%~10%〕		
	狄氏剂粉剂、颗粒剂〔含量10%~90%〕		
	异狄氏剂粉剂、颗粒剂〔含量<5%〕		
	硫丹粉剂、可湿性粉剂〔含量8%~80%〕		
	碳氯灵粉剂〔含量<1%〕	碳氯特灵粉剂	
	七氯〔含量>8%〕	七氯化茚	
	开蓬〔含量>15%〕		
	六六六	六氯化苯;六氯环己烷;六六六烟雾剂	2729
	杀虫脒〔含量>50%〕	杀螨脒;克死螨;氯苯脒	
	灭蚁灵〔含量>60%〕		
	杀虫脒盐酸盐〔含量>70%〕		
	毒杀芬〔含量>10%〕	八氯莰烯	
	林丹	灵丹;高丙体六六六	
	林丹烟雾剂	高丙体六六六烟雾剂	
	氯丹粉剂、颗粒剂〔含量>55%〕	M-410粉剂、颗粒剂	
	滴滴涕〔含量>20%〕		
	乙酯杀螨醇		
	稻叶青粉剂	邻五氯二甲苯粉剂	
	抑菌灵		
	二氯萘醌	非冈	
	氯硝胺	2,6-二氯对硝基苯胺;阿丽散	
	氯硝散		

续上表

编号	品　　名	别　　名	备注
	丙氯灵		
	菌螨酚		
	五氯苯酚〔含量>5%〕	五氯酚	
	五氯酚钠		2567
	矮壮素	稻麦立;三西;西西西	
61877	二级有机氯液态农药		2762,2995,2996
	如:艾氏剂乳剂〔含量2%~75%〕		
	异艾氏剂乳剂〔含量<10%〕		
	狄氏剂乳剂〔含量2%~90%〕		
	异狄氏剂乳剂〔含量<5%〕		
	硫丹乳剂〔含量2%~80%〕		
	碳氯灵乳剂〔含量<1%〕	碳氯特灵乳剂	
	七氯乳剂〔含量2%~80%〕	七氯化茚乳剂	
	开蓬乳剂〔含量>4%〕		
	六六六乳剂	六六六杀蛆乳剂	
	灭蚁灵乳剂〔含量>15%〕		
	杀虫脒乳剂〔含量>10%〕	杀螨脒乳剂;氯苯脒乳剂;克死螨乳剂	
	杀虫脒盐酸盐乳剂〔含量>15%〕		
	毒杀芬乳剂〔含量>3%〕	八氯莰烯乳剂	
	林丹乳剂〔含量>5%〕	灵丹乳剂;高丙体六六六乳剂;林丹杀虫剂	
	氯丹〔含量>10%〕	M-410	
	滴滴涕乳剂	DDT乳剂;223乳剂;DDT喷射剂;二甲苯DDT乳剂;滴滴涕气溶胶	
	滴滴混剂	滴滴剂;滴滴混合剂	
	乙酯杀螨醇乳剂〔含量>35%〕		

续上表

编号	品 名	别 名	备注
	稻叶青	056乳剂;邻五氯二甲苯乳油	
	抑菌灵乳剂〔含量>25%〕		
	二氯萘醌乳剂〔含量>80%〕	非冈乳剂	
	野麦畏〔含量>30%〕	燕麦畏;三氯烯丹;阿畏达	
	新燕灵乳剂〔含量>75%〕	新燕胺乳剂	
	2甲4氯丁酸乳剂〔含量>30%〕		
	2,4-滴丙酸乳剂〔含量>40%〕		
	2,4,5-涕丙酸乳剂〔含量>30%〕		
	五氯苯酚乳剂〔含量>1%〕	五氯酚乳剂	
	矮壮素水剂〔含量>30%〕	稻麦立水剂;三西水剂;西西西水剂	
	壮棉丹		
61878	二级含砷固态农药		2759
	如:退菌特	土习脱	
	稻脚青	稻谷青;甲基胂酸锌可湿性粉剂	
	福美胂	三福砷;阿苏妙;阿苏美特可湿性粉剂	
	福美甲胂		
	甲基硫胂	硫化甲基胂;阿苏精;苏化911;阿苏仁;阿苏津可湿性粉剂	
	六氟砷酸钾	TD480	
	甲基胂酸	MAA	
	甲基胂酸铁		
	甲基胂酸(二)钠	甲胂钠;DSMA	
61879	二级含砷液态农药		2760,2993,2994
	如:甲基硫胂液剂	阿苏津液剂;新阿苏津液剂	
	甲基胂酸一钠	甲胂一钠;MSMA	
	甲基胂酸二铵	甲胂铵	

续上表

编号	品　　名	别　　名	备注
	甲基胂酸单铵	甲胂一铵;MAMA	
	田安	甲基胂酸铁铵	
	二甲基胂酸乳剂		
61880	二级有机硫固态农药		
	如:代森钠〔含量>80%〕		
	代森铵	阿巴姆	
	代森硫	抑菌梯	
	代森环	杜邦328	
	福美锌	什来特;促进剂P-2;锌来特	
	福美双	秋兰姆;赛欧散	
	三环唑	克瘟唑;比艳	
61881	二级有机硫液态农药		
	如:代森钠乳剂〔含量>20%〕		
	福美双乳剂〔含量>25%〕	秋兰姆乳剂;赛欧散乳剂	
61882	二级含汞固态农药		2777
	如:氯化苯汞	PMC	
	磺胺乙汞		
	富民隆	磺胺苯汞;磺胺汞;富民农	
	亚胺乙汞	埃米粉剂	
61883	二级含汞液态农药		2778,3011,3012
61884	二级有机锡固态农药		2786
	如:三唑锡	三唑环锡	
	三环锡〔含量>55%〕		
	毒菌锡〔含量>20%〕		
	薯瘟锡〔含量>25%〕	三苯基乙酸锡	
61885	二级有机锡液态农药		2787,3019,3020
61886	二级含铜固态农药		2775

续上表

编号	品　　名	别　　名	备注
61887	二级含铜液态农药		2776,3009,3010
61888	二级氨基甲酸酯固态农药		2757,2771
	如:乙硫甲威	乙硫苯威颗粒剂;除蚜威颗粒剂;蔬蚜威颗粒剂	
	二甲威	克死威;可杀威	
	二氧威粉剂〔含量>10%〕	二恶威粉剂;法灭威粉剂;一路灵粉剂	
	丁硫威粉剂		
	巴丹	杀螟丹;克虫普;卡塔普;沙蚕胺	
	灭多虫粉剂〔含量3%~30%〕	灭多威粉剂;灭索威粉剂;乙肟威粉剂	
	灭杀威	MPMC	
	灭害威粉剂〔含量6%~60%〕		
	灭虫威粉剂〔含量>10%〕	甲硫威粉剂;灭梭威粉剂	
	仲丁威	巴沙;丁苯威;速丁威;扑杀威	
	西维因粉剂〔含量>80%〕	胺甲萘粉剂;甲萘威粉剂	
	百亩威粉剂〔含量>10%〕	噻嗯威粉剂;猛捕因粉剂	
	克百威粉剂〔含量<10%〕	呋喃丹粉剂;卡巴呋喃粉剂;虫螨威粉剂	
	自克威粉剂〔含量2%~25%〕	兹克威粉剂	
	合杀威	混戊威;普杀威	
	多杀威	乙硫威	
	异丙威	叶蝉散;灭扑威;异灭威;速死威	
	异索威粉剂〔含量2%~20%〕	异兰粉剂;异索兰粉剂	

续上表

编号	品　名	别　名	备注
	抗蚜威粉剂〔含量>75%〕	灭定威粉剂;辟蚜肟粉剂	
	威百亩粉剂〔含量>50%〕	保丰收粉剂;硫威钠粉剂	
	残杀威粉剂〔含量>15%〕	残虫畏粉剂;残杀畏粉剂	
	除害威	丙烯威	
	速灭威		
	敌蝇威粉剂〔含量5%~50%〕		
	胺丙威〔含量>65%〕		
	涕灭威粉剂〔含量<1%〕	丁醛肟威粉剂;涕灭克粉剂	
	害扑威	飞浮散	
	猛杀威粉剂〔含量>15%〕	甲丙威粉剂	
	混灭威	三甲威	
	硫双威		
	氯灭杀威		
	恶虫威粉剂〔含量5%~65%〕	苯恶威粉剂	
	嘧啶威可湿性粉剂、颗粒剂	嘧啶兰可湿性粉剂、颗粒剂;甲基嘧啶可湿性粉剂、颗粒剂;胺甲嘧啶可湿性粉剂、颗粒剂	
	壤虫威	甲二恶威	
	灭草灵		
	扑草灭颗粒剂		
	杀草丹颗粒剂	稻草完颗粒剂;除田莠颗粒剂	
	草达灭颗粒剂	禾大壮颗粒剂;环草丹颗粒剂	
	燕麦灵可湿性粉剂	氯炔草灵可湿性粉剂;巴尔板可湿性粉剂	
	燕麦敌粉剂〔含量>80%〕	燕麦敌一号粉剂;二氯烯丹粉剂	

续上表

编号	品　　名	别　　名	备注
	草克死颗粒剂		
	燕麦敌二号	苯达松;噻草平	
	灭草松	百草克	
61889	二级氨基甲酸酯液态农药		2758,2772,2991,2992,3005,3006
	如:乙硫甲威	乙硫苯威;除蚜威;蔬蚜威	
	二甲威乳剂	克死威乳剂;可杀威乳剂	
	二氧威乳剂〔含量>3%〕	二恶威乳剂;法灭威乳剂;一路灵乳剂	
	丁硫威		
	灭多威乳剂〔含量0.5%~30%〕	灭多虫乳剂;灭索威乳剂;乙肟威乳剂	
	灭杀威乳剂	MPMC乳剂	
	灭害威乳剂〔含量1%~60%〕		
	仲丁威乳剂	巴沙乳剂;丁苯威乳剂;速丁威乳剂;扑杀威乳剂	
	克百威乳剂〔含量<10%〕	呋喃丹乳剂;卡巴呋喃乳剂;虫螨威乳剂	
	自克威乳剂〔含量<25〕	兹克威乳剂	
	合杀威乳剂	混戊威乳剂;普杀威乳剂	
	多杀威乳剂	乙硫威乳剂	
	异丙威乳剂	叶蝉散乳剂;灭扑威乳剂;异灭威乳剂;速死威乳剂	
	异索威乳剂〔含量0.5%~20%〕	异兰乳剂;异索兰乳剂	
	间异丙威乳剂	虫草灵乳剂	
	杀线威乳剂〔含量<10%〕	草肟威乳剂;甲氨叉威乳剂	

续上表

编号	品　名	别　名	备注
	威百亩水剂〔含量>10%〕	保丰收水剂;硫威钠水剂	
	残杀威乳剂〔含量>40%〕	残虫畏乳剂;残杀畏乳剂	
	除害威乳剂	丙烯威乳剂	
	速灭威乳剂		
	敌蝇威乳剂〔含量1%~50%〕		
	涕灭威乳剂〔含量<1%〕	丁醛肟威乳剂;涕灭克乳剂	
	害扑威乳剂	飞浮散乳剂	
	猛杀威乳剂〔含量>3%〕	甲丙威乳剂	
	混灭威乳剂	三甲威乳剂	
	嘧啶威	嘧啶兰;甲基嘧啶;胺甲嘧啶	
	灭草灵乳剂		
	扑草灭〔含量>80%〕		
	杀草丹	稻草完;除田莠	
	草达灭〔含量>25%〕	禾大壮;环草丹	
	草克死〔含量>40%〕		
	燕麦灵乳剂〔含量>30%〕	氯炔草灵乳剂;巴尔板乳剂	
	燕麦敌乳剂〔含量>20%〕	燕麦敌一号乳剂;二氯烯丹乳剂	
	燕麦敌二号乳剂		
	燕麦敌二号蒽油乳油		
61890	苯氧基固态农药		2765
	如:2甲4氯	MCPA	
	2甲4氯丙酸		
	除草佳	2甲4氯氯苯胺;MCPCA	
	2,4,5-涕〔含量>60%〕	2,4,5-T	
	2,4-滴〔含量>75%〕	2,4-D	
	2,4-滴钠盐		
	2,4-滴胺盐	2,4-D胺盐	

续上表

编号	品　　名	别　　名	备注
	2,4-滴丁酸	2,4-DB	
	2,4-滴丁酯	2,4-D 丁酯	
	杀草畏〔含量>60%〕	三氯茴香酸	
	麦草畏	麦草丹;敌草平	
61891	苯氧基液态农药		2766,2999,3000
	如:2 甲 4 氯乳剂〔含量>35%〕	MCPA 乳剂	
	2 甲 4 氯丙酸乳剂〔含量>30%〕		
	2,4,5-涕乳剂〔含量>15%〕	2,4,5-T 乳剂	
	2,4-滴乳剂〔含量>15%〕	2,4-D 乳剂	
	杀草畏乳剂〔含量>50%〕	三氯茴香酸乳剂	
	麦草畏乳剂〔含量>50%〕	麦草丹乳剂;敌草平乳剂	
61892	硝基苯酚固态农药		2779
	如:乐杀螨〔含量>25%〕		
	敌螨通〔含量>10%〕	消螨通	
	地乐施粉剂〔含量 8%~80%〕		
	地乐消〔含量>10%〕		
	地乐酯可湿性粉剂〔含量>10%〕		
61893	硝基苯酚液态农药		2780,3013,3014
	如:乐杀螨乳剂〔含量>5%〕		
	敌螨通液剂〔含量>2%〕	消螨通液剂	
	地乐消乳剂〔含量>3%〕		
	地乐酚〔含量>5%〕	二硝(另)丁酚	
	地乐酯〔含量>3%〕		
	特乐酚〔含量 1%~50%〕	异地乐酚;二硝特丁酚	
61894	杂环类固态农药		3027
	如:二噻农		
	灭螨猛〔含量>55%〕		
	三唑酮	粉锈宁;百菌酮;百里通;三唑二甲酮;唑菌酮	

续上表

编号	品　　名	别　　名	备注
	三唑醇	羟锈宁；百坦；百里坦；拜丹	
	纹枯利	纹枯灵；菌核净	
	果绿定		
	敌枯双	叶枯双；抑枯双	
	敌菌酮〔含量＞25%〕	腙菌酮	
	杀草强		
61895	杂环类液态农药		3024,3025,3026
	如：二噻农乳剂〔含量＞50%〕		
	十三吗啉〔含量＞30%〕	克啉菌；环吗啉	
	敌菌酮乳剂〔含量＞5%〕	腙菌酮乳剂；PP-781乳剂	
61896	双吡啶固态农药		2781
	如：百草枯〔含量＞4%〕	对草快	
	伐草快〔含量＞65%〕		
	敌草快〔含量＞45%〕	杀草快；双快；利农；催熟利	
61897	双吡啶液态农药		2782,3015,3016
	如：百草枯水剂〔含量4%～40%〕	对草快水剂	
	伐草快浓水剂〔含量＞15%〕		
	敌草快浓水剂〔含量＞10%〕	杀草快浓水剂；双快浓水剂；利农浓水剂；催熟利浓水剂	
61898	三嗪固态农药	三氮苯固态农药	2763
	如：可乐津	G25804	
	扑灭通	扑草通	
	西玛通	G30044	
	西草净	西玛净；西散津；G32911	
	伐草克		
	害草净	MPMT	
	莠灭净		
	敌草净	杀蔓灵；地蔓尽	

续上表

编号	品　　名	别　　名	备注
	甲氧去草净〔含量>20%〕	甲氧乙特丁嗪;特丁通	
61899	三嗪液态农药	三氮苯液态农药	2764,2997,2998
61900	酰胺类固态农药		2767,2769,2773
	如:拒食胺	拒食剂3号;DTA	
	乙草胺	乙基乙草安	
	麦草净	丙噻塞安;麦草光	
	草毒死颗粒剂〔含量>35%〕		
	甲草胺	拉索;草不绿;杂草索	
	草乃敌〔含量>55%〕		
	毒草安〔含量>35%〕	扑草胺	
	敌稗	斯达姆	
61901	酰胺类液态农药		2768,2770,2774,3001,3002,3003,3004,3007,3008
	如:拒食胺乳剂	拒食剂3号乳剂;DTA乳剂	
	草乃敌乳剂〔含量>10%〕		
	草毒死〔含量>35%〕		
	敌稗乳剂〔含量>25%〕	斯达姆乳剂	
61902	二级灭鼠固态药剂		
	如:双杀鼠灵〔含量>2%〕	敌害鼠	
	氯杀鼠灵〔含量>10%〕	比猫灵	
	敌鼠〔含量<2%〕		
	鼠完〔含量<55%〕		
	杀鼠酮〔含量<55%〕		
	敌鼠钠盐	双苯杀鼠酮钠盐	
	氯鼠酮饵剂〔含量>10%〕		
	鼠立死颗粒剂、片剂〔含量<2%〕		

续上表

编号	品　　名	别　　名	备注
	α-氯醛糖	S-17086;灭雀灵	
	氟乙酰胺粉剂	敌蚜胺粉剂	
	硫酸铊粉剂〔含量3%~30%〕		
61903	二级灭鼠液态药剂		
	如:敌鼠乳剂〔含量<2%〕		
	氟乙酰胺乳剂〔含量<10%〕	敌蚜胺乳剂	
61904	二级其他固态农药		2588
	如:草芽平	2,3,6-TBA	
	敌磺钠	敌克松;地爽;地可松	
	氯氟草除		
	碘苯腈〔含量>20%〕		
	溴苯腈〔含量>35%〕		
	螟铃畏	螟铃硫脲;杀螟硫脲	
	异草完隆〔含量>80%〕		
	除草剂一号	南开一号	
	敌草隆	敌芜伦	
	鱼藤酮〔含量>25%〕	鱼藤;地利斯	
	鱼尼汀〔含量>30%〕	兰尼汀	
	二氯苯醚菊酯	苄氯菊酯;除虫精;安棉宝;NRDC-143	
	甲氰菊酯	腈甲菊酯	
	除虫菊粉剂		
	氯氰菊酯	灭百可;兴棉宝;安绿宝	
	溴氰菊酯	敌杀死;凯素灵	
	二溴氯丙烷颗粒剂		2872
	棉隆〔含量>25%〕		
	一氯杀螨砜	杀螨砜;氯苯砜	
	杀螨酯	螨卵酯;K-6451	
	蜗螺净粉剂、颗粒剂		
	蜗牛敌		
	氰脱灵		

续上表

编号	品　　名	别　　名	备注
	多果定〔含量 > 25%〕		
	叶枯散	杀枯定;杀胞素;灭胞素	
	灭瘟素	稻瘟散;布拉叶斯	
	矮健素		
	草藻灭〔含量 > 5%〕	草多索;菌多杀	
61905	二级其他液态农药		2902,2903,3021
	如:碘苯腈乳剂、水剂〔含量 > 5%〕		
	溴苯腈乳剂、水剂〔含量 > 10%〕		
	鱼藤酮液剂〔含量 > 6%〕	鱼藤液剂;地利斯液剂	
	灭虫碱	假木贼碱;阿纳巴辛碱;新烟碱;毒藜	
	二氯苯醚菊酯乳剂		
	丙烯菊酯〔含量 > 30%〕	丙烯除虫菊乳剂	
	杀灭菊酯乳剂〔含量 > 25%〕	速灭杀丁乳剂;速灭菊酯乳剂	
	除虫菊		
	除虫菊酯乳剂〔含量 > 30%〕		
	二溴氯丙烷		2872
	蜗螺净乳剂		
	一氯杀螨砜乳剂	杀螨砜乳剂;氯苯砜乳剂	
	杀螨酯乳剂	螨卵酯乳剂;K-6451乳剂	
	S-乙基硫代磺酸乙酯		
	敌稻瘟	杀那特;杀那脱	
	氰脱灵乳剂		
	敌菌腙〔含量 > 20%〕		
	抗菌剂 402		
	放线菌酮液剂	放线酮液剂;农抗101 液剂	
	脱叶亚磷		

续上表

编号	品　　名	别　　名	备注
	矮健素水剂		
	保植宁水软膏		
	草灭散〔含量>10%〕	敌灭生	
※61906	石棉		2212,2590
※61907	蓖麻籽、粉、渣、片		2969
61908	二级有机毒害品〔未列名的〕		2810,2811

9.2　第2项　感染性物品

编号	品　　名	别　　名	备注
62001	感染性物品〔对人体有危害的〕		2814
62002	感染性物品〔对动物有危害的〕		2900

10　第7类　放射性物品

编号	品　　名	别　　名	备注
71001	金属钍〔自燃的〕		2975
71002	金属铀〔自燃的〕		2979
71003	硝酸钍〔固体的〕		2976
71004	硝酸铀酰〔固体的〕		2981
71005	硝酸铀酰六水合物溶液		2980
71006	六氟化铀〔可裂变的,含铀-235>1.0%〕		2977
71007	六氟化铀〔特殊裂变或非裂变的〕		2978
71008	放射性物质〔表面污染物体〕		2913
71009	放射性物质,例外包件:		2910
	〔仪器或物品〕;		2910
	〔限量的材料〕;		2910
	〔天然铀或贫化铀或天然钍制品〕;		2910
	〔空包装〕		2910
71010	放射性物质〔低比活度,未列名的〕	低比活度放射性物质	2912
71011	放射性物质〔可裂变,未列名的〕		2918
71012	放射性物质〔特殊形式,未列名的〕	特殊形式的放射性物质	2974
71013	放射性物质〔未列名的〕		2982

11 第8类 腐蚀品

11.1 第1项 酸性腐蚀品

编号	品　　名	别　　名	备注
81001	发烟硝酸		2032
81002	硝酸		2031
81003	硝化酸混合物	硝化混合酸	1796
81004	废硝酸		
	废硝化混合酸		1826
81005	硝酸羟胺		
81006	发烟硫酸	焦硫酸	1831
81007	硫酸		1830
81008	含铬硫酸		2240
81009	废硫酸		1832
	如:淤渣硫酸		1906
81010	三氧化硫〔抑制了的〕	硫酸酐	1829
81011	亚硫酸		1833
81012	亚硝基硫酸	亚硝酰硫酸	2308
81013	盐酸	氢氯酸	1789
81014	硝基盐酸	王水	1798
81015	氟化氢(无水)		1052
81016	氢氟酸	氟化氢溶液	1790
81017	氢溴酸	溴化氢溶液	1788
81018	溴化氢乙酸溶液	溴化氢醋酸溶液	
81019	氢碘酸	碘化氢溶液	1787
81020	溴酸		
81021	溴	溴素	1744
	溴水〔含溴≥3.5%〕		
81022	高氯酸〔含酸≤50%〕	过氯酸	1802
81023	氯磺酸		1754
81024	氟磺酸		1777
81025	氟硅酸	硅氟酸	1778
81026	氟硼酸		1775
81027	氟磷酸〔无水〕		1776
81028	二氟磷酸〔无水〕	二氟(代)磷酸	1768

续上表

编号	品　名	别　名	备注
81029	六氟合磷氢酸〔无水〕	六氟(代)磷酸	1782
81030	硒酸		1905
81031	铬酸溶液		1755
81032	一氯化硫		1828
81033	二氯化硫		1828
81034	四氯化硫		1828
81035	氧氯化硫	硫酰氯;二氯硫酰;磺酰氯	1834
81036	氯化二硫酰	二硫酰氯;焦硫酰氯	1817
81037	氯化亚砜	亚硫酰(二)氯;二氯氧化硫	1836
81038	氧氯化铬	氯化铬酰;二氯氧化铬;铬酰氯	1758
81039	氧氯化硒	氯化亚硒酰;二氧化硒	2879
81040	氧氯化磷	氯化磷酰;磷酰氯;三氯氧化磷	1810
81041	三氯化磷		1809
81042	五氯化磷		1806
81043	四氯化硅	氯化硅	1818
81044	四氯化碲		
81045	三氯化铝〔无水〕		1726
81046	三氯化锑		1733,1730
81047	五氯化锑		1731
81048	四氯化锗	氯化锗	
81049	四氯化铅		
81050	三氯化钛混合物		2869
81051	四氯化钛		1838
81052	四氯化钒		2444
81053	四氯化锡〔无水〕	氯化锡	1827
81054	一氯化碘		1792
81055	氧溴化磷	溴化磷酰;磷酰溴;三溴氧(化)磷	1939,2576

续上表

编号	品　　名	别　　名	备注
81056	三溴化磷		1808
81057	五溴化磷		2691
81058	三溴化铝〔无水〕	溴化铝	1725
81059	三溴化硼		2692
81060	二水合三氟化硼	三氟化硼水合物	2851
81061	五氟化锑		1732
81062	硫酸铅〔含游离酸 > 3%〕		1794
81063	五氧化(二)磷	磷酸酐	1807
81064	硫代磷酰氯	硫代氯化磷酰；三氯化硫磷	1837
81065	灭火器药剂〔腐蚀性液体〕		1774
81066	电池液〔酸性的〕		2796
81067	一级无机酸性腐蚀品〔未列名的〕		
81101	甲酸		1779
81102	三氟乙酸	三氟醋酸	2699
	三氟乙酸酐	三氟醋酸酐	
81103	三氟化硼乙酸酐	三氟化硼醋(酸)酐	
81104	乙基硫酸	酸式硫酸乙酯	2571
81105	二苯胺硫酸溶液		
81106	苯酚二磺酸硫酸溶液		
81107	苯酚磺酸		1803
81108	邻硝基苯磺酸		2305
	间硝基苯磺酸		2305
	对硝基苯磺酸		2305
81109	烷基、芳基或甲苯磺酸〔含游离硫酸 > 5%〕		2583,2584
81110	溴(化)乙酰	乙酰溴	1716
81111	溴(化)丙酰	丙酰溴	
81112	溴乙酰溴	溴化溴乙酰	2513
81113	1-溴丙酰溴	溴化-1-溴丙酰	
	2-溴丙酰溴	溴化-2-溴丙酰	
81114	碘(化)乙酰	乙酰碘	1898
81115	戊酰氯		2502
	异戊酰氯		
	己酰氯	氯化己酰	

续上表

编号	品　名	别　名	备注
81116	乙二酰氯	氯化乙二酰；草酰氯	
	丙二酰氯	缩苹果酰氯	
	丁二酰氯	氯化丁二酰；琥珀酰氯	
	癸二酰氯	氯化癸二酰	
	丁烯二酰氯〔反式〕	富马酰氯	1780
81117	三甲基乙酰氯	三甲基氯乙酰；新戊酰氯	2438
81118	氯乙酰氯	氯化氯乙酰	1752
	二氯乙酰氯		1765
	三氯乙酰氯		2442
81119	二甲氨基甲酰氯		2262
81120	呋喃甲酰氯	氯化呋喃甲酰	
81121	苯甲酰氯	氯化苯甲酰	1736
81122	2,4-二氯苯甲酰氯	2,4-二氯(代)氯化苯甲酰	
81123	甲氧基苯甲酰氯	茴香酰氯	1729
81124	2,6-二甲氧基苯甲酰氯		
81125	邻苯二甲酰氯	二氯化(邻)苯二甲酰	
	间苯二甲酰氯	二氯化(间)苯二甲酰	
	对苯二甲酰氯		
81126	苯磺酰氯	氯化苯磺酰	2225
81127	甲(基)磺酰氯	氯化硫酰甲烷	
81128	苯(基)氧氯化膦	苯磷酰二氯	
81129	1-萘氧(基)二氯化膦		
81130	苯硫代二氯化膦	苯硫代磷酰二氯；硫代二氯(化)膦苯	2799
81131	二甲基硫代磷酰氯		2267
81132	二乙基硫代磷酰氯		2751
81133	一级有机氯硅烷化合物		
	如:丙基三氯硅烷		1816

续上表

编号	品　　名	别　　名	备注
	丁基三氯硅烷		1747
	戊基三氯硅烷		1728
	己基三氯硅烷		1784
	辛基三氯硅烷		1801
	壬基三氯硅烷		1799
	十二烷基三氯硅烷		1771
	十六烷基三氯硅烷		1781
	十八烷基三氯硅烷		1800
	二氯苯基三氯硅烷		1766
	氯苯基三氯硅烷		1753
	苯基三氯硅烷	苯代三氯硅烷	1804
	烯丙基三氯硅烷〔稳定了的〕		1724
	环己基三氯硅烷		1763
	环己烯基三氯硅烷		1762
	二乙基二氯硅烷	二氯二乙基硅烷	1767
	苯基二氯硅烷	二氯苯基硅烷	
	甲基苯基二氯硅烷		2437
	乙基苯基二氯硅烷		2435
	二苯(基)二氯硅烷		1769
	二苄基二氯硅烷		2434
	三苯基氯硅烷		
	氯甲基三甲基硅烷	三甲基氯甲硅烷	
81134	3-甲基-2-戊烯-4-炔醇		2705
81135	一级有机酸性腐蚀品〔未列名的〕		
81501	正磷酸	磷酸	1805
81502	亚磷酸		2834
81503	三氧化(二)磷	亚磷(酸)酐	2578
81504	次磷酸		
81505	多聚磷酸	四磷酸	
81506	氨基磺酸		2967
※81507	氯铂酸		2507
81508	硫酸羟胺	硫酸胲	2865
※81509	硫酸氢钾	酸式硫酸钾	2509
	硫酸氢钠	酸式硫酸钠	1821

续上表

编号	品　　名	别　　名	备注
	硫酸氢钠溶液	酸式硫酸钠溶液	2837
	硫酸氢铵	酸式硫酸铵	2506
81510	亚硫酸氢盐及其溶液		2693
	如:亚硫酸氢铵	酸式亚硫酸铵	
	亚硫酸氢钙	酸式亚硫酸钙	
	亚硫酸氢钾	酸式亚硫酸钾	
	亚硫酸氢钠	酸式亚硫酸钠	
	亚硫酸氢锌	酸式亚硫酸锌	
	亚硫酸氢镁	酸式亚硫酸镁	
81511	2-氨基噻唑硫酸盐		
	2-氨基噻唑盐酸盐		
81512	三氯化铝溶液	氯化铝溶液	2581
※81513	三氯化铁	氯化铁	1773
	三氯化铁溶液	氯化铁溶液	2582
81514	三氯化钼		
	五氯化钼		2508
81515	五氯化铌		
81516	五氯化钽		
81517	四氯化锆		2503
81518	三氯化钛溶液		
81519	三氯化钒		2475
81520	四氯化锡五水合物		2440
81521	三氯化碘		
81522	三溴化铝溶液	溴化铝溶液	2580
81523	三溴化锑		
81524	四溴化锡		
81525	一溴化碘		
81526	三溴化碘		
81527	三碘化锑		
81528	四碘化锡		
81529	除锈磷化液		
	如:B205 型-除锈磷化处理剂		
81530	蓄电池〔注有酸液〕		2794
81531	二级无机酸性腐蚀品〔未列名的〕		

续上表

编号	品 名	别 名	备注
81601	乙酸〔含量>80%〕	醋酸;冰醋酸	2789
	乙酸溶液〔含量>10%~≤80%〕	醋酸溶液	2790
81602	乙酸酐	醋酸酐	1715
81603	氯乙酸	氯醋酸	1750,1751
81604	氯乙酸酐	氯醋酸酐	
81605	二氯乙酸	二氯醋酸	1764
81606	三氯乙酸	三氯醋酸	1839,2564
81607	溴乙酸	溴醋酸	1938
81608	三溴乙酸	三溴醋酸	
81609	碘乙酸	碘醋酸	
81610	三碘乙酸	三碘醋酸	
81611	巯基乙酸	氢硫基乙酸;硫代乙醇酸	1940
81612	三氟化硼乙酸络合物	乙酸三氟化硼	1742
81613	丙酸		1848
81614	丙(酸)酐		2496
81615	2-氯丙酸	α-氯代丙酸	2511
	3 氯丙酸	3-氯代丙酸	
81616	三氟化硼丙酸络合物		1743
81617	丙烯酸〔抑制了的〕		2218
81618	甲基丙烯酸〔抑制了的〕	异丁烯酸	2531
81619	丙炔酸		
81620	丁酸		2820
81621	丁酸酐		2739
81622	己酸		2829
81623	2-丁烯酸	巴豆酸	2823
81624	丁烯二酸酐〔顺式〕	马来(酸)酐;失水苹果酸酐	2215
81625	二氯醛基丙烯酸	粘氯酸;糠氯酸;二氯代丁烯醛酸	
81626	甲(基)磺酸		
81627	1,3-苯二磺酸溶液		
81628	烷基、芳基或甲苯磺酸〔含游离硫酸≤5%〕		2585,2586
81629	2-氯(代)乙基膦酸	乙烯利;一试灵	

续上表

编号	品　　名	别　　名	备注
81630	硝酸甲胺		
81631	邻苯二甲酸酐	苯酐;酞酐	2214
81632	四氢邻苯二甲酸酐〔含马来酐>0.05%〕	四氢酞酐	2698
81633	辛酰氯		
	十二(烷)酰氯	月桂酰氯	
	十四(烷)酰氯	肉豆蔻酰氯	
	十六(烷)酰氯	棕榈酰氯	
	十八(烷)酰氯	硬脂酰氯	
81634	己二酰(二)氯		
81635	苯乙酰氯		2577
81636	2-氯苯甲酰氯	邻氯苯甲酰氯;氯化邻氯苯甲酰	
	4-氯苯甲酰氯	对氯苯甲酰氯;氯化对氯苯甲酰	
81637	2-溴苯甲酰氯	邻溴苯甲酰氯	
	4-溴苯甲酰氯	对溴苯甲酰氯;氯化对溴代苯甲酰	
81638	2-硝基苯甲酰氯	邻硝基苯甲酰氯	
	3-硝基苯甲酰氯	间硝基苯甲酰氯	
81639	2-硝基苯磺酰氯	邻硝基苯磺酰氯	
	3-硝基苯磺酰氯	间硝基苯磺酰氯	
	4-硝基苯磺酰氯	对硝基苯磺酰氯	
81640	苯甲氧基磺酰氯		
81641	氰尿酰氯	三聚氰(酰)氯;三聚氯化氰	2670
81642	3-硝基苯甲酰溴	间硝基苯甲酰溴	
81643	异丙基磷酸	酸式磷酸异丙酯	1793
81644	丁基磷酸	酸式磷酸丁酯	1718
81645	二戊基磷酸	酸式磷酸(二)戊酯	2819
81646	二异辛基磷酸	酸式磷酸二异辛酯	1902
81647	二级有机酸性腐蚀品〔未列名的〕		

11.2　第 2 项　碱性腐蚀品

编号	品　　名	别　　名	备注
82001	氢氧化钠	苛性钠;烧碱	1823
	氢氧化钠溶液	液碱	1824
82002	氢氧化钾	苛性钾	1813
	氢氧化钾溶液		1814
82003	氢氧化锂		2680
	氢氧化锂溶液		2679
82004	氢氧化铷		2678
	氢氧化铷溶液		2677
82005	氢氧化铯		2682
	氢氧化铯溶液		2681
82006	氧化钠		1825
82007	氧化钾		2033
82008	铝酸钠溶液		1819
82009	多硫化铵溶液		2818
82010	硫化铵溶液		2683
82011	硫化钠〔含结晶水≥30%〕		1849
82012	硫化钾〔含结晶水≥30%〕		1847
82013	硫化钡		
82014	硫氢化钠〔含结晶水≥25%〕	氢硫化钠	2949
82015	硫氢化钙		
82016	电池液〔碱性的〕		2797
82017	一级无机碱性腐蚀品〔未列名的〕		
82018	烷基醇钠类		
	如:乙醇钠	乙氧基钠	
	丁醇钠	丁氧基钠	
	异戊醇钠	异戊氧基钠	
	己醇钠		
82019	四甲基氢氧化铵		1835
	四乙基氢氧化铵		
	四丁基氢氧化铵		
82020	水合肼〔含肼≤64%〕	水合联氨	2030
	肼水溶液〔含肼≤64%〕		
82021	环己胺	六氢苯胺;氨基环己烷	2357

续上表

编号	品　　名	别　　名	备注
82022	N,N-二甲基环己胺	二甲氨基环己烷	2264
82023	苄基二甲胺	N,N-二甲基苄胺	2619
82024	N,N-二乙基乙(撑)二胺		2685
82025	二亚乙基三胺	二乙(撑)三胺	2079
82026	三亚乙基四胺	二缩三乙二胺;三乙(撑)四胺	2259
82027	二(正)丁胺		2248
82028	1,2-乙二胺	1,2-二氨基乙烷;乙(撑)二胺	1604
82029	铜乙二胺溶液		1761
82030	1,2-丙二胺	1,2-二氨基丙烷	2258
	1,3-丙二胺	1,3-二氨基丙烷	
82031	1-6-已二胺	1,6-二氨基已烷;已(撑)二胺	1783,2280
82032	聚乙烯聚胺	多乙烯多胺;多乙撑多胺	2733
82033	一级有机碱性腐蚀品〔未列名的〕		
82501	钠石灰〔含氢氧化钠＞4%〕	碱石灰	1907
82502	铝酸钠〔固体〕		2812
82503	氨溶液〔含氨＞10%～≤35%〕	氨水	2672
82504	1-氨基乙醇	乙醛合氨	1841
	2-氨基乙醇	乙醇胺;2-羟基乙胺	2491
82505	四亚乙基五胺	三缩四乙二胺;四乙(撑)五胺	2320
82506	2-(2-氨基乙氧基)乙醇		3055
82507	2,2′-二羟基二乙胺	二乙醇胺	
82508	2,2′-二羟基二丙胺	二异丙醇胺	
82509	3-二乙氨基丙胺	N,N-二乙基-1,3-二氨基丙烷	2684
82510	三(正)丁胺		2542
82511	2-乙基已胺	3-(氨基甲基)庚烷	2276
82512	二环已胺		2565
82513	三甲基环已胺		2326

续上表

编号	品　　名	别　　名	备注
82514	3,3,5-三甲基己撑二胺	3,3,5-三甲基六亚甲基二胺	2327
82515	3,3′-二氨基二丙胺	二丙三胺;3,3′-亚氨基二丙胺	2269
82516	异佛尔酮二胺	1-氨基-3-氨基甲基-3,5,5-三甲基环己烷;3,3,5-三甲基-4,6-二氨基-2-烯环己酮;4,6-二氨基-3,5,5-三甲基-2-环己烯-1-酮	2289
82517	三氟化硼甲苯胺		
82518	哌嗪	对二氮己环	2579
82519	N-氨基乙基哌嗪	1-哌嗪乙胺;N-(2-氨基乙基)哌嗪	2815
82520	蓄电池		
	〔注有碱液的〕		2795
	〔含氢氧化钾固体〕		3028
82521	二级碱性腐蚀品〔未列名的〕		

11.3　第3项　其他腐蚀品

编号	品　　名	别　　名	备注
83001	亚氯酸钠溶液〔含有效氯＞5%〕		1908
83002	氟化铬	三氟化铬	1756,1757
83003	氟化氢铵	酸性氟化铵	1727,2817
83004	氟化氢钠	酸性氟化钠	2439
	氟化氢钾	酸性氟化钾	1811
83005	三氟化硼乙醚络合物		2604
83006	氯甲酸烯丙(基)酯〔含有稳定剂〕		1722
83007	氯甲酸苄酯	苯甲氧基碳酰氯	1739
83008	硫代氯甲酸乙酯	氯硫代甲酸乙酯	2826
83009	二氯乙醛		
83010	二氯化膦苯	苯基二氯磷;苯膦化二氯	2798

续上表

编号	品　名	别　名	备注
83011	α,α,α-三氯甲(基)苯	三氯化苄;苯(基)三氯甲烷	2226
83012	甲醛溶液	福尔马林溶液	1198,2209
83013	苯酚钠	苯氧基钠	2497
83014	2-甲苯硫酚	邻甲苯硫酚;2-巯基甲苯	
	3-甲苯硫酚	间甲苯硫酚;3-巯基甲苯	
	4-甲苯硫酚	对甲苯硫酚;4-巯基甲苯	
83015	甲苯-3,47-二硫酚	3,4-二巯基甲苯	
83016	二苯甲基溴	溴二苯甲烷;二苯溴甲烷	1770
83017	木馏油	木焦油	
83018	蒽		
	如:粗蒽		
	精蒽		
83019	塑料沥青		
83020	消毒杀菌剂〔未列名的〕		1903
83021	一级其他腐蚀品〔未列名的〕		3085
83501	次氯酸盐溶液〔含有效氯 > 5%〕		1791
	如:次氯酸钠溶液〔含有效氯 > 5%〕	漂白水	
	次氯酸钾溶液〔含有效氯 > 5%〕		
83502	三氯氧化钒	三氯化氧钒	2443
83503	氯化铜		2802
※83504	氯化锌		2331
	氯化锌溶液		1840
83505	汞	水银	2809
※83506	镓	金属镓	2803
83507	邻异丙基(苯)酚		
	间异丙基(苯)酚		
	对异丙基(基)酚		
83508	辛基(苯)酚		

续上表

编号	品　　名	别　　名	备注
83509	N,N-二异丙基乙醇胺	N,N-二异丙氨基乙醇	2825
83510	萤蒽		
83511	染料或染料中间体〔腐蚀性的,未列名的〕		2801
83512	二级其他腐蚀品〔未列名的〕		3085

12　第9类　杂类

12.1　第1项　磁性物品

编号	品　　名	别　　名	备注
91001	磁性材料		2807

12.2　第2项　另行规定的物品

编号	品　　名	别　　名	备注
92001	二氧化碳〔固体〕	干冰	1845
92002	影响飞行安全的物品〔未列名的〕		

2.危险货物分类和品名编号 (GB 6944—86)

Classification and code of dangerous goods

1 适用范围

1.1 本标准适用于危险货物运输中类、项的划分和品名的编号。

1.2 凡具有爆炸、易燃、毒害、腐蚀、放射性等性质,在运输、装卸和贮存保管过程中,容易造成人身伤亡和财产损毁而需要特别防护的货物,均属危险货物。

2 分类

2.1 危险货物分为九类

2.1.1 第1类 爆炸品(explosives)

2.1.2 第2类 压缩气体和液化气体(compressed gases and liquefied gases)

2.1.3 第3类 易燃液体(flammable liquids)

2.1.4 第4类 易燃固体、自燃物品和遇湿易燃物品(flammable solids substances liable to spontaneous combustion and substances emitting flammable gases when weted)

2.1.5 第5类 氧化剂和有机过氧化物(oxidizing substances and organic peroxides)

2.1.6 第6类 毒害品和感染性物品(poisons and infectious substances)

2.1.7 第7类 放射性物品(radioactive substances)

2.1.8 第8类 腐蚀品(corrosives)

2.1.9 第9类 杂类(miscellaneous dangerous substances)

2.2 各类可分为若干项(division)

3 第1类 爆炸品

3.1 本类货物系指在外界作用下(如受热、撞击等),能发生剧烈的化学反

国家标准局 1986-10-07 发布 1987-07-01 实施

应，瞬时产生大量的气体和热量，使周围压力急骤上升，发生爆炸，对周围环境造成破坏的物品，也包括无整体爆炸危险，但具有燃烧、抛射及较小爆炸危险，或仅产生热、光、音响或烟雾等一种或几种作用的烟火物品。

3.2 本类货物按危险性分为5项。

3.2.1 第1项 具有整体爆炸危险的物质和物品(substances and articles which have a mass explosion hazard)

3.2.2 第2项 具有抛射危险，但无整体爆炸危险的物质和物品(substances and articles which have a projection hazard but not a mass explosion hazard)

3.2.3 第3项 具有燃烧危险和较小爆炸或较小抛射危险，或两者兼有，但无整体爆炸危险的物质和物品(substances and articles which have a fire hazard and either a minor blast hazard or a minor projection hazard or both, but not a mass explosion hazard)

3.2.4 第4项 无重大危险的爆炸物质和物品(substances and articles which present no significant hazard)

本项货物危险性较小，万一被点燃或引爆，其危险作用大部分局限在包装件内部，而对包装件外部无重大危险。

3.2.5 第5项 非常不敏感的爆炸物质(very insensitive substances)

本项货物性质比较稳定，在着火试验中不会爆炸。

4 第2类 压缩气体和液化气体

4.1 本类货物系指压缩、液化或加压溶解的气体，并应符合下述两种情况之一者：

4.1.1 临界温度低于50℃，或在50℃时，其蒸气压力大于294kPa的压缩或液化气体。

4.1.2 温度在21.1℃时，气体的绝对压力大于275kPa，或在54.4℃时，气体的绝对压力大于715kPa的压缩气体；或在37.8℃时，雷德蒸气压(Reid vapour pressure)大于275kPa的液化气体或加压溶解的气体。

4.2 本类货物分为3项：

4.2.1 第1项 易燃气体(flammable gases)

4.2.2 第2项 不燃气体(non-flammable gases)

本项货物系指无毒、不燃气体，包括助燃气体。

4.2.3 第3项 有毒气体(poisonous gases)

本项货物的毒性指标与第6类毒性指标相同。

5 第3类 易燃液体

5.1 本类货物系指易燃的液体、液体混合物或含有固体物质的液体,但不包括由于其危险特性已列入其他类别的液体。其闭杯试验闪点等于或低于61℃,不同运输方式可确定本运输方式适用的闪点,但不得低于45℃。

5.2 本类货物按闪点分为3项:

5.2.1 第1项 低闪点液体(liquids in low flashpoint group)

本项货物系指闭杯试验闪点低于-18℃的液体。

5.2.2 第2项 中闪点液体(liquids in intermediate flashpoint group)

本项货物系指闭杯试验闪点在-18℃至低于23℃的液体。

5.2.3 第3项 高闪点液体(liquids in high flashpoint group)

本项货物系指闭杯试验闪点在23℃至61℃的液体。

6 第4类 易燃固体、自燃物品和遇湿易燃物品

6.1 第1项 易燃固体

本项货物系指燃点低,对热、撞击、摩擦敏感,易被外部火源点燃,燃烧迅速,并可能散发出有毒烟雾或有毒气体的固体,但不包括已列入爆炸品的物质。

6.2 第2项 自燃物品

本项货物系指自燃点低,在空气中易于发生氧化反应,放出热量,而自行燃烧的物品。

6.3 第3项 遇湿易燃物品

本项货物系指遇水或受潮时,发生剧烈化学反应,放出大量的易燃气体和热量的物品。有些不需明火,即能燃烧或爆炸。

7 第5类 氧化剂和有机过氧化物

7.1 第1项 氧化剂

本项货物系指处于高氧化态,具有强氧化性,易分解并放出氧和热量的物质。包括含有过氧基的无机物,其本身不一定可燃,但能导致可燃物的燃烧;与松软的粉末状可燃物能组成爆炸性混合物,对热、振动或摩擦较敏感。

7.2 第2项 有机过氧化物

本项货物系指分子组成中含有过氧基的有机物,其本身易燃易爆,极易分解,对热、振动或摩擦极为敏感。

8 第6类 毒害品和感染性物品

8.1 第1项 毒害品

本项货物系指进入肌体后,累积达一定的量,能与体液和组织发生生物化学作用或生物物理学变化,扰乱或破坏肌体的正常生理功能,引起暂时性或持外性的病理状态,甚至危及生命的物品。经口摄取半数致死量:固体 $LD_{50} \leqslant 500mg/kg$,液体 $LD_{50} \leqslant 2000mg/kg$;经皮肤接触24h,半数致死量 $LD_{50} \leqslant 1000mg/kg$;粉尘、烟雾及蒸气吸入半数致死浓度 $LC_{50} \leqslant 10mg/L$ 的固体或液体,以及列入《危险货物品名表》的农药。

8.2 第2项 感染性物品

本项货物系指含有致病的微生物,能引起病态,甚至死亡的物质。

9 第7类 放射性物品

本类货物系指放射性比活度大于 $7.4 \times 10^4 Bq/kg$ 的物品。

10 第8类 腐蚀品

10.1 本类货物系指能灼伤人体组织并对金属等物品造成损坏的固体或液体。与皮肤接触在4h内出现可见坏死现象,或温度在55℃时,对20号钢的表面均匀年腐蚀率超过6.25mm/y的固体或液体。

10.2 本类货物按化学性质分为3项:

10.2.1 第1项 酸性腐蚀品(corrosives presenting acidic properties)

10.2.2 第2项 碱性腐蚀品(corrosives presenting alkaline properties)

10.2.3 第3项 其他腐蚀品(other corrosives)

11 第9类 杂类

11.1 本类货物系指在运输过程中呈现的危险性质不包括在上述8类危险性中的物品。

11.2 本类货物分为2项:

11.2.1 第1项 磁性物品

本项货物系指航空运输时,其包装件表面任何一点距2.1m处的磁场强度 $H \geqslant 0.159A/m$。

11.2.2 第2项 另行规定的物品

本项货物系指具有麻醉、毒害或其他类似性质,能造成飞行机组人员情绪烦躁或不适,以致影响飞行任务的正确执行,危及飞行安全的物品。

12 危险货物品名编号

12.1 编号的组成

危险货物品名编号由5位阿拉伯数字组成,表明危险货物所属的类别、项号和顺序号。

12.2 编号的表示方法

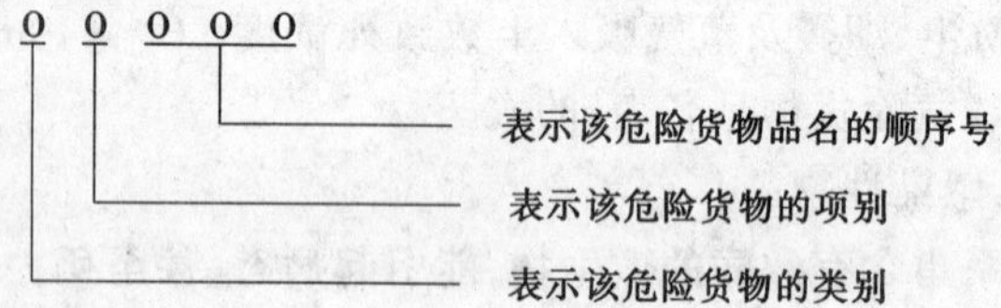

12.3 编号的使用

每一危险货物指定一个编号,但对其性质基本相同,运输条件和灭火、急救方法相同的危险货物,也可使用同一编号。

12.4 举例

品名×××,属第4类,第3项,顺序号100,该品名的编号为43100,该编号表明该危险货物属于第4类第3项遇湿易燃物品。

3.常用危险化学品的分类及标志 (GB 13690—92)

Classification and labels of dangerous chemical substances commonly used

1 主题内容与适用范围

本标准对常用危险化学品按其主要危险特性进行了分类,并规定了危险品的包装标志。在附录 A(补充件)部分列出了 997 种常用危险化学品分类明细表。表中给出每种危险化学品的品名、别名、英文名、分子式、主要危险性类别、次要危险性类别、危险特性及危险标志。

本标准适用于常用危险化学品的分类及包装标志,也适用于其他化学品的分类和包装标志。

2 引用标准

GB 190 危险货物包装标志

3 分类

常用危险化学品按其主要危险特性分为 8 类:

3.1 第 1 类 爆炸品

本类化学品指在外界作用下(如受热、受压、撞击等),能发生剧烈的化学反应,瞬时产生大量的气体和热量,使周围压力急骤上升,发生爆炸,对周围环境造成破坏的物品,也包括无整体爆炸危险,但具有燃烧、抛射及较小爆炸危险的物品。

3.2 第 2 类 压缩气体和液化气体

本类化学品系指压缩、液化或加压溶解的气体,并应符合下述两种情况之一者:

a.临界温度低于 50℃,或在 50℃时,其蒸气压力大于 294kPa 的压缩或液化气体;

b.温度在 21.1℃时,气体的绝对压力大于 275kPa,或在 54.4℃时,气体

国家技术监督局 1992-09-28 批准 1993-07-01 实施

的绝对压力大于 715kPa 的压缩气体；或在 37.8℃时，雷德蒸气压力大于 275kPa 的液化气体或加压溶解的气体。

3.3 第 3 类 易燃液体

本类化学品系指易燃的液体、液体混合物或含有固体物质的液体，但不包括由于其危险特性已列入其他类别的液体。其闭杯试验闪点等于或低于 61℃。

3.4 第 4 类 易燃固体、自燃物品和遇湿易燃物品

易燃固体系指燃点低，对热、撞击、摩擦敏感，易被外部火源点燃，燃烧迅速，并可能散发出有毒烟雾或有毒气体的固体，但不包括已列入爆炸品的物品。

自燃物品系指自燃点低，在空气中易发生氧化反应，放出热量，而自行燃烧的物品。

遇湿易燃物品系指遇水或受潮时，发生剧烈化学反应，放出大量的易燃气体和热量的物品。有的不需明火，即能燃烧或爆炸。

3.5 第 5 类 氧化剂和有机过氧化物

氧化剂系指处于高氧化态，具有强氧化性，易分解并放出氧和热量的物质。包括含有过氧基的无机物，其本身不一定可燃，但能导致可燃物的燃烧，与松软的粉末状可燃物能组成爆炸性混合物，对热、振动或摩擦较敏感。

有机过氧化物系指分子组成中含有过氧基的有机物，其本身易燃易爆，极易分解，对热、振动或摩擦极为敏感。

3.6 第 6 类 有毒品

本类化学品系指进入肌体后，累积达一定的量，能与体液和器官组织发生物化学作用或生物物理学作用，扰乱或破坏肌体的正常生理功能，引起某些器官和系统暂时性或持久性的病理改变，甚至危及生命的物品。经口摄取半数致死量：固体 $LD_{50} \leqslant 500mg/kg$，液体 $LD_{50} \leqslant 2000mg/kg$；经皮肤接触 24h，半数致死量 $LD_{50} \leqslant 1000mg/kg$；粉尘、烟雾及蒸气吸入半数致死量 $LD_{50} \leqslant 10mg/L$ 的固体或液体。

3.7 第 7 类 放射性物品

本类化学品系指放射性比活度大于 $7.4 \times 10^4 Bq \times kg$ 的物品。

3.8 第 8 类 腐蚀品

本类化学品系指能灼伤人体组织并对金属等物品造成损坏的固体或液体。与皮肤接触在 4h 内出现可见坏死现象，或温度在 55℃时，对 20 号钢的表面均匀年腐蚀率超过 6.25mm/y 的固体或液体。

对于未列入分类明细表中的危险化学品,可以参照已列出的化学性质相似、危险性相似的物品进行分类。

4 标志

4.1 标志的种类

根据常用危险化学品的危险特性和类别,它们的标拙设主标志 16 种和副标志 11 种,见附录 B(补充件)。

4.2 标志的图形

主标志由表示危险特性的图案、文字说明、底色和危险品类别号 4 个部分组成的菱形标志。副标志图形中没有危险品类别号。

4.3 标志的尺寸、颜色及印刷

按 GB 190 的有关规定执行。

4.4 标志的使用

4.4.1 标志的使用原则

当一种危险化学品具有一种以上的危险性时,应用主标志表示主要危险性类别,并用副标志表示重要的其他的危险性类别。

4.4.2 标志的使用方法

按 GB 190 的有关规定执行。

5 危险特性

根据每种常用危险化学品易发生的危险,综合归纳为以下多种基本危险特性。对每种危险化学品应选用适当的基本危险特性来表示它们易发生的危险。

5.1 与空气混合能形成爆炸性混合物。

5.2 与氧化剂混合,能形成爆炸性混合物。

5.3 与铜、汞、银能形成爆炸性混合物。

5.4 与还原剂及硫、磷混合能形成爆炸性混合物。

5.5 与乙炔、氢、甲烷等易燃气体能形成爆炸性混合物。

5.6 本品蒸气与空气易形成爆炸性混合物。

5.7 遇强氧化剂会引起燃烧爆炸。

5.8 与氧化剂发生反应,有燃烧危险。

5.9 与氧化剂会发生强烈反应,遇明火、高热会引起燃烧爆炸。

5.10 与氧化剂会发生反应,遇明火、高热易引起燃烧。

5.11 遇明火极易燃烧爆炸。

5.12 遇明火、高热易引起燃烧。

5.13 遇明火、高热会引起燃烧爆炸。

5.14 遇明火、高热能燃烧。

5.15 遇高温剧烈分解,会引起爆炸。

5.16 遇高热分解。

5.17 受热时分解。

5.18 受热、光照会引起燃烧爆炸。

5.19 受热、遇酸分解并放出氧气,有燃烧爆炸危险。

5.20 受热后瓶内压力增大,有爆炸危险。

5.21 暴热、遇冷有引起爆炸危险。

5.22 遇高热、明火及强氧化剂易引起燃烧。

5.23 遇水或潮湿空气会引起燃烧爆炸。

5.24 遇水或潮湿空气会引起燃烧。

5.25 受热、遇潮气分解并放出氧,有燃烧爆炸危险。

5.26 遇潮气、酸类会分解并放出氧气,助燃。

5.27 遇水会分解。

5.28 遇水爆溅。

5.29 遇酸会引起燃烧。

5.30 遇酸发生剧烈反应。

5.31 遇酸发生分解反应。

5.32 遇酸或稀酸会引起燃烧爆炸。

5.33 遇硫酸会引起燃烧爆炸。

5.34 与发烟硫酸、氯磺酸发生剧烈反应。

5.35 与硝酸发生剧烈反应或立即燃烧。

5.36 与盐酸发生剧烈反应,有燃烧爆炸危险。

5.37 遇碱发生剧烈反应,有燃烧爆炸危险。

5.38 遇碱发生反应。

5.39 与氢氧化钠发生剧烈反应。

5.40 与还原剂能发生反应。

5.41 与还原剂发生剧烈反应,甚至引起燃烧。

5.42 与还原剂接触有燃烧爆炸危险。

5.43 遇卤素会引起燃烧爆炸。

5.44 遇卤素会引起燃烧。

5.45 遇胺类化合物会引起燃烧爆炸。

5.46 遇 H 发泡剂会引起燃烧。

5.47 遇金属粉末增加危险性或有燃烧爆炸危险。

5.48 见光、受热或久贮易聚合,有燃烧爆炸危险。

5.49 遇油脂会引起燃烧爆炸。

5.50 遇双氧水会引起燃烧爆炸。

5.51 与酸类、卤素、醇类、胺类发生强烈反应,会引起燃烧。

5.52 遇易燃物、有机物会引起燃烧。

5.53 遇易燃物、有机物会引起爆炸。

5.54 遇乙醇、乙醚会引起爆炸。

5.55 遇硫、磷会引起爆炸。

5.56 遇甘油会引起燃烧或强烈燃烧。

5.57 撞击、摩擦、振动有燃烧爆炸危险。

5.58 在干燥状态下会引起燃烧爆炸。

5.59 能使油脂剧烈氧化,甚至燃烧爆炸。

5.60 在空气中久置后能生成有爆炸性的过氧化物。

5.61 遇金属钠及钾有爆炸危险。

5.62 与硝酸盐及亚硝酸盐发生强烈反应,会引起爆炸。

5.63 在日光下与易燃气体混合时会发生燃烧爆炸。

5.64 遇微量氧易引起燃烧爆炸。

5.65 与多数氧化物发生强烈反应,易引起燃烧。

5.66 接触铝及其合金能生成自燃性的铝化合物。

5.67 接触空气能自燃或干燥品久贮变质后能自燃。

5.68 与氯酸盐或亚硝酸钠能组成爆炸性混合物。

5.69 接触遇水燃烧物品有燃烧危险。

5.70 与硫、磷等易燃物、有机物、还原剂混合,经摩擦、撞击有燃烧爆炸危险。

5.71 受热分解放出有毒气体。

5.72 受高热或燃烧发生分解放出有毒气体。

5.73 受热分解放出腐蚀性气体。

5.74 受热升华产生剧毒气体。

5.75 受热后容器内压力增大,泄漏物质可导致中毒。

5.76 遇明火燃烧时放出有毒气体。

5.77 遇明火、高温时产生剧毒气体。

5.78 接触酸或酸雾产生有毒气体。

5.79 接触酸或酸雾产生剧毒气体。

5.80 接触酸或酸雾产生剧毒、易燃气体。

5.81 受热、遇酸或酸雾产生有毒、易燃气体,甚至爆炸。

5.82 受热、遇酸或酸雾产生有毒、易燃气体。

5.83 遇发烟硫酸分解,放出剧毒气体,在碱和乙醇中加速分解。

5.84 与水和水蒸汽发生反应,放出有毒的腐蚀性气体。

5.85 遇水产生有毒的腐蚀性气体,有时会引起爆炸。

5.86 受热、遇水及水蒸汽能生成有毒、易燃气体。

5.87 遇水或水蒸汽会产生剧毒、易燃气体。

5.88 遇水、潮湿空气、酸放出能自燃的剧毒气体。

5.89 遇水分解产生有毒气体。

5.90 与还原剂发生激烈反应,放出有毒气体。

5.91 遇氰化物会产生剧毒气体。

5.92 见光分解,放出有毒气体。

5.93 遇乙醇发生反应产生有毒的、腐蚀性气体。

5.94 对眼、黏膜或皮肤有刺激性,有烧伤危险。

5.95 对眼、黏膜或皮肤有强列刺激性,会造成严重烧伤。

5.96 触及皮肤有强烈刺激作用而造成灼伤。

5.97 触及皮肤易经皮肤吸收或误食、吸入蒸气、粉尘会引起中毒。

5.98 有强腐蚀性。

5.99 有腐蚀性。

5.100 可燃,有腐蚀性。

5.101 有催泪性。

5.102 有麻醉性或其蒸气有麻醉性。

5.103 有毒、有窒息性。

5.104 有刺激性气味。

5.105 剧毒。

5.106 剧毒,可燃。

5.107 有毒,不燃烧。

5.108 有毒,遇明火能燃烧。

5.109 有毒,易燃。

5.110 有毒或其蒸气有毒。

5.111 有特殊的刺激性气味。

5.112 有吸湿性或易潮解。

5.113 极易挥发,露置空气中立即冒白烟,有燃烧爆炸危险。

5.114 助燃。

5.115 有强氧化性。

5.116 有氧化性。

5.117 有强还原性。

5.118 有放射性。

5.119 易产生或聚集静电,有燃烧爆炸危险。

5.120 与氢氧化铵发生强烈反应,有燃烧危险。

5.121 水解后产生腐蚀性产物。

5.122 接触空气、氧气、水发生剧烈反应,能引起燃烧,分解时放出有毒气体。

5.123 遇氨、硫化氢、卤素、磷、强碱、遇水燃烧物品等有燃烧爆炸危险。

5.124 遇过氯酸、氯气、氧气、臭氧等易发生燃烧爆炸危险。

5.125 与铝、锌、钾、氟、氯、迭氮化合物等反应剧烈,有燃烧爆炸危险。

5.126 碾磨、摩擦或有静电火花时,能自燃。

5.127 与空气、氧、溴强烈反应,会引起爆炸。

5.128 遇碘、乙炔、四氯化碳易发生爆炸。

5.129 遇二氧化碳、四氯化碳、二氯甲烷、氯甲烷等会引起爆炸。

5.130 与氯气、氧、硫黄、盐酸反应剧烈,有燃烧爆炸危险。

5.131 与铝粉发生猛烈反应,有燃烧爆炸危险。

5.132 与镁、氟发生强烈反应,有燃烧爆炸危险。

5.133 与氟、钾发生强烈反应,有燃烧爆炸危险。

5.134 与磷、钾、过氧化钠发生强烈反应,有燃烧爆炸危险。

5.135 强烈振动、受热或遇无机碱类、氧化剂、烃类、胺类、三氯化铝、六甲基苯等均能引起燃烧爆炸。

5.136 遇氨水、氟化氢、酸有爆炸危险。

5.137 遇水分解为盐酸、亚碲酸和有很强刺激性、腐蚀性、爆炸性的氧氯化物。

5.138 与酸类、碱类、胺类、二氧化硫、硫脲、金属盐类、氧化剂类等猛烈反应,遇光和热有加速作用,会引起爆炸。

5.139 遇三硫化二氢有爆炸危险。

5.140 与过氯酸银、硫酸甲酯反应剧烈,有燃烧爆炸危险。

5.141 能在二氧化碳及氮气中燃烧。

5.142 遇磷、氯会引起燃烧爆炸。

5.143 遇二氧化铅发生强烈反应。

5.144 会缓慢分解放出氧气,接触金属(铝除外)分解速率亦增加。

5.145 遇水时对金属和玻璃有腐蚀性。

附 录 A
常用危险化学品分类明细表
（补 充 件）

A1 第1类 爆炸品

A1.1 具有整体爆炸危险的物质和物品

表 A1

序号	品 名	别 名	分子式(或结构式)	主(次)危险性类别	危险特性	标志
1	2,4,6-三硝基甲苯〔干的或含水＜30%〕trinitrotoluene	梯恩梯；茶色炸药	$CH_3C_6H_2(NO_2)_3$	爆炸性（有毒）	5.13,5.17,5.37,5.57,5.110,5.120	1(26)
2	2,4,6-三硝基苯甲硝胺 2,4,6-trinitrophen yl-methyl nitramine	特屈儿	$(NO_2)_3C_6H_2N(NO_2)CH_2$		5.13,5.31,5.38,5.57,5.95,5.110	
3	2,4,7-三硝基芴酮 2, 4, 7-trinitrofluo renone		$C_6H_3(NO_2)COC_6H(NO_2)_2$		5.9,5.57,5.85,5.110	
4	2,4,6-三硝基苯胺 2,4,6-trinitroaniline	苦基胺	$NH_2C_6H_2(NO_2)_3$	爆炸性	5.13,5.57,5.110	1
5	1,3,5-三硝基苯〔干的或含水＜30%〕1,3,5-trinitrobenzene	均三硝基苯	$C_6H_3(NO_2)_3$		5.13,5.57	
6	2,4,6-三硝基苯甲酸〔干的或含水＜30%〕2, 4, 6-trinitrobenzoic acid	三硝基安息香酸	$C_6H_2(NO_2)_3COOH$		5.13,5.57	
7	三硝基苯甲醚 trinitroanisole	三硝基茴香醚；苦味酸甲酯	$C_6H_2(OCH_3)(NO_2)_3$		5.13,5.23,5.57,5.110	

续上表

序号	品　　名	别　　名	分子式(或结构式)	主(次)危险性类别	危险特性	标志
8	2,4,6-三硝基苯酚〔干的或含水<30%〕 2,4,6-trinitrophenol	苦味酸	$(NO_2)_3C_6H_2OH$	爆炸性(有毒)	5.13,5.57,5.94,5.110	1(26)
9	2,4,6-三硝基苯酚铵〔干的或含水<10%〕 2,4,6-ammonium trinitrophenol	苦味酸铵	$C_6H_2(NO_2)_3ONH_4$		5.13,5.32,5.36,5.57,5.71	
10	2.4,6-三硝基氯苯 2,4,6-trinitrochlorobenzene	苦酰氯;苦基氯	$C_6H_2Cl(NO_2)_3$	爆炸性	5.13,5.57	1
11	三硝基萘 trinitronaphthalene		$(NO_2)C_{10}H_5$		5.13,5.57,5.90	
12	六硝基二苯胺〔含水<75%〕 hexanitrodiphenylamine	二苦基胺;六硝炸药	$(NO_2)_3C_6H_2NHC_6H_2(NO_2)_3$	爆炸性(有毒)	5.13,5.18,5.32,5.57,5.94,5.105,5.112	1(26)
13	2,3,4,6-四硝基苯胺 2,3,4,6-tetranitroaniline		$C_6H(NO_2)_4NH_2$	爆炸性	5.13,5.57,5.110	1
14	环三次甲基三硝胺〔含水≥15%或含钝感剂〕 cyclotrimethylenetrinitramine	黑索金;旋风炸药	$C_3H_6N_3(NO_2)_3$		5.13,5.57,5.110	
15	季戊四醇四硝酸酯〔含水≥25%或含钝感剂≥15%〕 pentaerythrite tetranitrate	泰安;喷梯尔	$C(CH_2ONO_2)_4$	爆炸性(有毒)	5.13,5.32,5.57,5.110	1(26)
16	高氯酸〔浓度>72%〕 perchloric acid		$HClO_4 \cdot 2H_2O$		5.52,5.57,5.99,5.110,5.112,5.115	

续上表

序号	品名	别名	分子式(或结构式)	主(次)危险性类别	危险特性	标志
17	硝化甘油〔含不挥发、不溶于水的钝感剂≥40%〕 nitroglycerin	硝酸甘油酯；硝化丙三醇；甘油三硝酸酯	$C_3H_5(ONO_2)_3$	爆炸性	5.21,5.57,5.110	1
18	硝化淀粉〔干的或含水<20%〕 nitrostarch		$[C_6H_7O_2(ONO_2)_3]_n$		5.13,5.57,5.58	
19	硝化纤维素〔干的或含水或乙醇≤25%或含增塑剂<18%〕 nitrocellulose	硝化棉	$C_{12}H_{17}(ONO_2)_3O_7$ ~ $C_{12}H_{14}(ONO_2)_6O_7$		5.13,5.21,5.32,5.37,5.57,5.112	
20	雷酸汞〔含水或水加乙醇≥20%〕 mercury fulminate	雷汞	$Hg(ONC)_2$	爆炸性(有毒)	5.32,5.37,5.57,5.58,5.110	1(26)

A2 第2类 压缩气体和液化气体

A2.1 易燃气体

表 A2

序号	品名	别名	分子式(或结构式)	主(次)危险性类别	危险特性	标志
1	一氧化碳 carbon monoxide		CO	易燃气体(有毒)	5.1,5.20,5.103	2(20)
2	乙炔〔溶于介质的〕 acetylene	电石气	C_2H_2	易燃气体	5.3,5.13,5.43	2
3	乙胺 ethylamine	一乙胺；氨基乙烷	$C_2H_5NH_2$		5.7,5.13,5.95,5.109	
4	乙烷〔压缩的〕 ethane		C_2H_6		5.1,5.13	

续上表

序号	品名	别名	分子式(或结构式)	主(次)危险性类别	危险特性	标志
5	乙烷〔液化的〕 ethane		C_2H_6	易燃气体	5.1,5.13	2
6	乙烯〔压缩的〕 ethylene		C_2H_4		5.13,5.102	
7	乙烯〔液化的〕 ethylene		C_2H_4		5.13,5.102	
8	二甲胺〔无水〕 dimethylamine		C_2H_7N	易燃气体（有毒）	5.13,5.99,5.109	2 (20)
9	二甲醚 dimethyl ether	甲醚	CH_3OCH_3	易燃气体	5.1,5.13,5.102,5.109	2
10	二硼烷 diborane	乙硼烷	B_2H_6	易燃气体（有毒）	5.11,5.17,5.37,5.67,5.105,5.111	2 (20)
11	1,3-丁二烯〔抑制了的〕 1,3-butadiene	联乙烯	$CH_2CHCHCH_2$	易燃气体	5.13,5.109	2
12	1-丁炔〔抑制了的〕 1-butyne	乙基乙炔	C_2H_5CCH		5.13,5.94	
13	1-丁烯 1-butene		C_4H_3		5.1,5.13,5.109	
14	2-丁烯 2-butene		C_4H_8		5.1,5.13,5.109	
15	三甲胺〔无水〕 trimethylamine		$(CH_3)_3N$		5.1,5.13,5.94,5.103	
16	正丁烷 butane		$CH_3CH_2CH_2CH_3$		5.1,5.13,5.102	
17	异丁烷 isobutane		C_4H_{10}		5.9,5.102	
18	丙烷 propane		$CH_3CH_2CH_3$		5.1,5.13,5.102,5.109	

续上表

序号	品名	别名	分子式(或结构式)	主(次)危险性类别	危险特性	标志
19	丙烯 propylene		CH_2CHCH_3	易燃气体	5.1,5.13	2
20	丙炔 propyhe	甲基乙炔	CH_3CCH	易燃气体	5.7,5.13,5.20	2
21	甲乙醚 methyl ethyl ether	乙甲醚;甲氧基乙烷	$C_2H_5OCH_3$	易燃气体	5.6,5.7,5.13	2
22	甲烷〔压缩的〕 methane	沼气	CH_4	易燃气体	5.1,5.13	2
23	甲烷〔液化的〕 methane	沼气	CH_4	易燃气体	5.1,5.13	2
24	甲硫醇〔液化的〕 methyl mercaptan	巯基甲烷	CH_3SH	易燃气体(有毒)	5.1,5.10,5.82,5.86,5.111	2(20)
25	异丁烯 isobutylene		$(CH_3)_2CCH_2$	易燃气体(有毒)	5.13,5.75,5.109	2(20)
26	环丙烷〔液化的〕 cyclopropane		$\underbrace{CH_2CH_2CH_2}$	易燃气体	5.1,5.13,5.102	2
27	环氧乙烷 ethylene oxide		$\underbrace{CH_2CH_2O}$	易燃气体	5.1,5.13,5.94	2
28	氢〔压缩的〕 hydrogen	氢气	H_2	易燃气体	5.1,5.13,5.43	2
29	氢〔液化的〕 hydrogen	氢气	H_2	易燃气体	5.1,5.13,5.43	2
30	氯乙烯〔抑制了的〕 vinyl chloride	乙烯基氯	CH_2CHCl	易燃气体(有毒)	5.1,5.13,5.109	2(20)
31	溴乙烯〔抑制了的〕 vinyl bromide	乙烯基溴	CH_2CHBr	易燃气体	5.1,5.10	2
32	硫化氢〔液化的〕 hydrogen sulfide		H_2S	易燃气体(有毒)	5.1,5.13,5.20,5.75,5.103,5.111	2(20)

A2.2 不燃气体(包括助燃气体)

表 A3

序号	品 名	别 名	分子式(或结构式)	主(次)危险性类别	危险特性	标志
1	一氧化二氮〔压缩的〕 nitrous oxide	氧化亚氮;笑气	N_2O	助燃气体(氧化性)	5.20,5.102,5.114	3(25)
2	一氧化二氮〔液化的〕 nitrous oxide	氧化亚氮;笑气	N_2O		5.20,5.102,5.114	
3	一氯二氟甲烷 chlorodifluoromethane	致冷剂 22	$CHClF_2$	不燃气体	5.20,5.72	3
4	一氯三氟甲烷 monochlorotrifluoromethane	致冷剂 13	$CClF_3$		5.20	
5	二氧化碳(压缩的) carbon dioxide	碳(酸)酐	CO_2		5.20,5.103	
6	二氧化碳(液化的) carbon dioxide	碳(酸)酐	CO_2		5.20,5.103	
7	六氟化硫 sulfur hexafluoride		SF_6		5.20	
8	六氟丙烯 hexafluoropropylene	全氟丙烯	CF_3CFCF_2		5.20	
9	压缩空气 compresed air	高压空气		助燃气体	5.20,5.55,5.59,5.114	
10	空气〔液化的〕 air				5.20,5.55,5.59,5.114	
11	氖〔压缩的〕 neon		Ne	不燃气体	5.20	
12	氖〔液化的〕 neon		Ne			
13	氙〔压缩的〕 xenon		Xe			

续上表

序号	品名	别名	分子式(或结构式)	主(次)危险性类别	危险特性	标志
14	氙〔液化的〕 xenon		Xe	不燃气体	5.20	3
15	氦〔压缩的〕 helium		He			
16	氦〔液化的〕 helium	液氦	He			
17	氧〔压缩的〕 oxygen	氧气	O_2	助燃气体	5.5,5.20,5.59,5.114	
18	氧〔液化的〕 oxygen	液氧	O_2			
19	氪〔压缩的〕 krypton		Kr	不燃气体	5.20	
20	氪〔液化的〕 krypton		Kr			
21	氮〔压缩的〕 nitrogen		N_2		5.20,5.103	
22	氮〔液化的〕 nitrogen	液氮	N_2			

A2.3 有毒气体

表 A4

序号	品名	别名	分子式(或结构式)	主(次)危险性类别	危险特性	标志
1	二氧化硫〔液化的〕 sulfur dioxide	亚硫酸酐	SO_2	有毒气体	5.75,5.94,5.107,5.111	4
2	二氧化氮〔液化的〕 nitrogen dioxide	四氧化二氮;过氧化氮	NO_2 或 N_2O_4	有毒气体〔腐蚀性〕	5.99,5.104,5.107,5.114,5.115	4 (27)

续上表

序号	品　名	别　名	分子式（或结构式）	主（次）危险性类别	危险特性	标志
3	三氧化氮 nitrogen trifluoride	氟化氮	NF_3	有毒气体	5.49,5.71, 5.90,5.99, 5.110,5.115	4
4	三氟化硼 boron trifluoride	氟化硼	BF_3		5.20,5.75, 5.85,5.95, 5.103,5.110, 5.111	
5	三氯化硼 boron trichloride		BCl_3	有毒气体（腐蚀性）	5.71,5.84, 5.99,5.97, 5.104,5.110, 5.121	4 (27)
6	四氟化硅 silicon tetrafluoride	氟化硅	SiF_4		5.75,5.84, 5.94,5.99, 5.103,5.105	
7	氟〔压缩的〕 fluorine		F_2		5.65,5.75, 5.84,5.98, 5.104,5.105, 5.115	
8	氟化氢〔无水〕 hydrogen fluoride		HF		5.75,5.95, 5.98,5.105, 5.111,5.145	
9	氨〔液化的，含氨 > 50%〕 ammonia	液氨	NH_3	有毒气体	5.1,5.13, 5.20,5.75, 5.94,5.107, 5.111	4
10	氯〔液化的〕 chlorine	液氯	Cl_2		5.63,5.75, 5.104,5.107	
11	氯化氰〔抑制的〕 cyanogen chloride	氯化氯； 氯甲腈	CNCl		5.75,5.84, 5.97,5.101, 5.105,5.111	

续上表

序号	品名	别名	分子式(或结构式)	主(次)危险性类别	危险特性	标志
12	氯甲烷 methyl chloride	甲基氯	CH_3Cl	有毒气体(易燃)	5.13,5.66,5.77,5.102	4(18)
13	氰化氢〔无水,稳定的〕 hydrogen cyanide	氰氢酸〔无水〕	HCN	有毒气体(易燃)	5.12,5.44,5.75,5.103,5.105,5.111,5.94	4(18)
14	溴甲烷 methyl bromide	甲基溴	CH_3B_r	有毒气体	5.13,5.97,5.110,5.111,5.131	4
15	碳酰氯 carbonyl chloride	光气	$COCl_3$	有毒气体(腐蚀性)	5.75,5.84,5.93,5.99,5.103,5.105,5.111	4(27)
16	磷化氢 phosphirne	磷化三氢膦	PH_3	有毒气体(易燃)	5.7,5.11,5.67,5.72,5.97,5.105,5.111,5.117	4(18)

A3 第3类 易燃液体

A3.1 低闪点液体

表 A5

序号	品名	别名	分子式(或结构式)	主(次)危险性类别	危险特性	标志
1	乙胺水溶液〔浓度为50%~70%〕 ethlyamine	氨基乙烷溶液	$C_2H_5NH_2$	易燃(有毒)	5.9,5.94,5.109	5(26)
2	乙烯基乙醚〔抑制了的〕 vinyl ethyl ether	乙基乙烯基醚	$CH_2CHOC_2H_5$	易燃	5.6,5.7,5.11,5.60,5.109	5
3	乙醚 ethyl ether	二乙基醚	$C_2H_5OC_2H_5$	易燃(有毒)	5.6,5.9,5.76,5.102,5.124	5(26)

续上表

序号	品　名	别　名	分子式(或结构式)	主(次)危险性类别	危险特性	标志
4	乙醛 acetaldehyde	醋醛	CH_3CHO		5.6,5.9,5.104,5.109,5.123	
5	二乙胺 diethylamine	二乙基胺	$(C_2H_5)_2NH$		5.22,5.96,5.97,5.109	
6	二乙烯基醚〔抑制了的〕 divinyl ether	乙烯基醚	$CH_2CHOCHCH_2$	易燃	5.9,5.60,5.102	5
7	2,2-二甲基丁烷 2，2-dimethylbutane	新己烷	$(CH_3)_3CCH_2CH_3$		5.6,5.9	
8	2,3-二甲基丁烷 2，3-dimethylbutane	二异丙基	$(CH_3)_2CHCH(CH_3)_2$		5.9	
9	二甲硫醚 dimethyl sulfide	二甲硫	$(CH_3)_2S$		5.9,5.72	
10	二硫化碳 carbon disulfide		CS_2	易燃(有毒)	5.6,5.9,5.57,5.72,5.97,5.109,5.111	5(26)
11	二甲氧基甲烷 dimethoxymethane	甲缩醛;甲撑二甲醚;二甲醇缩甲醛	$H_2C(OCH_3)_2$		5.9,5.22,5.102	
12	2-丁炔 2-butyne	二甲基乙炔	CH_3CCCH_3		5.3,5.13,5.104	
13	1-己烯 1-hexene	丁基乙烯	$CH_2CH(CH_2)_3CH_3$	易燃	5.6,5.9	5
14	正己烷 *n*-hexane	己烷	$CH_3(CH_2)_4CH_3$		5.6,5.13,5.94,5.109	
15	正戊烷 *n*-pentane	戊烷	$CH_3(CH_2)_3CH_3$		5.6,5.22	
16	正丙醚 *n*-propyl ether	二正丙醚	$(CH_3CH_2CH_2)_2O$		5.22,5.60	

续上表

序号	品名	别名	分子式(或结构式)	主(次)危险性类别	危险特性	标志
17	丙酮 acetone	二甲基酮	CH_3COCH_3	易燃	5.6,5.22	5
18	丙烯醛〔抑制了的〕 acrolein		CH_3CHCHO	易燃	5.6,5.138	5
19	1-戊烯 1-pentene	α-戊烯	$CH_3(CH_2)_2CHCH_2$	易燃	5.6,5.9, 5.71	5
20	2-甲基-1-丁烯 2-methy-1-butene	α-异戊烯	$H_2CC(CH_3)CH_2CH_3$	易燃	5.22	5
21	2-甲基2-丁烯 2-methyl-2-butene	β-异戊烯	$H_3CCHC(CH_3)_2$	易燃	5.6,5.13	5
22	2-甲基丁烷 2-methylbutane	异戊烷	$CH_3CH(CH_3)CH_2CH_3$	易燃	5.6,5.9, 5.22	5
23	3-甲基戊烷 3-methylpentane		$CH_3CH_2CH(CH_3)CH_2CH_3$	易燃	5.6,5.9	5
24	甲酸甲酯 methyl formate	蚁酸甲酯	$HCOOCH_3$	易燃	5.22	5
25	甲酸乙酯 ethyl formate	蚁酸乙酯	$HCOOC_2H_5$	易燃	5.22	5
26	四甲基硅烷 tetramethylsilane	四甲基硅	$(CH_3)_4Si$	易燃	5.22	5
27	四氢呋喃 tetrahydrofuran	氧杂环戊烷	$\underbrace{OCH_2CH_2CH_2CH_2}$	易燃	5.6,5.22, 5.37,5.60	5
28	亚硝酸乙酯 ethyl nitrite	亚硝酸乙醚	C_2H_5ONO	易燃	5.9,5.18, 5.78,5.97	5
29	异丁醛 isobutyl aldehyde	二甲基乙醛	$(CH_3)_2CHCHO$	易燃	5.6,5.22	5
30	异丙胺 isopropylamine	2-氨基丙烷;甲基乙胺	$(CH_3)_2CHNH_2$	易燃	5.6,5.22	5
31	异戊二烯〔抑制了的〕 isoprene	2-甲基-1,3-丁二烯	$CH_2CHC(CH_3)CH_2$	易燃	5.13,5.30	5

续上表

序号	品名	别名	分子式(或结构式)	主(次)危险性类别	危险特性	标志
32	异丙醚 isopropyl ether	二异丙醚	$(CH_3)_2CHOCH(CH_3)_2$		5.9,5.34, 5.60	
33	异己烷 isohexane	2-甲基戊烷	C_6H_{14}		5.6,5.9	
34	汽油〔闪点 <－18℃〕 gasoline		C_5H_{12}～$C_{12}H_{26}$		5.6,5.9, 5.110	
35	环戊烷 cyclopentane		$CH_2(CH_2)_3CH_2$	易燃	5.6,5.9	5
36	环戊烯 cyclopentene		$CHCHCH_2CH_2CH_2$		5.22	
37	1,2-环氧丙烷〔抑制了的〕 1,2-epoxypropane	甲基环氧乙烷；氧化丙烯	CH_2CHCH_2O		5.9,5.94, 5.110,5.48, 5.111	
38	环已烷 cyclohexane	六氢化苯	$CH_2CH_2CH_2CH_2CH_2CH_2$		5.9,5.94, 5.97,5.102, 5.104	
39	烯丙胺 allyl amine	3-氨基丙烯	$CH_2CHCH_2NH_2$	易燃 (有毒)	5.7,5.9 5.72,5.101, 5.104	5 (26)
40	1-氯丙烷 1-chloropropane	正丙基氯；氯(正)丙烷	$ClCH_2CH_2CH_3$	易燃	5.22	5
41	3-氯丙烯 3-chloropropene	烯丙基氯；α-氯丙烯	CH_2CHCH_2Cl	易燃 (有毒)	5.9,5.32, 5.39,5.72, 5.97,5.110, 5.111	5 (26)
42	2-氯-1,3-丁二烯〔抑制了的〕 2-chloro-1,3-butadiene	氯丁二烯	$CH_2CHCClCH_2$		5.22,5.72	
43	2-氯丙烷 2-chloropropane	氯化异丙烷；异丙基氯	$CH_3CHClCH_3$		5.22,5.72, 5.94,5.102	
44	二乙氧基甲烷 diethoxymethane	二乙醇缩甲醛；甲缩醛二乙醇	$CH_2(OC_2H_5)_2$	易燃	5.9	5

A3.2 中闪点液体

表 A6

<table>
<tr><th>序号</th><th>品　　名</th><th>别　　名</th><th>分子式(或结构式)</th><th>主(次)危险性类别</th><th>危险特性</th><th>标志</th></tr>
<tr><td>1</td><td>乙基二氯硅烷
ethyldichlorosilane</td><td></td><td>$C_2H_5SiHCl_2$</td><td rowspan="2">易燃
(腐蚀性)</td><td>5.10,5.72,
5.84,5.94,
5.111</td><td rowspan="2">5
(27)</td></tr>
<tr><td>2</td><td>乙基三氯硅烷
ethyltrichlorosilane</td><td>三氯乙基硅烷</td><td>$C_2H_5SiCl_3$</td><td>5.10,5.72,
5.84,5.94,
5.111</td></tr>
<tr><td>3</td><td>乙基正丁基醚
ethyl-n-butyl ether</td><td>乙氧基丁烷;乙丁醚</td><td>$C_2H_5OC_4H_5$</td><td rowspan="3">易燃</td><td>5.6,5.9,
5.102,5.110</td><td rowspan="3">5</td></tr>
<tr><td>4</td><td>乙基苯
ethylbenzene</td><td>苯乙烷</td><td>$C_6H_5CH_2CH_3$</td><td>5.6,5.9,
5.94</td></tr>
<tr><td>5</td><td>N-乙基哌啶
N-ethylpiperidine</td><td>N-乙基六氯吡啶</td><td>$H_3C_2\ \underbrace{NCH_2CH_2CH_2CH_2CH_2}$</td><td>5.22,5.97</td></tr>
<tr><td>6</td><td>乙烯三氯硅烷〔抑制了的〕
vinyltrichlorosilane</td><td>三氯乙烯硅烷</td><td>$C_2H_4SiCl_3$</td><td>易燃
(腐蚀性)</td><td>5.22,5.72,
5.84,5.94</td><td>5
(27)</td></tr>
<tr><td>7</td><td>乙烯防腐漆
vinyl anti-corrosive varnishes</td><td></td><td></td><td>易燃</td><td>5.6,5.12,
5.76</td><td>5</td></tr>
<tr><td>8</td><td>乙腈
acetonitrile</td><td>甲基氰</td><td>CH_3CN</td><td>易燃
(有毒)</td><td>5.6,5.9,
5.30,5.97,
5.110</td><td>5
(26)</td></tr>
<tr><td>9</td><td>乙酰氯
acetyl chlovide</td><td>氯乙酰</td><td>CH_3COCl</td><td>易燃
(腐蚀性)</td><td>5.12,5.23,
5.54,5.72,
5.84</td><td>5
(27)</td></tr>
</table>

续上表

序号	品　　名	别　　名	分子式(或结构式)	主(次)危险性类别	危险特性	标志
10	乙酸乙酯 ethyl acetate	醋酸乙酯	$CH_3COOC_2H_5$		5.6,5.22,5.102	
11	乙酸乙烯酯〔抑制了的〕 vinyl acetate	醋酸乙烯酯；乙烯基乙酸酯	$CH_3COOCHCH_2$	易燃	5.6,5.30,5.48,5.72,5.94,5.104,5.111	5
12	乙酸正丁酯 butyl acetate	醋酸正丁酯	$CH_3COO(CH_2)_3CH_3$		5.22,5.110	
13	乙酸甲酯 methyl acetate	醋酸甲酯	CH_3COOCH_3	易燃 (有毒)	5.6,5.22,5.110	5 (26)
14	乙酸异丁酯 isobutyl acetate	醋酸异丁酯	$CH_3COOCH_2CH(CH_3)_2$		5.22,5.109	
15	乙酸异丙酯 isopropyl acetate	醋酸异丙酯	$CH_3COOC(CH_3)_2$		5.22	
16	乙酸仲丁酯 sec-butyl acetate	醋酸仲丁酯；醋酸第二丁酯	$CH_3COOCH(CH_3)(C_2H_5)$		5.22,5.109	
17	乙酸正丙酯 propyl acetate	醋酸(正)丙酯	$CH_3COOC_3H_7$	易燃	5.6,5.22,5.109	5
18	乙酸叔丁酯 tert-butyl acetate	醋酸叔丁酯	$CH_3COOC(CH_3)_3$		5.9,5.97,5.102,5.109	
19	二乙硫醚 ethyl sulyide	二乙基硫；硫代乙醚	$(C_2H_5)_2S$		5.8,5.11,5.82,5.86,5.97	
20	二正丙胺 di-*n*-propylamine		$(CH_3CH_2CH_2)_2NH$		5.22,5.96,5.102	
21	二甲胺溶液 dimethylamine solutionin water		$(CH_3)NH$	易燃 (有毒)	5.6,5.11,5.94,5.99,5.110,5.111	5 (26)

续上表

序号	品名	别名	分子式(或结构式)	主(次)危险性类别	危险特性	标志
22	二甲基二乙氧基硅烷 dimethylethoxydisilane	二乙氧基;二甲基硅烷	$(CH_3)_2SiCO(C_2H_3)_2$	易燃	5.22,5.94	5
23	二甲基二氯硅烷 dimethyldichlorosilane	二氯二甲基硅烷	$(CH_3)_2SiCl_2$	易燃(腐蚀性)	5.22,5.72,5.84,5.94,5.95,5.111	5(27)
24	2,2-二甲基戊烷 2,2-dimethylpentane	1,1,1-三甲基丁烷	$(CH_3)_3CCH_2CH_2CH_3$	易燃	5.6,5.9	5
25	2,3-二甲基戊烷 2,3-dimethylpentane		$CH_3CH(CH_3)CH(CH_3)CH_2CH_3$			
26	2,4-二甲基戊烷 2,4-dimethylpentane	二异丙基甲烷	$(CH_3)_2CHCH_2CH(CH_3)_2$			
27	3,3-二甲基戊烷 3,3-dimethylpentane	二乙基二甲基甲烷	$CH_3CH_2C(CH_3)_2CH_2CH_3$			
28	二异丙胺 diisopropylamine		$[(CH_3)_2CH]_2NH$		5.22	
29	二异丙基甲酮 diisopropyl ketone	2,4-二甲基-3-戊酮	$[(CH_3)_2CH]_2CO$			
30	1,1-二甲基环己烷 1,1-dimethylcyclohexane		$(CH_3)_2C_6H_{10}$			
31	1,2-二甲基环己烷〔顺式〕 1,2-dimethylcyclohexane(cis)		$(CH_3)_2C_6H_{10}$		5.22	
32	1,2-二甲基环己烷〔反式〕 1,2-dimethylcyclohexane(trans)		$(CH_3)_2C_6H_{10}$		5.6,5.22	

续上表

序号	品　　名	别　　名	分子式(或结构式)	主(次)危险性类别	危险特性	标志
33	1,4-二甲基环己烷〔顺式〕 1, 4-dimethylcyclohexane(cis)		$(CH_3)_2C_6H_{10}$			
34	1,4-二甲基环己烷〔反式〕 1, 4-dimethylcyclohexane(trans)		$(CH_3)_2C_6H_{10}$		5.22	
35	1,1-二甲基肼 dimethylhydratine	二甲基肼〔不对称〕	$(CH_3)_2NNH_2$	有毒气体	5.10,5.72,5.94,5.97,5.112	5
36	1,3-二氧戊环 dioxolane	乙二醇缩甲醛	$\underbrace{OCH_2CH_2OCH_2}$		5.9,5.22	
37	二氧杂环己烷 dioxane	1,4-二氧己环 二噁烷	$\underbrace{OCH_2CH_2OCH_2CH_2}$		5.22,5.97,5.110	
38	1,1-二氯乙烯〔抑制了的〕 1, 1-dichloroethylene	(偏)二氯乙烯	CH_2CCl_2	易燃(有毒)	5.10,5.34,5.72	5(26)
39	1,2-二氯丙烷 1,2-dichloropropane	二氯丙烷	$CH_2ClCHClCH_3$		5.10,5.72,5.110	
40	丁二酮 butanedione	二甲基乙二酮；双乙酰	$CH_3COCOCH_3$		5.22,5.94,5.104	
41	2-丁烯醛〔抑制了的〕 crotonaldehyde	巴豆醛；β-甲基丙烯醛	$CH_3CHCHCHO$	易燃	5.6,5.9,5.94,5.101,5.104,5.110	5
42	2-丁酮 2-butanone	甲基乙基酮；甲乙酮	$CH_3COC_2H_5$		5.6,5.9	
43	3-丁烯-2-酮 3-buten-2-one	甲基乙烯甲酮；丁烯酮	$CH_3COCHCH_2$		5.22,5.101,5.104,5.109	

续上表

序号	品名	别名	分子式(或结构式)	主(次)危险性类别	危险特性	标志
44	三乙胺 triethylamine	三乙基胺	$(C_2H_5)_3N$	易燃	5.9,5.94,5.110	5
45	三甲胺〔溶液〕 trmethylamine(solution)		$(CH_3)_3N$		5.22,5.69,5.94,5.110,5.111	
46	三甲基乙氧基硅烷 trimethylethoxysilan	乙氧基三甲基硅烷	$(CH_3)_3Si(OC_2H_5)$		5.22,5.109	
47	2,2,4-三甲基戊烷 2,2,4-trimethylpentane	异辛烷;2-甲基庚烷	$(CH_3)_2CHCH_2C(CH_3)_3$		5.6,5.9	
48	三甲基氯硅烷 trimethylchlorosilane	三甲基氯化硅;氯化三甲基硅烷	$(CH_3)_3SiCl$		5.10,5.74,5.84,5.94	
49	六甲基二硅醚 hexamethyldisiloxane		$(CH_3)_3SiOSi(CH_3)_3$		5.22	
50	无水乙醇 ethyl alcohol	无水酒精	CH_3CH_2OH		5.6,5.9	
51	正丁胺 butylamine	1-氨基丁烷	$C_4H_9NH_2$		5.9,5.104,5.110	
52	正丁腈 butyronitrile	氰化丙烷	$CH_3(CH_2)_2CN$	易燃(有毒)	5.12,5.72,5.78,5.89,5.97,5.109	5(26)
53	正丁酸甲酯 methyl-*n*-butyrate		$C_3H_7COOCH_3$	易燃	5.22	5
54	正丁醛 *n*-butyraldehyde	酪醛	$CH_3CH_2CH_2CHO$		5.22,5.34,5.94	
55	正戊醛 *n*-valeraldehyde		$CH_3(CH_2)_3CHO$		5.22	

续上表

序号	品名	别名	分子式(或结构式)	主(次)危险性类别	危险特性	标志
56	正戊胺 *n*-amylamine	1-氨基戊烷	$CH_3(CH_2)_4NH_2$	易燃	5.22,5.104, 5.109	5
57	正庚烷 *n*-heptane	庚烷	$CH_3(CH_2)_5CH_3$		5.6,5.9, 5.142	
58	正硅酸甲酯 methyl-*n*-sillicate	四甲氧基硅烷；硅酸四甲酯；原硅	$Si(OCH_3)_4$	易燃 (有毒)	5.10,5.27, 5.97,5.109, 5.111	5 (26)
59	1,2,5,6-甲氢吡啶 1,2,5,6-piperidine	酸甲酯	$\underbrace{HNCH_2CH_2CH_2CH_2}$	易燃	5.9,5.72, 5.97,5.111	5
60	丙烯腈〔抑制了的〕 acrylonitrile	氰基乙烯	CH_2CHCN	易燃 (有毒)	5.6,5.9, 5.30,5.37, 5.43,5.45, 5.48,5.89, 5.97,5.104, 5.110	5 (26)
61	丙烯酸乙酯〔抑制了的〕 ethyl acrylate		$CH_2CHCOOC_2H_5$		5.22	
62	丙烯酸甲酯〔抑制了的〕 methyl acrylate	败脂酸甲酯	$CH_2CHCOOCH_3$		5.22,5.48, 5.97,5.110, 5.111	
63	丙烯酸清漆 acryic lacguers			易燃	5.6,5.12, 5.76	5
64	丙烯酸清烘漆 acrylic bakingvar-nishes				5.6,5.12, 5.76	
65	丙烯酸酯胶粘剂 acrylic ester ad-hesive				5.6,5.8, 5.12,5.76	
66	丙腈 propionitrile	乙基氰	CH_3CH_2CN	易燃 (有毒)	5.22,5.71, 5.97	5 (26)

续上表

序号	品名	别名	分子式(或结构式)	主(次)危险性类别	危险特性	标志
67	丙酸乙酯 ethyl propionate		$C_2H_5COOC_2H_5$	易燃	5.22	5
68	丙酸异丁酯 isobutyl propionate		$C_2H_5COOCH_2CH(CH_3)_2$			
69	丙酸甲酯 methyl propionate		$C_2H_5COOCH_3$			
70	1-丙醇 1-propyl alcohol	正丙醇	$CH_3(CH_2)_2CH$		5.6,5.9	
71	2-丙醇 2-propyl alcohol	异丙醇	$(CH_3)_2CHOH$			
72	丙醛 propyl aldehyde		CH_3CH_2CHO		5.6,5.22	
73	1-戊硫醇 1-amyl mercaptan	正戊硫醇	$CH_3(CH_2)_4SH$		5.10,5.71,5.78,5.111	
74	石油醚 petroleum ether	石油精			5.6,5.22,5.102,5.111	
75	石脑油 naphtha	粗汽油;溶剂油			5.22	
76	2-戊酮 2-pentanone	甲基丙基酮	$CH_3COCH_2CH_2CH_3$	易燃(有毒)	5.6,5.22,5.109	5(26)
77	甲苯 toluene		$CH_3C_6H_5$		5.6,5.13 5.53,5.97,5.102,5.104,5.109	
78	甲基三氯硅烷 methyl trichlorosilane	三氯甲基硅烷	CH_3Cl_3Si	易燃(腐蚀性)	5.72,5.84,5.108	5(27)

续上表

序号	品名	别名	分子式(或结构式)	主(次)危险性类别	危险特性	标志
79	2-甲基哌啶 2-pipecoline	2-甲基六氢吡啶	$CH_2CH_2CH_2CH_2CH(CH_3)NH$		5.22,5.104	
80	甲基丙烯腈〔抑制了的〕 methacrylonitrile		$H_2CC(CH_3)CN$		5.22,5.48,5.109	
81	甲基丙烯酸乙酯〔抑制了的〕 ethyl methacrylate	异丁烯酸乙酯	$CH_2C(CH_3)COOC_2H_5$		5.8,5.13,5.48,5.97,5.104	
82	甲基丙烯酸甲酯〔抑制了的〕 methyl methacrylate	异丁烯酸甲酯;有机玻璃单体	$CH_2C(CH_3)COOCH_3$		5.22,5.104,5.109	
83	2-甲基丙烯醛 2-methylacrolein	异丁烯醛	$CH_2C(CH_3)CHO$	易燃	5.22,5.71,5.101,5.104	5
84	4-甲基-2-戊酮 4-methyl-2-pentanone	异己酮;甲基异丁基酮	$(CH_3)_2CHCH_2COCH_3$		5.9,5.109	
85	N-甲基吗啉 N-methyl morpholine		$CH_2CH_2OCH_2CH_2NCH_3$		5.22,5.104	
86	甲基环己烷 methylcyclohexane	六氢甲苯;环己基甲烷	$CH_3\ CHCH_2CH_2CH_2CH_2CH_2$		5.6,5.22,5.94,5.110	
87	甲基环戊烷 methylcyclopentane		$CH_3\ CH(CH_2)_3CH_2$		5.6,5.9,5.104	
88	甲基肼 methylhydrazine	甲基联胺	CH_3NHNH_2	易燃(腐蚀性)	5.13,5.67,5.97,5.98	5(27)
89	甲酸正丁酯 butyl formate	蚁酸正丁酯	$HCO_2CH_2CH_2CH_2CH_3$			
90	甲酸异丁酯 isobutyl formate	蚁酸异丁酯	$HCO_2CH_2CH(CH_3)CH_3$	易燃	5.22	5
91	甲酸正丙酯 propyl formate	蚁酸正丙酯	$HCO_2CH_2CH_2CH_3$			
92	甲酸异丙酯 isopropyl formate	蚁酸异丙酯	$HCO_2CH(CH_3)_2$			

续上表

序号	品名	别名	分子式(或结构式)	主(次)危险性类别	危险特性	标志
93	甲醇 methyl alcohol	木酒精	CH_3OH	易燃 (有毒)	5.6,5.9, 5.95,5.97, 5.109	5 (26)
94	2-甲基-2-丙醇 2-dimethyl-2-propanol	叔丁醇;特丁醇;三甲基甲醇	$(CH_3)_3COH$	易燃	5.22,5.50, 5.109	5
95	亚硝酸正丁酯 butyl nitrite		$CH_3(CH_2)_3ONO$		5.22	
96	亚硝酸异丁酯 isobutyl nitrite		$(CH_3)_2CHCH_2ONO$		5.22	
97	亚硝酸异戊酯 isoamyl nitrite	亚硝酸戊酯	$(CH_3)_2CHCH_2CH_2ONO$		5.11,5.40, 5.71,5.89, 5.92,5.97	
98	仲丁胺 sec-butylamine	2-氨基丁烷;第二丁胺	$CH_3CH_2CH(NH_2)CH_3$		5.22,5.104, 5.109	
99	异丁胺 isobuty lamine	1-氨基-2-甲基丙烷	$(CH_3)_2CHCH_2NH_2$		5.22,5.94, 5.109	
100	异丁腈 isobutyronitrile	异丙基氰	$(CH_3)_2CHCN$	易燃 (有毒)	5.97,5.109	5 (26)
101	异丁硫醇 isobutyl mercaptan	2-甲基-1-丙硫醇	$(CH_3)_2CHCH_2SH$	易燃	5.22,5.71, 5.78,5.84, 5.97,5.111	5
102	异丁酸乙酯 ethyl isobutyrate		$(CH_3)_2CHCOOC_2H_5$		5.22	
103	异丁酸甲酯 methyl isobutyrate		$(CH_3)_2CHCOOCH_3$			
104	异丁酸异丙酯 isopropyl isobutyrate		$C_3H_7COOC_3H_7$			

续上表

序号	品　　名	别　　名	分子式(或结构式)	主(次)危险性类别	危险特性	标志
105	异己烷 isohexane	2-甲基戊烷	C_6H_{14}	易燃	5.6,5.9	5
106	异戊胺 isoamylamine	1-氨基-3-甲基丁烷	$(CH_3)_2CHCH_2CH_2NH_2$		5.22,5.104	
107	异戊醛 isovaleric aldehyde	3-甲基丁醛	$(CH_3)_2CHCH_2CHO$		5.10	
108	异戊硫醇 isoamyl mercaptan	3-甲基-1-丁硫醇	$(CH_3)_2CHCH_2CH_2SH$		5.10,5.17,5.71,5.78	
109	异庚烷 isoheptane	2-甲基己烷;乙基异丁基甲烷	$(CH_2)_2CH(CH_2)_2CH_2CH_3$		5.6,5.9	
110	异辛烯 isooctenes		C_8H_{16}		5.22	
111	异氰酸甲酯 methyl isocyanate		CH_3NCO	易燃(有毒)	5.22,5.79,5.87,5.94,5.97,5.101,5.109,5.111	5(26)
112	1-辛烯 1-octene		$CH_3(CH_2)_5CHCH_2$	易燃	5.9	5
113	2-辛烯 2-octene		$CH_3CHCH(CH_2)_4CH_3$			
114	有机硅树脂〔溶液〕 silicone resin(solution)	硅树脂			5.6,5.12,5.76	
115	过氯乙烯可剥漆 post-chlorinated vinyls-tippable primers					
116	过氯乙烯底漆 post-chlorinated PVC primers					

续上表

序号	品　名	别　名	分子式(或结构式)	主(次)危险性类别	危险特性	标志
117	过氯乙烯清漆 post-chlorinated PVC varnishes			易燃	5.6,5.12,5.76	5
118	过氯乙烯防腐漆 post-chlorinated vinyl anti-corrosive varnishes			易燃	5.6,5.12,5.76	5
119	过氯乙烯防潮清漆 damp-proof agent for post-chlorinated PVC			易燃	5.6,5.12,5.76	5
120	过氯乙烯胶液 post-chlorinated vinyl solution			易燃	5.6,5.12,5.76	5
121	过氯乙烯漆稀释剂 post-chlorinated PVC varnish thinners			易燃	5.6,5.12,5.76	5
122	过氯乙烯磁漆 post-chlorinated PVC enamels			易燃	5.6,5.12,5.76	5
123	虫胶清漆 shellac in alcohol solution	虫胶液;泡立水		易燃	5.6,5.8,5.12,5.76	5
124	环己烯 cyclohexene	四氢化苯	$CH_2CH_2CH_2CH_2CHCH$ (环状)	易燃	5.22,5.60,5.94,5.104	5
125	环戊胺 cyclopentylamine	氨基环戊烷	$CH_2(CH_2)_3CHNH_2$ (环状)	易燃	5.22	5
126	环氧漆固化剂 epoxycuring agents			易燃	5.6,5.12,5.76	5

续上表

序号	品名	别名	分子式(或结构式)	主(次)危险性类别	危险特性	标志
127	环氧漆稀释剂 epoxypaints thinner			易燃	5.6,5.12,5.76	5
128	苯 benzene	纯苯	C_6H_6	易燃(有毒)	5.6,5.9,5.97,5.102,5.110,5.119	5 (26)
129	叔丁胺 tert-butylamine	2-氨基-2-甲基丙烷;特丁胺	$(CH_3)_3CNH_2$	易燃	5.12,5.94,5.104,5.109	5
130	沥青漆稀释剂 bituminous paint thinners			易燃	5.6,5.12,5.76	5
131	1-庚烯 1-heptene	正庚烯;正戊基乙烯	$CH_2CH(CH_2)_4CH_3$	易燃	5.6,5.22	5
132	氟苯 fluorobenzene		C_6H_5F	易燃	5.22,5.76,5.97,5.110	5
133	钛酸四乙酯 tetraethyl o-titanate	四乙氧基钛	$Ti(OC_2H_5)_4$	易燃	5.22	5
134	钛酸四异丙酯 tetraisopopyl titanate		$Ti[OCH(CH_3)_2]_4$	易燃	5.22	5
135	原油 crude oil	石油;原矿油		易燃	5.6,5.9,5.110,5.111	5
136	原甲酸甲酯 methyl o-formate	三甲氧基甲烷	$(CH_3O)_3CH$	易燃	5.22	5
137	硝酸正丙酯 propyl nitrate		$CH_3CH_2CH_2ONO_2$	易燃	5.13,5.97,5.109,5.111,5.115	5
138	硝基外用磁漆 nitrocellulose exterior enemels			易燃	5.6,5.12,5.76	5
139	硝基透明漆 nitrocellulose clear lacbuers			易燃	5.6,5.12,5.76	5

续上表

序号	品名	别名	分子式(或结构式)	主(次)危险性类别	危险特性	标志
140	硝基清漆 nitrocellulose varnishes			易燃	5.6,5.12,5.76	5
141	硝基磁漆 nitrocellulose enamels					
142	溶剂苯 crude benzene		C_6H_6		5.6,5.22,5.102,5.109,5.111,5.119	
143	硫代乙酸 thioacetic acid	硫代醋酸	CH_3COSH	易燃(腐蚀性)	5.71,5.97,5.99,5.104,5.109	5(27)
144	1-氯丁烷 1-chlorobutane	氯化正丁烷;正丁基氯	$CH_3(CH_2)_2CH_2Cl$	易燃	5.9,5.12,5.72,5.110	5
145	氯甲基甲醚 chloromethyl methyl ether	甲基氯甲醚	$ClCH_2OCH_3$		5.22,5.27,5.94	
146	氯甲酸乙酯 ethyl chloroformate	氯蚁酸乙酯;氯碳酸乙酯	$ClCOOC_2H_5$	易燃(有毒)(腐蚀性)	5.12,5.72,5.84,5.95,5.97,5.99,5.104,5.109	5(26)(27)
147	氯甲酸甲酯 methyl chloroformate	氯蚁酸甲酯;氯碳酸甲酯	$ClCOOCH_3$		5.12,5.72,5.84,5.94,5.97,5.99,5.104,5.109	
148	氯代异丁烷 isofutyl chloride	1-氯-2-甲基丙烷;异丁基氯	$(CH_3)_2CHCH_2Cl$	易燃	5.10,5.72	5
149	氯代异戊烷 isoamyl chloride	1-氯-3-甲基丁烷;异戊基氯	$C_5H_{11}Cl$			

续上表

序号	品名	别名	分子式(或结构式)	主(次)危险性类别	危险特性	标志
150	1-碘丙烷 1-iodopropane	碘代正丙烷;正丙基碘	$CH_3CH_2CH_2I$		5.10,5.72,5.109	
151	2-碘丙烷 2-iodopropane	碘代异丙烷;异丙基碘	CH_3CHICH_3	易燃(有毒)	5.72,5.108	5(26)
152	3-碘-1-丙烯 3-iodo-1-propene	烯丙基碘;碘化烯丙基	CH_2CHCH_2I		5.10,5.72,5.104,5.108	
153	2-碘-2-甲基丙烷 2-iodo-2-methyl-propane	碘代叔丁烷;叔丁基碘	$(CH_3)_3CI$	易燃	5.10,5.72	5
154	1-碘-2-甲基丙烷 1-iodo-2-methyl-propane	碘代异丁烷;异丁基碘	$(CH_3)_2CHCH_2I$		5.22	
155	3-溴-1-丙烯 3-bromo-1-propane	烯丙基溴	CH_2CHCH_2Br	易燃(有毒)	5.10,5.72,5.94,5.97,5.110	5(26)
156	2-溴丙烷 2-bromopropane	溴代异丙烷;异丙基溴	$(CH_3)_2CHBr$	易燃	5.72,5.109	5
157	1-溴丁烷 1-bromobutane	溴代正丁烷;正丁基溴	$CH_3(CH_2)_2CH_2Br$		5.12,5.76	
158	2-溴-2-甲基丙烷 2-bromo-2-methyl-propane	溴代叔丁烷;叔丁基溴;三甲基溴甲烷	$(CH_3)_3CBr$	易燃(有毒)	5.12,5.72,5.111	5(26)
159	酚醛-缩醛有机硅粘合剂 phenolic acetal silicone adhesive				5.6,5.8,5.12,5.76	
160	酚醛-缩醛粘合剂 phenolic acetal adhesive			易燃	5.6,5.8,5.12,5.76	5
161	碳酸二甲酯 dimethyl carbonate	碳酸甲酯	$(CH_3)_2CO_3$		5.22	

续上表

序号	品名	别名	分子式(或结构式)	主(次)危险性类别	危险特性	标志
162	缩醛烘干胶 polyvingl butyral baking adhesive			易燃	5.6,5.12,5.76	5
163	缩醛漆稀释剂 acetal paint thinner					
164	醇酸漆稀释剂 alkyd thinners					
165	噻吩 thiophene	硫杂茂;硫代呋喃	SCHCHCHCH		5.97,5.109,5.110	

A3.3 高闪点液体

表 A7

序号	品名	别名	分子式(或结构式)	主(次)危险性类别	危险特性	标志
1	乙二醇二乙醚 ethylene glycol diethyl ether	1,2-二乙氧基乙烷;二乙基溶纤剂	$C_2H_5OCH_2CH_2OC_2H$	易燃	5.22,5.110	5
2	乙二醇甲醚 ethylene glycol monomethyl ether	2-甲氧基乙醇;甲基溶纤剂	$CH_3OCH_2CH_2OH$		5.6,5.22,5.110	
3	乙酸乙二醇甲醚 ethylene glycol monomethyl ether acetate	乙酸甲基溶纤剂;2-甲氧基乙酸乙酯	$CH_3COOCH_2CH_2OCH_3$		5.22,5.110	
4	乙酸正戊酯 amyl acetate	醋酸戊酯	$CH_3COO(CH_2)_4CH_3$		5.6,5.22,5.110	
5	乙酸仲己酯 sec-hexyl acetate	醋酸甲基戊酯;2-乙酸-4-甲基戊酯	$CH_3COOCH(CH_3)(CH_2)_3CH_3$			
6	1,2-二乙基苯 1,2-diethylbenzene	邻二乙基苯	$C_6H_4(C_2H_5)_2$		5.22	
7	1,3-二乙基苯 1,3-diethylbenzene	间二乙基苯	$C_6H_4(C_2H_5)_2$			
8	1,4-二乙基苯 1,4-diethylbenzene	对二乙基苯	$C_6H_4(C_2H_5)_2$			

续上表

序号	品名	别名	分子式(或结构式)	主(次)危险性类别	危险特性	标志
9	1,2-二甲苯 1,2-xylene	邻二甲苯	$C_6H_4(CH_3)_2$		5.6,5.7, 5.12,5.102, 5.110	
10	1,3-二甲苯 1,3-xylene	间二甲苯	$C_6H_4(CH_3)_2$		5.6,5.9, 5.102,5.110	
11	1.4-二甲苯 1,4-xylene	对二甲苯	$C_6H_4(CH_3)_2$	易燃 (有毒)	5.6,5.9, 5.102,5.110	5 (26)
12	3-二甲氨基-1-丙胺 3-dimethylamino-1-propylamine	N，N-二甲基-1,3-丙二胺	$(CH_3)_2NCH_2CH_2CH_2NH_2$		5.22,5.72, 5.94,5.111	
13	1-二甲氨基-2-丙醇 1-dimethylamino-2-propanol	N，N-二甲基异丙醇胺	$(CH_3)_2NCH_2CHOHCH_3$	易燃	5.22	5
14	N,N-二甲基乙醇胺 N,N-dimethylethanolamine	2-二甲氨基乙醇； N，N-二甲基-2-羟基乙胺	$(CH_3)_2NCH_2CH_2OH$	易燃 (有毒)	5.22,5.72, 5.94,5.111	5 (26)
15	2-甲基-2-丙醇 2-methyl-2-propanol	叔丁醇； 特丁醇； 三甲基甲醇	$(CH_3)_3COH$	易燃	5.22,5.50, 5.109	5
16	2,4-二甲基砒啶 2，4-dimethylpyridine	2,4-二甲基氮杂苯	C_7H_9N			
17	2,5-二甲基吡啶 2，5-dimethylpyridine	2,5-二甲基氮杂苯	C_7H_9N	易燃 (有毒)	5.22,5.72, 5.97,5.110	5 (26)
18	2,6-二甲基吡啶 2，6-dimethylpyridine	2,6-二甲基氮杂苯	C_7H_9N			

续上表

序号	品　　名	别　　名	分子式(或结构式)	主(次)危险性类别	危险特性	标志
19	二异丁胺 diisobutylamine		$[(CH_3)_2CHCH_2]_2NH$	易燃	5.22	5
20	1,3-二氯丙烷 1,3-dichloropropane		$CH_2ClCH_2CH_2Cl$		5.22,5.72	
21	1,3-二氯丙烯 1,3-dichloropropene	2-氯丙烯基氯	$C_3H_4Cl_2$		5.72,5.96,5.104	
22	1,5-二氯戊烷 1,5-dichloropropentane		$CH_2Cl(CH_2)_3CH_2Cl$		5.10,5.72	
23	十氢萘 decahydronaphthalene	萘烷	$C_{10}H_{18}$		5.22	
24	三正丙胺 tri-*n*-propylamine		$N(C_3H_7)_3$	易燃(有毒)	5.22,5.72,5.94,5.97,5.110	5(26)
25	1,3,5-三甲基苯 1,3,5-trimethylbenzene	均三甲苯	$C_6H_3(CH_3)_3$	易燃	5.22	5
26	2,2,2-三氟乙醇 2,2,2-trifluoroethyl alcohol		CF_3CH_2OH			
27	三聚乙醛 paraldehyde	三聚醋醛;仲(乙)醛	$(CH_3CHO)_3$		5.10,5.72,5.111	
28	2-己酮 2-hexanone	甲基丁基甲酮	$CH_3(CH_2)_3COCH_3$		5.22	
29	1-壬烯 1-nonene	香茅烯	$CH_3(CH_2)_6CHCH_2$			
30	双乙烯酮〔抑制了的〕 diketene	二乙烯酮	$C_4H_4O_2$	易燃(有毒)	5.10,5.27,5.48,5.57,5.95,5.104,5.109	5(26)

续上表

序号	品　名	别　名	分子式(或结构式)	主(次)危险性类别	危险特性	标志
31	双戊烯 dipentene	二聚戊烯；1,8-萜二烯	$C_{10}H_{16}$	易燃	5.22	5
32	丙苯 *n*-propylbenzene	丙基苯	$C_3H_7C_6H_5$			
33	丙烯酸磁漆 acrylic enamels				5.6,5.12,5.76	
34	丙烯酸底漆 acrylic primers					
35	丙酸正丁酯 butyl propionate		$C_2H_5COOC_4H_9$		5.22	
36	正丁酸乙酯 *n*-ethyl butyrate		$CH_3CH_2CH_2COOCH_2CH_3$			
37	正丁酸正丙酯 *n*-propyl butyrate		$C_3H_7COOC_3H_7$			
38	正丁醇 butyl alcohol	丁醇；第一丁醇	$CH_3(CH_2)_3OH$	易燃(有毒)	5.22,5.76,5.102,5.104,5.110	5(26)
39	正丁醚 *n*-butyl ether	氧化二丁烷	$CH_3(CH_2)_3O(CH_2)_3CH_3$	易燃	5.22,5.60	5
40	正戊醇 *n*-amyl alcohol	1-戊醇	$CH_3(CH_2)_4OH$		5.6,5.9,5.102,5.104,5.110,5.139	
41	正硅酸乙酯 ethyl-*n*-silicate	硅酸四乙酯；四乙氧基硅烷	$(C_2H_5)_4SiO_4$	易燃(有毒)	5.8,5.14,5.71,5.94,5.110	5(26)
42	2,4-戊二酮 pentanedione	乙酰丙酮；戊间二酮	$CH_3COCH_2COCH_3$	易燃	5.22,5.94	5
43	甲氧基乙酸甲酯 methyl methoxyacetate		$CH_3OCH_2COOCH_3$		5.22	

续上表

序号	品 名	别 名	分子式(或结构式)	主(次)危险性类别	危险特性	标志
44	2-甲基吡啶 2-methylpyridine	α-甲基吡啶；α-皮考啉	NCHCHCHCHCCH$_3$	易燃(有毒)	5.22,5.76,5.94,5.97,5.111	5(26)
45	3-甲基吡啶 3-methylpyridine	β-甲基吡啶；β-皮考啉	NCHCHCHC(CH$_3$)CH		5.22,5.72,5.94,5.97,5.111	
46	甲基叔丁基酮 tert-butyl methyl ketone	3,3-二甲基-2-丁酮；1,1,1-三甲基丙酮甲基特丁基酮	$CH_3COC(CH_3)_3$	易燃	5.22	5
47	甲酸正戊酯 amyl formate	蚁酸正戊酯	$HCOO(CH_2)_4CH_3$			
48	异丁醇 isobutyl alcohol	2-甲基-1-1-丙醇	$(CH_3)_2CHCH_2OH$			
49	异丁酸异丁酯 isobutyl isobutyrate		$(CH_3)_2CHCOOCH_2CH(CH_3)_2$			
50	异戊酸乙酯 isoethyl valerate		$(CH_3)_2CHCH_2COOC_2H_5$			
51	异丙苯 isopropylbenzene	枯烯	$C_6H_5CH(CH_3)_2$		5.10,5.30,5.110	
52	仲丁醇 sec-butyl alcohol	第二丁醇；甲基乙基甲醇	$CH_3CH_2CHOHCH_3$		5.22,5.102,5.104,5.110	
53	仲戊醇 sec-amylalcohol	2-戊醇	$CH_3CH_2CH_2CHOHCH_3$		5.6,5.22	
54	有机硅耐高温漆 organosilicon heat-resiant paint				5.6,5.12,5.76	

续上表

序号	品名	别名	分子式(或结构式)	主(次)危险性类别	危险特性	标志
55	2-呋喃甲胺 2-furfurylamine	糠胺;麸胺	$OCHCHCHCCH_2NH_2$		5.22	
56	吡咯 pyriole	一氮二烯五环;氮(杂)茂	$CHCHNHCHCH$		5.10,5.48, 5.72,5.96, 5.97,5.111	
57	乳酸乙酯 ethyl lactate	羟基丙酸乙酯	$HO(CH_3)CHCOOC_2H_5$		5.6,5.22	
58	沥青绝缘漆 bituminous insulation paints					
59	沥青清烘漆 bituminous baking varnishes			易燃		5
60	沥青防污漆 bituminous antifouling paint				5.6,5.12, 5.76	
61	沥青耐酸漆 bituminous acid resisting varnishes					
62	沥青锅炉漆 bituminous boiler paints					
63	沥青磁漆 bituminous enamels					
64	环己酮 cyclohexanone		$CO(CH_2)_4CH_2$	易燃 (有毒)	5.22,5.110	5 (26)
65	环戊酮 cyclopentanone		$COCH_2CH_2CH_2CH_2$	易燃	5.22,5.102, 5.110	5

续上表

序号	品名	别名	分子式(或结构式)	主(次)危险性类别	危险特性	标志
66	环氧防腐漆 epoxy anticorrosive varnishes			易燃	5.6,5.12,5.76	5
67	环氧清漆 epoxy varnishes					
68	环氧绝缘烘漆 poxy insulating baking paints					
69	环氧磁漆 epoxy enamels					
70	环氧酚醛防腐烘漆 epoxy phenolic baking paints					
71	环氧醇酸清烘漆 epoxy alkyd baking varnishes					
72	环氧腻子〔分装〕 epoxy putties(two-pack)					
73	松节油 turpentine oil				5.1,5.22,5.35,5.110	
74	苯乙烯〔抑制了的〕 phenylethylene	乙烯苯〔抑制了的〕	$C_6H_5CHCH_2$		5.11,5.18,5.33,5.34,5.48,5.97,5.110	
75	苯甲醚 anisole	茴香醚;甲氧基苯	$C_6H_5OCH_3$		5.22,5.94,5.97	
76	叔戊醇 tert-amyl alcohol	二甲基乙基原醇;第三戊醇;特戊醇	$(CH_3)_2C(OH)CH_2CH_3$		5.6,5.22	
77	2-庚酮 2-heptanone	甲基戊基(甲)酮	$CH_3(CH_2)_4COCH_3$		5.22	

续上表

<table>
<tr><th>序号</th><th>品　名</th><th>别　名</th><th>分子式(或结构式)</th><th>主(次)危险性类别</th><th>危险特性</th><th>标志</th></tr>
<tr><td>78</td><td>3-庚酮
3-heptanone</td><td>乙基正丁基甲酮</td><td>$CH_3(CH_2)_3COCH_2CH_3$</td><td rowspan="10">易燃</td><td>5.22,5.94,5.110</td><td rowspan="10">5</td></tr>
<tr><td>79</td><td>4-庚酮
4-heptanone</td><td>二正丙基甲酮</td><td>$(CH_3CH_2CH_2)_2CO$</td><td rowspan="2">5.22</td></tr>
<tr><td>80</td><td>原甲酸(二)乙酯
ethyl-orthoformate</td><td>三乙氧基甲烷</td><td>$(C_2H_5O)_3CH$</td></tr>
<tr><td>81</td><td>3-羟基-2-丁酮
3-hydroxy-2-butanone</td><td>乙酰甲基甲醇</td><td>$CH_3CH(OH)COCH_3$</td><td>5.22,5.48</td></tr>
<tr><td>82</td><td>氨基清烘漆
amino baking varnishes</td><td></td><td></td><td rowspan="5">5.6,5.12,5.76</td></tr>
<tr><td>83</td><td>酚醛烘漆
phenolic baking varnishes</td><td></td><td></td></tr>
<tr><td>84</td><td>酚醛清漆
phenolic varnishes</td><td></td><td></td></tr>
<tr><td>85</td><td>酚醛绝缘漆
phenolio insulating varnishe</td><td></td><td></td></tr>
<tr><td>86</td><td>酚醛透明漆
phenol formaldehyde varnishes</td><td></td><td></td></tr>
<tr><td>87</td><td>α-蒎烯
α-pinene</td><td>α-松油萜</td><td>$C_{10}H_{16}$</td><td>5.22,5.35</td></tr>
<tr><td>88</td><td>2-硝基丙烷
2-nitropropane</td><td></td><td>$CH_3CHNO_2CH_3$</td><td rowspan="2">易燃(有毒)</td><td>5.22,5.97,5.110</td><td rowspan="2">5
(26)</td></tr>
<tr><td>89</td><td>硝基甲烷
nitromethane</td><td></td><td>CH_3NO_2</td><td>5.13,5.71,5.97,5.110,5.135</td></tr>
</table>

续上表

序号	品名	别名	分子式(或结构式)	主(次)危险性类别	危险特性	标志
90	硝酸正丁酯 butyl nitrate		$CH_3(CH_2)_3NO_3$	易燃	5.13,5.72,5.116	5
91	硝酸戊酯 amyl nitrate		$C_5H_{11}NO_3$		5.12,5.40,5.116	
92	4-氯甲苯 4-chlorotoluene	对氯甲苯	$CH_3C_6H_4Cl$	易燃(有毒)	5.72,5.109,5.111	5(26)
93	氯苯 chlorobenzene	一氯化苯	C_6H_5Cl	易燃	5.9,5.109,5.111,5.140	5
94	黑氯丁橡胶可剥漆 black neoprene strippable paints				5.6,5.12,5.76	
95	溴己烷 bromohexane	己基溴	$CH_3(CH_2)_5Br$		5.14,5.72,5.104	
96	1-溴丙烷 1-bromopropane	正丙基溴	$CH_3CH_2CH_2Br$		5.10,5.72,5.111	
97	溴戊烷 bromopentane	正戊基溴	$CH_3(CH_2)_4Br$		5.22,5.72	
98	1-溴-3-甲基丁烷 1-bromo-3-methylbutane	溴代异戊烷;异戊基溴	$(CH_3)_2CHCH_2CH_2Br$		5.10,5.72	
99	碳酸二乙酯 diethyl carbonate	碳酸乙酯	$(C_2H_5)_2CO_3$		5.22	
100	碳酸二丙酯 dipropyl carbonate	碳酸丙酯	$(C_2H_5CH_2O)_2CO$			
101	醇酸烘漆 alkyd baking paints				5.6,5.12,5.76	
102	醇酸绝缘漆 alkyd insulating varnishes					

续上表

序号	品名	别名	分子式(或结构式)	主(次)危险性类别	危险特性	标志
103	醇酸清漆 alkyd varnisher			易燃	5.6,5.12,5.76	5
104	醇酸漆包线漆 alkyd wire enarnels					
105	樟脑油 camphor oil	樟木油;香樟油;樟脑原油			5.22	
106	糠醛 furaldehyde	呋喃甲醛	$C_4H_3O \cdot CHO$	易燃(有毒)	5.72,5.94,5.97,5.108,5.111	5(26)

A4 第4类 易燃固体、自燃物品和遇湿易燃物品

A4.1 易燃固体

表 A8

序号	品名	别名	分子式(或结构式)	主(次)危险性类别	危险特性	标志
1	2,4-二硝基间苯二酚〔含水≥15%〕 2,4-dinitroresorcinol		$(NO_2)_2C_6H_2(OH)_2$	易燃固体(有毒)	5.7,5.15,5.47,5.57,5.97,5.99,5.109	6(26)
2	2,4-二硝基苯甲醚 2,4-dinitroanisole	2,4-二硝基茴香醚	$CH_3OC_6H_3(NO_2)_2$		5.2,5.12,5.109	
3	2,4-二硝基苯酚〔含水≥15%〕 2,4-dinitrophenol		$(NO_2)_2C_6H_3OH$		5.2,5.12,5.47,5.97,5.109	
4	二硝基萘 dinitronaphthalene		$C_{10}H_6(NO_2)_2$	易燃固体	5.2,5.13,5.94,5.109	6

续上表

序号	品名	别名	分子式(或结构式)	主(次)危险性类别	危险特性	标志
5	2,4-二硝基萘酚钠 2,4-dinitrophenol sosium salt	马汀氏黄;色淀黄	$(NO_2)_2C_6H_3ONa\cdot H_2O$	易燃固体(有毒)	5.13,5.57,5.72,5.109	6(26)
6	N,N-二亚硝基五亚甲基四胺〔含钝感剂〕 N,N-dinitrosopentamethylenetetramine	H-发泡剂;发泡剂BN;发泡剂DPT	$(CH_2)_5(NO)_2N_4$	易燃固体	5.2,5.22,5.29	6
7	1,4-丁炔二醇 1,4-butynediol	2-丁炔-1,4-二醇;电镀发光剂	$HOCH_2CCCH_2OH$	易燃固体	5.2,5.13,5.32,5.57,5.94,5.109,5.112	6
8	三聚甲醛 sym-trioxane	三聚蚁醛;对称三噁烷;对称三氯六环	$(CH_2O)_3$	易燃固体	5.6,5.22,5.82,5.94	6
9	五硫化二磷 posphorus pentasulfide	五硫化磷	P_2S_5 或 $(P_2S_5)_2$	易燃固体(有毒)	5.2,5.14,5.57,5.86,5.97,5.111,5.112	6(26)
10	1-甲基萘 1-methylnaphthalene	α-甲基萘	$CH_3C_{10}H_7$	易燃固体	5.22	6
11	四聚乙醛 *m*-acetal dehyde		$(C_2H_4O)_4$	易燃固体	5.1,5.6,5.22,5.94	6
12	4-亚硝基酚 4-nitrosophenol	对亚硝基酚	NOC_6H_4OH	易燃固体(有毒)	5.2,5.13,5.33,5.37,5.109	6(26)
13	红磷 red phosphorus	赤磷	P_4	易燃固体	5.7,5.22,5.44,5.57,5.76	6
14	咔唑 carbazole	9-氮杂芴;亚氨基二亚苯	$(C_6H_4)_2NH$	易燃固体	5.22,5.96,5.111	6

续上表

序号	品　名	别　名	分子式(或结构式)	主(次)危险性类别	危险特性	标志
15	苊 acenaphthene	萘乙环	$C_{10}H_6(CH_2)_2$		5.22,5.71, 5.94	
16	多聚甲醛 paraformaldehyde	聚合甲醛；聚蚁醛	$(CH_2O)_n(n = 8 \sim 100)$	易燃固体	5.22,5.111	6
17	金属钛粉〔含水>25%〕 titanium powder	钛粉；海绵钛粉	Ti		5.22,5.23, 5.141	
18	金属锆粉〔含水>25%〕 zirconium powder	锆粉	Zr	易燃固体 (有毒)	5.22,5.110	6 (26)
19	重氮氨基苯 1,3-diazo aminobenzene	三氮二苯；苯氨基重氮苯	$C_6H_5NNNHC_6H_5$		5.7,5.13, 5.95,5.110	
20	莰烯 camphene	樟脑萜；莰芬	$C_{10}H_{16}$		5.22,5.110, 5.111	
21	2-莰酮 camphor	樟脑；树脑	$C_{10}H_{16}O$	易燃固体	5.22,5.102, 5.110,5.111	6
22	铝粉(油蜡封装的) aluminium powder	铝银粉	Al		5.1,5.2, 5.32,5.37	
23	2,2′-偶氮二异丁腈 2,2′-azobisisobutyronitrile	发泡剂 N	$NCC(CH_3)_2NNC(CH_3)_2CN$	易燃固体 (有毒)	5.9,5.57, 5.71,5.110	6 (26)
24	硝化纤维素〔含氮量<12.6%，含增塑物质≥18%〕 nitrocellulose	硝化棉	$C_{12}H_{17}(ONO_2)_3O_7 \sim C_{12}H_{14}(ONO_2)_6O_7$	易燃固体	5.7,5.12, 5.45,5.58, 5.76	6
25	1-硝基萘 1-nitronaphthalene		$C_{10}H_7NO_2$	易燃固体 (有毒)	5.72,5.97, 5.109	6 (26)
26	2-硝基萘 2-nitronaphthalene		$C_{10}H_7NO_2$			

续上表

序号	品　名	别　名	分子式(或结构式)	主(次)危险性类别	危险特性	标志
27	萘 naphthalene	煤焦油脑	$C_{10}H_8$	易燃固体	5.22,5.96,5.110,5.111	6
28	硫磺 sulfur	硫磺块;硫磺粉	S		5.22,5.111	
29	金属镁〔片状、带状或条状〕 magnesium powder	镁	Mg	易燃固体(遇湿易燃)	5.1,5.12,5.23,5.32	6(24)

A4.2　自燃物品

表 A9

序号	品　名	别　名	分子式(或结构式)	主(次)危险性类别	危险特性	标志
1	二乙基锌 zinc diethyl		$Zn(C_2H_5)_2$	自燃	5.8,5.24,5.67	7
2	三乙基铝 aluminium triethyl		$(C_2H_5)_3Al$		5.16,5.23,5.51,5.64,5.67,5.96	
3	三甲基铝 aluminium trimethyl	甲基铝	$(CH_3)_3Al$		5.51,5.67,5.122	
4	三异丁基铝 aluminium triisobutyl		$[(CH_3)_2CHCH_2]_3Al$		5.15,5.23,5.51,5.64,5.67,5.96	
5	4-亚硝基-N,N-二乙基苯胺;4-nitroso-N, N-diethylaniline	对亚硝基二乙基苯胺;N,N-二乙基-4-亚硝基苯胺	$NOC_6H_4N(C_2H_5)_2$	自燃(有毒)	5.13,5.67,5.97,5.109	7(26)
6	4-亚硝基-N,N-二甲基苯胺 4-nitroso-N,N-dimethylaniline	对亚硝基二甲基苯胺;N,N-二甲基对亚硝基苯胺	$NOC_6H_4N(CH_3)_2$		5.12,5.67,5.110	

续上表

序号	品名	别名	分子式(或结构式)	主(次)危险性类别	危险特性	标志
7	连二亚硫酸钠 sodium dithionite hydrosulfite	保险粉；低亚硫酸钠	$Na_2S_2O_4 \cdot 2H_2O$	自燃（遇湿易燃）	5.7,5.23,5.67,5.72,5.111	7（24）
8	铪粉〔干燥的〕 hafnium powder		Hf	自燃（有毒）	5.2,5.13,5.67,5.110	7（26）
9	黄磷 phosphorus		P_4		5.7,5.57,5.67,5.105,5.112	
10	硫化钠〔无水或含结晶水 < 30%〕 sodium sulfide	臭碱；硫化碱	Na_2S	自燃（腐蚀性）	5.13,5.57,5.67,5.72,5.78,5.99,5.111	7（27）

A4.3 遇湿易燃物品

表 A10

序号	品名	别名	分子式(或结构式)	主(次)危险性类别	危险特性	标志
1	三氯硅烷 trichlorosilane	硅仿；硅氯仿	$SiHCl_3$	遇湿易燃	5.10,5.72,5.84,5.97	8
2	甲醇钠 sodium methylata	甲氧基钠	CH_3ONa	遇湿易燃（腐蚀性）	5.24,5.72,5.99,5.109,5.112	8（27）
3	四氢化铝锂 lithium aluminium hydride	四氢化锂铝	$LiAlH_4$	遇湿易燃	5.2,5.13,5.24,5.29,5.126	8
4	金属钠 sodium	钠	Na		5.23,5.32,5.44,5.96,5.128	
5	金属钾 potassium	钾	K		5.23,5.29,5.32,5.43,5.96	

续上表

序号	品　　名	别　　名	分子式(或结构式)	主(次)危险性类别	危险特性	标志
6	金属钙 calcium	钙	Ca	遇湿易燃	5.9,5.23,5.32,5.96	8
7	金属铯 cesium		Cs		5.23,5.32,5.96	
8	金属铷 rubidium		Rb			
9	金属锂 lithum	锂	Li		5.8,5.23,5.29,5.96	
10	金属锶 strontium	锶	Sr		5.23,5.32,5.96	
11	钠汞齐 sodium amalgam		Na_xHg_y		5.13,5.24,5.29,5.71	
12	氢化钙 calcium hydride		CaH_2		5.9,5.24,5.29	
13	氢化锂 lithium hydride		LiH		5.8,5.24,5.29,5.96	
14	钾钠合金 sodium potassium alloys	钠钾合金	NaK		5.7,5.23,5.32,5.43,5.129	
15	氨基化钠 sodium amide		$NaNH_2$		5.9,5.23,5.71,5.84,5.99	
16	氨基化锂 lithium amide	氨基锂；氨化锂	$LiNH_2$		5.8,5.23,5.29,5.86,5.99	
17	锌粉 zinc powder	亚铅粉	Zn		5.2,5.7,5.23,5.32,5.37,5.43,5.55	
18	铝粉〔未封装的〕 aluminium powder	银粉；铝银粉	Al		5.2,5.11,5.32,5.37,5.97	

续上表

序号	品名	别名	分子式(或结构式)	主(次)危险性类别	危险特性	标志
19	氰氨化钙〔含碳化钙>0.1%〕 calcium cyananide	石灰氮	$CaCN_2$	遇湿易燃	5.23,5.32,5.110	8
20	硼氢化钠 sodium borohydride	氢硼化钠	$NaBH_4$		5.8,5.24,5.29,5.112	
21	硼氢化钾 potassium borohydride	氢硼化钾	KBH_4			
22	碳化钙 calcium carbide	电石	CaC_2		5.11,5.23,5.30,5.55,5.57	
23	碳化铝 aluminium carbide		Al_4C_3		5.24,5.29,5.112	
24	镁粉 magnesium powder	金属镁	Mg		5.1,5.12,5.23,5.32	
25	磷化钙 calcium phosphide	二磷化三钙	Ca_3P_2		5.36,5.88,5.97,5.130	
26	磷化铝 aluminium phosphide		AlP	遇湿易燃(有毒)	5.24,5.88,5.97,5.105	8(26)
27	磷化锌 zinc phosphide		Zn_3P_2		5.9,5.88,5.97,5.105,5.111	

A5 第5类 氧化剂和有机过氧化物

A5.1 氧化剂

表 A11

序号	品名	别名	分子式(或结构式)	主(次)危险性类别	危险特性	标志
1	三氯化铬〔无水的〕 chromium trioxide	铬酸酐	CrO_3	氧化性(腐蚀性)	5.70,5.99,5.110,5.115	9 (27)
2	五氧化二碘 iodine pentoxide	碘酐	I_2O_5	氧化性	5.41,5.92,5.110,5.115	9
3	次氯酸钙〔含有效氯 10%~39%〕 bleaching powder	漂粉精	主要成分为 $Ca(ClO)_2$	氧化性(腐蚀性)	5.15,5.23,5.32,5.47,5.49,5.99,5.111,5.116	9 (27)
4	亚硝酸钠 sodium nitrite		$NaNO_2$	氧化性	5.57,5.70,5.115	9
5	亚硝酸钡 barium nitrite		$Ba(NO_2)_2$			
6	亚硝酸钾 potassium nitrite		KNO_2			
7	亚氯酸钠 sodium chlorite		$NaClO_2$		5.33,5.45,5.47,5.70,5.115	
8	过氧化钠 sodium peroxide	双氧化钠;二氧化钠	Na_2O_2	氧化性(腐蚀性)	5.23,5.70,5.95,5.112,5.115	9 (27)
9	过氧化钡 barium peroxide	二氧化钡	BaO_2 或 $BaO_2 \cdot 8H_2O$	氧化性(有毒)	5.19,5.70,5.94,5.110,5.115	9 (26)
10	过氧化钙 calcium peroxide	二氧化钙	CaO_2	氧化性	5.19,5.70,5.95,5.112,5.115	9
11	过氧化钾 potassium peroxide		K_2O_2	氧化性(腐蚀性)	5.23,5.42,5.55,5.78,5.95,5.112,5.115	9 (27)

续上表

序号	品　　名	别　　名	分子式(或结构式)	主(次)危险性类别	危险特性	标志
12	过氧化铅 lead peroxide	二氧化铅	PbO_2	氧化性 (有毒)	5.19,5.26, 5.70,5.72, 5.110,5.115	9 (26)
13	过氧化锌 zinc peroxide	二氧化锌	ZnO_2		5.26,5.47, 5.70,5.115	
14	过氧化锶 strontium peroxide	二氧化锶	SrO_2 或 $SrO_2 \cdot 8H_2O$		5.70,5.115	
15	过氧化镁 magnesium peroxide	二氧化镁	MgO_2	氧化性	5.17,5.26, 5.70,5.115	9
16	过氧化氢溶液〔8%≤含过氧化氢≤40%〕 hydrogeh peroxide solution				5.11,5.115	
17	过氧化氢溶液〔40%<含过氧化氢≤60%〕 hydrogeh peroxide solution	双氧水	H_2O_2			
18	过氧化氢溶液〔含过氧化氢>60%,特许的〕 hydrogeh peroxide solution			氧化性 (腐蚀性)	5.11,5.53, 5.57,5.99, 5.115,5.144	9 (27)
19	过硫酸钠 sodium persulfate	高硫酸钠;过二硫酸钠	$Na_2S_2O_8$		5.25,5.70, 5.94,5.115	
20	过硫酸钾 potassium persulfate	高硫酸钾;过二硫酸钾	$K_2S_2O_8$	氧化性		9
21	过硫酸铵 ammonium persulfate	高硫酸铵;过二硫酸铵	$(NH_4)_2S_2O_8$		5.25,5.70, 5.94,5.115	

续上表

<table>
<tr><th>序号</th><th>品　名</th><th>别　名</th><th>分子式(或结构式)</th><th>主(次)危险性类别</th><th>危险特性</th><th>标志</th></tr>
<tr><td>22</td><td>过硼酸钠
sodium perborate</td><td>高硼酸钠</td><td>$NaBO_2 \cdot H_2O_2 \cdot 3H_2O$ 或 ($NaBO_3 \cdot 4H_2O$)</td><td rowspan="2">氧化性</td><td>5.25,5.115</td><td rowspan="2">9</td></tr>
<tr><td>23</td><td>仲高碘酸钠
sodium p-periodate</td><td>仲过碘酸钠;一缩原高碘酸钠</td><td>①Na_5IO_6
②$Na_3H_2IO_6$</td><td>5.27,5.70,5.115</td></tr>
<tr><td>24</td><td>重铬酸钠
sodium dichromate</td><td>红矾钠</td><td>$Na_2Cr_2O_7 \cdot 2H_2O$</td><td>氧化性(有毒)(腐蚀性)</td><td>5.19,5.70,5.99,5.110,5.115</td><td>9(26)(27)</td></tr>
<tr><td>25</td><td>重铬酸钾
potassium dichromate</td><td>红矾钾</td><td>$K_2Cr_2O_7$</td><td>氧化性</td><td>5.19,5.57,5.70,5.99,5.110,5.115</td><td>9</td></tr>
<tr><td>26</td><td>重铬酸钡
barium dichromate</td><td></td><td>$BaCr_2O_7 \cdot 2H_2O$</td><td>氧化性(有毒)</td><td rowspan="2">5.19,5.70,5.99,5.110,5.115</td><td>9(26)</td></tr>
<tr><td>27</td><td>重铬酸铜
cupric dichromate</td><td></td><td>$CuCr_2O_7 \cdot 2H_2O$</td><td rowspan="6">氧化性</td><td rowspan="6">9</td></tr>
<tr><td>28</td><td>重铬酸铯
cesium dichromate</td><td></td><td>$Cs_2Cr_2O_7$</td><td>5.19,5.70,5.99,5.110,5.113,5.115</td></tr>
<tr><td>29</td><td>重铬酸铵
ammonium dichromate</td><td>红矾铵</td><td>$(NH_4)_2Cr_2O_7$</td><td>5.17,5.29,5.57,5.70,5.99,5.110,5.115</td></tr>
<tr><td>30</td><td>重铬酸银
silver dichromate</td><td></td><td>$Ag_2Cr_2O_7$</td><td>5.19,5.70,5.99,5.110,5.115</td></tr>
<tr><td>31</td><td>高铼酸钾
potassium perrhenate</td><td></td><td>$KReO_4$</td><td>5.31,5.70,5.115</td></tr>
<tr><td>32</td><td>高铼酸铵
ammonium perrhenate</td><td></td><td>NH_4ReO_4</td><td>5.70,5.115</td></tr>
</table>

续上表

序号	品名	别名	分子式(或结构式)	主(次)危险性类别	危险特性	标志
33	高氯酸〔含量50%~72%〕 perchloric acid	过氯酸	$HClO_4 \cdot 2H_2O$	氧化性(腐蚀性)	5.11,5.57,5.70,5.95,5.98,5.112,5.115	9(27)
34	高氯酸钠 sodium perchlorate	过氯酸钠	$NaClO_4$	氧化性	5.33,5.47,5.57,5.70,5.110,5.112	9
35	高氯酸钡 barium perchlorate	过氯酸钡	$Ba(ClO_4)_2 \cdot 3H_2O$	氧化性	5.47,5.70,5.97,5.115	9
36	高氯酸铅 lead perchlorate	过氯酸铅	$Pb(ClO_4)_2 \cdot 3H_2O$	氧化性(有毒)	5.16,5.33,5.70,5.110,5.112,5.115	9(26)
37	高氯酸钾 potassium perchlorate	过氯酸钾	$KClO_4$	氧化性	5.47,5.70,5.94,5.110,5.112,5.115	9
38	高氯酸钙 calcium perchlorate		$Ca(ClO_4)_2$	氧化性	5.17,5.70,5.112	9
39	高氯酸锂 lithium perchlorate	过氯酸锂	$LiClO_4$	氧化性	5.47,5.70,5.94,5.112	9
40	高氯酸铵 ammonium perchlorate	过氯酸铵	NH_4ClO_4	氧化性	5.32,5.47,5.57,5.70,5.71,5.112	9
41	高氯酸镁 magnesium perchlorate	过氯酸镁	$Mg(ClO_4)_2$	氧化性	5.47,5.70,5.110,5.112	9
42	高碘酸 periodic acid	过碘酸;保仲碘酸	$HIO_4 \cdot 2H_2O$	氧化性	5.17,5.70,5.71,5.94,5.110	9
43	高碘酸钠 sodium periodate	(偏)高碘酸钠	① $NaIO_4$ ② $NaIO_4 \cdot 3H_2O$	氧化性	5.70,5.94,5.110,5.115	9

续上表

序号	品名	别名	分子式(或结构式)	主(次)危险性类别	危险特性	标志
44	高碘酸钾 potassium periodate	(偏)高碘酸钾	KIO_4	氧化性	5.16,5.70,5.94,5.110,5.115	9
45	高锰酸钠 sodium permanganate	过锰酸钠	$NaMnO_4 \cdot 3H_2O$		5.56,5.70,5.110,5.112,5.115	
46	高锰酸钾 potassium permanganate	过锰酸钾;灰锰酸氧	$KMnO_4$		5.16,5.33,5.45,5.50,5.54,5.55,5.56,5.78,5.115	
47	高锰酸钙 calcium permanganate	过锰酸钙	$Ca(MnO_4)_2 \cdot 5H_2O$		5.70,5.112,5.115	
48	高锰酸锌 zinc permanganate		$Zn(MnO_4)_2 \cdot 6H_2O$			
49	硝酸汞 mercuric nitrate	硝酸高汞	$Hg(NO_3)_2$	氧化性(有毒)	5.70,5.71,5.97,5.110,5.112	9(26)
50	硝酸钯 palladium nitrate	硝酸亚钯	$Pd(NO_3)_2$	氧化性	5.70,5.112,5.115	9
51	硝酸钐 samarium nitrate		$Sm(NO_3)_3 \cdot 6H_2O$		5.70,5.115	
52	硝酸钡 barium nitrate		$Ba(NO_3)_2$	氧化性(有毒)	5.70,5.110,5.112,5.115	9(26)
53	硝酸钠 sodium nitrate	智利硝	$NaNO_3$	氧化性	5.16,5.53,5.55,5.112,5.115	4
54	硝酸钙 calcium nitrate	钙硝石	$Ca(NO_3)_2 \cdot 4H_2O$		5.16,5.70,5.112,5.115	

续上表

序号	品名	别名	分子式(或结构式)	主(次)危险性类别	危险特性	标志
55	硝酸钾 potassium nitrate	火硝	KNO_3		5.16,5.53,5.55,5.114,5.115	
56	硝酸胍 guanidine nitrate	硝酸亚氨脲	$H_2NC(NH)NH_2\cdot HNO_3$		5.24,5.55,5.57,5.115	
57	硝酸钴 cobaltous nitrate	硝酸亚钴	$Co(NO_3)_2\cdot 6H_2O$		5.70,5.112,5.115	
58	硝酸铅 lead nitrate		$Pb(NO_3)_2$		5.16,5.70,5.110,5.112,5.115	
59	硝酸铁 ferric nitrate	硝酸高铁	$Fe(NO_3)_3\cdot 9H_2O$		5.16,5.70,5.112,5.115	
60	硝酸铝 aluminum nitrate		$Al(NO_3)_3\cdot 9H_2O$	氧化性	5.16,5.70	9
61	硝酸铯 cesium nitrate		$CsNO_3$		5.70	
62	硝酸铬 chromic nitrate		①$Cr(NO_3)_3\cdot 7\frac{1}{2}H_2O$ ②$Cr(NO_3)_3\cdot 9H_2O$		5.70,5.99,5.110,5.112	
63	硝酸铜 cupric nitrate		①$Cu(NO_3)_2\cdot 3H_2O$ ②$Cu(NO_3)_2\cdot 6H_2O$		5.16,5.70,5.99,5.110,5.112	
64	硝酸铵〔含可燃物≤0.2%〕 ammonium nitrate	硝铵	NH_4NO_3		5.13,5.70,5.112	
65	硝酸钕 neodymium nitrate		$Nd(NO_3)_3\cdot 6H_2O$		5.70,5.110	
66	硝酸锂 lithium nitrate		$LiNO_3$		5.70	

续上表

序号	品名	别名	分子式(或结构式)	主(次)危险性类别	危险特性	标志
67	硝酸锆 zirconium nitrate		$Zr(NO_3)_4 \cdot 5H_2O$		5.70,5.112	
68	硝酸锌 zinc nitrate		① $Zn(NO_3)_2 \cdot 3H_2O$ ② $Zn(NO_3)_2 \cdot 6H_2O$		5.70,5.112	
69	硝酸锆酰 zirconium oxynitrate	硝酸氧锆	$ZrO(NO_3)_2 \cdot 2H_2O$		5.70,5.112	
70	硝酸镧 lanthanum nitrate		$La(NO_3)_3 \cdot 6H_2O$		5.70,5.112	
71	硝酸锰 manganous nitrate		$Mn(NO_3)_2 \cdot 4H_2O$		5.70,5.112	
72	硝酸镍 nickel nitrate	硝酸亚镍	$Ni(NO_3)_2 \cdot 6H_2O$		5.16,5.70,5.112	
73	硝酸镁 magnesium nitrate		① $Mg(NO_3)_2 \cdot 2H_2O$ ② $Mg(NO_3)_2 \cdot 6H_2O$	氧化性	5.16,5.70,5.112	9
74	硝酸锶 strontium nitrate		$Sr(NO_3)_2$		5.16,5.70,5.112	
75	硝酸镉 cadmium nitrate		① $Cd(NO_3)_2$ ② $Cd(NO_3)_2 \cdot 4H_2O$		5.16,5.70,5.112	
76	硝酸镝 dysprosium nitrate		$Dy(NO_3)_3 \cdot 5H_2O$		5.70,5.72	
77	硝酸镨 praseodymium nitrate		$Pr(NO_3)_3$		5.70	
78	硝酸铊 thallium nitrate	硝酸亚铊	$TlNO_3$		5.70,5.97,5.110	
79	硝酸铋 Bismuth nitrate		$Bi(NO_3)_3 \cdot 5H_2O$		5.70,5.97,5.112	

续上表

序号	品名	别名	分子式(或结构式)	主(次)危险性类别	危险特性	标志
80	氯酸钠 sodium chlorate		$NaClO_3$	氧化性 (有毒)	5.16,5.33, 5.70,5.110, 5.112,5.115	9 (26)
81	氯酸钡 barium chlorate		$Ba(ClO_3)_2 \cdot H_2O$		5.16,5.33, 5.47,5.70, 5.110	
82	氯酸钾 potassium chlorate		$KClO_3$	氧化性	5.16,5.33, 5.45,5.47, 5.57,5.70	9
83	氯酸铵 ammonium chlo- rate		NH_4ClO_3		5.13,5.33, 5.57,5.70	
84	氯酸锶 strontium chlorate		$Sr(ClO_3)_2$		5.33,5.70	
85	碘酸 iodic acid		HIO_3		5.17,5.70, 5.95,5.99, 5.110	
86	碘酸氢钾 potassium biiodate	碘酸钾合一碘酸;重碘酸钾	$KIO_3 \cdot HIO_3$		5.40,5.70, 5.99	
87	碘酸钠 sodium iodate		$NaIO_3$		5.17,5.70, 5.99	
88	碘酸钡 barium iodate		$Ba(IO_3)_2$	氧化性 (有毒)	5.17,5.70, 5.110	9 (26)
89	碘酸钙 calcium iodate		$Ca(IO_3)$	氧化性	5.17,5.70	9
90	碘酸钾 potassium iodate		KIO_3		5.16,5.70, 5.99,5.110	
91	碘酸铅 lead iodate		$Pb(IO_3)_2$		5.17,5.70, 5.110	

续上表

<table>
<tr><th>序号</th><th>品　名</th><th>别　名</th><th>分子式(或结构式)</th><th>主(次)危险性类别</th><th>危险特性</th><th>标志</th></tr>
<tr><td>92</td><td>碘酸铵
ammonium iodate</td><td></td><td>NH_4IO_3</td><td rowspan="6">氧化性</td><td>5.17,5.70</td><td rowspan="6">4</td></tr>
<tr><td>93</td><td>碘酸银
silver iodate</td><td></td><td>$AgIO_3$</td><td rowspan="2">5.70</td></tr>
<tr><td>94</td><td>碘酸锌
zinc iodate</td><td></td><td>$Zn(IO_3)_2$</td></tr>
<tr><td>95</td><td>碘酸锂
lithium iodate</td><td></td><td>$LiIO_3$</td><td>5.70,5.99,
5.110,5.112</td></tr>
<tr><td>96</td><td>碘酸镉
cadmium iodate</td><td></td><td>$Cd(IO_3)_2$</td><td>5.70,5.110</td></tr>
<tr><td>97</td><td>溴酸钠
sodium bromate</td><td></td><td>$NaBrO_3$</td><td>5.16,5.33,
5.45,5.47,
5.70</td></tr>
<tr><td>98</td><td>溴酸钡
barium bromate</td><td></td><td>$Ba(BrO_3)_2 \cdot H_2O$</td><td rowspan="2">氧化性
(有毒)</td><td>5.16,5.70,
5.110</td><td rowspan="2">9
(26)</td></tr>
<tr><td>99</td><td>溴酸钾
potassium bromate</td><td></td><td>$KBrO_3$</td><td>5.16,5.33,
5.45,5.47,
5.70,5.110</td></tr>
<tr><td>100</td><td>溴酸银
silver bromate</td><td></td><td>$AgBrO_3$</td><td rowspan="3">氧化性</td><td>5.16,5.70</td><td rowspan="3">9</td></tr>
<tr><td>101</td><td>溴酸锌
zinc bromate</td><td></td><td>$Zn(BrO_3)_2 \cdot 6H_2O$</td><td>5.33,5.45,
5.47,5.70,
5.112</td></tr>
<tr><td>102</td><td>溴酸镁
magnesium bromat</td><td></td><td>$Mg(BrO_3)_2 \cdot 6H_2O$</td><td>5.70,5.72</td></tr>
</table>

A5.2 有机过氧化物

表 A12

序号	品名	别名	分子式(或结构式)	主(次)危险性类别	危险特性	标志
1	过乙酸〔含量≤43%,含水≥5%,含乙酸≥35%,含过氧化氢≤6%,含稳定剂〕 perethanoic acid	过醋酸;过氧乙酸	CH_3COOOH	氧化性	5.13,5.42,5.47,5.94,5.99,5.104	10
2	过甲酸 performic acid	过蚁酸	$HCOOOH$		5.42,5.46,5.47,5.99,5.104	
3	过氧化二异丙苯〔工业纯,含量>42%,带有惰性固体的〕 dicumyl peroxide	过氧化二枯基;硫化剂 DCP	$[(CH_3)_2CC_6H_5]_2O_2$		5.13,5.18,5.33,5.57	
4	过氧化二苯甲酰 benzoyl peroxide	过氧化苯甲酰	$(C_6H_5CO)_2O_2$		5.13,5.33,5.57,5.115	
5	过氧化十二酰〔工业纯〕 dodecanoyl peroxide	过氧化月桂酰;引发剂 B	$(C_{11}H_{23}CO)_2O_2$		5.4,5.15,5.57	
6	过氧化甲乙酮 methyl ethyl ketone peroxide	过氧化丁酮液;催化剂 M	$C_4H_8O_2$		5.4,5.15,5.57	
7	过氧化苯甲酸叔丁酯; tert-butyl perbenzoate	过苯甲酸特丁酯;过氧化叔丁基苯甲酸酯	$C_6H_5COOOC(CH_3)_3$		5.4,5.13,5.42,5.55,5.57	
8	过氧化环已酮 cyclohexanone peroxide		$C_{12}H_{22}O_5$		5.4,5.13,5.18,5.47,5.55,5.57,5.94	
9	过氧化叔丁醇 tert-butyl hydroperoxide	过氧化特丁醇;过氧化氢叔丁醇	$(CH_3)_3COOH$		5.4,5.15,5.42,5.55,5.57	
10	过氧化羟基异丙苯 cumene hydroperoxide	过氧化羟基茴香素;枯基过氧化氢	$C_6H_5C(CH_3)_2OOH$			

A6 第6类 有毒品

表 A13

序号	品名	别名	分子式(或结构式)	主(次)危险性类别	危险特性	标志
1	一氧化铅 lead oxide	黄丹;密陀僧	PbO	有毒	5.97,5.107	11
2	乙二酸 ethanedioic acid	草酸;蓚酸	$(COOH)_2 \cdot 2H_2O$		5.95,5.97,5.107	
3	乙二酸二乙酯 diethyl ethanedioate	草酸乙酯;草酸二乙酯	$(COOC_2H_5)_2$		5.8,5.72,5.110	
4	乙二酸二丁酯 dibutyl oxalate	草酸二丁酯;草酸丁酯	$(COOC_4H_9)_2$		5.8,5.14,5.110	
5	乙二酸二甲酯 dimethyl oxalate	草酸甲酯;草酸二甲酯	$(COOCH_3)_2$		5.8,5.94,5.108	
6	N-乙基苯胺 N-ethylaniline	乙苯胺	$C_2H_5NHC_6H_5$		5.8,5.35,5.78,5.108,5.111	
7	2-乙基苯胺 2-ethylaniline	邻氨基乙苯;邻乙基苯胺	$C_6H_4NH_2C_2H_5$		5.71,5.108,5.111	
8	4-乙氧基苯胺 4-phenetidine	对氨基苯乙醚;对乙氧基苯胺	$C_6H_4OC_2H_5NH_2$		5.71,5.97,5.108	
9	乙酰甲胺磷 acephate	高灭灵;杀虫灵;O,S-二甲基-N-乙酰基硫代磷酰胺	$C_4H_{10}NO_3SP$		5.97,5.108,5.111	
10	N,N-二乙基邻甲苯胺 N,N-diethyl-O-toluidine	2-(二乙胺基)甲苯	$CH_3C_6H_4N(C_2H_5)_2$		5.8,5.108	
11	N,N-二乙基间甲苯胺 N,N-diethyl-*m*-toluidine	3-(二乙胺)甲苯	$CH_3C_6H_4N(C_2H_5)_2$		5.8,5.71,5.97,5.104,5.108	
12	N,N-二乙基苯胺 N, N-diethylaniline	二乙氨基苯	$(C_2H_5)_2NC_6H_5$		5.8,5.97,5.108	

续上表

序号	品　　名	别　　名	分子式(或结构式)	主(次)危险性类别	危险特性	标志
13	二阶苯酚 xylenol	二甲酚	$(CH_3)_2C_6H_3OH$	有毒 (腐蚀性)	5.99,5.104, 5.108	11 (27)
14	2,3-二甲基苯胺 2,3-xylidine	1-氨基-2,3-二甲基苯	$(CH_3)_2C_6H_3NH_2$	有毒	5.8,5.72 5.97,5.108, 5.111	11
15	2,4-二甲基苯胺 2,4-xylidine	1-氨基-2,4-二甲基苯	$(CH_3)_2C_6H_3NH_2$			
16	2,5-二甲基苯胺 2,5-xylidine	1-氨基-2,5-二甲基苯	$(CH_3)_2C_6H_3NH_2$			
17	2,6-二甲基苯胺 2,6-xylidine	1-氨基-2,6-二甲基苯	$(CH_3)_2C_6H_3NH_2$			
18	3,4-二甲基苯胺 3,4-xylidine	1-氨基-3,4-二甲基苯	$(CH_3)_2C_6H_3NH_2$			
19	N,N-二甲基苯胺 N,N-dimethylaniline		$(CH_3)_2NC_6H_5$			
20	3,3′-二甲基联苯胺 3,3′-dimethylbenzidine	邻联甲苯胺	$[C_6H_3(CH_3)NH_2]_2$		5.8,5.17, 5.108	
21	2,4-二异氰酸甲苯酯 2,4-tolyl ene diisocyanate	甲苯-2,4-二异氰酸酯	$CH_3C_6H_3(NCO)_2$			
22	2,6-二异氰酸甲苯酯 2,6-tolylene diisocyanate	甲苯-2,6-二异氰酸酯	$CH_3C_6H_3(NCO)_2$		5.72,5.95, 5.108	
23	1,1-二苯肼 1,1-diphenylhydrazine	1,1-二苯基联胺	$[C_6H_5]_2NNH_2$		5.8,5.16, 5.104,5.108	
24	1,2-二苯肼 1,2-diphenylhydrazine	对称二苯胺	$C_6H_5NHNHC_6H_5$		5.8,5.72, 5.104,5.108	

续上表

序号	品名	别名	分子式(或结构式)	主(次)危险性类别	危险特性	标志
25	二氧化硒 selenium dioxide	亚硒酐	SeO_2	剧毒	5.77,5.94,5.105	12
26	2,4-二氨基甲苯 2,4-toluenediamine	甲苯-2,4-二胺	$CH_3C_6H_3(NH_2)_2$	有毒	5.71,5.108	11
27	2,5-二氨基甲苯 2,5-toluenediamine	甲苯-2,5-二胺	$CH_3C_6H_3(NH_2)_2$			
28	2,6-二氨基甲苯 2,6-toluenediamine	甲苯-2,6-二胺	$CH_3C_6H_3(NH_2)_2$			
29	2,4-二硝基二苯胺 2,4-dinitrodiphenylamine		$(NO_2)_2C_6H_3NHC_6H_5$		5.8,5.71,5.108	
30	3,4-二硝基二苯胺 3,4-dinitrodiphenylamine		$(NO_2)_2C_6H_3NHC_6H_5$			
31	2,4-二硝基甲苯 2,4-dinitrotoluene		$C_6H_3CH_3(NO_2)_2$	有毒(易燃)	5.2,5.12,5.76,5.110,5.111	11(22)
32	4,6-二硝基邻甲苯酚 4,6-dinitro-o-cresol	4,6-二硝基邻甲酚	$(NO_2)_2C_6H_2(CH_3)OH$	有毒	5.13,5.97,5.99,5.108	11
33	1,2-二硝基苯 1,2-dinitrobenzene	邻二硝基苯	$C_6H_4(NO_2)_2$	有毒(易燃)	5.2,5.13,5.94,5.97,5.110	11(22)
34	1,3-二硝基苯 1,3-dinitrobenzene	间二硝基苯	$C_6H_4(NO_2)_2$			
35	1,4-二硝基苯 1,4-dinitrobenzene	对二硝基苯	$C_6H_4(NO_2)_2$			
36	2,4-二硝基苯胺 2,4-dinitroaniline		$(NO_2)_2C_6H_3NH_2$	有毒	5.8,5.71,5.108	11
37	2,6-二硝基苯胺 2,6-dinitroaniline		$(NO_2)_2C_6H_3NH_2$			
38	3,5-二硝基苯胺 3,5-dinitroaniline		$(NO_2)_2C_6H_3NH_2$			

续上表

序号	品　　名	别　　名	分子式(或结构式)	主(次)危险性类别	危险特性	标志
39	2,4-二硝基氟化苯 2,4-dinitrofluoro-benzene		$C_6H_3F(NO_2)_2$	有毒	5.72,5.108	11
40	2,4-二硝基萘酚 2,4-dinitro-1-naphtho		$(NO_2)_2C_{10}H_5OH$		5.15,5.37,5.108	
41	1,3-二氯丙酮 1,3-dichloroacetone		$CH_2ClCOClCH_2$		5.8,5.71,5.101,5.104,5.108	
42	2,4-二氯甲苯 2,4-dichlorotoluene		$CH_3C_6H_3Cl_2$		5.72,5.108	
43	2,5-二氯甲苯 2,5-dichlorotoluene		$CH_3C_6H_3Cl_2$			
44	3,4-二氯甲苯 3,4-dichlorotoluene		$CH_3C_6H_3Cl_2$			
45	二氯甲烷 dichloromethane	亚甲基氯;甲撑氯	CH_2Cl_2		5.77,5.102,5.104	
46	二氯乙酸乙酯 ethyl dichloroacetate	二氯醋酸乙酯	$Cl_2CHCO_2CH_2CH_3$		5.16,5.72,5.108	
47	二氯乙酸甲酯 methyl dichloroacetate	二氯醋酸甲酯	$Cl_2CHCO_2CH_3$		5.71,5.104,5.108,5.121	
48	1,2-二氯苯 1,2-dichlorobenzene	邻二氯苯	$C_6H_4Cl_2$		5.8,5.72,5.104,5.108,5.131	
49	1,4-二氯苯 1,4-dichlorobenzene	对二氯苯	$C_6H_4Cl_2$		5.22,5.72,5.97,5.110,5.131	
50	1,3-二氯苯 1,3-dichlorobenzene	间二氯苯	$C_6H_4Cl_2$		5.8,5.72,5.95,5.108,5.131	

续上表

序号	品名	别名	分子式(或结构式)	主(次)危险性类别	危险特性	标志
51	2,3-二氯苯胺 2,3-dichloroaniline		$Cl_2C_6H_3NH_2$	有毒	5.72,5.97,5.108	11
52	2,4-二氯苯胺 2,4-dichloroaniline		$Cl_2C_6H_3NH_2$	有毒	5.72,5.97,5.108	11
53	2,5-二氯苯胺 2,5-dichloroaniline	对二氯苯胺	$Cl_2C_6H_3NH_2$	有毒	5.72,5.97,5.108	11
54	2,6-二氯苯胺 2,6-dichloroaniline		$Cl_2C_6H_3NH_2$	有毒	5.72,5.97,5.108	11
55	3,4-二氯苯胺 3,4-dichloroaniline		$Cl_2C_6H_3NH_2$	有毒	5.72,5.97,5.108	11
56	3,5-二氯苯胺 3,5-dichloroaniline		$Cl_2C_6H_3NH_2$	有毒	5.72,5.97,5.108	11
57	2,3-二氯硝基苯 2,3-dichloronitro-benzene		$Cl_2C_6H_3NO_2$	有毒	5.8,5.72,5.97,5.108	11
58	2,4-二氯硝基苯 2,4-dichloronitro-benzene		$Cl_2C_6H_3NO_2$	有毒	5.8,5.72,5.97,5.108	11
59	2,5-二氯硝基苯 2,5-dichloronitr-obenzene		$Cl_2C_6H_3NO_2$	有毒	5.8,5.72,5.97,5.108	11
60	3,4-二氯硝基苯 3,4-dichloronitro-benzene		$Cl_2C_6H_3NO_2$	有毒	5.8,5.72,5.97,5.108	11
61	二氯化苄 benzal chloride	苄叉二氯;二氯甲基苯	$C_6H_5CHCl_2$	有毒(腐蚀性)	5.99,5.104,5.101,5.108	11(27)
62	2,2-二氯二乙醚 2,2-dichlorodiet-hylether	对称二氯二乙醚	$ClCH_2CH_2OCH_2CH_2Cl$	有毒	5.8,5.34,5.72,5.84,5.97,5.104,5.108	11
63	1,2-二溴乙烷 1,2-dibromoethane	乙撑二溴	CH_2BrCH_2Br	有毒	5.71,5.95,5.97,5.109	11
64	二溴磷〔含量>50%〕 dibrom	O,O-二甲基-O-(1,2-二溴-2,2-二氯乙基);磷酸酯	$(CH_3O)_2P(O)OC(Br)HC(Br)Cl_2$	有毒	5.97,5.108,5.111	11

续上表

序号	品　　名	别　　名	分子式(或结构式)	主(次)危险性类别	危险特性	标志
65	二碘甲烷 diiodomethane		CH_2I_2	有毒	5.71,5.102, 5.104,5.110	11
66	三苯膦 triphenyl phosphine		$(C_6H_5)_3P$		5.8,5.71, 5.108	
67	三氟乙酰苯胺 trifluoroacetanilid		$C_6H_5NHCOCF_3$		5.108	
68	三氧化二砷 aresnic trioxide	砒霜;亚砷酸酐;白砒	As_2O_3	剧毒	5.74,5.97, 5.105	12
69	1,1,1-三氯乙烷 1,1,1-trichloroethane	甲基氯仿;α-三氯乙烷	CH_3CCl_3	有毒	5.97,5.102, 5.109	11
70	1,1,2-三氯乙烷 1,1,2-trichloroethane	β-三氯乙烷	$CH_2ClCHCl_2$			
71	三氯乙烯 trichloroethylene		$CHClCCl_2$		5.110,5.111	
72	三氯乙醛〔无水的,抑制了的〕 trichloroacetaldehyde	氯醛	CCl_3CHO	有毒 (腐蚀性)	5.48,5.73, 5.97,5.99 5.104	11 (27)
73	三氯化砷 arsenic trichloride	氯化砷	$AsCl_3$	剧毒	5.78,5.84, 5.97,5.98, 5.104,5.105	12
74	1,2,3-三氯丙烷 1,2,3-trichloropropane		$CH_2ClCHClCH_2Cl$	有毒	5.8,5.71, 5.76,5.97, 5.104	11
75	α,α,α-三氯甲苯 α,α,α-benzotrichloride	三氯甲苯;三氯苄;苯氯仿	$C_6H_5CCl_3$		5.84,5.94, 5.97,5.108, 5.111	
76	三氯甲烷 chloroform	氯仿	$CHCl_3$		5.77,5.92, 5.102,5.110, 5.111	

续上表

序号	品名	别名	分子式(或结构式)	主(次)危险性类别	危险特性	标志
77	1,2,3-三氯苯 1,2,3-trichlorobenzene		$C_6H_3Cl_3$	有毒	5.108,5.111	11
78	1,2,4-三氯苯 1,2,4-trichlorobenzene		$C_6H_3Cl_3$	有毒	5.108,5.111	11
79	1,3,5-三氯苯 1,3,5-trichlorobenzene		$C_6H_3Cl_3$	有毒	5.108,5.111	11
80	2,4,5-三氯苯胺 2,4,5-trichloroaniline	1-氨基-2,4,5-三氯苯	$Cl_3C_6H_2NH_2$	有毒	5.108,5.111	11
81	2,4,6-三氯苯胺 2,4,6-trichloroaniline	1-氨基-2,4,6-三氯苯	$Cl_3C_6H_2NH_2$	有毒	5.108,5.111	11
82	三溴乙烯 tribromoethylene		Br_2CCHBr	有毒	5.108	11
83	三溴甲烷 tribromomethane	溴仿	$CHBr_3$	有毒	5.72,5.92,5.101,5.102,5.110,5.111	11
84	三碘化砷 arsenic triiodide	碘化亚砷	AsI_3	剧毒	5.61,5.77,5.84,5.92,5.105	12
85	三聚氰酸三烯丙酯 trially cyanurate		$(CH_2CHCH_2OC)_3N_3$	有毒	5.72,5.79,5.108	11
86	己二腈 adipic dinitrile	1,4-二氰基丁烷;氰化四亚甲基	$NC(CH_2)_4CN$	有毒	5.8,5.72,5.109	11
87	己腈 hexanenitrile	氰化正戊烷;戊基氰	$CH_3(CH_2)_4CN$	有毒（易燃）	5.72,5.78,5.89,5.108	11（21）
88	马拉硫磷 malathion	马拉松;四〇四九	$(CH_3O)_2P(S)SCH(CH_2CO_2C_2H_5)COOC_2H_5$	有毒	5.97,5.108	11
89	五氧化二砷 arsenic pentoxide	砷酸酐	As_2O_5	剧毒	5.77,5.105	12

续上表

序号	品名	别名	分子式(或结构式)	主(次)危险性类别	危险特性	标志
90	五氧化二锑 antimong pentoxide		Sb_2O_5	有毒	5.16,5.40,5.94,5.97,5.107	11
91	五氯乙烷 pentachloroethane		$CHCl_2CCl_3$		5.72,5.108	
92	六氯乙烷 hexachloroethane	六氯化碳;全氯乙烷	CCl_3CCl_3		5.8,5.12,5.97,5.111	
93	六氯-1,3-丁二烯 hexachloro-1,3-butaiene	全氯1,3-丁二烯	$Cl_2CCClCClCCl_2$		5.104,5.110	
94	六氯苯 hexachlorobenzene	六氯代苯	C_6Cl_6		5.72,5.97,5.108	
95	丙二腈 cyanoacetonitrile	二氰甲烷;氰化亚甲基;缩苹果腈	$CH_2(CN)_2$	剧毒	5.72,5.108	12
96	丙烯酰胺 acrylamide		$CH_2CHCONH_2$	有毒	5.73,5.97,5.108	11
97	丙酮氰醇 acetone cyanohydrine	氰丙醇;2-羟基异丁腈	$(CH_3)_2C(OH)C_n$	有毒(易燃)	5.16,5.109	11(21)
98	戊二腈 glutaronitrile	1,3-二氰基丙烷	$NC(CH_2)_3CN$	有毒	5.7,5.108	11
99	戊腈 pentanenitrile	氰化丁烷;丁基氰	$CH_3(CH_2)_3CN$	有毒(易燃)	5.72,5.78,5.89,5.109	11(21)
100	2-甲苯酚 2-cresol	邻甲苯酚	$C_6H_4OHCH_3$	有毒(腐蚀性)	5.72,5.73,5.99,5.104,5.108	11(27)
101	3-甲苯酚 3-cresol	间甲酚	$C_6H_4OHCH_3$			

续上表

序号	品名	别名	分子式(或结构式)	主(次)危险性类别	危险特性	标志
102	4-甲苯酚 4-cresol	对甲酚	$CH_3C_6H_4OH$	有毒(腐蚀性)	5.72,5.73,5.99,5.108	1(27)
103	(混合)甲酚 cresol(mixed)		$C_6H_4(OH)CH_3$		5.71,5.73,5.99,5.103,5.108,5.111	
104	甲拌磷 phorate	赛美特;西梅脱;3911;O,O-二乙基-S-(乙硫基甲基)二硫代磷酸酯	$(C_2H_5O)_2PSSCH_2\cdot SC_2H_5$	剧毒	5.71,5.97,5.106,5.111	12
105	甲胺磷 methamidophos	多灭灵;脱麦隆;O,S-二甲基硫代磷酰胺	$C_2H_8NO_2PS$			
106	2-甲氧基苯胺 2-anisidine	邻茴香胺;邻甲氧基苯胺;邻氨基苯甲醚	$CH_3OC_6H_4NH_2$	有毒	5.72,5.108	11
107	3-甲氧基苯胺 3-anisidine	间甲氧基苯胺;间氨基苯甲醚;间茴香胺	$NH_2C_6H_4OCH_3$			
108	4-甲氧基苯胺 4-anisidine	对甲氧基苯胺;对氨基苯甲醚;对茴香胺	$NH_2C_6H_4OCH_3$			
109	4-甲氧基二苯胺-4-氯化重氮苯 4-methoxydianiline-4-diazobenzene chloride	凡拉明蓝盐B;安安蓝B色盐	$C_{13}H_{12}N_3OCl$		5.14,5.16,5.92,5.95,5.110	
110	甲基三乙氧基硅烷 methyltriethoxysilane	三乙氧基甲基硅烷	$CH_3Si(OC_2H_5)_3$	有毒(易燃)	5.8,5.72,5.104,5.108	11(21)

续上表

序号	品名	别名	分子式（或结构式）	主(次)危险性类别	危险特性	标志
111	甲基对硫磷 methyl parathion	O,O-二甲基-O-(对硝基苯基)硫代磷酸酯	$(CH_3O)_2P(S)OC_6H_4NO_2$	剧毒	5.97,5.106, 5.111	12
112	N-甲基苯胺 N-methylaniline		$C_6H_5NHCH_3$		5.72,5.97, 5.109	
113	2-甲基苯胺 2-toluidine	邻甲苯胺;邻氨基甲苯;2-氨基甲苯	$C_6H_4(CH_3)NH_2$		5.35,5.72, 5.97,5.108	
114	3-甲基苯胺 3-toluidine	间甲苯胺;间氨基甲苯;3-氨基甲苯	$CH_3C_6H_4NH_2$	有毒	5.8,5.72, 5.97,5.108	11
115	4-甲基苯胺 4-toluidine	对甲苯胺;对氨基甲苯;4-氨基甲苯	$CH_3C_6H_4NH_2$		5.8,5.72, 5.97,5.108	
116	四乙基铅 lead tetraethyl		$Pb(C_2H_5)_4$	剧毒	5.8,5.72, 5.97,5.106	12
117	四氧化三铅 lead tetroxide	红丹;铅丹	Pb_3O_4		5.72,5.108, 5.116	
118	1,1,2,2-四氯乙烷 1,1,2,2-tetrachloroethane		$CHCl_2CHCl_2$		5.61,5.72, 5.97,5.110, 5.111,5.121	
119	四氯乙烯 tetrachloroethylene	全氯乙烯	C_2Cl_4	有毒	5.72,5.94, 5.111	11
120	四氯化碳 carbon tetrachloride	四氯甲烷	CCl_4		5.72,5.97, 5.102,5.107, 5.111	

续上表

序号	品　名	别　名	分子式(或结构式)	主(次)危险性类别	危险特性	标志
121	1,2,3,4-四氯苯 1,2,3,4-tetrachlorobenzene		$C_6H_2Cl_4$	有毒	5.72,5.108	11
122	1,2,3,5-四氯苯 1,2,3,5-tetrachlorobenzene		$C_6H_2Cl_4$	有毒	5.72,5.108	11
123	1,2,4,5-四氯苯 1,2,4,5-tetrachlorobenzene		$C_6H_2Cl_4$	有毒	5.8,5.72,5.108	11
124	2,3,4,6-四氯苯酚 2,3,4,6-tetrachlorophenol		C_6HCl_4OH	有毒	5.72,5.99,5.108,5.111	11
125	代森铵 dithane stainless	乙烯双二硫代氨基甲酸铵;阿巴姆	$C_4H_{14}N_4S_4$	有毒	5.97,5.108	11
126	代森锌 dithane Z-18	乙烯双二硫代氨基甲酸锌	$C_4H_6N_2S_4Zn$	有毒	5.71,5.78,5.97,5.108	11
127	乐果 rogor	O,O-二甲基-S-(N-甲氨基甲酰甲基)二硫代磷酸酯	$(CH_3O)_2P(S)SOH_2C(O)NHCH_3$	有毒	5.97,5.108	11
128	对苯醌 quinone	1,4-环己二烯二酮	$C_6H_4O_2$	有毒	5.71,5.94,5.108,5.111	11
129	对硝基苄基吡啶 *p*-nitrobenzylpyridine	4-硝基苯甲基吡啶	$NCHCHC(CH_2C_6H_4NO_2)CHCH$	有毒	5.16,5.108	11
130	对硝基苯甲酰肼 *p*-nitrobenzoylhydrazine		$C_6H_4(NO_2)CONHNH_2$	有毒	5.16,5.72,5.108	11

续上表

序号	品名	别名	分子式(或结构式)	主(次)危险性类别	危险特性	标志
131	对硝基苯甲酰氯 *p*-nitrobenzoyl chloride	氯化对硝基苯甲酰	$NO_2C_6H_4COCl$		5.71,5.84,5.104,5.108,5.112	
132	对硫氰酸苯胺 *p*-thiocyanatoaniline	硫氰酸对氨基苯酯	$NCSC_6H_4NH_2$	有毒	5.78,5.108	11
133	对溴基溴化苯乙酮 *p*-bromophenacyl bromide		$BrC_6H_4COCH_2Br$		5.72,5.99,5.101,5.108	
134	亚砷酸钠 sodium arsenite	亚砒酸钠;偏亚砷酸钠	$NaAsO_2$	剧毒	5.8,5.77,5.80,5.105	12
135	N-亚硝基二苯胺 N-nitrosodiphenylamine	二苯亚硝胺	$(C_6H_5^-)_2NNO$		5.8,5.71,5.108	
136	亚碲酸钠 sodium tellurite		Na_2TeO_3		5.107	
137	杀虫脒 chlordimeform	氯苯脒;杀螨脒;5701;N′(-2甲基-4氯苯基)-N,N-二甲基甲脒	$Cl(CH_3)C_6H_3NCHN(CH_3)_2$	有毒	5.38,5.71,5.97,5.108	11
138	杀虫脒盐酸盐 chlordimeform hydrochloride		$C_{10}H_{14}Cl_2N_2$			
139	杀鼠灵 warfarin	华法灵;3-(丙酮基代苄基)-4-羟基香豆素	$C_{19}H_{16}O_4$	剧毒	5.71,5.97,5.108	12
140	杀螟松 sumithion	杀螟硫磷;速灭虫;O,O-二甲基-O-(3-甲基-4硝基苯基)硫代磷酸酯	$(CH_3O)_2P(S)OC_6H_3(CH_3)NO_2$	有毒	5.97,5.108,5.111	11

续上表

序号	品 名	别 名	分子式(或结构式)	主(次)危险性类别	危险特性	标志
141	异硫氰酸苯酯 phenyl isothiocyanate	苯基芥子油	C_6H_5NCS	有毒	5.72,5.79,5.104,5.108	11
142	异硫氰酸烯丙酯〔抑制了的〕 ally lisothio-cyanate	人造芥子油	CH_2CHCH_2NCS		5.8,5.72,5.79,5.95,5.97,5.101,5.108,5.111	
143	异硫氰酸-1萘酯 1-naphthyl isothiocyanate		$C_{10}H_7NCS$		5.108	
144	异氰酸苯酯 phenyl isocyanate	苯基异氰酸酯	C_6H_5NCO		5.101,5.104,5.108	
145	异稻瘟净 kitazine P	O,O-二异丙基-S-苄基硫代磷酸酯;克打净P	$C_{13}H_{21}O_3PS$		5.38,5.78,5.97,5.108,5.111	
146	克瘟散 hinosan	西双散;O-乙基-S,S-二苯基二硫代磷酸酯	$C_{14}H_{15}O_2PS_2$		5.38,5.78,5.97,5.108	
147	苄胺 benzylamine	氨基甲苯	$CH_3\cdot C_6H_4\cdot NH_2$		5.71,5.104,5.108	
148	2-苄基吡啶 2-benzylpyridine	2-苯甲基吡啶	$C_6H_5CH_2C_5H_4N$		5.8,5.72,5.108	
149	4-苄基吡啶 4-benzylpyridine	4-苯甲基吡啶;γ-苄基吡啶	$C_6H_5CH_2C_5HN$		5.72,5.108	
150	苄硫醇 benzyl mercaptan	α-甲苯硫醇	$C_6H_5CH_2SH$		5.8,5.71,5.78,5.108,5.111	

续上表

序号	品名	别名	分子式(或结构式)	主(次)危险性类别	危险特性	标志
151	呋喃丹〔含量>10%〕 furadan	克百威;虫螨威;O-2,3-二氢化-2,2-甲基苯并呋喃基-N-甲基氨基甲酸酯	$C_{12}H_{15}NO_3$	剧毒	5.38,5.72,5.78,5.104,5.106	12
152	2-吡咯酮 2-pyrrolidone		$\underline{HNCH_2CH_2CH_2CO}$	剧毒	5.8,5.71,5.106	12
153	狄氏剂 dieldrin	氧桥氯甲桥萘;化合物497	$C_{12}H_8Cl_6O$	剧毒	5.38,5.72,5.97,5.108	12
154	间苯三酚 phloroglucinol	1,3,5-三羟基苯;均苯三酚	$C_6H_3(OH)_3 \cdot 2H_2O$	有毒	5.71,5.72,5.97,5.108	11
155	苯乙腈 benzyl cyanide	氰化苄;苄基氰	$C_6H_5CH_2CN$	有毒	5.72,5.97,5.108	11
156	1,2-苯二酚 pyrocatechol	邻苯二酚;焦儿萘酚	$C_6H_4(OH)_2$	有毒	5.39,5.72,5.95,5.97,5.108	11
157	1,4-苯二酚 hydroquinone	对苯二酚;氢醌;几奴尼	$C_6H_4(OH)_2$	有毒	5.39,5.72,5.95,5.97,5.108	11
158	1,3-苯二酚 resorcin	间苯二酚;间位二羟基苯;雷锁辛	$C_6H_4(OH)_2$	有毒	5.39,5.72,5.95,5.97,5.108	11
159	1,4-苯二胺 1,4-phenylenediamine	对苯二胺;毛皮元D;乌尔丝D;1,4-二氨基苯	$C_6H_4(NH_2)_2$	有毒	5.8,5.94,5.108	11
160	苯甲腈 benzonitrile	氰化苯;苯基氰;苄腈;氰基苯	C_6H_5CN	有毒	5.72,5.97,5.108	11

续上表

序号	品名	别名	分子式(或结构式)	主(次)危险性类别	危险特性	标志
161	苯肼 phenylhydrazine	肼基苯	$C_6H_5NHNH_2$	有毒	5.8,5.72,5.97,5.104,5.108,5.143	11
162	苯胺 aniline	氨基苯	$C_6H_5NH_2$	有毒	5.8,5.14,5.97,5.110,5.111	11
163	N-苯基-2-萘胺 N-phenyl-2-naphthylamine	防老剂 D	$C_{10}H_7NHC_6H_5$	有毒	5.8,5.72,5.108	11
164	苯酚 phenol	酚	C_6H_5OH	有毒（腐蚀性）	5.22,5.96,5.99,5.110,5.111,5.112	11 (27)
165	苯硫酚 thiophnol	苯硫醇；巯基苯；硫代苯酚	C_6H_5SH	（有毒）（易燃）（腐蚀性）	5.71,5.78,5.97,5.99,5.103,5.109,5.111	11 (21) (27)
166	4-叔丁基苯酚 4-tert-butylphenol	对叔丁基苯酚	$(CH_3)_3CC_6H_4OH$	有毒	5.71,5.94,5.108,5.111	11
167	毒杀芬〔含量>10%〕 toxaphene	八氯莰烯	$C_{10}H_{10}Cl_8$(近似)	有毒	5.38,5.97,5.108	11
168	氟乙酰胺 fluoroacetamide	敌蚜胺	CH_2FCONH_2	剧毒	5.71,5.78,5.97,5.106	12
169	氟乙酸 fluoroacetic acid	氟醋酸	CH_2FCOOH	有毒（腐蚀性）	5.72,5.73,5.99,5.104,5.108	11 (27)
170	氟化钠 sodium fluorlde		NaF	有毒	5.78,5.94,5.97,5.104,5.110	11
171	氟化铅 lead fluorid	二氟化铅	PbF_2	有毒	5.107	11

续上表

序号	品　名	别　名	分子式(或结构式)	主(次)危险性类别	危险特性	标志
172	氟化铝 aluminium fluoride	三氟化铝	AlF_3(无水物),还有多种水合物:合$\frac{1}{2}H_2O$;H_2O;$3H_2O$;$3\frac{1}{2}H_2O$;$9H_2O$		5.107,5.121	
173	氟化铯 cesium fluoride		CsF	有毒	5.78,5.94,5.97,5.107,5.112	11
174	氟化锌 zinc fluoride		ZnF_2;$ZnF_2\cdot 4H_2O$		5.107	
175	氟钽酸钾 potassium fluotantalate	钽氟酸钾;七氟化钽钾	K_2TaF_7		5.17,5.110	
176	氟硼酸锌 zinc fluoborate		$Zn(BF_4)_2\cdot 6H_2O$		5.94,5.110,5.112	
177	砷酸钠 sodium arsenate	原砷酸钠;砷酸三钠	$Na_3AsO_4\cdot 12H_2O$		5.72,5.105	
178	铍 beryllium powder		Be	剧毒	5.13,5.32,5.105	12
179	铊 thallium	金属铊	Tl		5.97,5.105	
180	盐酸-N-乙基苯胺 ethylaniline hydrochioride	N-乙基苯胺盐酸	$C_6H_5NHC_2H_5\cdot HCl$		5.16,5.108	
181	敌百虫 dipterex	O,O-二甲基-(2,2,2-三氯-1-羟基乙基)磷酸酯	$C_4H_8Cl_3O_3P$	有毒	5.97,5.108,5.111	11
182	敌草隆 diuron	N-(3,4-二氯苯基)-N′,N-二甲基脲	$Cl_2C_6H_3NHC(O)N(CH_3)_2$		5.31,5.38,5.97,5.108	

续上表

序号	品　名	别　名	分子式(或结构式)	主(次)危险性类别	危险特性	标志
183	敌鼠 diphacinone	2-(二苯基乙酰基)-1,3-茚满二酮	$C_{23}H_{16}O_3$	剧毒	5.97,5.108	12
184	敌敌畏 DDVP	O,O-二甲基-O-(2,2-二氯乙烯基)磷酸酯	$(CH_3O)_2PO \cdot OCHCCl_2$	有毒	5.97,5.108,5.111	11
185	4-氨基-N,N-二甲基苯胺 4-amino dimethlaniline	N,N-二甲基对苯二胺	$C_6H_4NH_2N(CH_3)_2$	有毒	5.72,5.94,5.97,5.108	11
186	4-氨基吡啶 4-aminopyridine	对氨基吡啶	$C_5H_4NNH_2$	有毒	5.72,5.108	11
187	2-氨基苯酚 2-aminophenol	邻氨基苯酚	$C_6H_4NH_2OH$	有毒	5.72,5.94,5.99,5.109	11
188	4-氨基苯酚 4-aminophenol	对氨基苯酚;对羟基苯胺	$NH_2C_6H_4OH$	有毒	5.72,5.94,5.99,5.109	11
189	3-氨基苯酚 3-aminophenol	间氨基苯酚;间羟基苯胺	$C_6H_4NH_2OH$	有毒	5.72,5.73,5.94,5.108	11
190	4-氨基苯胂酸 arsanilic acid	对氨基苯胂酸	$C_6H_4NH_2AsO(OH)_2$	有毒	5.72,5.79,5.108	11
191	α-萘基硫脲 α-naphthylthiourea	安妥	$C_{10}H_7NHCSNH_2$	剧毒	5.71,5.97,5.106	12
192	1-萘胺 1-naphthylamine	α-萘胺;1-氨基萘	$C_{10}H_7NH_4$	有毒	5.14,5.74,5.110,5.111	11
193	倍硫磷 fenthion	百治屠;蕃硫磷	$(CH_3O)_2P(S)OC_6H_3(CH_3)(SCH_3)$	有毒	5.16,5.97,5.108	11
194	烟碱 nicotine	尼古丁	$C_{10}H_{14}N_2$	有毒	5.10,5.72,5.97,5.108,5.111	11
195	硒化镉 cadmium selenide		CdSe	剧毒	5.13,5.81,5.105	12

续上表

序号	品　　名	别　　名	分子式(或结构式)	主(次)危险性类别	危险特性	标志
196	粗酚 phenol crude	杂酚；煤焦酚		有毒 (腐蚀性)	5.71,5.99, 5.108,5.111	11 (27)
197	硫环磷 phosfolan	棉安磷；2-(二乙氧基磷酰亚氨基)-1,3-二硫戊环	$C_7H_{14}NO_3PS_2$	剧毒	5.97,5.106, 5.111	12
198	1,1′-联萘 1,1′-dinaphthalene		$C_{10}H_7C_{10}H_7$	有毒	5.72,5.108	11
199	联大茴香胺 dianisidine	邻甲氧基联苯胺	$[NH_2(OCH_3)C_6H_3]_2$	有毒	5.10,5.94, 5.108	11
200	2-硝基乙苯 2-nitroethylbenzene	邻硝基乙苯	$C_6H_4NO_2C_2H_5$	有毒	5.72,5.108	11
201	3-硝基-1,2-二甲苯 3-nitro-1,2-dimethylbenzene	1,2-二甲基-3-硝基苯；3-硝基邻二甲苯	$NO_2C_6H_3(CH_3)_2$	有毒	5.108	11
202	硝基三氯甲烷 nitrotrichloromethane	氯化苦；三氯硝基甲烷	CCl_3NO_2	剧毒	5.71,5.79, 5.83,5.95, 5.97,5.101, 5.103,5.106, 5.111	12
203	2-硝基甲苯 2-nitrotoluene	邻硝基甲苯	$CH_3C_6H_4NO_2$	有毒	5.72,5.97, 5.108	11
204	3-硝基甲苯 3-nitrotoluene	间硝基甲苯	$CH_3C_6H_4NO_2$	有毒	5.72,5.97, 5.108	11
205	4-硝基甲苯 4-nitrotoluene	对硝基甲苯	$CH_3C_6H_4NO_2$	有毒	5.33,5.97, 5.108	11
206	2-硝基苯乙醚 2-nitrophenetole	邻硝基苯乙醚；邻乙氧基硝基苯	$NO_2C_6H_4OC_2H_5$	有毒	5.72,5.97, 5.104,5.108	11
207	4-硝基苯乙醚 4-nitrophenetole	对硝基苯乙醚	$NO_2C_6H_4OC_2H_5$	有毒	5.72,5.94, 5.104,5.108	11

续上表

序号	品　　名	别　　名	分子式(或结构式)	主(次)危险性类别	危险特性	标志
208	2-硝基苯甲醚 2-nitroanisole	邻硝基苯甲醚；邻硝基茴香醚；邻甲氧基硝基苯	$CH_3OC_6H_4NO_2$	有毒	5.72,5.97,5.108	11
209	3-硝基苯甲醚 3-nitroanisole	间硝基苯甲醚；间硝基茴香醚；间甲氧基硝基苯	$CH_3OC_6H_4NO_2$	有毒	5.72,5.97,5.108	11
210	4-硝基苯甲醚 4-nitroanisole	对硝基苯甲醚	$CH_3OC_6H_4NO_2$	有毒	5.72,5.97,5.108	11
211	硝基苯 nitrobenzene	密斑油	$C_6H_5NO_2$	有毒	5.14,5.35,5.97,5.110,5.111	11
212	4-硝基苯肼 4-nitrophenyldrazine	对硝基苯肼	$NO_2C_6H_4NHNH_2$	有毒	5.8,5.72,5.108	11
213	2-硝基苯酚 2-nitrophenol	邻硝基苯酚	$NO_2C_6H_4OH$	有毒	5.72,5.73,5.97,5.99,5.108	11
214	3-硝基苯酚 3-nitrophenol	间硝基苯酚	$NO_2C_6H_4OH$	有毒	5.72,5.73,5.97,5.108	11
215	4-硝基苯酚 4-nitrophenol	对硝基苯酚	$NO_2C_6H_4OH$	有毒	5.72,5.73,5.108	11
216	2-硝基苯胺 2-nitroaniline	邻硝基苯胺；1-氨基-2-硝基苯	$C_6H_4(NO_2)NH_2$	有毒	5.72,5.97,5.108	11
217	3-硝基苯胺 3-nitroaniline	间硝基苯胺；1-氨基-3-硝基苯	$C_6H_4(NO_2)NH_2$	有毒	5.8,5.72,5.97,5.108	11
218	4-硝基苯胺 4-nitroaniline	对硝基苯胺；1-氨基-4-硝基苯	$C_6H_4(NO_2)NH_2$	有毒	5.72,5.97,5.108	11

续上表

序号	品　名	别　名	分子式(或结构式)	主(次)危险性类别	危险特性	标志
219	1-硝基-2-萘胺 1-nitro-2-naphthylamine	2-氨基-1-硝基萘	$NO_2C_{10}H_6NH_2$	有毒	5.72,5.108	11
220	2-硝基碘苯 2-iodonitrobenzene	邻硝基碘苯;邻碘硝基苯;2-碘硝基苯	$IC_6H_4NO_2$			
221	3-硝基碘苯 3-iodonitrobenzene	间硝基碘苯;间碘硝基苯;3-碘硝基苯	$IC_6H_4NO_2$			
222	4-硝基溴苄 4-nitrobenzy bromide	对硝基溴苄;对硝基溴甲烷;对硝基苄基溴	$NO_2C_6H_4CH_2Br$		5.101,5.108	
223	硝酸亚汞 mercurous nitrata		$Hg_2(NO_3)_2\cdot 2H_2O$	有毒(氧化性)	5.70,5.71,5.112,5.115	11(25)
224	2-羟基苯甲醛 2-hydroxybenzaldehyde	邻羟基苯甲醛;水杨醛	$C_6H_4(OH)CHO$	有毒	5.8,5.72,5.108,5.111	11
225	硫钡合剂 barium polysulfide	硫钡粉;多硫化钡	$BaS\cdot S_x$		5.72,5.95,5.109	
226	硫氰酸苄 benzyl thiocyanate	硫氰化苄;硫氰酸苄酯	$C_6H_5CH_2CNS$		5.8,5.14,5.76,5.110,5.111	
227	硫氰酸汞 mercuric thiocyanate		$Hg(SCN)_2$		5.72,5.78,5.97,5.110	
228	硫酸二乙酯 diethyl sulfate	硫酸乙酯	$(C_2H_5)_2SO_4$		5.14,5.72,5.97,5.104,5.110,5.121	
229	硫酸二甲酯 dimethyl sulfate	硫酸甲酯	$(CH_3)_2SO_4$	剧毒(腐蚀性)	5.14,5.27,5.95,5.97,5.98,5.106,5.120	12(27)

续上表

<table>
<tr><th>序号</th><th>品　　名</th><th>别　　名</th><th>分子式(或结构式)</th><th>主(次)危险性类别</th><th>危险特性</th><th>标志</th></tr>
<tr><td>230</td><td>硫酸亚铊
thalloum sulfate</td><td></td><td>Tl_2SO_4</td><td>剧毒</td><td>5.78,5.97,5.105</td><td>12</td></tr>
<tr><td>231</td><td>喹啉
quinoline</td><td>苯骈吡啶;氮(杂)萘</td><td>CHCHCHCHCCNCHCHCH</td><td rowspan="3">有毒</td><td>5.72,5.108,5.111,5.112</td><td rowspan="3">11</td></tr>
<tr><td>232</td><td>锑粉
antimony powder</td><td></td><td>Sb</td><td>5.13,5.72,5.78,5.97,5.110</td></tr>
<tr><td>233</td><td>氰乙酸
cyanoacetic acid</td><td>氰基醋酸</td><td>$CNCH_2COOH$</td><td>5.72,5.108,5.112</td></tr>
<tr><td>234</td><td>氰化亚铜
cuprous cyanide</td><td></td><td>CuCN</td><td rowspan="9">剧毒</td><td>5.68,5.80,5.97,5.105</td><td rowspan="9">12</td></tr>
<tr><td>235</td><td>氰化亚铜(三)钠
sodium cuprous cyanide</td><td>紫铜矾;紫铜盐</td><td>$NaCu(CN)_2$</td><td>5.16,5.80,5.105</td></tr>
<tr><td>236</td><td>氰化汞
mercuric cyanide</td><td>二氰化汞;氰化高汞</td><td>$Hg(CN)_2$</td><td>5.68,5.80,5.87,5.97,5.105,5.132</td></tr>
<tr><td>237</td><td>氰化钠
sodium cyanide</td><td>山奈钠;山奈</td><td>NaCN</td><td>5.62,5.68,5.80,5.87,5.97,5.99,5.105,5.112</td></tr>
<tr><td>238</td><td>氰化钡
barium cyanide</td><td></td><td>$Ba(CN)_2$</td><td>5.68,5.80,5.97,5.105</td></tr>
<tr><td>239</td><td>氰化钙
calcium cyanide</td><td></td><td>$Ca(CN)_2$</td><td>5.68,5.80,5.87,5.97,5.105,5.112</td></tr>
<tr><td>240</td><td>氰化钾
potassium cyanide</td><td>山奈钾;山埃钾</td><td>KCN</td><td>5.62,5.68,5.80,5.97,5.105</td></tr>
<tr><td>241</td><td>氰化银
silver cyanide</td><td></td><td>AgCN</td><td rowspan="2">5.68,5.80,5.97,5.105</td></tr>
<tr><td>242</td><td>氰化锌
zinc cyanide</td><td></td><td>$Zn(CN)_2$</td></tr>
</table>

续上表

序号	品名	别名	分子式(或结构式)	主(次)危险性类别	危险特性	标志
243	氰酸钠 sodium cyanate		NaOCN	有毒	5.16,5.80, 5.110,5.115	11
244	2-氯乙醇 2-chloroethanol	乙撑氯醇	CH_2ClCH_2OH	有毒 (易燃)	5.22,5.77, 5.84,5.97, 5.110,5.115	11 (21)
245	氯乙醛 chloroacetaldehyde	一氯乙醛	C_2H_3OCl	有毒 (腐蚀性)	5.97,5.99, 5.108,5.111	11 (27)
246	氯乙酸乙酯 ethyl chloroacetate	氯醋酸乙酯	$CH_2ClCOOC_2H_5$		5.8,5.14, 5.71,5.84, 5.95,5.110	
247	1-氯-2,4-二硝基苯 1-chloro 2,4-dinitrochlorobenzene	2,4二硝基氯化苯	$(NO_2)_2C_6H_3Cl$	有毒	5.13,5.99, 5.110	11
248	4-氯三氟甲苯 4-chlorobenzotrifluoride	对氯三氟甲苯	$ClC_6H_4CF_3$		5.8,5.72, 5.109	
249	氯化乙基汞 mercuric ethylchloride	西力生(原粉)	C_2H_5HgCl	剧毒	5.71,5.92, 5.106	12
250	氯化汞 mercuric	氯化高汞;二氯化汞	$HgCl_2$	剧毒 (腐蚀性)	5.61,5.97, 5.99,5.105	12 (27)
251	氯化苄 benzyl chloride	氯化甲苯;苄基氯	$C_6H_5CH_2Cl$	有毒	5.8,5.47, 5.84,5.94, 5.97,5.104, 5.108	11
252	氯化钡 barium chloride	盐化钡	$BaCl_2\cdot 2H_2O$		5.97,5.107	
253	氯化亚铊 thallium chloride	一氯化铊	TlCl	剧毒	5.78,5.97, 5.105,5.133	12
254	氯化硒 selenium monochloride	二氯化二硒	Se_2Cl_2	剧毒 (腐蚀性)	5.27,5.72, 5.105,5.134	12 (27)

续上表

<table>
<tr><th>序号</th><th>品　　名</th><th>别　　名</th><th>分子式(或结构式)</th><th>主(次)
危险性类别</th><th>危险特性</th><th>标志</th></tr>
<tr><td>255</td><td>2-氯-2-甲基丁烷
2-chloro-2-methylbutane</td><td>氯代叔戊烷</td><td>$CH_3CH_2CCl(CH_3)CH_3$</td><td>有毒</td><td>5.14,5.71,
5.78,5.97,
5.102,5.110</td><td>11</td></tr>
<tr><td>256</td><td>氯甲酸异丁酯
isobutyl chloroformate</td><td></td><td>$(CH_3)_2CHCH_2COOCl$</td><td>有毒
(易燃)</td><td>5.72,5.84,
5.94,5.109</td><td>11
(21)</td></tr>
<tr><td>257</td><td>2-氯苯胺
2-chloroaniline</td><td>邻氯苯胺;邻氨基氯苯</td><td>$C_6H_4ClNH_2$</td><td rowspan="5">有毒</td><td>5.72,5.97,
5.108,5.111</td><td rowspan="5">11</td></tr>
<tr><td>258</td><td>3-氯苯胺
3-chloroaniline</td><td>间氯苯胺;间氨基氯苯</td><td>$C_6H_4ClNH_2$</td><td rowspan="2">5.72,5.97,
5.108</td></tr>
<tr><td>259</td><td>4-氯苯胺
4-chloroaniline</td><td>对氯苯胺;对氨基氯苯</td><td>$C_6H_4ClNH_2$</td></tr>
<tr><td>260</td><td>2-氯苯酚
2-chlorophenol</td><td>邻氯苯酚;2-氯-1-羟基苯;2-羟基氯苯;邻羟基氯苯</td><td>C_6H_4ClOH</td><td>5.72,5.73,
5.97,5.108,
5.111</td></tr>
<tr><td>261</td><td>3-氯苯酚
3-chlorophenol</td><td>间氯苯酚;3-氯-1-羟基苯;3-羟基苯;间羟基氯苯</td><td>C_6H_4ClOH</td><td>5.8,5.72,
5.73,5.97,
5.108,5.111</td></tr>
<tr><td>262</td><td>3-氯-1,2-环氧丙烷
3-chloro-1,2-epoxypropane</td><td>环氧氯丙烷</td><td>$CH_2ClCH-CH_2$
\ /
O</td><td>有毒
(易燃)</td><td>5.22,5.33,
5.34,5.45,
5.97,5.111</td><td>11
(21)</td></tr>
<tr><td>263</td><td>2-氯硝基苯
2-chloronitrobenzene</td><td>邻氯硝基苯</td><td>$ClC_6H_4NO_2$</td><td rowspan="4">有毒</td><td rowspan="2">5.72,5.97,
5.108</td><td rowspan="4">11</td></tr>
<tr><td>264</td><td>3-氯硝基苯
3-chloronitrobenzene</td><td>间氯硝基苯</td><td>$ClC_6H_4NO_2$</td></tr>
<tr><td>265</td><td>4-氯硝基苯
4-chloronitrobenzene</td><td>对氯硝基苯</td><td>$NO_2C_6H_4Cl$</td><td>5.72,5.101,
5.108,5.111</td></tr>
<tr><td>266</td><td>2-氯-4-硝基苯胺
2-chloro-4-nitroaniline</td><td>邻氯对硝基苯胺</td><td>$NO_2C_6H_3(Cl)NH_2$</td><td>5.8,5.72,
5.78,5.108</td></tr>
</table>

续上表

序号	品名	别名	分子式(或结构式)	主(次)危险性类别	危险特性	标志
267	富民隆 fumiron	磺胺苯汞；磺胺汞；富民农	$CH_3C_6H_4SO_2N(C_6H_5)HgC_6H_5$		5.97,5.108	
268	碘乙烷 ethyl iodide	乙基碘	C_2H_5I	有毒	5.8,5.72,5.84,5.102,5.109	11
269	碘乙汞 mercuric iodide	碘化高汞；二碘化汞	HgI_2		5.72,5.97,5.107	
270	碘化亚铊 thallium iodide	一碘化铊	TlI	剧毒	5.78,5.97,5.105	12
271	碘甲烷 methyl iodide	甲基碘	CH_3I	有毒	5.71,5.97,5.110	11
272	溴乙烷 bromoethane	乙基溴	CH_3CH_2Br	有毒（易燃）	5.8,5.13,5.72,5.84,5.109	11（21）
273	溴乙酸乙酯 ethyl bromoacetate	溴醋酸乙酯	$CH_2BrCOOC_2H_5$		5.22,5.71,5.78,5.84,5.95,5.97,5.101,5.110	
274	溴乙酸甲酯 methyl bromoacetate	溴醋酸甲酯	$BrCH_2COOCH_3$	有毒	5.71,5.95,5.97,5.108	11
275	溴化亚汞 mercurous bromide	一溴化汞	HgBr 或 Hg_2Br_2		5.107	
276	溴化亚铊 thallium bromide	一溴化铊	TlBr	剧毒	5.97,5.105	12
277	溴化苄 benzyl bromide	溴甲基苯；苄基溴	$C_6H_5CH_2Br$		5.72,5.94,5.101,5.108	
278	溴代苯乙酮 phenacyl bromide		$C_6H_5COCH_2Br$	有毒	5.72,5.101,5.108	11
279	3-溴丙腈 3-bromopropionitrile	β-溴丙腈；溴乙其氰	$BrCH_2CH_2CN$		5.72,5.108	
280	溴丙酮 bromoacetone		$CH_2BrCOCH_3$	有毒（易燃）	5.71,5.101,5.109	11（21）

续上表

序号	品名	别名	分子式(或结构式)	主(次)危险性类别	危险特性	标志
281	α-溴丙酸 α-bromopropionica-cid	2-溴丙酸	$CH_3CHBrCOOH$	有毒	5.14,5.99,5.110	11
282	2-溴甲苯 2-bromotoluene	邻溴甲苯;邻甲基溴苯;2-甲基溴苯	$CH_3C_6H_4Br$		5.72,5.109	
283	3-溴甲苯 3-bromotoluene	间溴甲苯;间甲基溴苯;3-甲基溴苯	$CH_3C_6H_4Br$		5.72,5.109	
284	4-溴甲苯 4-bromotoluene	对溴甲苯;对甲基溴苯	$CH_3C_6H_4Br$			
285	1-溴-2,3-环氧丙烷 1-bromo-2,3-ep-oxypropane	环氧溴丙烷	$CH_2BrCH-CH_2$ (O bridging CH and CH_2)	有毒(易燃)	5.8,5.72,5.97,5.109	11(21)
286	4-溴苯甲醚 4-bromoanisole	对溴苯甲醚;对溴茴香醚	$CH_3OC_6H_4Br$	有毒	5.72,5.108	11
287	4-溴苯肼 4-bromophenylhy-drazine	对溴苯肼	$BrC_6H_4NHNH_4$			
288	2-溴苯胺 2-bromoaniline	邻溴苯胺;邻氨基溴化苯	$BrC_6H_4NH_2$		5.72,5.78,5.108	
289	3-溴苯胺 3-bromoaniline	间溴苯胺;间氨基溴化苯	$BrC_6H_4NH_2$		5.72,5.108	
290	4-溴苯胺 4-bromoaniline	对氨基溴化苯;对溴苯胺	$BrC_6H_4NH_2$			
291	2-溴酚 2-bromophenol	邻溴酚	$Br(C_6H_4)OH$			
292	福美双 TMTD	秋兰姆	$C_6H_{12}N_2S_4$		5.97,5.108	
293	碲 tellurium		Te		5.14,5.97,5.110	
294	碳酸钡 barium carbonate		$BaCO_3$		5.107	
295	2,4-滴〔含量>75%〕 2,4-D	2,4-二氯苯氧乙酸	$Cl_2C_6H_3-O-CH_2COOH$		5.97,5.108	

续上表

序号	品　名	别　名	分子式(或结构式)	主(次)危险性类别	危险特性	标志
296	滴滴涕 DDT	二氯二苯三氯乙烷;二二三原粉;2,2-双(对氯苯基)-1,1,1-三氯乙烷	$(ClC_6H_4)_2HCCCl_3$	有毒	5.38,5.71,5.97,5.110	11
297	赛力散 phenyl mercuric acetate	乙酸苯汞;醋酸苯汞;龙汞	$C_6H_5HgOCOCH_3$	剧毒	5.97,5.106	12
298	稻宁 calcium methanearsonate	甲基胂酸钙	$CH_3AsO_3Ca \cdot H_2O$	有毒	5.97,5.107	11
299	稻脚青 zinc methanearsonats	甲基胂酸锌	$CH_3AsO_3Zn \cdot H_2O$			
300	稻瘟净 EBP	克打净;O,O-二乙基-S-苄基硫代磷酸酯	$C_{11}H_{17}O_3PS$		5.16,5.38,5.78,5.97,5.108,5.111	
301	羰基镍 nickel carbonyl	四羰基镍;四羰酰镍	$Ni(CO)_4$	剧毒(易燃)	5.22,5.72,5.78,5.97,5.105,5.127	12(21)
302	磷胺 phosphamidon	大灭虫;O,O-二甲基-O-(2′-氯-2-二乙胺甲酰基-1-甲基乙烯基)磷酸酯	$C_{10}H_{19}ClNO_5P$	剧毒	5.97,5.106,5.111	12
303	磷酸乙基汞 ethylmercuric phosphate	谷乐生;乌斯普龙;汞制剂2号	$(C_2H_5Hg)_3PO_4$ $(C_2H_5Hg)_2HPO_4$ $C_2H_5HgH_2PO_4$ 的混和物		5.97,5.106	
304	磷酸三甲苯酯 tricresyl phosphate	磷酸三甲酚酯;增塑剂TCP	$PO(OC_6H_4CH_3)_3$	有毒	5.8,5.14,5.72,5.97,5.108	11

A7 第 7 类 放射性物品

表 A14

序号	品　　名	别　　名	分子式(或结构式)	主(次)危险性类别	危险特性	标志1)
1	硝酸钍(固体的) thrium nitrate		$Th(NO_3)_4 \cdot 4H_2O$	放射性	5.14,5.16, 5.52,5.118	13 或 14 或 15
2	夜光粉 radioactive luminous powder			放射性	5.14,5.118	

注:1)根据实测包件表面最高辐射水平及运价指数来选择标志。

A8 第 8 类 腐蚀品

A8.1 酸性腐蚀品

表 A15

序号	品　　名	别　　名	分子式(或结构式)	主(次)危险性类别	危险特性	标志
1	一氯化碘 iodine monochloride	氯化碘	ICl	腐蚀性	5.15,5.46, 5.72,5.84, 5.91,5.99, 5.104,5.116	16
2	乙酸〔含量大于80%〕 acetic acid	醋 酸; 冰醋酸	CH_3COOH	腐蚀性 (易燃)	5.22,5.94, 5.98,5.104, 5.109	16 (21)
3	乙酸〔10% < 含量 < 80%〕 acetic acid	醋酸溶液	CH_3COOH	腐蚀性	5.99,5.104	16
4	乙酸酐 acetic anhydride	醋酸酐	$(CH_3CO)_2O$	腐蚀性 (易燃)	5.22,5.99	6 (21)
5	二乙基二氯硅烷 diethyldichlorosilane	二氯二乙基硅烷	$(C_2H_5)_2SiCl_2$		5.10,5.72, 5.73,5.84, 5.94,5.111	
6	二氯乙酸 dichloroacetic acid	二氯醋酸	$CHCl_2COOH$	腐蚀性	5.71,5.84, 5.94,5.100	16

续上表

序号	品名	别名	分子式(或结构式)	主(次)危险性类别	危险特性	标志
7	二苯二氯硅烷 diphenyldichlorosilane		$(C_6H_5)_2SiCl_2$	腐蚀性(有毒)	5.9,5.71,5.78,5.84,5.94,5.100,5.104	16 (26)
8	二氯化硫 sulfur dichloride		SCl_2	腐蚀性	5.84,5.99,5.103,5.107,5.111	16
9	二氯代丁烯醛酸 mucoculoric acid	粘氯酸;糠氢酸	HOOCCClCClCHO		5.14,5.99,5.104,5.111	
10	丁二酰氯 butanedioyl chloride	琥珀酰氯;氯化丁二酰	$ClOCCH_2CH_2COCl$		5.84,5.97,5.100	
11	丁酸酐 butyric anhydride	丁酐	$(CH_3CH_2CH_2CO)_2O$		5.8,5.14,5.100,5.104	
12	三氟乙酸 trifluoroacetic acid	三氟醋酸	CF_3COOH	腐蚀性(有毒)	5.72,5.95,5.97,5.98 5.107	16 (26)
13	三氟乙酸酐 trifluoroacetic anhydride	三氟醋酸酐	$(CF_3CO)_2O$		5.72,5.95,5.97,5.98 5.101,5.104	
14	三氟化硼乙酸络盐 boron trifluoride aceticacid complex	乙酸三氟化硼	$BF_3 \cdot 2CH_3COOH$	腐蚀性	5.16,5.17,5.71,5.87,5.100	16
15	三氟乙酸 trichloroacetic acid	三氯醋酸	CCl_3COOH		5.71,5.94,5.99,5.104,5.110	
16	三氟化钛 titanium trichloride		$TiCl_3$		5.8,5.46,5.84,5.91,5.94,5.99,5.112,5.117	
17	三氟化铝〔无水〕 aluminium triehlorideanhydrous		$AlCl_3$		5.52,5.85 5.95,5.99	

续上表

序号	品名	别名	分子式(或结构式)	主(次)危险性类别	危险特性	标志
18	三氯化锑 antimony trichloride	氯化亚锑	$SbCl_3$	腐蚀性	5.46,5.84,5.91,5.94,5.97,5.98,5.101,5.107 5.112	16
19	三氯化碘 iodine trichloride		ICl_3		5.46,5.81,5.85,5.91,5.99,5.101,5.111,5.112	
20	三氯化磷 phosphorus trichloride	氯化磷	PCl_3	腐蚀性(有毒)	5.33,5.84,5.98,5.104,5.110	16(26)
21	三碘化锑 antimony triiodide		SbI_2		5.46,5.72,5.91,5.99,5.105	
22	三溴化锑 antimony tribromide	溴化锑	$SbBr_3$	腐蚀性	5.46,5.84,5.91,5.99,5.107,5.112	6
23	三溴化硼 bron tribomide	溴化硼	BBr_3		5.71,5.85,5.94,5.97,5.99,5.111	
24	三溴化磷 phosphotus tribromide		PBr_3	腐蚀性(有毒)	5.85,5.99,5.110,5.111	16(26)
25	己酰氯 hexanoyl chloride	氯化己酰	$CH_3(CH_2)_4COCl$	腐蚀性	5.100	16
26	五氧化二磷 phosphorus pentoxide	磷酸酐	P_2O_5	腐蚀性(有毒)	5.52,5.84,5.98,5.110,5.112,5.117	16(26)

续上表

序号	品　　名	别　　名	分子式(或结构式)	主(次)危险性类别	危险特性	标志
27	五氯化钼 molybdenum pentachloride	氯化钼	$MoCl_5$	腐蚀性	5.46,5.71,5.91,5.99	16
28	五氯化锑 antimony pentachloride		$SbCl_5$		5.84,5.94,5.98,5.110 5.111	
29	五氯化磷 phosphorus pentachloride		PCl_5	腐蚀性(有毒)	5.52,5.73,5.74,5.85,5.94,5.98,5.104,5.110	16(26)
30	五溴化磷 phosphorus pentabromide		PBr_5		5.84,5.95,5.97,5.99,5.110	
31	甲基丙烯酸〔抑制了的〕 methacrylic acid	异丁烯酸	$(CH_3)(CH_2)CCOOH$	腐蚀性(易燃)	5.14,5.48,5.71,5.94,5.100,5.104	16(21)
32	甲基苯基二氯硅烷 methylphenyldichlorosilane		$CH_3(C_6H_5)SiCl_2$		5.8,5.71,5.84,5.94,5.99,5.109,5.111	
33	甲基磺酰氯 methane sulfonyl choride		CH_3SO_2Cl	腐蚀性(有毒)	5.89,5.110	16(26)
34	甲酸 formic acid	蚁酸	HCOOH		5.6,5.14,5.50,5.94,5.98,5.104,5.109	
35	丙烯酸〔抑制了的〕 acrylic acid		C_2H_3COOH	腐蚀性(易燃)	5.12,5.48,5.71,5.99 5.111	16(21)

续上表

序号	品名	别名	分子式(或结构式)	主(次)危险性类别	危险特性	标志
36	丙酸〔含丙酸80%以上〕 propionic acid		CH_3CH_2COOH	腐蚀性(易燃)	5.8,5.14,5.94,5.100,5.104	16(21)
37	丙酸酐 propionic anhydride		$(CH_3CH_2CO)_2O$	腐蚀性(有毒)	5.84,5.97,5.99,5.108,5.111	16(26)
38	四氯化钛 titanium tetrachloride	氯化钛	$TiCl_4$	腐蚀性	5.71,5.84,5.99,5.110	16
39	四氯化硅 silicon tetrachloride	四氯化矽	$SiCl_4$		5.71,5.84,5.99,5.104,5.112	
40	四氯化锡〔无水〕 tin tetrachloride	氯化锡	$SnCl_4$		5.46,5.84,5.91,5.94,5.99,5.107	
41	四氯化锆 zirconium tetrachloride	氯化锆	$ZrCl_4$		5.46,5.71,5.84,5.91,5.99,5.112	
42	四氯化碲 tellurium tetrachloride	氯化碲	$TeCl_4$	腐蚀性(有毒)	5.23,5.46,5.91,5.99,5.110,5.112,5.137	16(26)
43	四氯化锗 germanium tetrachloride	氯化锗	$GeCl_4$	腐蚀性	5.84,5.94,5.99	16
44	四碘化锡 stannic lodide	碘化高锡	SnI_4		5.46,5.84,5.91,5.99	
45	发烟硝酸〔含量86%~97.5%〕 nitric acid fuming		HNO_3	腐蚀性(氧化性)	5.42,5.46,5.52,5.91,5.98,5.115	16(25)

续上表

序号	品名	别名	分子式(或结构式)	主(次)危险性类别	危险特性	标志
46	发烟硫酸 sulfuric acid fuming		$H_2SO_4 \cdot SO_3$	腐蚀性	5.28,5.46,5.53,5.91,5.94,5.98,5.111,5.112 5.115	16
47	亚硝基硫酸 nitrosyl sulfuric acid	亚硝酰硫酸	$ONOSO_3H$	腐蚀性	5.89,5.99	16
48	亚硫酸 sulfurous acid		H_2SO_3	腐蚀性	5.46,5.71,5.73,5.91,5.94,5.99	16
49	亚硫酸氢铵 ammonium hydrogen sulfite	酸式亚硫酸铵	NH_4HSO_3	腐蚀性	5.71,5.94,5.99,5.110,5.112	16
50	亚磷酸 phosphorous acid		H_3PO_3	腐蚀性	5.46,5.71,5.94,5.99,5.112	16
51	多聚磷酸〔含$P_2O_5$84%〕 polyphosphoric acid	四磷酸	$H_3P_4O_{13}$(近似)	腐蚀性	5.46,5.99,5.112	16
52	次磷酸 hypophosphorous acid	卑磷酸	H_3PO_2	腐蚀性	5.8,5.46,5.77,5.99,5.110,5.117	16
53	苯乙酰氯 phenylacetyl chloride	氯化苯乙酰	$C_6H_5CH_2COCl$	腐蚀性	5.84,5.94,5.100,5.110	16
54	苯甲酰氯 benzoyl chloride	氯化苯甲酰	C_6H_5COCl	腐蚀性	5.8,5.84,5.100,5.104	16
55	苯磺酰氯 benzene sulfonyl chloride	氯化苯磺酰	$C_6H_5SO_2Cl$	腐蚀性(有毒)	5.95,5.97,5.100,5.104	16(26)
56	氟硅酸 fluorosilicic acid	硅氟酸	H_2SiF_6	腐蚀性(有毒)	5.71,5.99,5.107	16(26)

续上表

序号	品　　名	别　　名	分子式(或结构式)	主(次)危险性类别	危险特性	标志
57	氟磺酸 fluosulfonic acid		HSO_3F	腐蚀性	5.46,5.84,5.96,5.98,5.104	16
58	氟硼酸 fluoroboric acid		HBF_4	腐蚀性（有毒）	5.16,5.46,5.94,5.99,5.110	16（26）
59	氢氟酸 hydrofluoric acid		HF		5.13,5.46,5.77,5.97,5.99,5.104,5.105,5.113	
60	氢溴酸 hydrobromic acid		HBr		5.46,5.71,5.73,5.91,5.94,5.97,5.99,5.104,5.110,5.117	
61	氢碘酸 hydroiodic acid		HI		5.46,5.71,5.73,5.91,5.94,5.99,5.104,5.110,5.117	
62	盐酸 hydrochloric acid	氢氯酸	HCl	腐蚀性	5.29,5.46,5.91,5.94,5.99,5.110,5.111	16
63	邻苯二甲酸酐 phthalic anhydride	苯二甲酸酐	$C_6H_4(CO)_2O$		5.8,5.95,5.108,5.112	
64	氧氯化铬 chromyl chloride	铬酰氯；氯化铬酰；二氯二氧化铬	CrO_2Cl_2	腐蚀性（有毒）	5.52,5.84,5.97,5.98,5.110,5.115	16（26）

续上表

序号	品名	别名	分子式(或结构式)	主(次)危险性类别	危险特性	标志
65	氧氯化磷 phosphorus oxychloride	氯化磷酰;磷酰氯;三氯氧化磷	$POCl_3$	腐蚀性(有毒)	5.85,5.94,5.99,5.110	16(26)
66	氧氯化硒 selenium oxychloride	二氯氧化硒;氯化亚硒酰	$SeOCl_2$	腐蚀性(有毒)	5.72,5.89,5.97,5.99,5.108	16(26)
67	硒酸 selenic acid		H_2SeO_4	腐蚀性(有毒)	5.16,5.97,5.99,5.105,5.112	16(26)
68	偏磷酸 metaphosphoric acid	冰磷酸;二缩原磷酸	HPO_3	腐蚀性	5.46,5.99,5.107,5.112	16
69	硝酸 nitric acid	硝镪水	HNO_3	腐蚀性(氧化性)	5.46,5.52,5.91,5.98,5.115	16(25)
70	巯基乙酸 thioglycollic acid	硫代乙醇酸;氢硫基乙酸	$HSCH_2COOH$	腐蚀性(有毒)	5.99,5.108	16(26)
71	硫代磷酰氯 thiophosphoryl chloride	硫代氯化磷酰;三氯化硫磷	$PSCl_3$	腐蚀性(有毒)	5.72,5.84,5.97,5.110,5.111	16(26)
72	硫酸 sulfuric acid		H_2SO_4	腐蚀性	5.28,5.46,5.52,5.91,5.98,5.110,5.112,5.115	16
73	氯乙酰氯 chloroacetyl chloride	氯化氯乙酰	$CH_2ClCOCl$	腐蚀性	5.71,5.84,5.98,5.101,5.104	16
74	氯乙酸 chloroacetic acid	氯醋酸	$CH_2ClCOOH$	腐蚀性	5.71,5.94,5.99,5.108,5.112	16

续上表

序号	品　　名	别　　名	分子式(或结构式)	主(次)危险性类别	危险特性	标志
75	氯化亚砜 thionyl chloride	亚硫酰氯；二氯亚砜；二氯氧硫	$SOCl_2$	腐蚀性	5.84,5.96,5.98,5.107,5.111,5.113	16
76	氯化硫 sulfur chloride	一氯化硫；二氯化二硫	S_2Cl_2	腐蚀性(有毒)	5.8,5.14,5.71,5.84,5.98,5.108,5.111,5.113	16(26)
77	氯磺酸 chlorosulfonic acid		$ClSO_3H$	腐蚀性	5.23,5.46,5.52,5.72,5.97,5.98,5.104,5.110,5.113	16
78	碘乙酰 acetyl iodide	乙酰碘	CH_3COI	腐蚀性	5.84,5.93,5.95,5.103,5.108	16
79	碘乙酸 iodoacetic acid	碘醋酸	CH_2ICOOH	腐蚀性	5.98,5.100	16
80	溴 bromine	溴素	Br_2	腐蚀性(有毒)	5.37,5.41,5.46,5.52,5.94,5.98,5.105,5.111,5.115	16(26)
81	溴乙酰溴 bromoacetyl bromide	溴化溴乙酰	$BrCH_2COBr$	腐蚀性	5.84,5.93,5.95,5.100,5.101,5.104	16
82	溴乙酸 bromoace tic acid	溴醋酸	$CH_2BrCOOH$	腐蚀性	5.94,5.97,5.100,5.112	16
83	磺酰氯 sulfuryl chloride	硫酰氯；氯化硫酰；氧氯化硫	SO_2Cl_2	腐蚀性(有毒)	5.84,5.96,5.98.5.107,5.111	16(26)
84	磷酸 phosphoric acid	正磷酸；一缩原磷酸	H_3PO_4	腐蚀性	5.46,5.99,5.112	16

A8.2 碱性腐蚀品

表 A16

序号	品名	别名	分子式(或结构式)	主(次)危险性类别	危险特性	标志
1	2-乙基乙胺 2-ethylhexylamine		$CH_3(CH_2)_3CH(C_2H_5)CH_2NH_2$	腐蚀性 (易燃)	5.22,5.97,5.99	16 (21)
2	乙醇钠 sodium ethylate	乙氧基钠	C_2H_5ONa	腐蚀性	5.27,5.71,5.100,5.121	16
3	二乙醇胺 diethanolamine	2,2′-二羟基二乙胺 双羟乙基胺	$(HOCH_2CH_2)_2NH$		5.100	
4	二异丙醇胺 diisopropanolamine	2,2′-二羟基二丙胺	$[CH_3CH(OH)CH_2]_2NH$		5.100	
5	二环己胺 dicyclohexylamine		$(C_6H_{11})_2NH$		5.94,5.100	
6	三乙四胺 triethylene tetramine	三乙撑四胺	$H_2NCH_2(CH_2NHCH_2)_2CH_2NH_2$		5.14,5.72,5.94,5.97,5.99,5.111 5.112	
7	1,6-己二胺 1, 6-diaminohexane	1,6-二氨基己烷;六次甲基二胺;己撑二胺	$H_2N(CH_2)_6NH_2$		5.94,5.97,5.100,5.104,5.111	
8	1,2-丙二胺 1,2-diaminopropane		$CH_3CH(NH_2)CH_2NH_2$	腐蚀性 (易燃)	5.12,5.72,5.94,5.96,5.99,5.111	16 (21)
9	水合肼〔含肼≤64%〕 hydrazine hydrate	水合联氨	$H_2NNH_2 \cdot H_2O$	腐蚀性	5.7,5.97,5.99,5.104,5.117	16
10	四乙基氢氧化铵 tetraethylammonium bydroxide	氢氧化四乙基铵	$(C_2H_5)_4NOH$		5.17,5.99,5.107	
11	四甲基氢氧化铵 tetramethylammonium bydroxide	氢氧化四甲基铵	$(CH_3)_4NOH$			

续上表

<table>
<tr><th>序号</th><th>品　名</th><th>别　名</th><th>分子式(或结构式)</th><th>主(次)危险性类别</th><th>危险特性</th><th>标志</th></tr>
<tr><td>12</td><td>氢氧化钠
sodium hydroxide</td><td>烧碱；苛性钠</td><td>$NaOH$</td><td rowspan="4">腐蚀性</td><td>5.30,5.96,5.98,5.121</td><td rowspan="4">16</td></tr>
<tr><td>13</td><td>氢氧化钾
potassium hydroxide</td><td>苛性钾</td><td>KOH</td><td>5.30,5.96,5.98,5.112,5.121</td></tr>
<tr><td>14</td><td>氢氧化锂
lithium hydroxide</td><td></td><td>$LiOH$</td><td>5.30,5.94,5.98</td></tr>
<tr><td>15</td><td>2-氨基乙醇
2-aminoethyl alcohol</td><td>乙醇胺；2-羟基乙胺</td><td>$NH_2CH_2CH_2OH$</td><td>5.14,5.30,5.112</td></tr>
<tr><td>16</td><td>硫化钡
barium sulfide</td><td></td><td>BaS</td><td rowspan="2">腐蚀性
（有毒）</td><td>5.88,5.99,5.110,5.111</td><td rowspan="2">16
(26)</td></tr>
<tr><td>17</td><td>硫化钾〔含结晶水≥25%〕
potassium sulfide</td><td></td><td>K_2S</td><td>5.1,5.67,5.76,5.82,5.94,5.99</td></tr>
</table>

A8.3 其他腐蚀品

表 A17

<table>
<tr><th>序号</th><th>品　名</th><th>别　名</th><th>分子式(或结构式)</th><th>主(次)危险性类别</th><th>危险特性</th><th>标志</th></tr>
<tr><td>1</td><td>2-甲苯硫酚
2-thiocresol</td><td>邻甲苯硫酚；2-巯基甲苯</td><td>$CH_3C_6H_4SH$</td><td rowspan="2">腐蚀性</td><td rowspan="2">5.99,5.108</td><td rowspan="2">16</td></tr>
<tr><td>2</td><td>4-甲苯硫酚
4-thiocresol</td><td>对甲苯硫酚；4-巯基甲苯</td><td>$CH_3C_6H_4SH$</td></tr>
<tr><td>3</td><td>甲醛溶液
formaldehyde</td><td>福尔马林溶液</td><td>$HCHO$</td><td>腐蚀性
（有毒）</td><td>5.6,5.22,5.48,5.94,5.99,5.103,5.111,5.117</td><td>16
(26)</td></tr>
<tr><td>4</td><td>次氯酸钠溶液〔含有效氯75%〕
sodium hypochlorite solution</td><td>漂白水</td><td>$NaOCl$</td><td>腐蚀性</td><td>5.71,5.78,5.92,5.111,5.116</td><td>16</td></tr>
</table>

续上表

序号	品名	别名	分子式(或结构式)	主(次)危险性类别	危险特性	标志
5	苯酚钠 sodium phenolate	苯氧基钠	$NaOC_6H_5$	腐蚀性 (有毒)	5.71,5.78, 5.100,5.110, 5.112	16 (26)
6	氟化铬 chromic fluoride	三氟化铬	CrF_3 $CrF_3 \cdot 4H_2OCrF_3 \cdot 9H_2O$		5.72,5.95, 5.97,5.107, 5.121	
7	蒽 anthracene		$C_6H_4(CH)_2C_6H_4$		5.100,5.104, 5.110	

附 录 B
常用危险化学品标志
(补 充 件)

B1 主标志

底色:橙红色
图形:正在爆炸的炸弹(黑色)
文字:黑色

标志1 爆炸品标志

底色:正红色
图形:火焰(黑色或白色)
文字:黑色或白色

标志2 易燃气体标志

底色:绿色
图形:气瓶(黑色或白色)
文字:黑色或白色

标志3 不燃气体标志

底色:白色
图形:骷髅头和交叉骨形(黑色)
文字:黑色

标志4 有毒气体标志

底色:红色
图形:火焰(黑色或白色)
文字:黑色或白色

标志5 易燃液体标志

底色:红白相间的垂直宽条(红7、白6)
图形:火焰(黑色)
文字:黑色

标志6 易燃固体标志

底色:上半部白色
下半部红色
图形:火焰(黑色)
文字:黑色

标志7 自燃物品标志

底色:蓝色
图形:火焰(黑色或白色)
文字:黑色或白色

标志8 遇湿易燃物品标志

底色:柠檬黄色
图形:从圆圈中冒出的火焰(黑色)
文字:黑色

标志9 氧化剂标志

底色:柠檬黄色
图形:从圆圈中冒出的火焰(黑色)
文字:黑色

标志10 有机过氧化物标志

底色:白色
图形:骷髅头和交叉骨形(黑色)
文字:黑色

标志11 有毒品标志

底色:白色
图形:骷髅头和交叉骨形(黑色)
文字:黑色

标志12 剧毒品标志

底色:白色
图形:上半部三叶形(黑色)
下半部一条垂直的红色宽条
文字:黑色

标志13 一级放射性物品标志

底色:上半部黄色
下半部白色
图形:上半部三叶形(黑色)
下半部两条垂直的红色宽条
文字:黑色

标志14 二级放射性物品标志

底色:上半部黄色
下半部白色
图形:上半部三叶形(黑色)
下半部三条垂直的红色宽条
文字:黑色

标志15 三级放射性物品标志

底色:上半部白色
下半部黑色
图形:上半部两个试管中液体分别向
金属板和手上滴落(黑色)
文字:(下半部)白色

标志16 腐蚀品标志

B2 副标志

底色:橙红色
图形:正在爆炸的炸弹(黑色)
文字:黑色

标志 17 爆炸品标志

底色:红色
图形:火焰(黑色)
文字:黑色或白色

标志 18 易燃气体标志

底色:绿色
图形:气瓶(黑色或白色)
文字:黑色

标志 19 不燃气体标志

底色:白色
图形:骷髅头和交叉骨形(黑色)
文字:黑色

标志 20 有毒气体标志

底色:红色
图形:火焰(黑色)
文字:黑色

标志 21 易燃液体标志

底色:红白相间的垂直宽条(红 7、白 6)
图形:火焰(黑色)
文字:黑色

标志 22 易燃固体标志

底色：上半部白色
　　　下半部红色
图形：火焰(黑色)
文字：黑色

标志 23　自燃物品标志

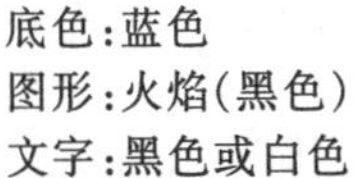

底色：蓝色
图形：火焰(黑色)
文字：黑色或白色

标志 24　遇湿易燃物品标志

底色：柠檬黄色
图形：从圆圈中冒出的火焰(黑色)
文字：黑色

标志 25　氧化剂标志

底色：白色
图形：骷髅头和交叉骨形(黑色)
文字：黑色

标志 26　有毒品标志

底色：上半部白色
　　　下半部黑色
图形：上半部两个试管中液体分别
　　　向金属板和手上滴落(黑色)
文字：(下半部)白色

标志 27　腐蚀品标志

4.危险货物包装标志

(GB 190—190
代替 GB 190—85)

Labels for packages of dangerous goods

1 主题内容与适用范围

本标准规定了危险货物包装图示标志(以下简称标志)的种类、名称、尺寸及颜色等。

本标准适用于危险货物的运输包装。

2 引用标准

GB 6944 危险货物分类和品名编号
GB 12268 危险货物品名表

3 标志的图形和名称

标志的图形共21种,19个名称,其图形分别标示了9类危险货物的主要特性(见表1)。

标志图形须符合标志1~21的规定(见表1)。

4 标志的尺寸、颜色

4.1 标志的尺寸

标志的尺寸一般分为4种,见表2。

4.2 标志的颜色

标志的颜色按标志1~21的规定(见表1)。

5 标志的使用方法

5.1 标志的标打,可采用粘贴、钉附及喷涂等方法。

5.2 标志的位置规定如下:

箱状包装:位于包装端面或侧面的明显处;

国家技术监督局1990-12-25批准 1991-06-01实施

表 1

标志号	标志名称	标 志 图 形	对应的危险货物类项号
标志 1	爆炸品	爆炸品 1 （符号：黑色；底色：橙红色）	1.1 1.2 1.3
标志 2	爆炸品	1.4 爆炸品 1 （符号：黑色；底色：橙红色）	1.4
标志 3	爆炸品	1.5 爆炸品 1 （符号：黑色；底色：橙红色）	1.5

续上表

标志号	标志名称	标 志 图 形	对应的危险货物类项号
标志4	易燃气体	易燃气体 2 （符号:黑色或白色;底色:正红色）	2.1
标志5	不燃气体	不燃气体 2 （符号:黑色或白色;底色:绿色）	2.2
标志6	有毒气体	有毒气体 2 （符号:黑色;底色:白色）	2.3

续上表

标志号	标志名称	标 志 图 形	对应的危险货物类项号
标志 7	易燃液体	易燃液体 3 （符号：黑色或白色；底色：正红色）	3
标志 8	易燃固体	易燃固体 4 （符号：黑色；底色：白色红条）	4.1
标志 9	自燃物品	自燃物品 4 （符号：黑色；底色：上白下红）	4.2

续上表

标志号	标志名称	标志图形	对应的危险货物类项号
标志 10	遇湿易燃物品	 (符号:黑色或白色;底色:蓝色)	4.3
标志 11	氧化剂	 (符号:黑色;底色:柠檬黄色)	5.1
标志 12	有机过氧化物	 (符号:黑色;底色:柠檬黄色)	5.2

续上表

标志号	标志名称	标 志 图 形	对应的危险货物类项号
标志 13	剧毒品	剧毒品 6 （符号:黑色;底色:白色）	6.1
标志 14	有毒品	有毒品 6 （符号:黑色;底色:白色）	6.1
标志 15	有害品（远离食品）	有害品 （远离食品） 6 （符号:黑色;底色:白色）	6.1

续上表

标志号	标志名称	标 志 图 形	对应的危险货物类项号
标志 16	感染性物品	感染性物品 6 (符号:黑色;底色:白色)	6.2
标志 17	一级放射性物品	一级放射性物品 I 7 (符号:黑色;底色:白色,附一条红竖条)	7
标志 18	二级放射性物品	二级放射性物品 II 7 (符号:黑色;底色:上黄下白,附二条红竖条)	7

续上表

标志号	标志名称	标 志 图 形	对应的危险货物类项号
标志 19	三级放射性物品	(符号:黑色;底色:上黄下白,附三条红竖条)	7
标志 20	腐蚀品	(符号:上黑下白;底色:上白下黑)	8
标志 21	杂 类	(符号:黑色;底色:白色)	9

注:表中对应的危险货物类项号及各标志角号是按 GB 6944 的规定编写的。

表 2

号别 \ 尺寸	长(mm)	宽(mm)
1	50	50
2	100	100
3	150	150
4	250	250

注:如遇特大或特小的运输包装件,标志的尺寸可比表 2 的规定适当扩大或缩小。

袋、捆包装:位于包装明显处;

桶形包装:位于桶身或桶盖;

集装箱、成组货物:粘贴 4 个侧面。

5.3　每种危险品包装件应按其类别贴相应的标志。但如果某种物质或物品还有属于其他类别的危险性质,包装上除了粘贴该类标志作为主标志以外,还应粘贴表明其他危险性的标志作为副标志,副标志图形的下角不应标有危险货物的类项号。

5.4　储运的各种危险货物性质的区分及其应标打的标志,应按 GB 6944、GB 12268 及有关国家运输主管部门规定的危险货物安全运输管理的具体办法执行,出口货物的标志应按我国执行的有关国际公约(规则)办理。

5.5　标志应清晰,并保证在货物储运期内不脱落。

5.6　标志应由生产单位在货物出厂前标打,出厂后如改变包装,其标志由改换包装单位标打。

5.危险货物运输包装通用技术条件 (GB 12463—90)

General specifications for transport packages of dangerous goods

1 主题内容与适用范围

本标准规定了危险货物运输包装的分级、基本要求、性能试验和检验方法等,也规定了包装容器的类型和标记代号。

本标准适用于盛装危险货物的运输包装,是运输、生产和检验部门对危险货物运输包装质量进行性能试验和检验的依据。

本标准不适用于:

a.盛装放射性物质的运输包装;

b.盛装压缩气体和液化气体的压力容器的包装;

c.净重超过 400kg 的包装;

d.容积超过 450L 的包装。

2 引用标准

GB 190 危险货物包装标志

GB 191 包装储运图示标志

GB 4857.2 运输包装件基本试验 温湿度调节处理

GB 4857.3 运输包装件基本试验 堆码试验方法

GB 4857.5 运输包装件基本试验 垂直冲击跌落试验方法

3 术语

3.1 危险货物运输包装 transport packages of dangerous goods

根据危险货物的特性,按照有关标准和法规,专门设计制造的运输包装。

3.2 气密封口 hermetic seal

容器经过封口后,封口处不外泄气体的封闭形式。

3.3 液密封口 liquid seal

国家技术监督局 1990-09-07 批准 1991-06-01 实施

容器经过封口后,封口处不渗漏液体的封闭形式。

3.4　严密封口　tight seal

容器经过封口后,封口处不外漏固体的封闭形式。

3.5　小开口桶　small open drum

桶顶开口直径不大于 70mm 的桶,称为小开口桶。

3.6　中开口桶　middling open drum

桶顶开口直径大于小开口桶,小于全开口桶,称为中开口桶。

3.7　全开口桶　complete open drum

桶顶可以全开的桶,称为全开口桶。

3.8　复合包装　composite packaging

由一个外包装和一个内容器(或复合层)组成一个整体的包装,称为复合包装。

4　包装分级和基本要求

4.1　包装分级

按包装结构强度和防护性能及内装物的危险程度,分为 3 个等级:

I 级包装:符合表 1 ~ 表 4 有关规定,适用内装危险性较大的货物。

II 级包装:符合表 1 ~ 表 4 有关规定,适用内装危险性中等的货物。

III 级包装:符合表 1 ~ 表 4 有关规定,适用内装危险性较小的货物。

表 1

试验项目 / 基本要求 / 试样	堆码试验				
	数量	试验方法	堆码高度及持续时间	合格标准	备注
钢(铁)桶(罐) 铝桶 木琵琶桶 胶合板桶 硬纸板桶 硬质纤维板桶 钢箱 天然木箱 胶合板箱 再生木箱 硬纸板箱 硬质纤维板箱 瓦楞纸板箱	3 只	见8.3.1.1条	①堆码高度:陆运 3m,海运 8m。 如采用集装箱或在甲板上运输,堆码高度为 3m;	容器不应有可能降低其强度,或引起堆码不稳定的任何变形和影响运输安全的破损	

续上表

试验项目 基本要求 试样	堆码试验				
	数量	试验方法	堆码高度及持续时间	合格标准	备注
塑料桶(罐) 塑料箱 钙塑板箱 桶状复合包装(内容器为塑料材料) 箱状复合包装(内容器为塑料材料)	3只	见8.3.1.1条	②持续时间:24h至1周 ①堆码高度:3m; ②持续时间:28天(温度40℃条件下)		
筐、篓			①堆码高度:3m; ②持续时间:24h		不允许用作I级包装

表2

试验项目 基本要求 试样	跌落试验				
	数量	试验方法	跌落高度	合格标准	备注
钢(铁)桶(罐) 铝桶 木琵琶桶 胶合板桶 硬纸板桶 硬质纤维板桶 塑料桶(罐) 桶状复合包装	6个(每次跌落3个)	见8.3.2.1条。 第一次跌落:应以桶的凸边成对角线(如1-2-6角)撞击在冲击面上,如包装件没有凸边则以圆周的接缝处或边缘撞击; 第二次跌落:以桶的第一次跌落时没有试验到的最薄弱部位撞击在冲击面上,如封闭装置,或圆柱形桶的桶体纵向焊缝(如5~6线)处	试件内装物质为固体及液体,或用与被运液体相对密度近似的液体进行试验时: I级包装件:1.80m; II级包装件:1.20m; III级包装件:0.80m	①盛装液体的包装件,除复合包装外,包装内外压力达到平衡时包装件保持不漏; ②包装件(包括复合包装和组合包装的外包装)不应有影响运输安全的任何损坏。但盛装固体的包装件,如内包装保持完整无损,即使外包装的封闭装置不再具有防漏能力,应视为包装	

续上表

试验项目 基本要求 试样	跌落试验				
	数量	试验方法	跌落高度	合格标准	备注
天然木箱 胶合板箱 再生木箱 硬质纤维板箱 硬纸板箱 瓦楞纸板箱 钙塑板箱 塑料箱 钢箱 箱状复合包装	5个(每次跌落1个)	第一次跌落:以箱底(3)平落; 第二次跌落:以箱顶(1)平落; 第三次跌落:以一长侧面(2或4)平落; 第四次跌落:以一短侧面(5或6)平落; 第五次跌落:以一个角(如1-2-5角)跌落	根据内装货物的危险程度: II级包装件:1.2m; III级包装件:0.8m	的封闭装置不再具有防漏能力,但仍视为包装合格; ③试验时,如封闭处内装物有轻微漏出,试验后只要不再继续渗漏,应视为包装合格; ④盛装爆炸品的包装件不允许有破裂; ⑤包装的内处理层或内涂层应保持其良好的防护性能,袋不应有任何撒漏或严重破损	
纺织品编织袋	3个(每个跌落2次)	第一次跌落:以袋的平面(1或3)平落; 第二次跌落:以袋的端部(5或6)平落			不允许用作I级包装
塑料袋 纸袋 塑料编织袋	3个(每个跌落3次)	第一次跌落:以袋的宽面(1或3)平落; 第二次跌落:以袋的窄面(2或4)平落; 第三次跌落:以袋的端部(5或6)平落			

表 3

试验项目/基本要求/试样	气密试验				
	数量	试验方法	试验压力	合格标准	备注
钢桶 铝桶 钢罐 钢塑复合桶 塑料桶 塑料罐	3 只	将试样完全浸入水中,然后向试样内充气加压,观察有无气泡产生。浸入水中的方法不得影响试验效果,也可以采用其他等效试验方法	Ⅰ级包装应承受不低于 30kPa(0.3 kgf/cm^2)压力; Ⅱ级 Ⅲ级包装应承受不低于 20kPa(0.2kgf/cm^2)压力	容器不漏气,视为合格	所有拟盛装液体的包装容器,均应做气密试验

表 4

试验项目/基本要求/试样	液压试验				
	数量	试验方法	试验压力	合格标准	备注
钢(铁)桶(罐) 铝桶 塑料桶(罐) 桶状复合包装(内容器为塑料材料)	3 只	将测试容器上安装指标压力表,拧紧桶盖,接通液压泵,向容器内注水加压,当压力表指针达到所需压力时,塑料容器和内容器为塑料材质的复合包装,应经受 30min 的压力试验;其他材质的容器和复合包装应经受 5min 的压力试验。试验压力应均匀连续地施加,并保持稳定。试样如用支撑,不得影响其试验的效果	采用温度 50℃时,以蒸气压力的 1.75 倍减去 100kPa($1kgf/cm^2$),但是最小试验压力不得低于 100kPa($1kgf/cm^2$)	容器不渗漏,视为合格	所有拟盛装液体的容器,均应做液压试验

4.2 基本要求

4.2.1 危险货物运输包装应结构合理,具有一定强度,防护性能好。包装的材质、形式、规格、方法和单件质量(重量),应与所装危险货物的性质和用途相适应,并便于装卸、运输和储存。

4.2.2 包装应质量良好,其构造和封闭形式应能承受正常运输条件下的各种作业风险,不应因温度、湿度或压力的变化而发生任何渗(撒)漏,包装表面应清洁,不允许粘附有害的危险物质。

4.2.3 包装与内装物直接接触部分,必要时应有内涂层或进行防护处理,包装材质不得与内装物发生化学反应而形成危险产物或导致削弱包装强度。

4.2.4 内容器应予固定。如属易碎性的应使用与内装物性质相适应的衬垫材料或吸附材料衬垫妥实。

4.2.5 盛装液体的容器,应能经受在正常运输条件下产生的内部压力。灌装时必须留有足够的膨胀余量(预留容积),除另有规定外,并应保证在温度55℃时,内装液体不致完全充满容器。

4.2.6 包装封口应根据内装物性质采用严密封口、液密封口或气密封口。

4.2.7 盛装需浸湿或加有稳定剂的物质时,其容器封闭形式应能有效地保证内装液体(水、溶剂和稳定剂)的百分比,在储运期间保持在规定的范围以内。

4.2.8 有降压装置的包装,其排气孔设计和安装应能防止内装物泄漏和外界杂质进入,排出的气体量不得造成危险和污染环境。

4.2.9 复合包装的内容器和外包装应紧密贴合,外包装不得有擦伤内容器的凸出物。

4.2.10 无论是新型包装、重复使用的包装,还是修理过的包装均应符合本标准第8章危险货物运输包装性能试验的要求。

4.2.11 盛装爆炸品包装的附加要求:

a.盛装液体爆炸品容器的封闭形式,应具有防止渗漏的双重保护;

b.除内包装能充分防止爆炸品与金属物接触外,铁钉和其他没有防护涂料的金属部件不得穿透外包装;

c.双重卷边接合的钢桶、金属桶或以金属做衬里的包装箱,应能防止爆炸物进入隙缝。钢桶或铝桶的封闭装置必须有合适的垫圈;

d.包装内的爆炸物质和物品,包括内容器,必须衬垫妥实,在运输中不得发生危险性移动。

e.盛装有对外部电磁辐射敏感的电引发装置的爆炸物品,包装应具备防止所装物品受外部电磁辐射源影响的功能。

4.2.12 常用危险货物运输包装的组合形式、标记代号、限制重量等参见附录A(参考件)。

5 包装容器

5.1 钢(铁)桶

5.1.1 桶端应采用焊接或双重机械卷边,卷边内均匀填涂封缝胶。桶身接缝,除盛装固体或40L以下(包括40L)的液体桶可采用焊接或机械接缝外,其余均应焊接。

5.1.2 桶的两端凸缘应采用机械接缝或焊接,也可使用加强箍。

5.1.3 桶身应有足够的刚度,容积大于60L的桶,桶身应有两道模压外凸环筋,或两道与桶身不相连的钢质滚箍套在桶身上,使其不得移动。滚箍采用焊接固定时,不允许点焊,滚箍焊缝与桶身焊缝不得重叠。

5.1.4 最大容积为450L。

5.1.5 最大净重为400kg。

5.2 铝桶

5.2.1 制桶材料应选用纯度至少为99%的铝,或具有抗腐蚀和合适机械强度的铝合金。

5.2.2 桶的全部接缝必须采用焊接,如有凸边接缝应用与桶不相连的加强箍予以加强。

5.2.3 容积大于60L的桶,至少有两个与桶身不相连的金属滚箍套在桶身上,使其不得移动。滚箍采用焊接固定时,不允许点焊,滚箍焊缝与桶身焊缝不得重叠。

5.2.4 最大容积为450L。

5.2.5 最大净重为400kg。

5.3 钢罐

5.3.1 钢罐两端的接缝应焊接或双重机械卷边。40L以上的罐身接缝应采用焊接;40L以下(包括40L)的罐身接缝可采用焊接或双重机械卷边。

5.3.2 最大容积为60L。

5.3.3 最大净重为120kg。

5.4 胶合板桶

5.4.1 胶合板所用材料应质量良好,板层之间应用抗水粘合剂按交叉纹理粘接,经干燥处理,不得有降低其预定效能的缺陷。

5.4.2 桶身至少用三合板制造。若使用胶合板以外的材料制造桶端,其质量应与胶合板等效。

5.4.3 桶身内缘应有衬肩。桶盖的衬层应牢固地固定在桶盖上,并能有效地防止内装物撒漏。

5.4.4 桶身两端应用钢带加强。必要时桶端应用十字形木撑予以加固。

5.4.5 最大容积为250L。

5.4.6 最大净重为400kg。

5.5 木琵琶桶

5.5.1 所用木材应质量良好,无节子、裂缝、腐朽、边材或其他可能降低水桶预定用途效能的缺陷。

5.5.2 桶身应用若干道加强箍加强。加强箍应选用质量良好的材料制造,桶端应紧密地镶在桶身端槽内。

5.5.3 最大容积为250L。

5.5.4 最大净重为400kg。

5.6 硬质纤维板桶

5.6.1 所用材料应选用具有良好抗水能力的优质硬质纤维板,桶端可使用其他等效材料。

5.6.2 桶身接缝应加钉结合牢固,并具有与桶身相同的强度,桶身两端应用钢带加强。

5.6.3 桶口内缘应有衬肩,桶底、桶盖应用十字形木撑予以加固,并与桶身结合紧密。

5.6.4 最大容积为250L。

5.6.5 最大净重为400kg。

5.7 硬纸板桶

5.7.1 桶身应用多层牛皮纸粘合压制成的硬纸板制成。桶身外表面应涂有抗水能力良好的防护层。

5.7.2 桶端若采用与桶身相同材料制造,应符合5.6.2和5.6.3条的规定,也可用其他等效材料制造。

5.7.3 桶端与桶身的结合处应用钢带卷边压制接合。

5.7.4 最大容积为450L。

5.7.5 最大净重为400kg。

5.8 塑料桶、塑料罐

5.8.1 所用材料能承受正常运输条件下的磨损、撞击、温度、光照及老化作用的影响。

5.8.2 材料内可加入合适的紫外线防护剂,但应与桶(罐)内装物性质相容,并在使用期内保持其效能。

用于其他用途的添加剂,不得对包装材料的化学和物理性质产生有害作用。

5.8.3 桶(罐)身任何一点的厚度均应与桶(罐)的容积、用途和每一点可能受到的压力相适应。

5.8.4 最大容积:塑料桶为450L;

塑料罐为60L。

5.8.5 最大净重:塑料桶为400kg;

塑料罐为120kg。

5.9 天然木箱

5.9.1 箱体应有与容积和用途相适应的加强条档和加强带。箱顶和箱底可由抗水的再生木板、硬质纤维板、塑料板或其他合适的材料制成。

5.9.2 满板型木箱各部位应为一块板或与一块板等效的材料组成。平板榫接、搭接、槽舌接,或者在每个接合处至少用两个波纹金属扣件对头连接等,均可视作与一块板等效的材料。

5.9.3 最大净重为400kg。

5.10 胶合板箱

5.10.1 所用材料应符合5.4.1条的规定。

5.10.2 胶合板箱的角柱件和顶端应用有效的方法装配牢固。

5.10.3 最大净重为400kg。

5.11 再生木板箱

5.11.1 箱体应用抗水的再生木板、硬质纤维板,或其他合适类型的板材制成。

5.11.2 箱体应用木质框架加强,箱体与框架应装配牢固,接缝严密。

5.11.3 最大净重为400kg。

5.12 硬纸板箱、瓦楞纸箱、钙塑板箱

5.12.1 硬纸板箱或钙塑板箱应有一定抗水能力。硬纸板箱、瓦楞纸箱、钙塑板箱应具有一定的弯曲性能,切割、折缝时应无裂缝,装配时无破裂或表皮断裂或过度弯曲,板层之间应粘合牢固。

5.12.2 箱体结合处,应用胶带粘贴、搭接胶合,或者搭接并用钢钉或U形钉钉合。搭接处应有适当的重叠。如封口采用胶合或胶带粘贴,应使用抗水胶合剂。

5.12.3 钙塑板箱外部表层应具有防滑性能。

5.12.4 最大净重为400kg。

5.13 钢箱

5.13.1 箱体一般应采用焊接或铆接。花格型箱如采用双重卷边接合,应防止内装物进入接缝的凹槽处。

5.13.2 封闭装置应采用合适的类型,在正常运输条件下保持紧固。

5.13.3 最大净重为400kg。

5.14 纺织品编织袋

5.14.1 袋需采用缝制、编织或用其他等效强度的方法制作。

5.14.2 防撒漏型袋应使用抗水粘合剂将纸或塑料薄膜粘在袋的内表面上。

5.14.3 防水型袋应将塑料薄膜或其他等效材料粘附在袋的内表面上。

5.14.4 最大净重为50kg。

5.15 塑料编织袋

5.15.1 袋应缝制、编织或用其他等效强度的方法制作。

5.15.2 防撒漏型袋应用纸或塑料薄膜粘在袋的内表面上。

5.15.3 防水型袋应用塑料薄膜或其他等效材料粘附在袋的内表面上。

5.15.4 最大净重为50kg。

5.16 塑料袋

5.16.1 袋的材料应用质量良好的塑料制成,接缝和封口应牢固、密闭性能好,有足够强度,并在正常运输条件下能保持其效能。

5.16.2 最大净重为50kg。

5.17 纸袋

5.17.1 袋的材料应用质量良好的多层牛皮纸或与牛皮纸等效的纸制成,并具有足够强度和韧性。

5.17.2 袋的接缝和封口应牢固、密闭性能好,并在正常运输条件下保持其效能。

5.17.3 防撒漏型袋应有一层防潮层。

5.17.4 最大净重为50kg。

5.18 瓶、坛

5.18.1 应有足够厚度,容器壁厚均匀,无气泡或砂眼。陶、瓷容器外部表面不得有明显的剥落和影响其效能的缺陷。

5.18.2 最大容积为 32L。

5.18.3 最大净重为 50kg。

5.19 筐、篓

5.19.1 应采用优质材料编制而成,形状周正,有防护盖,并具有一定刚度。

5.19.2 最大净重为 50kg。

6 防护材料

6.1 防护材料包括用于支撑、加固、衬垫、缓冲和吸附等材料。

6.2 危险货物包装所采用的防护材料及防护方式,应与内装物性能相容,符合运输包装件总体性能的需要,能经受运输途中的冲击与振动,保护内装物与外包装。当内容器破坏、内装物流出时也能保证外包装安全无损。

7 包装标志及标记代号

7.1 标志

根据危险货物的特性,选用 GB 190 及 GB 191 规定的标志及其尺寸、颜色和使用方法。

7.2 标记代号

危险货物运输包装可根据需要采用按本条规定的标记代号。

7.2.1 包装级别的标记代号用下列小写英文字母表示

x——符合 I、II、III 级包装要求;

y——符合 II、III 级包装要求;

z——符合 III 级包装要求。

7.2.2 包装容器的标记代号用下列阿拉伯数字表示

1——桶;

2——木琵琶桶;

3——罐;

4——箱、盒;

5——袋、软管;

6——复合包装;

7——压力容器;

8——筐、篓;

9——瓶、坛。

7.2.3　包装容器的材质标记代号用下列大写英文字母表示

A——钢；

B——铝；

C——天然木；

D——胶合板；

F——再生木板(锯末板)；

G——硬质纤维板、硬纸板、瓦楞纸板、钙塑板；

H——塑料材料；

K——柳条、荆条、藤条及竹篾；

L——编织材料；

M——多层纸；

N——金属(钢、铝除外)；

P——玻璃、陶瓷。

7.2.4　包装件组合类型标记代号的表示方法

7.2.4.1　单一包装

单一包装型号由一个阿拉伯数字和一个英文字母组成,英文字母表示包装容器的材质,其左边平行的阿拉伯数字代表包装容器的类型。英文字母右下方的阿拉伯数字,代表同一类型包装容器不同开口的型号。

例:1A——表示钢桶；

$1A_1$——表示小开口钢桶；

$1A_2$——表示中开口钢桶；

$1A_3$——表示全开口的钢桶。

其他包装容器开口型号的表示方法,详见附录 A。

7.2.4.2　复合包装

复合包装型号由一个表示复合包装的阿拉伯数字“6”和一组表示包装材质和包装形式的字符组成。这组字符为两个大写英文字母和一个阿拉伯数字。第一个英文字母表示内包装的材质,第二个英文字母表示外包装的材质,右边的阿拉伯数字表示包装形式。

例:6HA1 表示内包装为塑料容器,外包装为钢桶的复合包装。

7.2.5　其他标记代号

S——表示拟装固体的包装标记；

L——表示拟装液体的包装标记；

R——表示修复后的包装标记；

Ⓖ——表示符合国家标准要求；

○——表示符合联合国规定的要求。

例:钢桶标记代号及修复后标记代号

例 1:新桶

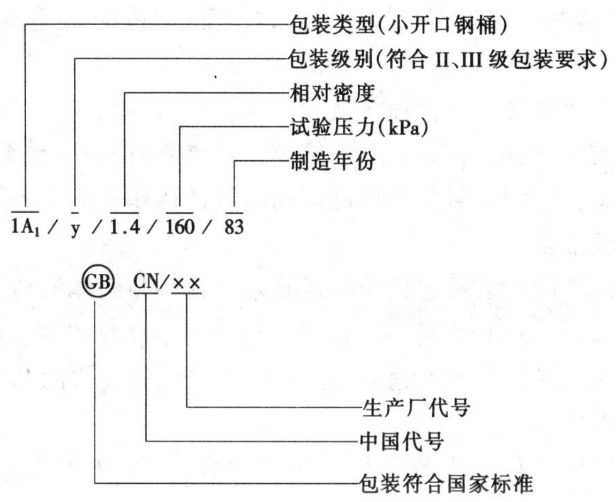

例 2:修复后的桶

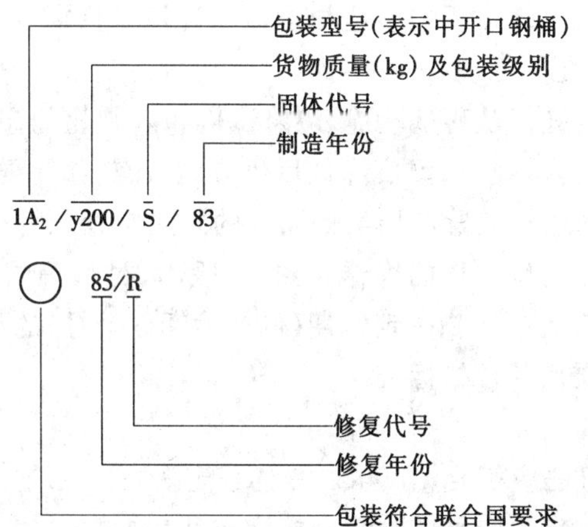

7.2.6 标记的制作及使用方法

7.2.6.1 标记采用白底(或采用包装容器底色)黑字,字体要清楚、醒目。标记的制作方法可以印刷、粘贴、涂打和钉附。钢制品容器可以打钢印。

7.2.6.2 标记尺寸和使用方法可比照 GB 191 有关规定办理。

8　包装性能试验

8.1　适用范围

8.1.1　各种新设计包装均应按本章的要求进行性能试验,试验合格后方可使用。新设计包装应包括设计尺寸、材料、厚度、制造工艺、包装方法和各种表面处理等。

8.1.2　定型包装应定期进行抽样复验。

8.1.3　包装的尺寸、材料、制造工艺或模具等改变时,均应重新进行试验。

8.1.4　经过试验定型的包装作局部改动时可做选择性的试验。

8.2　包装试验准备

8.2.1　准备试验的包装件应处于待运状态。凡盛装固体的包装件,可采用与拟装货物物理特性(如重量、粒径等)近似的其他物品代替,凡盛装液体的包装件,可采用与拟装货物物理特性(如密度、粘度)近似的其他物品代替,一般可用水代替。

8.2.2　盛装固体的包装应装至其容积的95%,盛装液体的包装应装至其容积的98%。

8.2.3　纸质和硬质纤维板包装应根据流通环境条件需要按照GB 4857.2的规定,进行温、湿度预处理。

8.2.4　塑料包装进行跌落试验前,应将试样和内装物的温度降至－18℃及其以下。内装物为液体时,温度降低后仍应是液态,如需要可加入防冻剂。

8.2.5　包装上的通气装置应用类似通气的封闭装置代替或将通气孔封闭。

8.2.6　直接盛装危险货物的容器及封口、吸附、衬垫等防护材料在性能试验前,还应进行盛装拟装物一定时期(例如为期6个月)的相容性试验。

8.3　主要试验项目及合格标准

8.3.1　堆码试验

8.3.1.1　试验方法应符合 GB 4857.3 的规定。

8.3.1.2　各类包装的堆码试验和合格标准见表1。

8.3.2　跌落试验

8.3.2.1　试验方法应符合 GB 4857.5 的规定。

8.3.2.2　如用水代替进行试验,应根据内装液体的密度 ρ 用 g/cm^3(克每立方厘米)为单位,按下式计算:

Ⅰ级包装:

密度≤1.2,则跌落高度＝1.2×1.5＝1.8(m)

密度 >1.2,则跌落高度 $=\rho\times1.5$(m)

Ⅱ级包装:

密度 $\leqslant1.2$,则跌落高度为 1.2(m)

密度 >1.2,则跌落高度 $=\rho\times1.0$(m)

Ⅲ级包装:

密度 $\leqslant1.2$,则跌落高度 $=1.2\div1.5=0.8$(m)

密度 >1.2,则跌落高度 $=\rho\div1.5$(m)

8.3.2.3 各类包装的跌落试验和合格标准见表 2。

8.3.3 气密试验

各类包装容器的气密试验和合格标准见表 3。

8.3.4 液压试验

各类包装容器的液压试验和合格标准见表 4。

8.3.5 其他试验

必要时可以根据流通环境条件或包装容器的需要,增加气候条件、机械强度等试验项目。

9 包装检验

包装检验应按照 GB 1.3 中第 6.6 条及本标准第 8 章要求进行性能试验,经检验合格的包装,应由国家授权的检验单位出具包装检验合格证书。

附　录　A
常用的危险货物运输包装表
（参　考　件）

表 A1

包装号	包装组合形式		包装组合代号	适用货类	包装件限制重量	备注
	外包装	内包装				
1 甲 乙 丙 丁	小开口钢桶： 钢板厚 1.50mm 钢板厚 1.25mm 钢板厚 1.00mm 钢板厚 > 0.50～0.75mm		$1A_1$	液体货物	每桶净重不超过： 250kg 200kg 100kg 200kg （一次性使用）	灌装腐蚀性物品钢桶内壁应涂镀防腐层
2 甲 乙 丙 丁 戊	中开口钢桶： 钢板厚 1.25mm 钢板厚 1.00mm 钢板厚 0.75mm 钢板厚 0.50mm 钢桶或镀锡薄钢板桶(罐)	塑料袋 多层牛皮纸袋	$1A_25H$ $1A_25M_1$ $1A_25M_2$ $1A_2$ $1N_2$ $3N_2$	固体、粉状及晶体状货物 稠粘状、胶状货物	每桶净重不超过： 250kg 150kg 100kg 50kg 或 20kg 50kg 或 20kg	
3 甲 乙 丙 丁	全开口钢桶： 钢板厚 1.25mm 钢板厚 1.00mm 钢板厚 0.75mm 钢板厚 0.50mm	塑料袋 多层牛皮纸袋	$1A_35H_4$ $1A_35M_1$ $1A_35M_3$ $1A_3$	固体、粉状及晶体状货物	每桶净重不超过： 250kg 150kg 100kg 50kg	

续上表

包装号	包装组合形式		包装组合代号	适用货类	包装件限制重量	备注
	外包装	内包装				
4 甲 乙	钢塑复合桶： 钢板厚1.25mm 钢板厚1.00mm		6HA1	腐蚀性液体货物	每桶净重不超过： 200kg 50kg或100kg	
5	小开口铝桶： 铝板厚 > 2mm		$1B_1$	液体货物	每桶净重不超过200kg	
6	纤维板桶 胶合板桶 硬纸板桶	塑料袋 多层牛皮纸袋	$1F5H_4$ $1F5M_1$ $1D5H_4$ $1D5M_1$ $1G5H_4$ $1G5M_1$	固体、粉状及晶体状货物	每桶净重不超过30kg	
7	小开口塑料桶		$1H_1$	腐蚀性液体货物	每桶净重不超过35kg	
8	全开口塑料桶	塑料袋 多层牛皮纸袋	$1H_35H_4$ $1H_35M_1$	固体、粉状及晶体状货物	每桶净重不超过50kg	
9	满板木箱	塑料袋 多层牛皮袋	$4C_15H_4$ $4C_15M_1$	固体、粉状及晶体状货物	每桶净重不超过50kg	

续上表

包装号	包装组合形式		包装组合代号	适用货类	包装件限制重量	备注
	外包装	内包装				
10	满板木箱	1. 中层金属桶内装： 螺纹口玻璃瓶 塑料瓶 塑料袋 2. 中层金属罐内装： 螺纹口玻璃瓶 塑料瓶 塑料袋 3. 中层塑料桶内装： 螺纹口玻璃瓶 塑料瓶 塑料袋 4. 中层塑料罐内装： 螺纹口玻璃瓶 塑料瓶 塑料袋	$4C_11N_39P_1$ $4C_11N_39H$ $4C_11N_35H_4$ $4C_13N_39P_1$ $4C_13N_39H$ $4C_13N_35H_4$ $4C_11H_39P_1$ $4C_11H_39H$ $4C_11H_35H_4$ $4C_13H_39P_1$ $4C_13H_39H$ $4C_13H_35H_4$	强氧化剂 过氧化物 氯化钠、氯化钾货物	每箱净重不超过20kg。 箱内：每瓶净重不超过1kg，每袋净重不超过2kg	
11	满板木箱	螺纹口 磨砂口玻璃瓶	$4C_19P_1$	液体强酸货物	每箱净重不超过20kg。 箱内：每瓶净重不超过0.5～5kg	
12	满板木箱	螺纹口玻璃瓶 金属盖压口玻璃瓶 塑料瓶 金属桶(罐)	$4C_19P_1$ $4C_19P_1$ $4C_19H$ $4C_11N$ $4C_13N$	液体、固体粉状及晶体货物	每箱净重不超过20kg。 箱内：每瓶、桶(罐)净重不超过1kg	

续上表

包装号	包装组合形式		包装组合代号	适用货类	包装件限制重量	备注
	外包装	内包装				
13	满板木箱	安瓿瓶（外加瓦楞纸套或塑料气泡垫再装入纸盒）	$4C_1G9P_3$ $4C_1H9P_3$	气体、液体货物	每箱净重不超过10kg 箱内：每瓶净重不超过0.25kg	
14	满板木箱 半花格木箱	耐酸坛 陶瓷瓶	$4C_19P_2$ $4C_39P_2$	液体强酸货物	1.坛装每箱净重不超过50kg； 2.瓶装每箱净重不超过30kg	
15	满板木箱 半花格木箱	玻璃瓶 塑料桶	$4C_11H_2$ $4C_19P_1$ $4C_31H_1$ $4C_39P_1$	液体酸性货物	1.瓶装每箱净重不超过30kg，每瓶不超过25kg； 2.桶装每箱净重不超过40kg，每桶不超过20kg	
16	花格木箱	薄钢板桶 镀锡薄钢板桶（罐）	$4C_41A_2$ $4C_41N$ $4C_43N$	稠粘状、胶状货物 如：油漆	1.每箱净重不超过50kg； 2.每桶（罐）净重不超过20kg	
17	花格木箱	金属桶（罐） 塑料桶 （桶内衬塑料袋）	$4C_41N5H_4$ $4C_43N5H_4$ $4C_41H_25H_4$	固体、粉状及晶体状货物	每箱净重不超过20kg	
18	满板花格木箱	螺纹口玻璃瓶 塑料瓶 镀锡薄钢板桶（罐）	$4C_29P_1$ $4C_29H$ $4C_21N$ $4C_23N$	稠粘状、胶状及粉状货物	每箱净重不超过20kg。 箱内：每瓶、桶（罐）净重不超过1kg	

续上表

包装号	包装组合形式		包装组合代号	适用货类	包装件限制重量	备注
	外包装	内包装				
19	纤维板箱 锯末板箱 刨花板箱	螺纹口玻璃瓶 塑料瓶 镀锡薄钢板桶(罐)	$4F9P_1$ 4F9H 4F1N 4F3N	固体、粉状及晶体状货物 稠粘状、胶状货物	每箱净重不超过20kg。 箱内:每瓶净重不超过1kg;每桶(罐)净重不超过4kg	
20	钙塑板箱	螺纹口玻璃瓶 塑料瓶 复合塑料瓶 金属桶(罐) 镀锡薄钢板桶 金属软管 (再装入纸盒)	$4G_39P_1$ $4G_39H$ $4G_33N$ $4G_35N4M$	液体农药、稠粘状、胶状货物	每箱净重不超过20kg。 箱内:每桶(罐)、瓶、管不超过1kg	
21	钙塑板箱	双层塑料袋 多层牛皮纸袋	$4G_35H_4$ $4G_35M_1$	固体、粉状农药	每箱净重不超过20kg。 箱内:每袋净重不超过5kg	
22	瓦楞纸箱	金属桶(罐) 镀锡薄钢板桶 金属软管	$4G_11N$ $4G_13N$ $4G_15N$	稠粘状、胶状货物	每箱净重不超过20kg。 箱内:每桶(罐)、管不超过1kg	
23	瓦楞纸箱	塑料瓶 复合塑料瓶 双层塑料袋 多层牛皮纸袋	$4G_19H$ $4G_16H$ $4G_15H_4$ $4G_15M_1$	粉状农药	每箱净重不超过20kg。 箱内:每瓶不超过1kg;每袋不超过5kg	

续上表

包装号	包装组合形式		包装组合代号	适用货类	包装件限制重量	备注
	外包装	内包装				
24	以柳、藤、竹等材料编制的笼、篓、筐	螺纹口玻璃瓶 塑料瓶 镀锡薄钢板桶(罐)	$8K9P_1$ 8K9H 8K3N 8K1N	低毒液体或粉状农药 稠粘状、胶状货物 油纸制品 油麻丝	每笼、篓、筐净重不超过20kg; 油漆类每桶(罐)净重不超过5kg,每瓶不超过1kg	
25	塑料编织袋	塑料袋	$5H_15H_4$	粉状、块状货物	每袋净重不超过50kg	
26	复合塑料编织袋		6HL5	块状、粉状及晶体状货物	每袋净重25~50kg	
27	麻袋	塑料袋	$5L_15H_4$	固体货物	每袋净重不超过100kg	

注:包装组合代号的补充说明:

$1A_1$——小开口钢桶

$1A_2$——中开口钢桶

$1A_3$——全开口钢桶

$1N_1$——小开口金属桶

$3N_3$——全开口金属罐

$1B_1$——小开口铝桶

$3B_2$——中开口铝罐

$1H_1$——小开口塑料桶

$1H_3$——全开口塑料桶

$3H_1$——小开口塑料罐

$3H_3$——全开口塑料罐

$4C_1$——满板木箱

$4C_2$——满底板花格木箱

$4C_3$——半花格型木箱

$4C_4$——花格型木箱

$4G_1$——瓦楞纸箱

$4G_2$——硬纸板箱

$4G_3$——钙塑板箱

$5L_1$——普通型编织袋

6HL5——复合塑料编织袋

$5H_1$——普通型塑料编织袋

$5H_2$——防撒漏型塑料编织袋

$5H_3$——防水型塑料编织袋

$5H_4$——塑料袋

$5M_1$——普通型纸袋

$5M_3$——防水型纸袋

$9P_1$——玻璃瓶

$9P_2$——陶瓷坛

$9P_3$——安瓿瓶

6.道路运输危险货物车辆标志

（GB 13392—2005
代替 GB 13392—92）

The vehicle mark for road transportation dangerous goods

1 范围

本标准规定了道路运输危险货物车辆标志的分类、规格尺寸、技术要求、试验方法、检验规则、包装、标志、装卸、运输和储存，以及安装悬挂和维护要求。

本标准适用于道路运输危险货物车辆标志的生产、使用和管理。

2 规范性引用文件

下列文件中的条款通过本标准的引用而成为本标准的条款。凡是注日期的引用文件，其随后所有的修改单（不包括勘误的内容）或修订版均不适用于本标准，然而鼓励根据本标准达成协议的各方研究是否可使用这些文件的最新版本。凡是不注日期的引用文件，其最新版本适用于本标准。

GB 190—1990 危险货物包装标志

GB/T 191 包装储运图示标志（GB/T 191—2000，eqv ISO 780:1997）

GB/T 2423.1 电工电子产品环境试验 第2部分：试验方法 试验A：低温（GB/T 2423.1—2001，idt IEC 60068-2-1:1990）

GB/T 2423.2 电工电子产品环境试验 第2部分：试验方法 试验B：高温（GB/T 2423.2—2001，idt IEC 60068-2-2:1974）

GB/T 2423.5 电工电子产品环境试验 第二部分：试验方法 试验Ea和导则：冲击（GB/T 2423.5—1995，idt IEC 68-2-27:1987）

GB/T 2423.10 电工电子产品环境试验 第二部分：试验方法 试验Fc和导则：振动（正弦）（GB/T 2423.10—1995，idt IEC 68-2-6:1982）

GB 2893 安全色（GB 2893—2001，neq ISO 3864:1984）

中华人民共和国国家质量监督检验检疫总局
中国国家标准化管理委员会 2005-04-22 发布 2005-08-01 实施

GB/T 6543　　瓦楞纸箱
GB 6944　　危险货物分类和品名编号
GB 11806　　放射性物质安全运输规程
GB/T 18833　　公路交通标志反光膜

3 产品分类与规格尺寸

3.1 分类 道路运输危险货物车辆标志分为标志灯和标志牌。

3.2 结构与类型

3.2.1 标志灯

3.2.1.1 结构 标志灯包括灯体和安装件。

标志灯灯体正面为等腰三角形状,由灯罩、安装底板或永磁体(A型标志灯)、橡胶衬垫及紧固件构成。

标志灯正、反面中间印有“危险”字样,侧面印有“!”,灯罩正面下沿中间嵌有标志灯编号牌。

3.2.1.2 类型 按车辆载质量、安装方式分型,见表1。

标志灯类型　　表1

类型	安装方式	代号	适用车辆
A型	磁吸式	A	载质量1t(含)以下,用于城市配送车辆
B型	顶檐支撑式	BI	载质量2t(含)以下
		BII	载质量2t~15t(含)
		BIII	载质量15t以上
C型	金属托架式	CI[a]	带导流罩,载质量2t(含)以下
		CII[a]	带导流罩,载质量2t~15t(含)
		CIII[a]	带导流罩,载质量15t以上

[a] 金属托架为可选件,金属托架按底平面与标志灯基准面的夹角γ(见图3)分为三种,γ分别为30,45,60°。

3.2.2 标志牌

3.2.2.1 标志牌的材质为金属板材,形状为菱形。

3.2.2.2 标志牌图形应符合GB 190—90的规定,种类、名称和颜色见附录A(规范性附录)。

3.2.2.3 标志牌按GB 6944规定的危险货物的类、项和车辆载质量分型。

3.3 规格和尺寸

3.3.1 标志灯

3.3.1.1 A型标志灯见图1和表2。

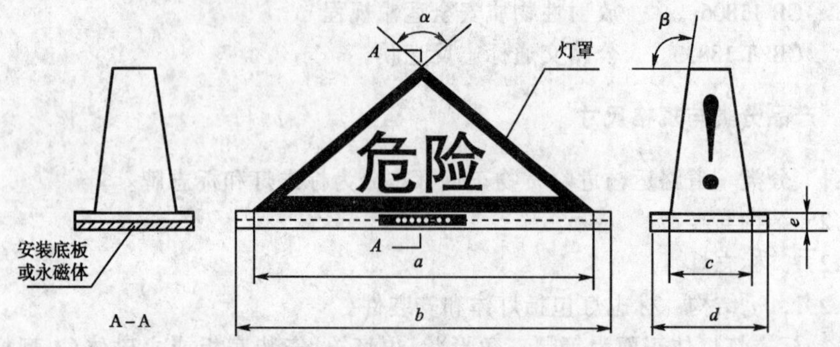

图1 A型标志灯

A型标志灯尺寸 表2

类 型	尺 寸						
	a(mm)	b(mm)	c(mm)	d(mm)	e(mm)	α(°)	β(°)
A	400	440	100	140	22	100	100

3.3.1.2 B型标志灯见图2和表3。标志灯灯体与金属杆用螺栓连接,以弹簧垫圈方式锁紧。

注:尺寸标注见A型标志灯。

图2 B型标志灯

B型标志灯尺寸 表3

类 型	尺 寸						
	a(mm)	b(mm)	c(mm)	d(mm)	e(mm)	α(°)	β(°)
BI	400	440	100	140	22	100	100
BII	460	500	120	160	22	100	100
BIII	520	560	140	180	22	100	100

3.3.1.3 C型标志灯见图3。C型标志灯灯体尺寸与B型相同。标志灯灯体与金属托架、金属托架与汽车导流罩用螺栓连接,以弹簧垫圈方式锁紧。

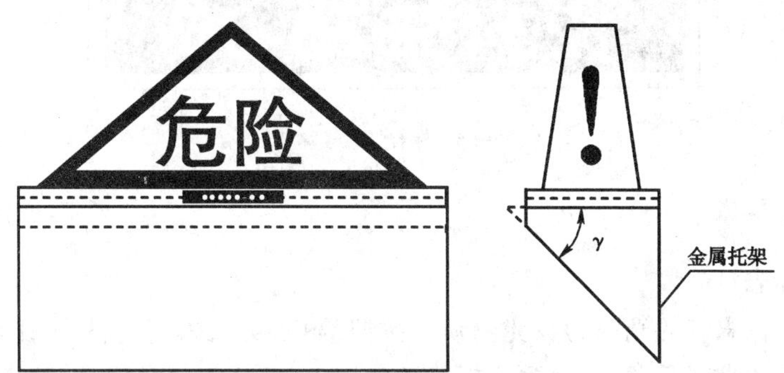

图3 C型标志灯

3.3.2 标志牌 菱形标志牌的四个内角均为直角,边长、厚度按车辆载质量分型方式确定,见表4。

标志牌类型和尺寸(单位:mm) 表4

类型	代号	边长	厚度	适用车辆
PI	PI—n[a]	250	≥1	载质量2t(含)以下
PII	PII—n[a]	300	≥1.25	载质量2t~15t(含)
PIII	PIII—n[a]	350	≥1.5	载质量15t以上

[a] 代号中的 n 为数字1~18,与附录A中"编号"栏相一致,图形与附录A中"标志牌图形"栏相对应。

3.4 标志灯编号牌

3.4.1 每个标志灯应有一个确定编号。

3.4.2 编号规则见图4。

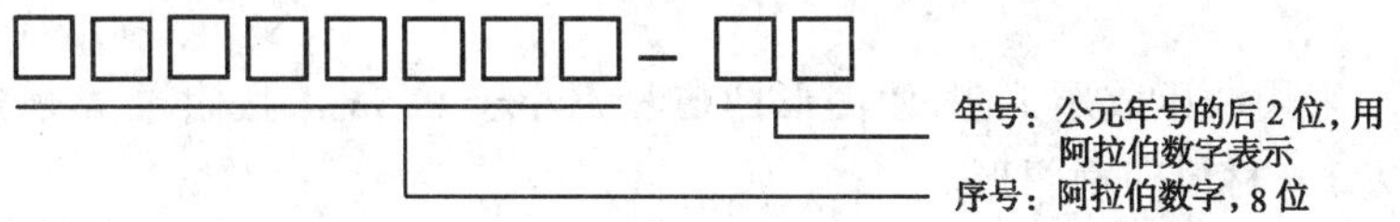

图4 标志灯编号规则

3.4.3 编号牌为长100mm宽20mm铝质金属牌,编号字体为黑体,用腐蚀工艺制作使边框与编号适量凸出,凹陷部分涂黑色,见图5。

3.4.4 编号牌用螺栓或粘贴方式固定于标志灯正面下方、中部,编号牌下沿距灯罩底沿 1mm。

12345678-05

图 5 标志灯编号牌

4 技术要求

4.1 标志灯

4.1.1 标志灯的光源为荧光物质。按照 GB 2893 中安全色与对比色的规定，灯罩为荧光黄色，正反面边框线条为黑色，字体为黑色黑体；侧面“!”为黑色黑体，线条、字体和符号使用反光材料附着或印刷。

4.1.2 灯罩材质为 ABS 树脂，应一次注塑成型，表面光洁无气泡，有较好的耐低温、耐高温、抗振动、抗冲击性。

4.1.3 荧光黄色在正常使用条件下应至少保持 2 年不褪色，黑色边框线条、字体及符号至少 2 年不褪色、不剥落。荧光物质的正常使用寿命不少于 2 年。

4.1.4 灯罩材料内加入荧光物质或表面附着荧光膜，夜间发光的可视距离不少于 150m，在夜间车辆正常行驶时不少于每 10min 会车一次情况下可持续达到发光要求。

4.1.5 安装底板的材质为工程塑料，厚度不低于 10mm。

4.1.6 灯罩、橡胶衬垫、安装底板连接处应涂密封脂，防止腐蚀性气体或雨水侵入。

4.2 标志牌

4.2.1 基板材质为铝合金，工作表面贴覆符合 GB/T 18833 要求的定向反光膜。

4.2.2 采用冲压成形工艺，使图形凸出量不小于 0.5mm；按附录 A 规定的颜色以反光材料印刷图形。

4.2.3 反光膜、印刷图形能有效地防止酸、碱液或腐蚀性烟雾的侵蚀，使用寿命不少于 2 年。

5 试验方法

5.1 外观质量

5.1.1 目视检测,标志灯灯罩、安装底板表面应平整、无气泡;线条、字体和符号着色应均匀,边缘应清晰、平滑。

5.1.2 目视检测,标志牌反光膜附着应平整、无气泡;冲压图形边缘清晰、反光膜无断裂;印刷图形着色应均匀,边缘应清晰、平滑。

5.2 发光质量 目视检测,标志灯发光应均匀;在全黑暗情况下进行对比试验,以普通小汽车远光灯距离 10m 直射标志灯 10s,观测其亮度变化,在 10min 内应始终不低于内置 21W 汽车灯泡的对比标志灯亮度。

5.3 低温试验

试验应符合 GB/T 2423.1 的规定。

试验参数:温度 -25℃,时间 72h。

试验后立即检查试样的外观,应无变形或断裂现象。

5.4 高温试验

试验应符合 GB/T 2423.2 的规定。

试验参数:温度 40℃,时间 72h。

试验后立即检查试样的外观,应无变形或断裂现象。

5.5 振动试验

试验应符合 GB/T 2423.10 的规定。

试验参数:频率范围 10 ~ 150Hz,扫频速率为每分钟一个倍频程,加速度幅值 $10m/s^2$,扫频循环数 20,在试样的竖直轴线上试验。

试验后立即检查试样的外观及紧固部位情况,试样应无机械损伤和紧固部位松动现象。

5.6 冲击试验

试验应符合 GB/T 2423.5 的规定。

试验参数:峰值加速度 $150m/s^2$,持续时间 11ms,脉冲波形为半正弦或后峰锯齿,在试样的 3 个相互垂直的轴线上各连续冲击 1000 次。

试验后立即检查试样的外观及紧固部位情况,试样应无机械损伤和紧固部位松动现象。

6 检验规则

6.1 出厂检验

6.1.1 产品出厂需经质量检验合格,并签发合格证后方能出厂。

6.1.2 标志灯出厂检验项目包括:外观、发光。标志牌出厂检验项目为外观。

6.2 形式检验

6.2.1 有下列情况之一时,进行形式检验:

a)投入批量生产前;

b)正式生产后,如结构、材料、工艺有较大改变,可能影响产品性能时;

c)出厂检验结果与上次形式检验有较大差异时;

d)国家及部级质量监督机构提出进行形式检验要求时。

6.2.2 形式检验应按第4章和第5章进行。

7 产品的包装、标志、装卸、运输和储存

7.1 包装

7.1.1 标志灯外包装为瓦楞纸箱。内包装为硬纸盒,以定型吹塑泡沫衬垫保护。每个纸盒内附有产品说明书和产品检验合格证。

7.1.2 标志牌每块用塑料薄膜封装,外包装为瓦楞纸箱,每箱装不超过50块。

7.1.3 瓦楞纸箱应符合GB/T 6543的要求。

7.2 标志

7.2.1 产品标志

7.2.1.1 标志灯 标志灯应有清新、耐久的产品标志,至少包括下列内容:

a)产品名称、代号和生产编号;

b)制造厂名、生产日期、产品有效期及商标、防伪标志。

7.2.1.2 标志牌 标志牌的产品标志至少包括下列内容:

a)产品名称、代号和生产编号;

b)制造厂名、生产日期及商标、防伪标志。

7.2.2 包装标志 外包装件上应印有GB/T 191规定的“防雨”、“向上”、“易碎”(标志牌除外)图示标志,正反两面印有产品标志,两侧面印有包装件的外形尺寸、重量、内装数量。

7.3 装卸和运输 装卸时应轻装轻卸、堆码整齐;运输时应捆扎牢固,使用厢式车辆运载。

7.4 储存 库内存放,注意防潮。标志灯储存期不超过2年,标志牌储存期不超过4年。

8 安装悬挂要求

8.1 标志灯

8.1.1 标志灯安装于驾驶室顶部外表面中前部(从车辆侧面看)中间(从车辆正面看)位置,以磁吸或顶檐支撑、金属托架方式安装固定。安装位置参见附录 B(资料性附录)。

8.1.2 对于带导流罩车辆,可视导流罩表面流线形和选择的金属托架角度确定安装位置,允许自制金属托架,允许在金属托架与导流罩间加衬垫,应保证标志灯安装正直。

8.2 标志牌

8.2.1 标志牌一般悬挂于车辆后厢板或罐体后面的几何中心部位附近,避开车辆放大号;对于低栏板车辆可视情选择适当悬挂位置。悬挂位置参见附录 C(资料性附录)。

8.2.2 运输爆炸、剧毒危险货物的车辆,应在车辆两侧面厢板几何中心部位附近的适当位置各增加悬挂一块标志牌。

8.2.3 运输放射性危险货物的车辆,标志牌的悬挂位置和数量应符合 GB 11806 的规定。

8.2.4 根据车辆结构或用途,选择螺栓固定、铆钉固定、粘合剂粘贴固定或插槽固定(可按使用需要随时更换)等方式安装固定标志牌。

8.2.5 对于罐式车辆,可选择按规定位置悬挂标志牌或以反光材料按 3.2.2.2和 3.2.2.3 的规定在罐体上喷绘标志。

8.2.6 悬挂的标志牌应按 GB 6944 与所运载危险货物(一种危险货物具有多重危险性时与主要危险性,多种危险货物混装时与主要危险货物的主要危险性)的类、项相对应,与标志灯同时使用。

9 车辆标志的维护

9.1 车辆驾驶人员应对使用中的车辆标志进行经常性检查和维护,保持车辆标志的清洁和完好。

9.2 车辆在装、卸载可能导车辆致标志腐蚀、失效的化学危险品后,应及时对车辆标志进行检查,必要时对车辆标志进行清洗和擦拭。

9.3 标志灯正常使用期限为 2 年,标志牌正常使用期限为 4 年。在使用期限内车辆标志发生破损、失效时,应及时更换。

附 录 A
（规范性附录）
标志牌图形

A1 标志牌图形见表 A1。

标 志 牌 图 形 表 A1

编号	名称	标志牌图形	对应的危险货物类项号
1	爆炸品	（底色：橙红色，图案：黑色）	1.1 1.2 1.3
2	爆炸品	（底色：橙红色，图案：黑色）	1.4
3	爆炸品	（底色：橙红色，图案：黑色）	1.5

续上表

编号	名称	标志牌图形	对应的危险货物类项号
4	易燃气体	 （底色：红色，图案：黑色）	2.1
5	不燃气体	 （底色：绿色，图案：黑色）	2.2
6	有毒气体	 （底色：白色，图案：黑色）	2.3

续上表

编号	名称	标志牌图形	对应的危险货物类项号
7	易燃液体	 易燃液体 3 (底色:红色,图案:黑色)	3
8	易燃固体	 易燃固体 4 (底色:白色红条,图案:黑色)	4.1
9	自燃物品	 自燃物品 4 (底色:上白下红色,图案:黑色)	4.2

续上表

编号	名称	标志牌图形	对应的危险货物类项号
10	遇湿易燃物品	遇湿易燃物品 4 （底色：蓝色，图案：黑色）	4.3
11	氧化剂	氧化剂 5.1 （底色：柠檬黄色，图案：黑色）	5.1
12	有机过氧化物	有机氧化物 5.2 （底色：柠檬黄色，图案：黑色）	5.2

续上表

编号	名称	标志牌图形	对应的危险货物类项号
13	剧毒品	剧毒品 6 (底色:白色,图案:黑色)	6.1
14	有毒品	有毒品 6 (底色:白色,图案:黑色)	6.1
15	有害品(远离食品)	有害品 (远离食品) 6 (底色:白色,图案:黑色)	6.1

续上表

编号	名称	标志牌图形	对应的危险货物类项号
16	感染性物品	 感染性物品 6 (底色:白色,图案:黑色)	6.2
17	腐蚀品	 腐蚀品 8 (底色:上白下黑色,图案:上黑下白色)	8
18	杂类	 杂类 9 (底色:白色,图案:黑色)	9

A2 运输放射性危险货物车辆的标志牌图形应符合 GB 11806 的规定。

附　录　B

标志灯安装位置

（资料性附录）

B1　A 型标志灯安装位置见图 B1。

图 B1　A 型标志灯安装位置

B2　B 型标志灯安装位置见图 B2。

图 B2　B 型标志灯安装位置

B3 C型标志灯安装位置见图 B3。

图 B3 C型标志灯安装位置

附　录　C
标志牌悬挂位置
（资料性附录）

C1　低栏板车辆标志牌悬挂位置，推荐悬挂于栏板上，必要时重新布置放大号。见图C1。

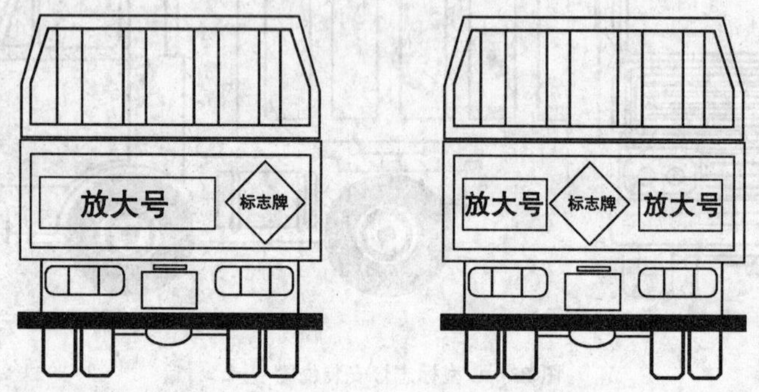

图C1　低栏板式车辆标志牌悬挂位置

C2　厢式车辆标志牌悬挂位置一般在车辆放大号的下方或上方，推荐首选下方；左右尽量居中。集装箱车、集装罐车、高栏板车类同。见图C2。

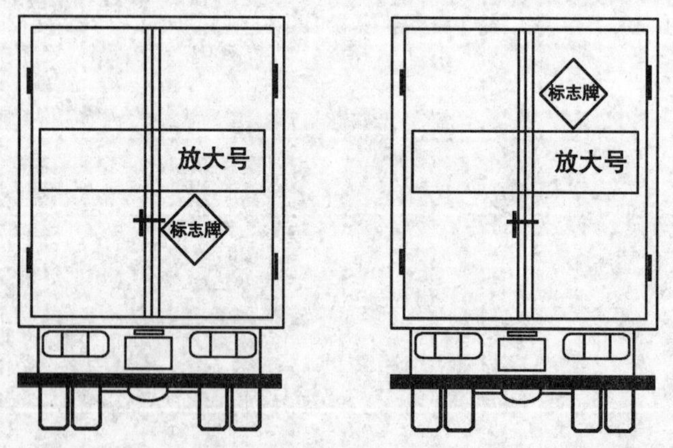

图C2　厢式车辆标志牌悬挂位置

C3　罐式车辆标志牌悬挂位置一般在车辆放大号下方或上方，推荐首选下方；左右尽量居中。见图 C3。

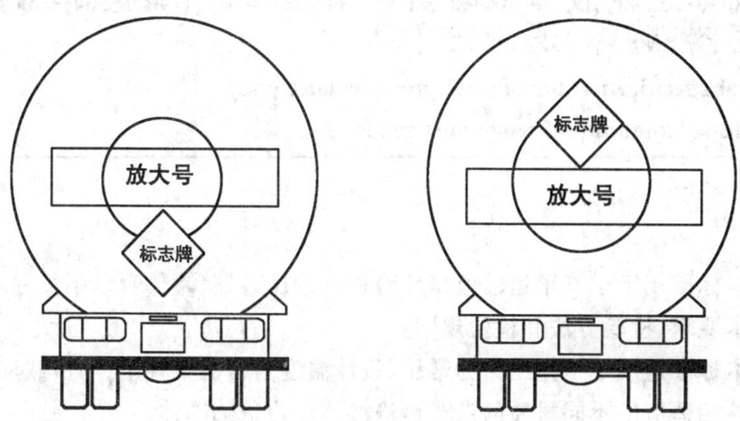

图 C3　罐式车辆标志牌悬挂位置

C4　运输爆炸、剧毒危险货物的车辆，在车辆两侧面厢板各增加悬挂一块标志牌的悬挂位置一般居中。见图 C4。

图 C4　标志牌侧面悬挂位置

7.汽车运输液体危险货物常压容器(罐体)通用技术条件 (GB 18564—2001)

General specification for normal pressure tank body of transportation liquid dangerous goods

1 范围

本标准规定了汽车运输液体危险货物常压容器(罐体)(以下简称罐体)的技术要求、检验方法和检验规则。

本标准适用于工作压力为常压、设计温度为常温条件下,与所载液体理化特性相适应的不同材质的汽车运输液体危险货物罐体。

2 引用标准

下列标准所包含的条文,通过在本标准中引用而构成为本标准的条文。本标准出版时,所示版本均为有效。所有标准都会被修订,使用本标准的各方应探讨使用下列标准最新版本的可能性。

GB 190—90　危险货物包装标志
GB/T 539—95　耐油石棉橡胶板
GB/T 3181—95　漆膜颜色标准
GB/T 3854—83　纤维增强塑料巴氏(巴柯尔)硬度试验方法
GB/T 8237—87　玻璃纤维增强塑料(玻璃钢)用液体不饱和聚酯树脂
GB 9419—88　轻质燃油油罐汽车通用技术条件
GB 12268—90　危险货物品名表
GB 13365—92　机动车排气火星熄灭器性能要求试验和方法
GB 13392—90　道路运输危险货物车辆标志
HG/T 2183—91　耐稀酸碱橡胶软管
JB/T 5943—91　工程机械　焊接件通用技术条件
JB/T 4735—97　钢制焊接常压容器
JT/T 230—95　汽车导静电橡胶拖地带

中华人民共和国国家质量监督检验检疫总局 2001-12-13 批准　　2002-03-01 实施

QC/T 484—99　　汽车油漆涂层

3 定义

本标准采用下列定义。

3.1 罐体 tank body

指由筒体、封头、人孔、注入口、卸料口等和其他必须设置的附件所构成的装载液体货物的封闭容器总成，其容积大于 0.45m^3。

3.2 金属罐体 metal tank body

主要指用碳素钢、耐酸不锈钢、铝或铝合金板材所制作的罐体。

3.3 非金属罐体 non-metallic tank body

主要指用玻璃纤维增强塑料所制作的罐体。

3.4 常压 normal pressure

指工作压力不大于 72kPa。

3.5 常温 normal atmospheric temperature

指在正常大气压下，金属罐体环境工作温度为 -40～+50℃，非金属罐体为 -20～+40℃。

4 技术条件

4.1 罐体基本要求

4.1.1 罐体应符合本标准要求，并按规定程序批准的图样及技术文件制造。

4.1.2 罐体容积的设计应充分考虑所载液体的密度和罐体自重，并和车辆总质量相匹配。

4.1.3 原材料、外购件应符合有关标准规定，并有制造厂的合格证明，所有零部件必须经检验合格后方可进行组装。

4.1.4 橡塑制品应耐腐蚀和耐油，其性能应分别符合 HG/T 2183 和 GB/T 539 的规定。

4.1.5 罐体的横断面应为椭圆形、带圆弧矩形或圆形。

4.1.6 金属罐体要求

4.1.6.1 罐体封头应采用折边平封头、碟形封头、椭圆形封头，不允许采用无折边平封头。

4.1.6.2 封头与罐的焊接须采用全焊透的对接接头形式，不允许采用角焊缝。

4.1.6.3 罐体材质应适应所载液体的耐腐蚀性质，其腐蚀率应不大于

0.5mm/年,罐体材质和所载液体的相容性见附录 A(提示的附录),若装运附录 A 未提到的液体,参考附录 A 的同类液体。

4.1.6.4　罐体表面纵向素线直线度,在 1m 范围内不大于 5mm,全长范围内额定容量不大于 $12m^3$ 的罐体,不大于 12mm;大于 $12m^3$ 的罐体,不大于 15mm。

4.1.6.5　组装对接时,相邻筒节的纵焊缝之间的距离或封头焊缝的端点与相邻筒节纵焊缝之间的距离,应不小于 100mm。

4.1.6.6　罐体的焊接和补焊,应符合 JB/T 4735 的规定。

4.1.6.7　罐体内外表面应无裂纹、明显划痕或腐蚀凹坑等损伤缺陷,修磨处的深度不应超过所用材料厚度的负偏差值。

4.1.7　非金属罐体要求

4.1.7.1　罐体材料应符合 GB/T 8237 的规定。

4.1.7.2　罐体横断面应为圆形或椭圆形。

4.1.7.3　罐体结构应采用多层复合结构,由内衬层、强度层、外表面层组成。内衬层由表面层和次内层组成。

4.1.7.4　罐体材质应与所载液体理化特性相匹配。内衬层增强材料为表面毡,树脂含量应大于 85%,厚度为 0.5mm;次内层增强材料为短切原丝毡,树脂含量大于 70%,厚度为 2.0 ~ 2.5mm。

4.1.7.5　强度层可采用耐腐蚀树脂作基料,玻璃纤维无捻粗纱布。采用玻璃纤维缠绕工艺,其树脂含量应控制在 30% ~ 35%;采用酥工制作,其树脂含量应为 60% ~ 70%。厚度根据强度设计确定。

4.1.7.6　外表面层应采用耐候性优良的不饱和聚酯树脂作基体,当采用厚度小于 0.16mm 的玻璃纤维表面毡或玻璃纤维无捻粗纱布作增强材料时,树脂含量应大于 55%,该层厚度应为 2.0 ~ 2.5mm。

4.1.7.7　椭圆形罐的罐体横截面长短轴之比不大于 2。

4.1.7.8　封头宜采用椭圆形封头,其高度宜为罐体横断面短半轴的 1/4,但不得小于 250mm。

4.1.7.9　平封头的底板与罐体间应用圆弧过渡,其曲率半径不小于 40mm。

4.1.7.10　罐体的外观应达到:罐体内表面平整光洁,无杂质混入,无纤维外露,无目测可见的裂纹、划痕、疵点及白化分层等缺陷,在任取(30 × 30)mm^2 面积内最大直径为 4mm 的气泡不得超过 5 个,外表面应平整光洁,无纤维外露,无明显气泡及严重色泽不匀现象。

4.1.7.11　罐体出厂检验时表面巴氏硬度值应达到 34 以上,壁厚应满足设计要求，不得有负公差。

4.1.8 罐体壁厚要求

4.1.8.1 金属罐体壁厚要求

a)采用碳素钢和不锈耐酸钢制造的罐体，其最小壁厚应符合表1的规定。

碳素钢和不锈耐酸钢罐体最小壁厚　　表1

罐体设计容量/m^3	额定容量/m^3	最小壁厚/mm	其中腐蚀附加量[1]/mm
<11	<9.6	4	1
11～24	9.6～22	5	1
24～30	22～28	6	1

1)腐蚀附加量：由三部分组成，即钢板(管)负偏差、腐蚀裕度[2]、加工减薄量。

2)腐蚀裕度：根据工作液体对部件材料的腐蚀速度和设备的设计使用寿命而定。

b)采用铝和铝合金制造的防腐罐体，其最小壁厚为5mm。

4.1.8.2 采用玻璃纤维增强塑料的罐体最小壁厚应符合表2的规定。

玻璃纤维增强塑料罐体最小壁厚　　表2

容积/m^3	≤2	2～4	4～6	6～8	8～10	10～15
壁厚/mm	10	12	13	15	18	20

4.2 罐体的承压要求

4.2.1 所载易燃液体的罐体总成应符合GB 9419—88第4.16.6的规定。

4.2.2 所载遇水反应剧烈的腐蚀液体和剧毒液体的金属或金属复合罐体总成，在72kPa的压力下，不得有渗漏和永久变形。

4.2.3 玻璃纤维增强塑料罐体可采用48h满水静压试验，或相当于盛装该液体静压的气压试验，不得有渗漏和永久变形。

4.3 罐体表面漆色和标志

4.3.1 罐体表面的油漆质量应符合QC/T 484的规定，颜色应符合表3的规定。所有外露黑色金属均应进行防腐处理。

4.3.2 罐体标志

a)罐体必须沿罐体水平中心线四周喷刷一条表示运输液体种类的环形油漆色带，色带宽度为150mm，7m^3以下的罐体为120mm。

罐体和色带颜色　　表3

装载货物性质	易燃液体	毒性液体	腐蚀性液体
罐体底色	银灰色(B04)[1)]	中灰色(B02)[1)]	深灰色(B01)[1)]
色带颜色	正红色	正黄色	黑色
1)按 GB/T 3181 的要求。			

b)所载非易燃液体的罐体必须在罐体两侧色带中央处喷刷所载液体的危险货物包装标志,尺寸为 450mm×450mm,标志应符合 GB190 的规定;所载易燃液体的罐体必须在色带中央部位(此处色带留空)喷写“严禁烟火”字样,字型高×宽为 450mm×450mm,字间距为 400mm,后封头应喷写与车辆相同的放大的车辆牌照号。

4.4　罐体人孔和液体注入口

4.4.1　人孔内径不小于 500mm,注入口内径不小于 200mm(封闭式装卸的除外)。

4.4.2　人孔盖和液体注入口盖的密封垫片,应采用耐油或耐酸碱橡胶或相应耐腐蚀材料制作,其性能应分别符合 HC/T 2183 和 GB/T 539 的规定。

4.4.3　人孔盖和液体注入口盖的紧固螺栓的数量应与直径相匹配,不得少于 8 个,强度应满足承压要求。

4.5　上下爬梯、护栏要求

4.5.1　爬梯应便于攀登,连接牢固,宜设在罐体右侧,宽度不小于 350mm,步距应小于 350mm。

4.5.2　罐体顶部操作平台应装设护栏。

4.6　罐体内防波板

4.6.1　罐体内应设横向防波板。

4.6.2　两个相邻的防波板容积应不大于 $3m^3$,铝、铝合金或非金属罐应不大于 $2m^3$。

4.6.3　每个防波板的有效面积应大于罐体横断面积的 40%,防波板的安装位置应使上部空间面积小于罐体横断面积的 20%,必要时可设纵向防波板。

4.6.4　防波板应连接牢固、不易脱落,无明显移位,相邻两块防波板上的孔的中心线不应重合。

4.7　阀门

4.7.1 卸料阀出料管口应设在罐体底部后端，如必须在罐体后封头开孔，装置卸料阀时，其出料管口不应超出车辆的后保险杠。

4.7.2 罐体接管与阀门之间，不允许采用胶管连接(玻璃纤维增强塑料罐体除外)。

4.7.3 所载有毒、腐蚀液体的罐体，采用耐压不低于 PN1.6MPa 的钢质阀门或其他专用阀门。其卸料阀门应为串连式双道阀门，其中一道阀门应为内置式阀门，并装置在罐体的底部。

4.7.4 所载易燃液体的罐体，宜采用不发火的铜铝合金或不锈钢材质球阀，直径应不大于 DN65mm。

4.7.5 所载剧毒液体的罐体，应配备抽吸式或增压式装置，该装置应设在罐体上部。

4.7.6 卸料口应配置堵盖或封闭式积漏器。

4.8 罐体仪表

罐体上选配的液面计、流量表、压力表、温度计等仪表，应有检定的有效合格证。

4.9 装卸软管

4.9.1 所载易燃液体的罐体装卸管的公称通径和单管流量应符合 GB 9419—1988 中 4.12 的规定。

4.9.2 所载易燃液体罐体的软管接头执行 GB 9419—88 中的 4.22 条。

4.9.3 吸入软管在 196kPa 压力下，保压 5min 不得渗漏。

4.9.4 装卸软管在 1.5 倍泵出口额定工作压力下，保压 5min 不得渗漏。

4.10 通气阀

4.10.1 载易挥发液体的罐体应安装 DN60 通气阀，罐体容量大于 $12m^3$ 时，必须装置 2 个 DN60 的通气阀，通气阀的技术性能应符合 GB 9419—1988 中 4.16.4 的规定。

4.10.2 当罐内压力高于外界压力 6kPa 时，出气阀应关闭；但高于 8kPa 时，出气阀应开启。

4.10.3 当罐内压力低于外界压力 2kPa 时，进气阀应关闭；但低于 3kPa 时，进气阀应开启。

4.11 罐体安装

4.11.1 罐体纵向中心平面与车辆底盘(或底架)纵向中心平面偏移量，不大于 6mm。

4.11.2 罐体与底盘(或底架)应连接牢固、可靠，必须采取防松措施，并能承受振动和冲击，若采用焊接形式连接，焊接件应符合 JB/T 5943 的规定。

4.12 罐体对整车的安全要求

4.12.1 车辆必须配备不少于 2 个与所载液体相适应的灭火器或有效的灭火设施。

4.12.2 罐车必须在驾驶室顶部配置“危险品”标志灯，车身尾部右侧配置“危险品”标志牌，并符合 GB 13392 的规定。

4.12.3 所载易燃液体的罐车必须配备导静电接地装置，并符合 JT/T 230 的规定。

4.12.4 罐车应安装火星熄灭器，并符合 GB 13365 的规定。

4.12.5 载易燃液体罐体的泵送系统距发动机排气管的最小距离不得小于 1.5m。

4.12.6 载易燃液体的罐体，当蓄电池安装在罐体下方时，必须有专用的箱和盖，并关闭良好。

4.13 罐体及其附加设备的导静电要求

4.13.1 罐体内外任一点到导静电橡胶拖地带和车辆连接点的导电通路电阻值不大于 5Ω。

4.13.2 金属管路中任意两点间，或管路任意一点到橡胶拖地带和车辆连接点的导电通路电阻值不大于 5Ω。

4.13.3 易燃液体装卸软管的两端，其电阻值不大于 5Ω。

5 检验方法

5.1 外观检验

5.1.1 4.1.5;4.1.6.1;4.1.6.2;4.1.6.7;4.1.7.2;4.1.7.7;4.3.1;4.3.2;4.4.3;4.5.1;4.6.1;4.6.4;4.7.1 ~ 4.7.6;4.9.1;4.10.1;4.11.2;4.12.1 ~ 4.12.4;4.12.6 目测检验。

5.1.2 4.1.1 ~ 4.1.4;4.4.2;4.7.3;4.8;4.9.2;4.10.1 项检查相关的技术资料，以及外购、外协件合格证或相应合同。

5.1.3 4.1.6.4 ~ 4.1.6.7;4.1.7.4 ~ 4.1.7.11;4.3.2;4.4.1;4.5.1;4.6.2;4.6.3;4.11.1;4.12.5;4.13 项采用相应的量具或仪表测量检验。

5.2 导静电装置试验执行 JT/T 230。

5.3 罐体试验方法

5.3.1 罐体整体渗漏试验

试验仪器：量程为试验压力的 2 ~ 3 倍、精度不低于 1.5 级的压力表 2 个，安全阀 1 个。

试验用气：一般应用洁净的空气，对运输易燃液体的罐体，罐体未得到彻底清洗，应用氮气。

封闭好人孔，关闭注入口阀门，在各连接部位和阀门出口处贴一张薄纸，从适当位置缓慢向罐内通入洁净空气或氮气，使其压力达到 36kPa[1]或 72kPa[2]，保压 30min 后，在各封闭连接部位涂抹肥皂水，观察有无渗漏、压力下降，同时观察薄纸是否被吹动，放气后观察有无永久变形。

5.3.2 装卸软管压力试验

试验仪器：量程为试验压力的 2～3 倍的压力表 1 个。

试验用气：洁净空气。

首先在软管外涂抹肥皂水或将软管完全浸入水中，然后从适当位置缓慢向软管内通入洁净空气，使其压力达到 196kPa，观察有无渗漏。

5.3.3 通气阀性能试验

试验仪器：量程为试验压力 2～3 倍、精度不低于 1.5 级的压力表 2 个，安全阀 1 个。

试验用气：一般应用洁净的空气。

在专用通气阀校验台上试验，试验结果应符合 4.10 的要求。

5.3.4 罐体壁厚测定方法

测量仪器：超声波测厚仪。

测量条件：一般在罐体外部进行测量，如在内表面进行测量时，必须对罐体内部进行彻底清理和置换，使氧含量在 18%～23%（体积比）之间，可燃气体含量小于 0.5%，且保证无刺激性、无有毒气体存在。

测定部位为上、下、左、右 4 个方向，一般情况下每个方向测 4 个点，其中两点为前后封头部位，遇有可疑处再增加测定点数。

5.3.5 玻璃纤维增强塑料罐体硬度试验按 GB/T 3854 的规定。

6 检验规则

6.1 检验类别

罐体检验分为出厂检验和定期检验。

6.1.1 出厂检验

出厂产品均应进行出厂检验，经质量检验部门检查合格后方可出厂。

6.1.2 定期检验

---

1)试验运输易燃液体罐体的压力。

2)试验运输腐蚀性、有毒液体罐体的压力。

运输液体危险货物罐体及附件必须每年度进行检验。

6.2 检验项目

定期检验和出厂检验均完成以下全部试验。

6.2.1 安全检测,试验方法按5.1.1~5.1.3和5.2,检查报告见附录B(提示的附录)表B2。

6.2.2 罐体检测,试验方法按5.1.1~5.1.3,检查报告见附录B表B3。

6.2.3 罐体壁厚测定,试验方法按5.3.4,检查报告见附录B表B5。

6.2.4 罐体渗漏试验,试验方法按5.3.1,检查报告见附录B表B3。

6.2.5 人孔、液体注入口密封性试验,试验方法按5.3.1,检查报告见附录B表B3。

6.2.6 装卸软管试验,试验方法按5.3.1和5.3.2,检查报告见附录B表B3。

6.2.7 通气阀性能试验,试验方法按5.3.3,试验报告见附录B表B4。

7 标志、运输、贮存和技术文件

7.1 罐体铭牌

铭牌的内容应包括:

a)制造单位名称;

b)罐体名称;

c)制造单位对该罐体产品的编号;

d)罐体额定容积;

e)容器净重;

f)制造日期。

7.2 罐体运输

在运输时不得损伤罐体。

7.3 罐体贮存

需长期保管的罐体,应按产品使用说明书中的有关要求对产品采取措施后停放在通风、防潮并有消防设备的库内。

7.4 技术文件主要包括以下内容:

7.4.1 出厂合格证。

7.4.2 罐体说明书。罐体说明书的主要内容包括设计容量、设计温度、所装液体范围等内容。若罐体和整车是一体的,说明书内容可加在车辆说明书中。

附　录　A
液体危险货物与罐体材质的相容性
（提示的附录）

A1　液体危险货物与罐体材质的相容性见表A1。

液体危险货物与罐体材质的相容性　　表A1

液　体	浓度/%	危规编号（GB 12268）	联合国编号（UN）	碳素钢 温度/℃				不锈耐酸钢 温度/℃				铝和铝合金 温度/℃				玻璃纤维增强塑料 温度/℃			
				25	50	80	100	25	50	80	100	25	50	80	100	25	50	80	100
汽油		31001 32001	1203 1257	√	√			︾	︾	︾	︾	√	√	√		√	√	√	√
丙酮	<100 100	31025	1090	√ ︾	︾			︾	︾	︾	︾	√	√	√	√	○	○	×	×
二硫化碳		31050	1131	√	√			√	√	√	√	︾	︾	︾	︾	Φ	×		
石油原油（原油）		32003	1267	√	√			√	√	√	√	√	√	√	√	√	√	√	√
石脑油（溶剂油）		32004	1256 2553	︾	︾			︾	︾	︾	︾	︾	︾	︾	︾	√	√	√	√

续上表

液　体	浓度/%	危规编号（GB 12268）	联合国编号（UN）	碳素钢温度/℃				不锈耐酸钢温度/℃				铝和铝合金温度/℃				玻璃纤维增强塑料温度/℃			
				25	50	80	100	25	50	80	100	25	50	80	100	25	50	80	100
纯苯		32050	1114	√	√			︾	︾	︾	︾	√	√	√	√	√	○	×	
粗苯		32051		√	√			︾	︾	︾	︾	√	√	√	√	√	○	×	
重质苯		32051		√	√			︾	︾	︾	︾	√	√	√	√	√	○	×	
甲苯		32052	1294	︾	︾			︾	︾	︾	︾	︾	︾	︾	︾	√	√	×	
甲醇	<100	32058	1230	√	√			︾	︾	︾	︾	︾	√	︾	︾	○	○	Φ	
	100			︾	︾			︾	︾		○	√	√						
乙醇		32061	1170	︾	︾			︾	√	√	√	√	√	√	√	√	√	Φ	
异丙醇		32064	1219	︾	︾			√	√	√	√	√	√	√	√	√	√		
乙酸乙酯		32127	1173	︾	︾			︾	︾	︾	︾	︾	︾	︾	○	√	√	Φ	×
乙酸丁酯		32130	1123	︾	︾			︾				︾	︾			√	Φ	×	

续上表

液体	浓度/%	危规编号(GB 12268)	联合国编号(UN)	碳素钢温度/℃				不锈耐酸钢温度/℃				铝和铝合金温度/℃				玻璃纤维增强塑料温度/℃			
				25	50	80	100	25	50	80	100	25	50	80	100	25	50	80	100
二甲胺溶液		32166	1160	︾	︾			︾	︾	︾	︾	√				×			
煤油		33501	1223	√	√			︾	︾	︾	︾	√	√	√		√	√	√	√
石蜡(重蜡、轻蜡)		33501	1223	√	√			︾	︾	︾	︾	√				√			
二甲苯		33535	1307	√	√			︾	︾	︾	︾	︾	︾	︾	︾	√	Φ	×	
苯乙烯(乙烯苯)		33541	2055	︾	︾			︾	︾	︾	︾	︾				√			
丁醇		33552	1120	︾	︾			︾	︾	︾	︾	︾	︾	︾	︾	√	√	Φ	
异丁醇		33552	1112	︾	︾			︾	︾	︾	︾	×	×	×	×	√	√	Φ	

续上表

液　体	浓度/%	危规编号（GB 12268）	联合国编号（UN）	碳素钢温度/℃				不锈耐酸钢温度/℃				铝和铝合金温度/℃				玻璃纤维增强塑料温度/℃			
				25	50	80	100	25	50	80	100	25	50	80	100	25	50	80	100
过氧化氢	20 ~ 60	51001	2014	×				√	√	√	√	︾	︾	︾	︾	×	×	×	×
氧化钠溶液		61001	1689	︾	︾			︾	︾	︾	︾	×				√	√	√	√
三氯甲醛（氯油）		61079	2075													√	√		
丙酮氰醇（丙酮和氰化氢）		61088	1541	√	√	√		√	√	√	√	√	√	√	√				
硝酸	< 30	81002	2031	×	×			︾	︾	︾	︾	×				×			
	40 ~ 60							︾	︾	√	√	×				×			
	70							︾	√	√	○					×			
	80 ~ 100								√	√		√	○	×		×			
发烟硫酸	100 ~ 102	81006	1831	×															
	> 102			√	√	√	√	×				√				×			

续上表

液　体	浓度/%	危规编号（GB 12268）	联合国编号（UN）	碳素钢 温度/℃				不锈耐酸钢 温度/℃				铝和铝合金 温度/℃				玻璃纤维增强塑料 温度/℃			
				25	50	80	100	25	50	80	100	25	50	80	100	25	50	80	100
硫酸	<65	81007	1830	×	×							×				√	√	√	√
	65~75			○	○	×	×	×	×			×				√	√	×	
	75~100			√	○	×	×	√	○		×	×				×			
废硫酸	<70	81009	1832 1906	×	×			×	×			×				√	√	×	
盐酸	37	81013	1789	×				×				×				√	√	Φ	Φ
氯磺酸	20	81023	1754	×				○				×				×			
	30			×				×				×				×			
	90			×				×				×				×			
	100			√	√	○	○	√	√			√	√						
三氯化磷	干	81041	1809	︾				︾	︾	︾		×							
三氯化铝溶液		81512	2581	×				×				×				√	√	√	√
乙酸（冰醋酸）	<20	81601	2789	×	×			√	√	√	√					√	√	√	√
	30~60							○	○	○	○	︾	√	○	×	√	√	Φ	×
	70~100							√	√	√	×	︾	︾	√	√	Φ	Φ	×	

续上表

液　体	浓度/%	危规编号（GB 12268）	联合国编号（UN）	碳素钢 温度/℃				不锈耐酸钢 温度/℃				铝和铝合金 温度/℃				玻璃纤维增强塑料 温度/℃			
				25	50	80	100	25	50	80	100	25	50	80	100	25	50	80	100
氢氧化钠溶液	<30	82001	1824	︾	√	√	√	︾	○	○	×	×				√	√	Φ	
	30～40			︾	√	√	○	︾	○	○	×	×				√	√	Φ	
	50～60			√	√	×	×	︾	○	○	×	×				√	√	Φ	
氢氧化钠（高纯度）	<30	82001	1824					︾	︾										
	30～40																		
	50～60																		
硫化钠溶液	10	82011	1849	○	×	×	×	√	√	√	×	×				√	√	√	√
	20			×	×	×	×	√	√	√	√								
	30～50			○	○	○	○	√	√	√	√								
氨水	<30	82503	2672	︾	√	√	√	︾	︾	︾	︾	︾	︾			√	√	√	
	40			︾				︾	︾	︾	︾	︾	︾			√	√	√	
甲醛溶液	<40	83012	1198	√	√	√	√	︾	︾	︾	︾	√	√	√	√	√	√	Φ	×
	50			√	√	√	√	︾	︾	√	√	√	√	√	√	√	√	×	
次氯酸钠（漂白水）	<5	83501	1791	×				×				×	×	×	×	√	×		
	10			×				×				×	×	×	×	×	×		

A2 符号说明见表 A2。

符号说明(单位:mm/年) 表 A2

符号		说明(耐蚀情况、腐蚀率)
金属部分	︾	优良,<0.05
	√	良好,0.05~0.5
	○	可用,但腐蚀较重,0.5~1.5
	×	不适用,腐蚀严重,>1.5
非金属部分	√	良好,腐蚀轻或无
	○	可用,但有明显腐蚀
	×	不适用,腐蚀严重
	Φ	同类材料由于配方等的不同,耐蚀性有差异,选用时要慎重

附　录　B
危险货物常压罐体年检结果登记表
（提示的附录）

B1　车辆基本情况检查报告见表B1。

车辆基本情况检查报告　　表B1

罐(车)型号		行车执照号	
罐(车)制造单位		汽车型号	
出厂编号		车辆制造单位	
出厂日期	年　月	出厂日期	年　月
使用日期	年　月	使用日期	年　月
运输品类及比重		汽车核定载质量	行驶证规定　kg
罐体外形尺寸	mm× mm× mm	铭牌额定容量	m^3
车门标志名称		罐体材质	
原始资料审查记载			
整改意见及问题记录			
结论			
检验单位技术(检验)负责人		下次检验日期　年　月	

B2 安全检查报告见表 B2。

安全检查报告 表 B2

序号	项目	规定	实际
1	灭火器数量	2个	
2	危险品标志灯	驾驶室顶部中央1个	
3	危险品标志牌	车辆后部右侧1个	
4	罐体上有“严禁烟火”字样	罐体两侧	
5	发动机排气管距罐体与泵油系统位置	驾驶室左前方>1.5m	
6	金属管路中任意两点或任意一点到地线对地末端电阻值	<5Ω	
7	罐体导电部件及拖地胶带末端的导电通路电阻值	<5Ω	
8	装卸胶管	有导电铜丝 有专用接头	
9	火星熄灭器	1个,良好	
10	蓄电池箱	封闭完好	
11	液位计、压力表	外观完好	
12	阀门箱	关闭严密,箱内无杂物	
13	阀门	无外渗漏	
14	泵	无外渗漏	
15	其他		
检查人:		年 月 日	

B3　罐体检查报告见表B3。

罐体检查报告　　表B3

序号	检查项目	结果
1	罐体表面油漆及色带和标志	
2	罐体后封头放大行车牌照号	
3	罐体护栏	
4	罐内防波挡板	
5	上下罐体爬梯	
6	人孔和人孔盖	
7	注入口	
8	罐体与车架联结紧固情况	
9	罐体总成渗漏	
10	装卸软管	
11	放油管直径与个数	
12	罐体有无自行开孔与改装部位	
13	卸料阀门	
14	紧急切断装置(内置式阀门)	
15	其他	
检查标准：		
检查人：		年　月　日

B4　通气阀试验报告见表B4。

通气阀试验报告　　表B4

型号		公称直径	
序号	试验内容	规定	实际
1	出气阀开启压力	+8kPa	
2	出气阀关闭压力	+6kPa	
3	进气阀开启压力	-3kPa	
4	进气阀关闭压力	-2kPa	
试验情况说明	1.通气阀坏应换新阀(　　)。 2.通气阀经测试排气阀与进气阀开启压力规定值(　　)。		
试验人：			年　月　日

B5 罐体壁厚测定与外观检查报告见表 B5。

罐体壁厚测定与外观检查报告 表 B5

仪器型号		耦合剂	
原始公称厚度		测量点数	
罐体材质			

实测结果：

测厚点编号	A_1	A_2	A_3	A_4	B_1	B_2	B_3	B_4
实测厚度值								

测厚点编号	C_1	C_2	C_3	C_4	D_1	D_2	D_3	D_4
实测厚度值								

外观检查	
检查人： 年 月 日	

8.放射性物质安全运输规程

GB 11806—2004
代替 GB 11806--89

Regulations for the safe transport of radioactive material

1 范围

本标准规定了与放射性物质运输有关的安全要求。本标准中的运输包括包装的设计、制造和维护,也包括货包的准备、托运、装卸、运载(包括中途贮存),货包最终抵达地的验收。本标准对运输情况的分类采用正常(包括常规和小事件)和事故条件。

本标准适用于放射性物质(包括伴随使用的放射性物质)的陆地、水上和空中任何方式的运输。

本标准不适用于:

a)已成为运输手段的一个组成部分的放射性物质;

b)在单位内进行不涉及公用道路或铁路运输而搬运的放射性物质;

c)为诊断或治疗而植入或注入人体或活的动物体内的放射性物质;

d)已获得主管部门的批准并已销售给最终用户的消费品中的放射性物质;

e)含天然存在的放射性核素的天然物质和矿石,处于天然状态或者仅为非提取放射性核素的目的而进行了处理,也不准备经处理后使用这些放射性核素。且这类物质的活度浓度不超过 5.1 ~ 5.2 规定值的 10 倍;

f)任一表面存在的放射性物质均不超过 3.14 规定限值的非放射性固体物体。

当运输的放射性物质具有附加风险及与其他危险品一起装运时,还应遵守危险品运输的有关规定。

2 规范性引用文件

下列文件中的条款通过本标准的引用而成为本标准的条款。凡是注日

中华人民共和国国家质量监督检验检疫总局
中 国 国 家 标 准 化 管 理 委 员 会　　2004-11-02 发布　　2005-08-01 实施

期的引用文件，其随后所有的修改单（不包括勘误的内容）或修订版均不适用于本标准，然而，鼓励根据本标准达成协议的各方研究是否可使用这些文件的最新版本。凡是不注日期的引用文件，其最新版本适用于本标准。

GB 4075	密封放射源 一般要求和分级(GB4075—2003, ISO 2919:1999, MOD)
GB 15849	密封放射源的泄漏检验方法(GB15849—95, eqv ISO 9978:1992)
GB/T 5338	系列1集装箱 技术要求和试验方法 第1部分：通用集装箱(GB/T 5338—2002, idt ISO 1496-1:1990)
GB 18871	电离辐射防护与辐射源安全基本标准
ISO 7195	运输六氟化铀(UF6)的包装
ST/SG/AC.10/1/Rev.9	联合国关于危险物品运输的建议书

3 术语和定义

下列术语和定义适用于本标准。

3.1 A_1 和 A_2

A_1 是指表1中所列的或第5章中所导出的特殊形式放射性物质的放射性活度值，是为确定本标准的各项要求而规定的放射性活度限值。

A_2 是指表1中所列的或第5章中所导出的特殊形式放射性物质以外的放射性物质的放射性活度值，是为确定本标准各项要求而规定的放射性活度限值。

3.2 货机 cargo aircraft

只载运货物和邮件，而不载运旅客的飞机。

3.3 客机 passenger aircraft

以运载旅客及行李为主的飞机。

3.4 多方批准 multilateral approval

除由货包原设计国或原装运国的有关主管部门批准外，还应由拟运输的托运货物途经国或抵达国的有关主管部门批准。“途经或抵达”这一术语不包括“飞越”，即用飞机运载放射性物质飞越某一国家，并且不准备在该国停留，则这种批准和通知要求不适用于该国。

3.5 单方批准 unilateral approval

某货包设计只需经原设计国的主管部门批准。

3.6 承运人 carrier

使用任何运输手段承担放射性物质运输的个人或单位。

3.7 主管部门 competent authority

为管理与本标准有关的事宜而指定的或以其他方式认可的国家有关的监督和管理机构或部门。

3.8 遵章保证 compliance assurance

主管部门为保证本标准的各项规定在实践中得以遵守,所采取的一系列措施和行动。

3.9 约束系统 confinement system

由设计者规定并经主管部门同意的用于保持临界安全的易裂变材料和包装部件的组合。

3.10 收货人 consignee

接收托运货物的个人或单位。

3.11 托运货物 consignment

托运人提交运输的一个货包或多个货包,或一批放射性物质。

3.12 托运人 consignor

将托运货物提交运输的个人或单位。

3.13 包容系统 containment system

由设计者确定的并用于运输期间保持放射性物质不泄漏的包装部件的组合体。

3.14 表面污染 surface contamination

在表面上存有超过一定量的放射性物质:对 β 和 γ 发射体及低毒性 α 发射体,其量超过 $0.4Bq/cm^2$;或对所有其他 α 发射体,其量超过 $0.04Bq/cm^2$。表面污染包括非固定污染和固定污染:

——非固定污染是指在常规的运输条件下可以从表面上去除的污染;

——固定污染是指除非固定污染以外的污染。

3.15 运输工具 conveyance

运输工具是指:

a)用于公路或铁路运输的各种车辆;

b)用于水路运输的各种船舶,或船舶的任何货舱、隔舱或限定的甲板区;

c)用于空中运输的各种飞机。

3.16 临界安全指数 criticality safety index

对装有易裂变材料的货包、外包装或货物集装箱给定的临界安全指数(CSI)是指用于控制装有易裂变材料的货包、外包装和货物集装箱堆积的一个数值。

3.17 限定的甲板区 defined deck area

在船舶的露天甲板上,或在滚装船或渡船的停放车辆的甲板上指定的堆放放射性物质的那个区域。

3.18 设计 design

能把特殊形式放射性物质、低弥散放射性物质、货包或包装等物项完全描述清楚的资料。这些资料可以包括技术规格书、工程图纸、证明遵守管理要求的报告和有关的其他文件。

3.19 独家使用 exclusive use

由单个托运人独自使用一件运输工具或一个大型货物集装箱,并遵照脱运人或收货人的要求进行的运输,包括起点、中途和终点的装载和卸载。

3.20 易裂变材料 fissile material

铀-233、铀-235、钚-239、钚-241 或这些放射性核素的任何组合。此定义不包括:

a)未受辐照的天然铀或贫化铀;

b)仅在热中子反应堆内受过辐照的天然铀或贫化铀。

3.21 货物集装箱 freight container

便于采用一种或多种运输方式运输有包装货物或无包装货物且中途不需要重新装载的一种运输设备。货物集装箱的封闭性必须是耐久的,其刚度和强度要足以保证重复使用,并必须安装一些便于装卸用的部件(特别是在更换运输工具和改变运输方式时使用)。外部任一最大尺寸都小于 1.5m 或容积不大于 $3m^3$ 的货物集装箱均称为小型货物集装箱,除此之外的均被认为是大型货物集装箱。

3.22 散货集装箱 intermediate bulk container

下述便于搬运的包装:

a)容积不大于 $3m^3$;

b)采用机械装卸;

c)根据性能试验的测定,可以抗装卸和运输中产生的应力;

d)设计符合 ST/SG/AC.10/1/Rev.9 中有关对散货集装箱(IBC)的建议章节里规定的标准。

3.23　低弥散放射性物质　low dispersible radioactive material

一种固体放射性物质,或者一种装在密封件里的固体放射性物质,其弥散性已受到限制且不呈粉末状。

3.24　低比活度物质　low specific activity material(LSA)

就其性质而言是比活度有限的放射性物质,或估计的平均比活度低于限值的放射性物质。在确定估计的平均比活度时,不应考虑低比活度物质周围的外屏蔽材料。

低比活度物质分为三类:I类低比活度物质(LSA-I)、II类低比活度物质(LSA-II)和III类低比活度物质(LSA-III)。

3.24.1　I类低比活度物质(LSA-I)

a)铀矿石、钍矿石以及此类矿石的浓缩物,含天然存在的放射性核素并经加工后可利用这些放射性核素的其他矿石;

b)未受辐照的固体天然铀或贫化铀或天然钍,或它们的固体或液体的化合物或混合物;

c)A_2 值不受限制的放射性物质(不包括数量超过 7.11.2 规定的易裂变物质);

d)放射性活度遍布于各处且估计的平均比活度不超过 5.1～5.2.5 规定的活度浓度值 30 倍的其他放射性物质(不包括数量超过 7.11.2 规定的易裂变物质)。

3.24.2　II类低比活度物质(LSA-II)

a)氚浓度不高于 0.8TBq/L 的水;

b)放射性活度遍布于其中且估计的平均比活度不超过下述值的其他物质:对固体和气体不超过 $10^{-4}A_2/g$,对液体不超过 $10^{-5}A_2/g$。

3.24.3　III类低比活度物质(LSA-III)

下列状态的(但不包括粉末状的)固体(例如固化废物、活化材料):

a)其所含的放射性物质遍布于一个固体物件或一堆固体物件内,或基本上均匀地分布在密实的固体粘结剂(例如混凝土、沥青、陶瓷材料等)内;

b)其所含的放射性物质是较难溶的,或实质上是被包在较难溶的基质中,因此,即使货包在失去包装的情况下在水里浸泡 7 昼夜,每件货包中的放射性物质由于浸出而损失掉的也不会超过$0.1A_2$;

c)该固体(不包括任何屏蔽材料)的平均比活度(估计值)不超过 $2\times10^{-3}A_2/g$。

3.25　低毒性 α 发射体　low toxicity alpha emitters

天然铀、贫化铀、天然钍、铀-235或铀-238、钍-232、矿石中或物理和化学浓缩物中所含的钍-228和钍-230以及半衰期小于10d的α发射体。

3.26 最大正常工作压力 maximum normal operating pressure

在相当于运输过程中不通风、不用辅助系统进行外部冷却或不进行操作管理的环境温度和太阳照射条件下，在一年期间包容系统内可能产生的高于标准大气压的最大压力。

3.27 外包装 overpack

托运人为了方便将一个或多个货包作为托运的一个装卸单元而使用的包装物，如盒子或袋子等，以便于装卸、堆放和运载。

3.28 货包 package

提交运输的包装与其放射性内容物的统称。本标准所涉及的下列货包类型应符合第5章的放射性活度限值和材料限制并满足相应要求：

a)例外货包；

b)1型工业货包(IP-1)；

c)2型工业货包(IP-2)；

d)3型工业货包(IP-3)；

e)A型货包；

f)B(U)型货包；

g)B(M)型货包；

h)C型货包。

装有易裂变材料或六氟化铀的货包应该符合相应的附加要求。

3.29 包装 packaging

完全封闭放射性内容物所必需的各种部件的组合体。通常可以包括一个或多个腔室、吸收材料、间隔构件、辐射屏蔽层和用于充气、排空、通风和减压的辅助装置，用于冷却、吸收机械冲击、装卸与栓系以及隔热的部件，以及构成货包整体的辅助器件。包装可以是箱、桶或类似的容器，也可以是货物集装箱、罐或散货集装箱。

3.30 质量保证 quality assurance

由参与放射性物质运输的组织或单位施行管理和监督的系统性大纲，其目的是为在实践中达到本标准所规定的安全要求提供充分的可信度。

3.31 辐射水平 radiation level

以mSv/h为单位表示的相应的剂量率。

3.32 辐射防护大纲 radiation protection programme

对辐射防护措施提供充分考虑的系统性安排。

3.33 放射性内容物 radioactive contents

包装内的放射性物质连同已被污染或活化的固体、液体和气体。

3.34 放射性物质 radioactive material

在托运货物中任何含有放射性核素并且其活度浓度和放射性总活度都超过5.1~5.2.5规定值的物质。

3.35 装运 shipment

托运货物从启运地至目的地的特定运输。

3.36 特殊安排 special arrangement

按主管部门批准的某些措施运输不满足本标准中规定的所有适用要求的放射性托运货物的安排。

3.37 特殊形式放射性物质 special form radioactive material

不弥散的固体放射性物质或装有放射性物质的密封件。

3.38 比活度 specific activity

放射性核素的比活度是指单位质量该种核素的活度。

一种物质的比活度是指放射性核素基本上均匀的分布在物质中的单位质量或单位体积该物质的活度。

3.39 表面污染物体 surface contaminated object(SCO)

本身不是放射性的、但在其表面分布着放射性物质的固态物体。表面污染物体可分为两类:I类表面污染物体(SCO-I)和II类表面污染物体(SCO-II)。

3.39.1 I类表面污染物体(SCO-I)

下述情况下的固态物体:

a)在可接近表面上以300cm^2平均(若表面积小于300cm^2,则按该表面积计)的非固定污染,对β和γ发射体及低毒性α发射体,不超过4Bq/cm^2,或对所有其他α发射体,不超过0.4Bq/cm^2;

b)在可接近表面上以300cm^2平均(若表面积小于300cm^2,则按该表面积计)的固定污染,对β和γ发射体及低毒性α发射体,不超过$4\times10^3Bq/cm^2$,或对所有其他α发射体,不超过$4\times10^4Bq/cm^2$。

c)在不可接近表面上对300cm^2平均(若表面积小于300cm^2,则按该表面积计)的非固定污染加上固定污染,对β和γ发射体及低毒性α发射体,不超过$4\times10^4Bq/cm^2$,或对所有其他α发射体,不超过$4\times10^3Bq/cm^2$。

3.39.2 II类表面污染物体(SCO-II)

表面的固定污染或非固定污染超过3.39.1a)对SCO-I所规定的可适用

限值的固态物体，且：

a)在可接近表面上以 300cm² 平均(若表面积小于 300cm²，则按该表面积计)的非固定污染，对 β 和 γ 发射体及低毒性 α 发射体，不超过 400Bq/cm²，或对所有其他 α 发射体，不超过 40Bq/cm²；

b)在可接近表面上以 300cm² 平均(若表面积小于 300cm²，则按该表面积计)的固定污染，对 β 和 γ 发射体及低毒性 α 发射体，不超过 8×10^5 Bq/cm²，或对所有其他 α 发射体，不超过 8×10^4Bq/cm²。

c)在不可接近表面上对 300cm² 平均(若表面积小于 300cm²，则按该表面积计)的非固定污染加上固定污染，对 β 和 γ 发射体及低毒性 α 发射体，不超过 8×10^5Bq/cm²，或对所有其他 α 发射体，不超过 8×10^4Bq/cm²。

3.40 罐 tank

罐状容器、可搬运的罐、公路罐车、铁路罐车或拟装有液体、粉末、颗粒、浆液或先以气体或液体装入后凝固成固体的容量不小于 450L 的容器和拟装有气体的容量不小于 1000L 的容器。罐应能用于陆地或海上运输，并在不需拆除其结构部件的情况下能装载和卸载，罐还应具有使装载稳定的部件和固定在外壳上的栓系部件，并应在满载时能被吊起。

3.41 运输指数 transport index

对货包、外包装或货物集装箱，或无包装的 LSA-I 或 SCO-I 规定的运输指数(TI)是指用于控制辐射照射的一个数值。

3.42 未受辐照的钍 unirradiated thorium

每克钍-232 中铀-233 含量不超过 10^{-7}g 的钍。

3.43 未受辐照的铀 umirradiated uranium

每克铀-235 中钚含量不超过 2×10^3Bq、每克铀-235 中裂变产物含量不超过 9×10^6Bq 以及每克铀-235 中铀-236 含量不超过 5×10^{-3}g 的铀。

3.44 天然铀、贫化铀、富集铀 uranium-natural, depleted, enriched

天然铀是指通过化学分离所得到的具有天然铀同位素比例的铀(按质量计，铀-238 约占99.28%，铀-235 约占 0.72%)。

贫化铀是指所含铀-235 的质量百分比小于天然铀的铀。

富集铀是指所含铀-235 的质量百分比大于天然铀的铀。

上述三种铀中所含铀-234 的质量百分比非常小。

3.45 车辆 vehicle

公路车辆(包括铰接式车辆，即牵引车和所挂拖车的组合)或轨道车或铁路货车。每辆拖车应该被视为单独的车辆。

3.46 船舶 vessel

载货用的各种海船或内陆水运船。

4 一般原则

4.1 辐射防护

4.1.1 为运输放射性物质应制定辐射防护大纲。该大纲拟采取的措施应与辐射照射的大小和受照可能性联系起来。该大纲应包括4.1.2~4.1.3和4.1.5~4.2.2中的要求。大纲文件应按有关主管部门的要求准备,以备检查。

4.1.2 运输中,防护与安全应该是最优化的,以使个人剂量的大小、受照射人数以及引起照射的可能性,在考虑了经济和社会因素之后,应保持在合理可行尽量低的水平,而且人员所受剂量应该低于国家规定的相应的剂量限值。应从组织结构和系统上采取措施,并且应该把运输与其他活动之间的相互关系考虑在内。

4.1.3 工作人员应接受可能遭受的辐射危害以及拟采取的防护措施等方面有关知识的培训,以保证限制或避免他们和可能受其活动影响的其他人员所受到的辐射照射。

4.1.4 有关主管部门对由放射性物质运输引起人员所受的辐射剂量的定期评估应作出规定,以保证防护与安全系统符合GB 18871的要求。

4.1.5 对运输活动所产出的职业照射用有效剂量评估:

a)一年中有效剂量极不可能超过1mSv时,不必采用特殊的工作方式,也不必细致监测、制定剂量评定计划和保存个人记录;

b)一年中有效剂量预计可能处于1~6mSv之间时,应通过工作场所监测或个人监测制定剂量评定计划;

c)一年中有效剂量预计可能超过6mSv时,应进行个人监测。

在进行个人监测或工作场所监测时,应保存相关的记录。

4.1.6 应把放射性物质与工作人员和公众充分隔离。计算隔离距离或辐射水平时,应采取下述剂量值;

a)对经常处于作业区内的工作人员,年剂量为5mSv;

b)对公众经常出入的区域内的公众成员,考虑预期受到的所有有关的其他受控源或者实践的照射,对关键组的年剂量规定为1mSv。

4.1.7 放射性物质应与未显影的照相胶片充分隔离。确定隔离距离的依据是:每批托运未显影的照相胶片在与放射性物质运输期间受到的总辐射照射小于0.1mSv。

4.2 应急响应

4.2.1 一旦在运输放射性物质期间发生事故或小事件,应遵守我国有关规定,采取必要的应急措施保护人员、财产和环境。

4.2.2 应急程序应考虑在发生事故时,因托运货物的内容物与环境之间的反应而产生的其他危险物质。

4.3 质量保证

应为各种特殊形式放射性物质、低弥散放射性物质和货包的设计、制造、试验、文件编制、使用、维护和检查以及为运输作业和中途贮存作业制定质量保证大纲并有效实施,以保证其符合本标准的相关要求。应向主管部门呈交用于说明设计规范已完全得以实施的证明。制造者、托运人和使用者均应在制造和使用过程中为主管部门的检查提供方便,并向主管部门证实:

a)所有制造方法和材料均符合已批准的设计规范;

b)所有包装均定期予以检查,并在必要时加以修理和维护,以保持良好状态,使其即使在重复使用之后仍能符合所有的相关要求和规范。

4.4 遵章保证

主管部门负责作出安排和要求,确保本标准得到遵守。履行这种职责的措施包括制定并执行一项用以监督包装、特殊形式放射性物质和低弥散放射性物质的设计、制造、试验、检查和维护活动以及托运人和承运人进行的货包的制备、与货包有关的文件编制、货包装卸和堆放活动的监督大纲,以此验证本标准的各项规定在实践中均得以遵守。

4.5 特殊安排

对于不满足本标准要求的托运货物,经主管部门批准后,可以按特殊安排运输。此类托运货物的国际运输应由多方批准。运输中总的安全水平至少应相当于在所有适用要求均得以满足时所具有的总的安全水平。

4.6 不符合

当辐射水平或者污染出现不符合本标准有关限值的情况时;

a)当不符合情况在运输中被确认时承运人应将不符合情况通知托运人,或者当不符合情况在收货中被确认时收货人应将不符合情况通知托运人。

b)承运人、托运人或者收货人应当:

1)立即采取措施,减轻不符合情况产生的后果;

2)调查不符合情况的原因、状况和后果;

3)采取适当行动补救导致出现不符合情况的原因和状况,防止再次出现导致不符合情况的状况;

4)将有关导致不符合情况的原因和已经采取的或者将要采取的纠正或者预防行动通知主管部门。

c)应将不符合情况尽可能快地分别通知托运人和主管部门,无论应急照射情况已经发生还是正在发生都应立即通知。

4.7 培训

4.7.1 从事放射性物质运输的人员应当接受本标准中与其责任相称的内容的培训。

4.7.2 诸如为放射性物质分类、包装、作标记、贴标签的人员,准备放射性物质运输文件的人员,为了运输而提交或者接收放射性物质的人员,为放射性物质货包作标记或者贴标牌的人员,将放射性物质货包装人或者卸出运输车辆、散货包装或者货物集装箱等的人员,以及主管部门确定的直接涉及放射性物质运输的其他人员,应当接受下列培训。

a)一般的了解/熟悉培训:

1)每个人都应接受熟悉本标准一般规定的培训;

2)培训应当包括放射性物质类别的介绍,对作标记、贴标签、挂标牌、包装和隔离的要求,放射性物质运输文件的目的和内容的介绍,可获得的应急响应文件的介绍。

b)具体的岗位培训。每个人都应当接受与其履行职责有关的放射性物质运输具体要求的详细培训。

c)安全培训。相应于履行职责和发生释放时受到辐射照射的风险,相关人员应当接受下列方面的培训:

1)避免事故的方法和程序,例如货包操作设备的正确使用和放射性物质的恰当贮存方法;

2)可以获得的应急响应信息以及如何利用这些信息;

3)各种放射性物质的一般危害和如何防止受到这些危害,适当时包括人员防护服和防护设备的使用;

4)发生放射性物质意外释放时立即采取的程序,包括被培训人所负责的应急响应程序和要遵守的人员防护程序。

4.7.3 涉及放射性物质运输岗位的人员应当在聘用时进行或者确认已经经过4.7.2所要求的培训,并且应当定期进行主管部门认为合适的再培训。

5 放射性活度限值和材料限制

5.1 放射性核素的基本限值

表1给出了单个放射性核素的下述基本限值：

a) A_1 和 A_2（单位：TBq）；

b)豁免物质的活度浓度（单位：Bq/g）；

c)豁免托运货物的放射性活度限值（单位：Bq）；

5.2 放射性核素基本限值的确定

5.2.1 对于表1中未列出的单个放射性核素，5.1所涉及的放射性核素基本限值的确定应经主管部门批准，对于国际运输，这种确定应该经多方批准。在已知每个放射性核素的化学形态时，若考虑了运输的正常和事故两种条件下的化学形态，则允许使用由国际放射防护委员会建议的考虑了溶解度等级的 A_2 值，或可不经主管部门批准使用表2所列出的放射性核素的值。

放射性核素的基本限值 表1

放射性核素（原子序数）	A_1 (TBq)	A_2 (TBq)	豁免物质的活度浓度 (Bq/g)	一件豁免托运货物的放射性活度限值 (Bq)
锕 [Ac(89)]				
Ac-225[a]	8×10^{-1}	6×10^{-3}	1×10^{1}	1×10^{4}
Ac-227[a]	9×10^{-1}	9×10^{-5}	1×10^{-1}	1×10^{3}
Ac-228	6×10^{-1}	5×10^{-1}	1×10^{1}	1×10^{6}
银 [Ag(47)]				
Ag-105	2×10^{6}	2×10^{0}	1×10^{2}	1×10^{6}
Ag-108m[a]	7×10^{-1}	7×10^{-1}	1×10^{1}[b]	1×10^{6}[b]
Ag-110m[a]	4×10^{-1}	4×10^{-1}	1×10^{1}	1×10^{6}
Ag-111	2×10^{0}	6×10^{-1}	1×10^{3}	1×10^{6}
铝 [Al(13)]				
Al-26	1×10^{-1}	1×10^{-1}	1×10^{1}	1×10^{5}
镅 [Am(95)]				
Am-241	1×10^{1}	1×10^{-3}	1×10^{0}	1×10^{4}
Am-242m[a]	1×10^{1}	1×10^{-3}	1×10^{0}[b]	1×10^{4}[b]
Am-243[a]	5×10^{0}	1×10^{-3}	1×10^{0}[b]	1×10^{3}[b]
氩 [Ar(18)]				
Ar-37	4×10^{1}	4×10^{1}	1×10^{6}	1×10^{8}
Ar-39	4×10^{1}	2×10^{1}	1×10^{7}	1×10^{4}
Ar-41	3×10^{-1}	3×10^{-1}	1×10^{2}	1×10^{9}

续上表

放射性核素（原子序数）	A_1（TBq）	A_2（TBq）	豁免物质的活度浓度（Bq/g）	一件豁免托运货物的放射性活度限值（Bq）
砷 [As(33)]				
As-72	3×10^{-1}	3×10^{-1}	1×10^{1}	1×10^{5}
As-73	4×10^{1}	4×10^{1}	1×10^{3}	1×10^{7}
As-74	1×10^{0}	9×10^{-1}	1×10^{1}	1×10^{6}
As-76	3×10^{-1}	3×10^{-1}	1×10^{2}	1×10^{5}
As-77	2×10^{1}	7×10^{-1}	1×10^{3}	1×10^{6}
砹 [At(85)]				
At-211[a]	2×10^{1}	5×10^{-1}	1×10^{3}	1×10^{7}
金 [Au(79)]				
Au-193	7×10^{0}	2×10^{0}	1×10^{2}	1×10^{7}
Au-194	1×10^{0}	1×10^{0}	1×10^{1}	1×10^{6}
Au-195	1×10^{1}	6×10^{0}	1×10^{2}	1×10^{7}
Au-198	1×10^{0}	6×10^{-1}	1×10^{2}	1×10^{6}
Au-199	1×10^{1}	6×10^{-1}	1×10^{2}	1×10^{6}
钡 [Ba(56)]				
Ba-131[a]	2×10^{0}	2×10^{0}	1×10^{2}	1×10^{5}
Ba-133	3×10^{0}	3×10^{0}	1×10^{2}	1×10^{6}
Ba-133m	2×10^{1}	6×10^{-1}	1×10^{2}	1×10^{6}
Ba-140[a]	5×10^{-1}	3×10^{-1}	1×10^{1}[b]	1×10^{5}[b]
铍 [Be(4)]				
Be-7	2×10^{1}	2×10^{1}	1×10^{3}	1×10^{7}
Be-10	4×10^{1}	6×10^{-1}	1×10^{4}	1×10^{6}
铋 [Bi(83)]				
Bi-205	7×10^{-1}	7×10^{-1}	1×10^{1}	1×10^{6}
Bi-206	3×10^{-1}	3×10^{-1}	1×10^{1}	1×10^{5}
Bi-207	7×10^{-1}	7×10^{-1}	1×10^{1}	1×10^{6}
Bi-210	1×10^{0}	6×10^{-1}	1×10^{3}	1×10^{6}
Bi-210m[a]	6×10^{-1}	2×10^{-2}	1×10^{1}	1×10^{5}
Bi-212[a]	7×10^{-1}	6×10^{-1}	1×10^{1}[b]	1×10^{5}[b]

续上表

放射性核素（原子序数）	A_1（TBq）	A_2（TBq）	豁免物质的活度浓度（Bq/g）	一件豁免托运货物的放射性活度限值（Bq）
锫 [Bk(97)]				
Bk-247	8×10^{0}	8×10^{-4}	1×10^{0}	1×10^{4}
Bk-249[a]	4×10^{1}	3×10^{-1}	1×10^{3}	1×10^{6}
溴 [Br(35)]				
Br-76	4×10^{-1}	4×10^{-1}	1×10^{1}	1×10^{5}
Br-77	3×10^{0}	3×10^{0}	1×10^{2}	1×10^{6}
Br-82	4×10^{-1}	4×10^{-1}	1×10^{1}	1×10^{6}
碳 [C(6)]				
C-11	1×10^{0}	6×10^{-1}	1×10^{1}	1×10^{6}
C-14	4×10^{1}	3×10^{0}	1×10^{4}	1×10^{7}
钙 [Ca(20)]				
Ca-41	不限	不限	1×10^{5}	1×10^{7}
Ca-45	4×10^{1}	1×10^{0}	1×10^{4}	1×10^{7}
Ca-47[a]	3×10^{0}	3×10^{-1}	1×10^{1}	1×10^{6}
镉 [Cd(48)]				
Cd-109	3×10^{1}	2×10^{0}	1×10^{4}	1×10^{6}
Cd-113m	4×10^{1}	5×10^{-1}	1×10^{3}	1×10^{6}
Cd-115[a]	3×10^{0}	4×10^{-1}	1×10^{2}	1×10^{6}
Cd-115m	5×10^{-1}	5×10^{-1}	1×10^{2}	1×10^{6}
铈 [Ce(58)]				
Ce-139	7×10^{0}	2×10^{0}	1×10^{2}	1×10^{6}
Ce-141	2×10^{1}	6×10^{-1}	1×10^{2}	1×10^{7}
Ce-143	9×10^{-1}	6×10^{-1}	1×10^{2}	1×10^{6}
Ce-144[a]	2×10^{-1}	2×10^{-1}	1×10^{2}[b]	1×10^{5}[b]
锎 [Cf(98)]				
Cf-248	4×10^{1}	6×10^{-3}	1×10^{1}	1×10^{4}
Cf-249	3×10^{0}	8×10^{-4}	1×10^{0}	1×10^{3}
Cf-250	2×10^{1}	2×10^{-3}	1×10^{1}	1×10^{4}
Cf-251	7×10^{0}	7×10^{-4}	1×10^{0}	1×10^{3}
Cf-252	1×10^{-1}	3×10^{-3}	1×10^{1}	1×10^{4}
Cf-253[a]	4×10^{1}	4×10^{-2}	1×10^{2}	1×10^{5}
Cf-254	1×10^{-3}	1×10^{-3}	1×10^{0}	1×10^{3}

续上表

放射性核素（原子序数）	A_1（TBq）	A_2（TBq）	豁免物质的活度浓度（Bq/g）	一件豁免托运货物的放射性活度限值（Bq）
氯　[Cl(17)]				
Cl-36	1×10^{1}	6×10^{-1}	1×10^{4}	1×10^{6}
Cl-38	2×10^{-1}	2×10^{-1}	1×10^{1}	1×10^{5}
锔　[Cm(96)]				
Cm-240	4×10^{1}	2×10^{-2}	1×10^{2}	1×10^{5}
Cm-241	2×10^{0}	1×10^{0}	1×10^{2}	1×10^{6}
Cm-242	4×10^{1}	1×10^{-2}	1×10^{2}	1×10^{5}
Cm-243	9×10^{0}	1×10^{-3}	1×10^{0}	1×10^{4}
Cm-244	2×10^{1}	2×10^{-3}	1×10^{1}	1×10^{4}
Cm-245	9×10^{0}	9×10^{-4}	1×10^{0}	1×10^{3}
Cm-246	9×10^{0}	9×10^{-4}	1×10^{0}	1×10^{3}
Cm-247[a]	3×10^{0}	1×10^{-3}	1×10^{0}	1×10^{4}
Cm-248	2×10^{-2}	3×10^{-4}	1×10^{0}	1×10^{3}
钴　[Co(27)]				
Co-55	5×10^{-1}	5×10^{-1}	1×10^{1}	1×10^{6}
Co-56	3×10^{-1}	3×10^{-1}	1×10^{1}	1×10^{5}
Co-57	1×10^{1}	1×10^{1}	1×10^{2}	1×10^{6}
Co-58	1×10^{0}	1×10^{0}	1×10^{1}	1×10^{6}
Co-58m	4×10^{1}	4×10^{1}	1×10^{4}	1×10^{7}
Co-60	4×10^{-1}	4×10^{-1}	1×10^{1}	1×10^{5}
铬　[Cr(24)]				
Cr-51	3×10^{1}	3×10^{1}	1×10^{3}	1×10^{7}
铯　[Cs(55)]				
Cs-129	4×10^{0}	4×10^{0}	1×10^{2}	1×10^{5}
Cs-131	3×10^{1}	3×10^{1}	1×10^{3}	1×10^{6}
Cs-132	1×10^{0}	1×10^{0}	1×10^{1}	1×10^{5}
Cs-134	7×10^{-1}	7×10^{-1}	1×10^{1}	1×10^{4}
Cs-134m	4×10^{1}	6×10^{-1}	1×10^{3}	1×10^{5}
Cs-135	4×10^{1}	1×10^{0}	1×10^{4}	1×10^{7}
Cs-136	5×10^{-1}	5×10^{-1}	1×10^{1}	1×10^{5}
Cs-137[a]	2×10^{0}	6×10^{-1}	1×10^{1}[b]	1×10^{4}[b]

续上表

放射性核素（原子序数）	A_1（TBq）	A_2（TBq）	豁免物质的活度浓度（Bq/g）	一件豁免托运货物的放射性活度限值（Bq）
铜 ［Cu(29)］				
Cu-64	6×10^{0}	1×10^{0}	1×10^{2}	1×10^{6}
Cu-67	1×10^{1}	7×10^{-1}	1×10^{2}	1×10^{6}
镝 ［Dy(66)］				
Dy-159	2×10^{1}	2×10^{1}	1×10^{3}	1×10^{7}
Dy-165	9×10^{-1}	6×10^{-1}	1×10^{3}	1×10^{6}
Dy-166[a]	9×10^{-1}	3×10^{-1}	1×10^{3}	1×10^{6}
铒 ［Er(68)］				
Er-169	4×10^{1}	1×10^{0}	1×10^{4}	1×10^{7}
Er-171	8×10^{-1}	5×10^{-1}	1×10^{2}	1×10^{6}
铕 ［Eu(63)］				
Eu-147	2×10^{0}	2×10^{0}	1×10^{2}	1×10^{6}
Eu-148	5×10^{-1}	5×10^{-1}	1×10^{1}	1×10^{6}
Eu-149	2×10^{1}	2×10^{1}	1×10^{2}	1×10^{7}
Eu-150（短寿命）	2×10^{0}	7×10^{-1}	1×10^{3}	1×10^{6}
Eu-150（长寿命）	7×10^{-1}	7×10^{-1}	1×10^{1}	1×10^{6}
Eu-152	1×10^{0}	1×10^{0}	1×10^{1}	1×10^{6}
Eu-152m	8×10^{-1}	8×10^{-1}	1×10^{2}	1×10^{6}
Eu-154	9×10^{-1}	6×10^{-1}	1×10^{1}	1×10^{6}
Eu-155	2×10^{1}	3×10^{0}	1×10^{2}	1×10^{7}
Eu-156	7×10^{-1}	7×10^{-1}	1×10^{1}	1×10^{6}
氟 ［F(9)］				
F-18	1×10^{0}	6×10^{-1}	1×10^{1}	1×10^{6}
铁 ［Fe(26)］				
Fe-52[a]	3×10^{-1}	3×10^{-1}	1×10^{1}	1×10^{6}
Fe-55	4×10^{1}	4×10^{1}	1×10^{4}	1×10^{6}
Fe-59	9×10^{-1}	9×10^{-1}	1×10^{1}	1×10^{6}
Fe-60[a]	4×10^{1}	2×10^{-1}	1×10^{2}	1×10^{5}

续上表

放射性核素（原子序数）	A_1（TBq）	A_2（TBq）	豁免物质的活度浓度（Bq/g）	一件豁免托运货物的放射性活度限值（Bq）
镓 [Ca(31)]				
Ca-67	7×10^{0}	3×10^{0}	1×10^{2}	1×10^{6}
Ca-68	5×10^{-1}	5×10^{-1}	1×10^{1}	1×10^{5}
Ca-72	4×10^{-1}	4×10^{-1}	1×10^{1}	1×10^{5}
钆 [Gd(64)]				
Gd-146[a]	5×10^{-1}	5×10^{-1}	1×10^{1}	1×10^{6}
Gd-148	2×10^{1}	2×10^{-3}	1×10^{1}	1×10^{4}
Gd-153	1×10^{1}	9×10^{0}	1×10^{2}	1×10^{7}
Gd-159	3×10^{0}	6×10^{-1}	1×10^{3}	1×10^{6}
锗 [Ge(32)]				
Ge-68[a]	5×10^{-1}	5×10^{-1}	1×10^{1}	1×10^{5}
Ge-71	4×10^{1}	4×10^{1}	1×10^{4}	1×10^{8}
Ge-77	3×10^{-1}	3×10^{-1}	1×10^{1}	1×10^{5}
铪 [Hf(72)]				
Hf-172[a]	6×10^{-1}	6×10^{-1}	1×10^{1}	1×10^{6}
Hf-175	3×10^{0}	3×10^{0}	1×10^{2}	1×10^{6}
Hf-181	2×10^{0}	5×10^{-1}	1×10^{1}	1×10^{6}
Hf-182	不限	不限	1×10^{2}	1×10^{6}
汞 [Hg(80)]				
Hg-194[a]	1×10^{0}	1×10^{0}	1×10^{1}	1×10^{6}
Hg-195m[a]	3×10^{0}	7×10^{-1}	1×10^{2}	1×10^{6}
Hg-197	2×10^{1}	1×10^{1}	1×10^{2}	1×10^{7}
Hg-197m	1×10^{1}	4×10^{-1}	1×10^{2}	1×10^{6}
Hg-203	5×10^{0}	1×10^{0}	1×10^{2}	1×10^{5}

续上表

放射性核素（原子序数）	A_1（TBq）	A_2（TBq）	豁免物质的活度浓度（Bq/g）	一件豁免托运货物的放射性活度限值（Bq）
钬 [Ho(67)]				
Ho-166	4×10^{-1}	4×10^{-1}	1×10^{3}	1×10^{5}
Ho-166m	6×10^{-1}	5×10^{-1}	1×10^{1}	1×10^{6}
碘 [I(53)]				
I-123	6×10^{0}	3×10^{0}	1×10^{2}	1×10^{7}
I-124	1×10^{0}	1×10^{0}	1×10^{1}	1×10^{6}
I-125	2×10^{1}	3×10^{0}	1×10^{3}	1×10^{6}
I-126	2×10^{0}	1×10^{0}	1×10^{2}	1×10^{6}
I-129	不限	不限	1×10^{2}	1×10^{5}
I-131	3×10^{0}	7×10^{-1}	1×10^{2}	1×10^{6}
I-132	4×10^{-1}	4×10^{-1}	1×10^{1}	1×10^{5}
I-133	7×10^{-1}	6×10^{-1}	1×10^{1}	1×10^{6}
I-134	3×10^{-1}	3×10^{-1}	1×10^{1}	1×10^{5}
I-135[a]	6×10^{-1}	6×10^{-1}	1×10^{1}	1×10^{6}
铟 [In(49)]				
In-111	3×10^{0}	3×10^{0}	1×10^{2}	1×10^{6}
In-113m	4×10^{0}	2×10^{0}	1×10^{2}	1×10^{6}
In-114m[a]	1×10^{1}	5×10^{-1}	1×10^{2}	1×10^{6}
In-115m	7×10^{0}	1×10^{0}	1×10^{2}	1×10^{6}
铱 [Ir(77)]				
Ir-189[a]	1×10^{1}	1×10^{1}	1×10^{2}	1×10^{7}
Ir-190	7×10^{-1}	7×10^{-1}	1×10^{1}	1×10^{6}
Ir-192	1×10^{0}[c]	6×10^{-1}	1×10^{1}	1×10^{4}
Ir-194	3×10^{-1}	3×10^{-1}	1×10^{2}	1×10^{5}
钾 [K(19)]				
K-40	9×10^{-1}	9×10^{-1}	1×10^{2}	1×10^{6}
K-42	2×10^{-1}	2×10^{-1}	1×10^{2}	1×10^{6}
K-43	7×10^{-1}	6×10^{-1}	1×10^{1}	1×10^{6}

续上表

放射性核素（原子序数）	A_1（TBq）	A_2（TBq）	豁免物质的活度浓度（Bq/g）	一件豁免托运货物的放射性活度限值（Bq）
氪 [Kr(36)]				
Kr-81	4×10^{1}	4×10^{1}	1×10^{4}	1×10^{7}
Kr-85	1×10^{1}	1×10^{1}	1×10^{5}	1×10^{4}
Kr-85m	8×10^{0}	3×10^{0}	1×10^{3}	1×10^{10}
Kr-87	2×10^{-1}	2×10^{-1}	1×10^{2}	1×10^{9}
镧 [La(57)]				
La-137	3×10^{1}	6×10^{0}	1×10^{3}	1×10^{7}
La-140	4×10^{-1}	4×10^{-1}	1×10^{1}	1×10^{5}
镥 [Lu(71)]				
Lu-172	6×10^{-1}	6×10^{-1}	1×10^{1}	1×10^{6}
Lu-173	8×10^{0}	8×10^{0}	1×10^{2}	1×10^{7}
Lu-174	9×10^{0}	9×10^{0}	1×10^{2}	1×10^{7}
Lu-174m	2×10^{1}	1×10^{1}	1×10^{2}	1×10^{7}
Lu-177	3×10^{1}	7×10^{-1}	1×10^{3}	1×10^{7}
镁 [Mg(12)]				
Mg-28[a]	3×10^{-1}	3×10^{-1}	1×10^{1}	1×10^{5}
锰 [Mn(25)]				
Mn-52	3×10^{-1}	3×10^{-1}	1×10^{1}	1×10^{5}
Mn-53	不限	不限	1×10^{4}	1×10^{9}
Mn-54	1×10^{0}	1×10^{0}	1×10^{1}	1×10^{6}
Mn-56	3×10^{-1}	3×10^{-1}	1×10^{1}	1×10^{5}
钼 [Mo(42)]				
Mo-93	4×10^{1}	2×10^{1}	1×10^{3}	1×10^{8}
Mo-99[a]	1×10^{0}	6×10^{-1}	1×10^{2}	1×10^{6}

续上表

放射性核素（原子序数）	A_1（TBq）	A_2（TBq）	豁免物质的活度浓度（Bq/g）	一件豁免托运货物的放射性活度限值（Bq）
氮 [N(7)]				
N-13	9×10^{-1}	6×10^{-1}	1×10^{2}	1×10^{9}
钠 [Na(11)]				
Na-22	5×10^{-1}	5×10^{-1}	1×10^{1}	1×10^{6}
Na-24	2×10^{-1}	2×10^{-1}	1×10^{1}	1×10^{5}
铌 [Nb(41)]				
Nb-93m	4×10^{1}	3×10^{1}	1×10^{4}	1×10^{7}
Nb-94	7×10^{-1}	7×10^{-1}	1×10^{1}	1×10^{6}
Nb-95	1×10^{0}	1×10^{0}	1×10^{1}	1×10^{6}
Nb-97	9×10^{-1}	6×10^{-1}	1×10^{1}	1×10^{6}
钕 [Nd(60)]				
Nd-147	6×10^{0}	6×10^{-1}	1×10^{2}	1×10^{6}
Nd-149	6×10^{-1}	5×10^{-1}	1×10^{2}	1×10^{6}
镍 [Ni(28)]				
Ni-59	不限	不限	1×10^{4}	1×10^{8}
Ni-63	4×10^{1}	3×10^{1}	1×10^{5}	1×10^{8}
Ni-65	4×10^{-1}	4×10^{-1}	1×10^{1}	1×10^{6}
镎 [Np(93)]				
Np-235	4×10^{1}	4×10^{1}	1×10^{3}	1×10^{7}
Np-236(短寿命)	2×10^{1}	2×10^{0}	1×10^{3}	1×10^{7}
Np-236(长寿命)	9×10^{0}	2×10^{-2}	1×10^{2}	1×10^{5}
Np-237	2×10^{1}	2×10^{-3}	$1\times10^{0\mathrm{b}}$	$1\times10^{3\mathrm{b}}$
Np-239	7×10^{0}	4×10^{-1}	1×10^{2}	1×10^{7}

续上表

放射性核素 (原子序数)	A_1 (TBq)	A_2 (TBq)	豁免物质的活度浓度 (Bq/g)	一件豁免托运货物的放射性活度限值 (Bq)
锇 [Os(76)]				
Os-185	1×10^{0}	1×10^{0}	1×10^{1}	1×10^{6}
Os-191	1×10^{1}	2×10^{0}	1×10^{2}	1×10^{7}
Os-191m	4×10^{1}	3×10^{1}	1×10^{3}	1×10^{7}
Os-193	2×10^{0}	6×10^{-1}	1×10^{2}	1×10^{6}
Os-194[a]	3×10^{-1}	3×10^{-1}	1×10^{2}	1×10^{5}
磷 [P(15)]				
P-32	5×10^{-1}	5×10^{-1}	1×10^{3}	1×10^{5}
P-33	4×10^{1}	1×10^{0}	1×10^{5}	1×10^{8}
镤 [Pa(91)]				
Pa-230	2×10^{0}	7×10^{-2}	1×10^{1}	1×10^{6}
Pa-231	4×10^{0}	4×10^{-4}	1×10^{0}	1×10^{3}
Pa-233	5×10^{0}	7×10^{-1}	1×10^{2}	1×10^{7}
铅 [Pb(82)]				
Pb-201	1×10^{0}	1×10^{0}	1×10^{1}	1×10^{6}
Pb-202	4×10^{1}	2×10^{1}	1×10^{3}	1×10^{6}
Pb-203	4×10^{0}	3×10^{0}	1×10^{2}	1×10^{6}
Pb-205	不限	不限	1×10^{4}	1×10^{7}
Pb-210[a]	1×10^{0}	5×10^{-2}	1×10^{1}[b]	1×10^{4}[b]
Pb-212[a]	7×10^{-1}	2×10^{-1}	1×10^{1}[b]	1×10^{5}[b]
钯 [Pb(46)]				
Pb-103[a]	4×10^{1}	4×10^{1}	1×10^{3}	1×10^{8}
Pb-107	不限	不限	1×10^{5}	1×10^{8}
Pb-109	2×10^{0}	5×10^{-1}	1×10^{3}	1×10^{6}

续上表

放射性核素（原子序数）	A_1（TBq）	A_2（TBq）	豁免物质的活度浓度（Bq/g）	一件豁免托运货物的放射性活度限值（Bq）
钷 [Pm(61)]				
Pm-143	3×10^0	3×10^0	1×10^2	1×10^6
Pm-144	7×10^{-1}	7×10^{-1}	1×10^1	1×10^6
Pm-145	3×10^1	1×10^1	1×10^3	1×10^7
Pm-147	4×10^1	2×10^0	1×10^4	1×10^7
Pm-148m[a]	8×10^{-1}	7×10^{-1}	1×10^1	1×10^6
Pm-149	2×10^0	6×10^{-1}	1×10^3	1×10^6
Pm-151	2×10^0	6×10^{-1}	1×10^2	1×10^6
钋 [Po(84)]				
Po-210	4×10^1	2×10^{-2}	1×10^1	1×10^4
镨 [Pr(59)]				
Pr-142	4×10^{-1}	4×10^{-1}	1×10^2	1×10^5
Pr-143	3×10^0	6×10^{-1}	1×10^4	1×10^6
铂 [Pt(78)]				
Pt-188[a]	1×10^0	8×10^{-1}	1×10^1	1×10^6
Pt-191	4×10^0	3×10^0	1×10^2	1×10^6
Pt-193	4×10^1	4×10^1	1×10^4	1×10^7
Pt-193m	4×10^1	5×10^{-1}	1×10^3	1×10^7
Pt-195m	1×10^1	5×10^{-1}	1×10^2	1×10^6
Pt-197	2×10^1	6×10^{-1}	1×10^3	1×10^6
Pt-197m	1×10^1	6×10^{-1}	1×10^2	1×10^6
钚 [Pu(94)]				
Pu-236	3×10^1	3×10^{-3}	1×10^1	1×10^4
Pu-237	2×10^1	2×10^1	1×10^3	1×10^7
Pu-238	1×10^1	1×10^{-3}	1×10^0	1×10^4
Pu-239	1×10^1	1×10^{-3}	1×10^0	1×10^4
Pu-240	1×10^1	1×10^{-3}	1×10^0	1×10^3
Pu-241[a]	4×10^1	6×10^{-2}	1×10^2	1×10^5
Pu-242	1×10^1	1×10^{-3}	1×10^0	1×10^4
Pu-244[a]	4×10^{-1}	1×10^{-3}	1×10^0	1×10^4

续上表

放射性核素（原子序数）	A_1（TBq）	A_2（TBq）	豁免物质的活度浓度（Bq/g）	一件豁免托运货物的放射性活度限值（Bq）
镭 [Ra(88)]				
Ra-223[a]	4×10^{-1}	7×10^{-3}	1×10^{2b}	1×10^{5b}
Ra-224[a]	4×10^{-1}	2×10^{-2}	1×10^{1b}	1×10^{5b}
Ra-225[a]	2×10^{-1}	4×10^{-3}	1×10^{2}	1×10^{5}
Ra-226[a]	2×10^{-1}	3×10^{-3}	1×10^{1b}	1×10^{4b}
Ra-228[a]	6×10^{-1}	2×10^{-2}	1×10^{1b}	1×10^{5b}
铷 [Rb(37)]				
Rb-81	2×10^{0}	8×10^{-1}	1×10^{1}	1×10^{6}
Rb-83[a]	2×10^{0}	2×10^{0}	1×10^{2}	1×10^{6}
Rb-84	1×10^{0}	1×10^{0}	1×10^{1}	1×10^{6}
Rb-86	5×10^{-1}	5×10^{-1}	1×10^{2}	1×10^{5}
Rb-87	不限	不限	1×10^{4}	1×10^{7}
Rb(天然)	不限	不限	1×10^{4}	1×10^{7}
铼 [Re(75)]				
Re-184	1×10^{0}	1×10^{0}	1×10^{1}	1×10^{6}
Re-184m	3×10^{0}	1×10^{0}	1×10^{2}	1×10^{6}
Re-186	2×10^{0}	6×10^{-1}	1×10^{3}	1×10^{6}
Re-187	不限	不限	1×10^{6}	1×10^{9}
Re-188	4×10^{-1}	4×10^{-1}	1×10^{2}	1×10^{5}
Re-189[a]	3×10^{0}	6×10^{-1}	1×10^{2}	1×10^{6}
Re(天然)	不限	不限	1×10^{6}	1×10^{9}
铑 [Rh(45)]				
Rh-99	2×10^{0}	2×10^{0}	1×10^{1}	1×10^{6}
Rh-101	4×10^{0}	3×10^{0}	1×10^{2}	1×10^{7}
Rh-102	5×10^{-1}	5×10^{-1}	1×10^{1}	1×10^{6}
Rh-102m	2×10^{0}	2×10^{0}	1×10^{2}	1×10^{6}
Rh-103m	4×10^{1}	4×10^{1}	1×10^{4}	1×10^{8}
Rh-105	1×10^{1}	8×10^{-1}	1×10^{2}	1×10^{7}
氡 [Rn(86)]				
Rn-222[a]	3×10^{-1}	4×10^{-3}	1×10^{1b}	1×10^{8b}

续上表

放射性核素（原子序数）	A_1（TBq）	A_2（TBq）	豁免物质的活度浓度（Bq/g）	一件豁免托运货物的放射性活度限值（Bq）
钌 [Ru(44)]				
Ru-97	5×10^{0}	5×10^{0}	1×10^{2}	1×10^{7}
Ru-103[a]	2×10^{0}	2×10^{0}	1×10^{2}	1×10^{6}
Ru-105	1×10^{0}	6×10^{-1}	1×10^{1}	1×10^{6}
Ru-106[a]	2×10^{-1}	2×10^{-1}	1×10^{2}[b]	1×10^{5}[b]
硫 [S(16)]				
S-35	4×10^{1}	3×10^{0}	1×10^{5}	1×10^{8}
锑 [Sb(51)]				
Sb-122	4×10^{-1}	4×10^{-1}	1×10^{2}	1×10^{4}
Sb-124	6×10^{-1}	6×10^{-1}	1×10^{1}	1×10^{6}
Sb-125	2×10^{0}	1×10^{0}	1×10^{2}	1×10^{6}
Sb-126	4×10^{-1}	4×10^{-1}	1×10^{1}	1×10^{5}
钪 [Sc(21)]				
Sc-44	5×10^{-1}	5×10^{-1}	1×10^{1}	1×10^{5}
Sc-46	5×10^{-1}	5×10^{-1}	1×10^{1}	1×10^{6}
Sc-47	1×10^{1}	7×10^{-1}	1×10^{2}	1×10^{6}
Sc-48	3×10^{-1}	3×10^{-1}	1×10^{1}	1×10^{5}
硒 [Se(34)]				
Se-75	3×10^{0}	3×10^{0}	1×10^{2}	1×10^{6}
Se-79	4×10^{1}	2×10^{0}	1×10^{4}	1×10^{7}
硅 [Si(14)]				
Si-31	6×10^{-1}	6×10^{-1}	1×10^{3}	1×10^{6}
Si-32	4×10^{1}	5×10^{-1}	1×10^{3}	1×10^{6}
钐 [Sm(62)]				
Sm-145	1×10^{1}	1×10^{1}	1×10^{2}	1×10^{7}
Sm-147	不限	不限	1×10^{1}	1×10^{4}
Sm-151	4×10^{1}	1×10^{1}	1×10^{4}	1×10^{8}
Sm-153	9×10^{0}	6×10^{-1}	1×10^{2}	1×10^{6}

续上表

放射性核素（原子序数）	A_1（TBq）	A_2（TBq）	豁免物质的活度浓度（Bq/g）	一件豁免托运货物的放射性活度限值（Bq）
锡 [Sn(50)]				
Sn-113[a]	4×10^{0}	2×1^{0}	1×10^{3}	1×10^{7}
Sn-117m	7×10^{0}	4×10^{-1}	1×10^{2}	1×10^{6}
Sn-119m	4×10^{1}	3×10^{1}	1×10^{3}	1×10^{7}
Sn-121m[a]	4×10^{1}	9×10^{-1}	1×10^{3}	1×10^{7}
Sn-123	8×10^{-1}	6×10^{-1}	1×10^{3}	1×10^{6}
Sn-125	4×10^{-1}	4×10^{-1}	1×10^{2}	1×10^{5}
Sn-126[a]	6×10^{-1}	4×10^{-1}	1×10^{1}	1×10^{5}
锶 [Sr(38)]				
Sr-82[a]	2×10^{-1}	2×10^{-1}	1×10^{1}	1×10^{5}
Sr-85	2×10^{0}	2×10^{0}	1×10^{2}	1×10^{6}
Sr-85m	5×10^{0}	5×10^{0}	1×10^{2}	1×10^{7}
Sr-87m	3×10^{0}	3×10^{0}	1×10^{2}	1×10^{6}
Sr-89	6×10^{-1}	6×10^{-1}	1×10^{3}	1×10^{6}
Sr-90[a]	3×10^{-1}	3×10^{-1}	1×10^{2}[b]	1×10^{4}[b]
Sr-91[a]	3×10^{-1}	3×10^{-1}	1×10^{1}	1×10^{5}
Sr-92[a]	1×10^{0}	3×10^{-1}	1×10^{1}	1×10^{6}
氚 [H(1)]				
T(H-3)	4×10^{1}	4×10^{1}	1×10^{6}	1×10^{9}
钽 [Ta(73)]				
Ta-178(长寿命)	1×10^{0}	8×10^{-1}	1×10^{1}	1×10^{6}
Ta-179	3×10^{1}	3×10^{1}	1×10^{3}	1×10^{7}
Ta-182	9×10^{-1}	5×10^{-1}	1×10^{1}	1×10^{4}
铽 [Tb(65)]				
Tb-157	4×10^{1}	4×10^{1}	1×10^{4}	1×10^{7}
Tb-158	1×10^{0}	1×10^{0}	1×10^{1}	1×10^{6}
Tb-160	1×10^{0}	6×10^{-1}	1×101^{1}	1×10^{6}

续上表

放射性核素（原子序数）	A_1（TBq）	A_2（TBq）	豁免物质的活度浓度（Bq/g）	一件豁免托运货物的放射性活度限值（Bq）
锝 [Tc(43)]				
Tc-95m[a]	2×10^{0}	2×10^{0}	1×10^{1}	1×10^{6}
Tc-96	4×10^{-1}	4×10^{-1}	1×10^{1}	1×10^{6}
Tc-96m[a]	4×10^{-1}	4×10^{-1}	1×10^{3}	1×10^{7}
Tc-97	不限	不限	1×10^{3}	1×10^{8}
Tc-97m	4×10^{1}	1×10^{0}	1×10^{3}	1×10^{7}
Tc-98	8×10^{-1}	7×10^{-1}	1×10^{1}	1×10^{6}
Tc-99	4×10^{1}	9×10^{-1}	1×10^{4}	1×10^{7}
Tc-99m	1×10^{1}	4×10^{0}	1×10^{2}	1×10^{7}
碲 [Te(52)]				
Te-121	2×10^{0}	2×10^{0}	1×10^{1}	1×10^{6}
Te-121m	5×10^{0}	3×10^{0}	1×10^{2}	1×10^{5}
Te-123m	8×10^{0}	1×10^{0}	1×10^{2}	1×10^{7}
Te-125m	2×10^{1}	9×10^{-1}	1×10^{3}	1×10^{7}
Te-127	2×10^{1}	7×10^{-1}	1×10^{3}	1×10^{6}
Te-127m[a]	2×10^{1}	5×10^{-1}	1×10^{3}	1×10^{7}
Te-129	7×10^{-1}	6×10^{-1}	1×10^{2}	1×10^{6}
Te-129m[a]	8×10^{-1}	4×10^{-1}	1×10^{3}	1×10^{6}
Te-131m[a]	7×10^{-1}	5×10^{-1}	1×10^{1}	1×10^{6}
Te-132[a]	5×10^{-1}	4×10^{-1}	1×10^{2}	1×10^{7}
钍 [Th(90)]				
Th-227	1×10^{1}	5×10^{-3}	1×10^{1}	1×10^{4}
Th-228[a]	5×10^{-1}	1×10^{-3}	1×10^{0}[b]	1×10^{4}[b]
Th-229	5×10^{0}	5×10^{-4}	1×10^{0}[b]	1×10^{3}[b]
Th-230	1×10^{1}	1×10^{-3}	1×10^{0}	1×10^{4}
Th-231	4×10^{1}	2×10^{-2}	1×10^{3}	1×10^{7}
Th-232	不限	不限	1×10^{1}	1×10^{4}
Th-234[a]	3×10^{-1}	3×10^{-1}	1×10^{3}[b]	1×10^{5}[b]
Th(天然)	不限	不限	1×10^{0}[b]	1×10^{3}[b]
钛 [Ti(22)]				
Ti-44[a]	5×10^{-1}	4×10^{-1}	1×10^{1}	1×10^{5}

续上表

放射性核素（原子序数）	A_1（TBq）	A_2（TBq）	豁免物质的活度浓度（Bq/g）	一件豁免托运货物的放射性活度限值（Bq）
铊 [Tl(81)]				
Tl-200	9×10^{-1}	9×10^{-1}	1×10^{1}	1×10^{6}
Tl-201	1×10^{1}	4×10^{0}	1×10^{2}	1×10^{6}
Tl-202	2×10^{0}	2×10^{0}	1×10^{2}	1×10^{6}
Tl-204	1×10^{1}	7×10^{-1}	1×10^{4}	1×10^{4}
铥 [Tm(69)]				
Tm-167	7×10^{0}	8×10^{-1}	1×10^{2}	1×10^{6}
Tm-170	3×10^{0}	6×10^{-1}	1×10^{3}	1×10^{6}
Tm-171	4×10^{1}	4×10^{1}	1×10^{4}	1×10^{8}
铀 [U(92)]				
U-230(肺部快速吸收)[a,d]	4×10^{1}	1×10^{-1}	1×10^{1b}	1×10^{5b}
U-230(肺部中速吸收)[a,e]	4×10^{1}	4×10^{-3}	1×10^{1}	1×10^{4}
U-230(肺部慢速吸收)[a,f]	3×10^{1}	3×10^{-3}	1×10^{1}	1×10^{4}
U-232(肺部快速吸收)[d]	4×10^{1}	1×10^{-2}	1×10^{0b}	1×10^{3b}
U-232(肺部中速吸收)[e]	4×10^{1}	7×10^{-3}	1×10^{1}	1×10^{4}
U-232(肺部慢速吸收)[f]	1×10^{1}	1×10^{-3}	1×10^{1}	1×10^{4}
U-233(肺部快速吸收)[d]	4×10^{1}	9×10^{-2}	1×10^{1}	1×10^{4}
U-233(肺部中速吸收)[e]	4×10^{1}	2×10^{-2}	1×10^{2}	1×10^{5}
U-233(肺部慢速吸收)[f]	4×10^{1}	6×10^{-3}	1×10^{1}	1×10^{5}
U-234(肺部快速吸收)[d]	4×10^{1}	9×10^{-2}	1×10^{1}	1×10^{4}
U-234(肺部快速吸收)[e]	4×10^{1}	2×10^{-2}	1×10^{2}	1×10^{5}
U-234(肺部慢速吸收)[f]	4×10^{1}	6×10^{-3}	1×10^{1}	1×10^{5}
U-235(肺部三种速度吸收)[a,d,e,f]	不限	不限	1×10^{1b}	1×10^{4b}
U-236(肺部快速吸收)[d]	不限	不限	1×10^{1}	1×10^{4}
U-236(肺部中速吸收)[e]	4×10^{1}	2×10^{-2}	1×10^{2}	1×10^{5}
U-236(肺部慢速吸收)[f]	4×10^{1}	6×10^{-3}	1×10^{1}	1×10^{4}
U-238(肺部三种速度吸收)[d,e,f]	不限	不限	1×10^{1b}	1×10^{4b}
U(天然)	不限	不限	1×10^{0b}	1×10^{3b}
U(富集度达到或少于20%)[g]	不限	不限	1×10^{0}	1×10^{3}
U(贫化)	不限	不限	1×10^{0}	1×10^{3}

续上表

放射性核素（原子序数）	A_1（TBq）	A_2（TBq）	豁免物质的活度浓度（Bq/g）	一件豁免托运货物的放射性活度限值（Bq）
钒 [V(23)]				
V-48	4×10^{-1}	4×10^{-1}	1×10^{1}	1×10^{5}
V-49	4×10^{1}	4×10^{1}	1×10^{4}	1×10^{7}
钨 [W(74)]				
W-178[a]	9×10^{0}	5×10^{0}	1×10^{1}	1×10^{6}
W-181	3×10^{1}	3×10^{1}	1×10^{3}	1×10^{7}
W-185	4×10^{1}	8×10^{-1}	1×10^{4}	1×10^{7}
W-187	2×10^{0}	6×10^{-1}	1×10^{2}	1×10^{6}
W-188[a]	4×10^{-1}	3×10^{-1}	1×10^{2}	1×10^{5}
氙 [Xe(54)]				
Xe-122[a]	4×10^{-1}	4×10^{-1}	1×10^{2}	1×10^{9}
Xe-123	2×10^{0}	7×10^{-1}	1×10^{2}	1×10^{9}
Xe-127	4×10^{0}	2×10^{0}	1×10^{3}	1×10^{5}
Xe-131m	4×10^{1}	4×10^{1}	1×10^{4}	1×10^{4}
Xe-133	2×10^{1}	1×10^{1}	1×10^{3}	1×10^{4}
Xe-135	3×10^{0}	2×10^{0}	1×10^{3}	1×10^{10}
钇 [Y(39)]				
Y-87[a]	1×10^{0}	1×10^{0}	1×10^{1}	1×10^{6}
Y-88	4×10^{-1}	4×10^{-1}	1×10^{1}	1×10^{6}
Y-90	3×10^{-1}	3×10^{-1}	1×10^{3}	1×10^{5}
Y-91	6×10^{-1}	6×10^{-1}	1×10^{3}	1×10^{6}
Y-91m	2×10^{0}	2×10^{0}	1×10^{2}	1×10^{6}
Y-92	2×10^{-1}	2×10^{-1}	1×10^{2}	1×10^{5}
Y-93	3×10^{-1}	3×10^{-1}	1×10^{2}	1×10^{5}
镱 [Yb(70)]				
Yb-169	4×10^{0}	1×10^{0}	1×10^{2}	1×10^{7}
Yb-175	3×10^{1}	9×10^{-1}	1×10^{3}	1×10^{7}

续上表

放射性核素（原子序数）	A_1（TBq）	A_2（TBq）	豁免物质的活度浓度（Bq/g）	一件豁免托运货物的放射性活度限值（Bq）
锌 ［Zn(30)］				
Zn-65	2×10^{0}	2×10^{0}	1×10^{1}	1×10^{6}
Zn-69	3×10^{0}	6×10^{-1}	1×10^{4}	1×10^{6}
Zn-69m[a]	3×10^{0}	6×10^{-1}	1×10^{2}	1×10^{6}
锆 ［Zr(40)］				
Zr-88	3×10^{0}	3×10^{0}	1×10^{2}	1×10^{6}
Zr-93	不限	不限	1×10^{3}[b]	1×10^{7}[b]
Zr-95[a]	2×10^{0}	8×10^{-1}	1×10^{1}	1×10^{6}
Zr-97[a]	4×10^{-1}	4×10^{-1}	1×10^{1}[b]	1×10^{5}[b]

[a] A_1 和/或 A_2 值包括半衰期小于10d的子核素的贡献。

[b] 处于长期平衡态的母核素及其子体如下：

Sr-90　Y-90
Zr-93　Nb-93m
Zr-97　Nb-97
Ru-106　Rh-106
Cs-137　Ba-137m
Ce-134　La-134
Ce-144　Pr-144
Ba-140　La-140
Bi-212　Tl-208(0.36)，Po-212(0.64)
Pb-210　Bi-210，Po-210
Pb-212　Bi-212，Tl-208(0.36)，Po-212(0.64)
Rn-220　Po-216
Rn-222　Po-218，Pb-214，Bi-214，Po-214
Ra-223　Rn-219，Po-215，Pb-211，Bi-211，Tl-207
Ra-224　Rn-220，Po-216，Pb-212，Bi-212，Tl-208(0.36)，Po-212(0.64)
Ra-226　Rn-222，Po-218，Pb-214，Bi-214，Po-214，Pb-210，Bi-210，Po-210
Ra-228　Ac-228
Th-226　Ra-222，Rn-218，Po-214

续上表

放射性核素（原子序数）	A_1（TBq）	A_2（TBq）	豁免物质的活度浓度（Bq/g）	一件豁免托运货物的放射性活度限值（Bq）

Th-228　Ra-224,Rn-220,Po-216,Pb-212,Bi-212,Tl-208(0.36),Po-212(0.64)

Th-229　Ra-225,Ac-225,Fr-221,At-217,Bi-213,Po-213,Pb-209

Th-天然　Ra-228,Ac-228,Th-228,Ra-224,Rn-220,Po-216,Pb-212,Bi-212,Tl-208(0.36),Po-212(0.64)

Th-234　Pa-234m

U-230　Th-226,Ra-222,Rn-218,Po-214

U-232　Th-228,Ra-224,Rn-220,Po-216,Pb-212,Bi-212,Tl-208(0.36),Po-212(0.64)

U-235　Th-231

U-238　Th-234,Pa-234m

U-天然　Th-234,Pa-234m,U-234,Th-230,Ra-226,Rn-222,Po-218,Pb-214,Bi-214,Po-214,Pb-210,Bi-210,Po-210

U-240　Np-240m

Np-237　Pa-233

Am-242m　Am-242

Am-243　Np-239

[c] 该量可用测量衰变率确定或用测量在距源表面规定的距离处的辐射水平确定。

[d] 这些值仅适用于处于运输的正常条件和事故条件下化学形态为 UF_6、UO_2F_2 和 $UO_2(NO_3)_3$ 的铀化合物。

[e] 这些值仅适用于处于运输的正常条件和事故条件下化学形态为 UO_3、UF_4、UCl_4 的铀化合物和六价化合物。

[f] 这些值适用于除上述 d 和 e 所述化合物外的所有铀化合物。

[g] 这些值仅适用于未受辐照的铀。

未知放射性核素或混合物的放射性核素的基本限值　表 2

放射性内容物	A_1（TBq）	A_2（TBq）	豁免物质的活度浓度（Bq/g）	一件豁免托运货物的放射性活度限值（Bq）
已知含有仅发射β或γ的核素	0.1	0.02	1×10^{1}	1×10^{4}
已知含有仅发射α的核素	0.2	9×10^{-5}	1×10^{-1}	1×10^{3}
无有关数据可用	0.001	9×10^{-5}	1×10^{-1}	1×10^{3}

5.2.2 在计算表1中未列出的放射性核素的 A_1 和 A_2 值时,单个放射性衰变链中放射性核素的比例都是天然存在的。若该衰变链中的子核素的半衰期均不超过10d或不长于母核素的半衰期,则应把这个放射性衰变链视为单个放射性核素,需要考虑的放射性活度和拟应用的 A_1 值或 A_2 值应相当于该衰变链的母核素的值。若放射性衰变链中任一子核素的半衰期超过10d或长于母核素的半衰期,则应把这种母核素和子核素视为不同核素的混合物。

5.2.3 对于放射性核素的混合物,可按下式确定5.1所涉及放射性核素的基本限值:

$$X_m = \frac{1}{\sum_i f(i)/X(i)} \tag{1}$$

式中:$f(i)$——放射性核素 i 的放射性活度或活度浓度在混合物中所占的份额;

$X(i)$——放射性核素 i 的 A_1 或 A_2 或豁免物质的活度浓度或豁免托运货物的放射性活度限值的相应值;

X_m——混合物情况下,A_1 或 A_2 的导出值或豁免物质的活度浓度或豁免托运货物的放射性活度限值。

5.2.4 当已知每个放射性核素的类别,而未知其中某些放射性核素的单个放射性活度时,可以把这些放射性核素归并成组,并在应用5.2.3和5.3.3.2中的公式时可适当使用各组中放射性核素的最小的放射性核素的 X_m 值。当总的 α 放射性活度和总的 β/γ 放射性活度均为已知时,可以此作为分组的依据,并分别使用 α 发射体或 β/γ 发射体的最小的放射性核素的 X_m 值。

5.2.5 对无有关数据可用的单个放射性核素或放射性核素混合物,应使用表2所列的数值。

5.3 货包内容物限值

货包内放射性物质的量不得超过5.3.1~5.3.7所规定的有关限值。

5.3.1 例外货包

5.3.1.1 对非天然铀、贫化铀或天然钍制品以外的放射性物质,每件例外货包的放射性活度不应大于:

a)放射性物质封装在或作为它们的一个组成部分含在仪器或其他制品(例如钟表或电子设备)内时,表3第二和第三栏中为每种单个物项和每个货包分别规定的限值;

b)放射性物质未封装或不是仪器或其他制品的一个组成部分时,表3第四栏为其规定的货包限值。

5.3.1.2 对天然铀、贫化铀和天然钍制品,只要铀或钍的外表面由金属或其他坚固材料制成的非放射性包封，例外货包装有这种物质的数量可以不限。

5.3.1.3 对于邮递，每个例外货包中的总放射性活度不得超过表3规定的相应限值的十分之一。

例外货包的放射性活度限值 表3

内容物的物理状态	仪器或制品		放射性物质
	物项限值[a]	货包限值[a]	货包限值[a]
固态：特殊形式 其他形式	$10^{-2}A_1$ $10^{-2}A_2$	A_1 A_2	$10^{-3}A_1$ $10^{-3}A_2$
液态	$10^{-3}A_2$	$10^{-1}A_2$	$10^{-4}A_2$
气态：氚 特殊形式 其他形式	$2\times10^{-2}A_2$ $10^{-3}A_1$ $10^{-3}A_2$	$2\times10^{-1}A_2$ $10^{-2}A_1$ $10^{-2}A_2$	$2\times10^{-2}A_2$ $10^{-3}A_1$ $10^{-3}A_2$

[a] 用于放射性核素的混合物，见5.2.3~5.2.5。

5.3.2 IP-1型、IP-2型和IP-3型货包

5.3.2.1 应限制低比活度物质的或表面污染物体的单个货包中的放射性内容物，使其不得超过6.7.1规定的辐射水平，还应限制单个货包中的放射性活度，使其不得超过6.7.5为运输工具规定的放射性活度限值。

5.3.2.2 装有不燃固态Ⅱ类低比活度物质(LSA-Ⅱ)或Ⅲ类低比活度物质(LSA-Ⅲ)的单个货包空运时不得含有大于$3000A_2$的放射性活度。

5.3.3 A型货包

5.3.3.1 A型货包内的放射性活度不得大于：

a) A_1(对特殊形式放射性物质)；

b) A_2(对所有其他放射性物质)。

5.3.3.2 对于放射性核素的类别和各自的放射性活度均为已知的放射性核素的混合物的A型货包的放射性内容物应当满足下述关系式：

$$\sum_i \frac{B(i)}{A_1(i)} + \sum_j \frac{C(j)}{A_2(j)} \leqslant 1 \qquad (2)$$

式中：$B(i)$——特殊形式放射性物质的放射性核素i的放射性活度，而$A_1(i)$是放射性核素i的A_1值；

$C(j)$——非特殊形式放射性物质的放射性核素j的放射性活度，而$A_2(j)$是放射性核素j的A_2值。

5.3.4　B(U)型和B(M)型货包

5.3.4.1　B(U)型和B(M)型货包不得含有：

a)超过货包设计所允许的放射性活度的内容物；

b)不同于货包设计所允许的放射性核素的内容物；

c)在形状、物理和化学状态方面不同于货包设计所允许的内容物。

5.3.4.2　B(U)型和B(M)型货包空运时应满足5.3.4.1中的各项要求并且所含的放射性活度不得大于：

a)对于低弥散放射性物质：货包设计所允许的值；

b)对于特殊形式放射性物质：取3000A_1或100000A_2两者中的较低值；

c)对于所有其他放射性物质：3000A_2。

5.3.5　C型货包

C型货包不得含有：

a)超过货包设计所允许的放射性活度的内容物；

b)不同于货包设计所允许的放射性核素的内容物；

c)在形状、物理和化学状态方面不同于货包设计所允许的内容物。

5.3.6　易裂变材料的货包

易裂变材料的货包不得装有：

a)不同于货包设计所允许量的易裂变材料；

b)不同于货包设计所允许的任何放射性核素或易裂变材料；

c)在形状、物理和化学状态或空间布置方面不同于货包设计所允许的内容物。

5.3.7　六氟化铀的货包

在工厂工艺系统接入货包时，当货包处于所规定的最高温度下货包中六氟化铀的装载量不得使货包容积的剩余空腔小于货包总容积的5%。在交付运输时，六氟化铀应该呈固态形式，而货包的内压应低于大气压。

6　运输要求和管理

6.1　首次装运前的要求

任何货包在首次装运前应满足下述要求：

a)若包容系统的设计压力超过35kPa(表压)，则应确保每个货包的包容系统都符合经过批准的与该系统在此压力下保持完好性的能力有关的设计要求。

b)应确保每个B(U)型、B(M)型和C型货包及每个易裂变材料货包的屏蔽和包容系统的有效性，必要时还应确保其传热特性和约束系统的有效性，均处在已批准的设计适用的或设计所规定的限值内。

c)对于易裂变材料的货包，为了符合 7.11.1 的要求，特意装入中子毒物作为货包部件时，应进行核对以证实该中子毒物的存在和分布。

6.2 每次装运前的要求

任何货包在每次装运前，应满足下述适用要求：

a)对于任何货包，都应确保本标准有关条款中规定的各项要求已得到满足；

b)应按照 7.2.3 的要求确保那些不符合 7.2.2 要求的提吊附件已被拆除掉或使其不能用于提吊货包；

c)对于每个 B(U)型、B(M)型和 C 型货包及每个易裂变材料的货包，应确保批准证书中所规定的所有要求都已得到满足；

d)在足以证明温度和压力达到平衡状态并符合要求之前，每个 B(U)型、B(M)型和 C 型货包都不得发运，除非得到主管部门豁免这些要求的批准；

e)对于每个 B(U)型、B(M)型和 C 型货包，应通过检查和/或相应的测试来确保包容系统中所有可能泄漏放射性内容物的封盖、阀门和其他开孔均已严加关闭，合适时，用已证明符合 7.8.7 和 7.10.3 要求的方法来确保密封；

f)对于每种特殊形式放射性物质，应角保特殊形式放射性物质批准证书中规定的各项要求和本标准的有关条款都已得到满足；

g)对于易裂变材料的货包，适用时，应进行 7.11.3.2b)规定的测量和 7.11.5.1 规定的用以证实每个货包密闭的测试；

h)对于每种低弥散放射性物质，应确保其批准证书中规定的各项要求和本标准的有关条款均得到满足。

6.3 与其他货物一起运输的要求

6.3.1 货包中除装有使用放射性物质所需的物品和文件外，不得装有任何其他物项(但符合 6.3.3 要求的除外)。本要求不排除低比活度物质或表面污染物体与其他物项一起运输，只要这些物项之间及其与包装或与其放射性内容物之间不存在会降低货包安全性的相互作用就可将它们装在一个货包中运输。

6.3.2 运输过放射性物质的罐和散货集装箱，若对 β 和 γ 发射体以及低毒性 α 发射体的污染未去污至 $0.4Bq/cm^2$ 水平以下，或对所有其他 α

发射体未去污至 0.04Bq/cm^2 水平以下时，不得用于贮存或运输其他货物。

6.3.3 在完全由托运人控制安排和不违背其他有关规定的条件下，应允许其他货物与独家使用方式下运输的托运货物一起运输。

6.3.4 涉及国际运输时，除按照本标准外还应按照拟运输的放射性物质途经国或抵达国所制定的关于危险货物运输的有关规定，适用时，还应按照一些公认的运输组织的规定，将托运货物与其他危险货物相隔离。

6.4 内容物的其他危险性质

在进行包装、贴标志、作标记、挂标牌、贮存和运输时，除应考虑货包内容物的放射性和易裂变性质外，还应考虑其他危险性质，例如爆炸性、易燃性、自燃性、化学毒性和腐蚀性，以遵守与危险货物运输有关的规定。涉及国际运输时，还应符合途经国或抵达国所制定的相关规定，适用时，还应遵守一些公认的运输组织的规定。

6.5 对污染以及对泄漏货包的要求和管理

6.5.1 应使任何货包外表面的非固定污染保持在实际可行的尽量低的水平上，在运输的常规条件下，这种污染不得超过下述限值：

a)对 β 和 γ 发射体以及低毒性 α 发射体为 4Bq/cm^2；

b)对所有其他 α 发射体为 0.4Bq/cm^2。

可以用在表面的任意部位任一 300cm^2 面积上取的非固定污染平均值来判断是否符合这一要求。

6.5.2 外包装、货物集装箱、罐和散货集装箱及运输工具的内外表面上非固定污染水平不得超过 6.5.1 所规定的限值，但 6.5.7 所提及的情况除外。

6.5.3 若某一货包明显损坏或发生泄漏，或者怀疑该货包可能已发生泄漏或已损坏，则应禁止接近该货包，并且应尽快地由有资格人员评定该货包的污染程度和由此造成的辐射水平。评定的范围应包括该货包、运输工具及邻近装载和卸载的区域，如有必要，还应包括该运输工具曾运载过的所有其他物质。必要时，应根据有关主管部门制定的规定，采取一些保护人员、财产和环境的附加措施，以消除或尽量减轻这种泄漏或损坏造成的后果。

6.5.4 受损货包或泄漏放射性内容物超过了运输的正常条件下容许限值的货包，可在监督下将其移至一个可接受的临时性场所，但在完成去污和修理或修复之前不得向外发运。

6.5.5 应定期检查经常用于运输放射性物质的运输工具和设备，以确定其污染水平。该检查的频度应视其受污染的可能性和所运输的放射性物质的数量而定。

6.5.6　在放射性物质的运输过程中，污染程度超过6.5.1规定的限值或表面辐射水平超过5μSv/h的所有运输工具、设备或部件都应由有资格的人员尽快加以去污，如果非固定污染超过6.5.1规定的限值，而且去污后表面的固定污染所引起的辐射水平又高于5μSv/h的，就不得重新使用，但6.5.7所提及的情况除外。

6.5.7　在独家使用方式下用于运输未包装的放射性物质或表面污染体的外包装、货物集装箱、罐、散货集装箱或运输工具，只有当其仍处于特定的独家使用方式下，仅其内表面才可不必符合6.5.2和6.5.6的要求。

6.6　对例外货包运输的要求和管理

6.6.1　例外货包应符合本章和第7章中下述条款的各项要求：

a)6.4、6.5.1、6.5.4、6.6.2、6.12.1.1、6.12.1.3、6.13.1a)和6.13.3中规定的要求，以及适用时，6.6.3~6.6.6中规定的要求；

b)7.4中规定的对例外货包的要求；

c)若例外货包装有易裂变材料，则应满足7.11.2规定的关于例外易裂变材料货包的任一适用要求和7.7.2的要求；

d)6.14.7.1和6.14.7.2的要求(若邮运)。

6.6.2　例外货包外表面任一点的辐射水平不得超过5μSv/h。

6.6.3　封装在仪器或其他制品内的，或构成它们一个组成部分的放射性物质，在其放射性活度不超过表3第二和第三栏中规定的物项限值和货包限值同时满足下述条件的，可按例外货包运输：

a)距任何无包装仪器或制品的外表面上任一点10cm处的辐射水平不超过0.1mSv/h。

b)每台仪器或每件制品均标有“放射性”字样，但符合下述1)、2)规定的除外：

1)带荧光的钟表或器件；

2)根据第1章d)，已获得主管部门的批准，或者没有超过表1第5栏中一件托运货物的豁免放射性活度限值的消费品，而且应在其运输货包的内部标有“放射性”字样，以在货包启封时能清楚地警告放射性物质的存在。

c)放射性物质完全由非放射性部件封装(不得把只起包容放射性物质

作用的器件视为仪器或制品)。

6.6.4 形式不同于6.6.3规定的放射性物质,在其放射性活度不超过表3第4栏中规定限值的,同时满足下述条件的,可按例外货包运输:

a)在运输的常规条件下,货包的放射性内容物不泄漏;

b)在货包的内部表面上标有“放射性”字样,以在货包启封时能清楚地警告放射性物质的存在。

6.6.5 制品中的放射性物质仅是未受辐照的天然铀、未受辐照的贫化铀或未受辐照的天然钍时,并且铀或钍的外表面包有金属或其他坚固材料制成的非放射性包封,该制品可按例外货包运输。

6.6.6 符合下述条件的装过放射性物质的空包装可以按例外货包运输:

a)该空包装处于良好的保养状态而且被可靠地封闭;

b)包装结构中任何铀或钍的外表面均被一个由金属或其他坚固材料制成的非放射性包封所覆盖;

c)内部非固定污染水平未超过6.5.1中规定的100倍;

d)去掉依据6.12.2.1的规定在包装上贴过的任何标志。

6.7 对工业货包内的或无包装的LSA物质和SCO运输的要求和管理

6.7.1 应限制单件 IP-I型、IP-II型、IP-III型货包,或一个物体或一批物体中的LSA物质或SCO的数量,使距无屏蔽放射性物质或距一个物体或距一批物体3m处的外部辐射水平不超过10mSv/h。

6.7.2 本身是易裂变物质或含有易裂变物质的LSA物质和SCO应满足6.14.3.1、6.14.3.2和7.11.1中的适用要求。

6.7.3 可运输满足下列条件的无包装的LSA-I物质和SCO-I;

a)在运输的常规条件下,所有无包装放射性物质(只含天然存在的放射性核素的矿石除外)的运输方式均应保证放射性物质不会从运输工具中逸出,屏蔽也不会丧失;

b)每台运输工具均应由独家使用,仅在所运输的SCO-I可接近表面和不可接近表面的污染不超过3.14规定的适用水平的10倍时运输工具可非独家使用;

c)对于SCO-I,在怀疑其可接近表面的非固定污染超过3.39.1a)规定的数值时,应采取措施以确保放射性物质不释放到运输工具里。

6.7.4 LSA物质和SCO应按照表4要求包装,但符合6.7.3规定的除外。

6.7.5 对于IP-1型、IP-2型、IP-3型货包内的或无包装的LSA物质或SCO的运输,内河船舶的单个船舱或隔舱中的,或者某一其也运输工具中的总放射性活度均应不超过表5中所示的限值。

装有LSA物质和SCO的工业货包的要求 表4

放射性内容物	工业货包类型	
	独家使用	非独家使用
LSA-I		
固体[a]	IP-1型	IP-1型
液体	IP-1型	IP-2型
LSA-II		
固体	IP-2型	IP-2型
液体和气体	IP-2型	IP-3型
LSA-III	IP-2型	IP-3型
SCO-I[a]	IP-1型	IP-1型
SCO-II	IP-2型	IP-2型

[a] 在6.7.3规定的条件下,可在无包装的情况下运输LSA-I物质和SCO-I。

工业货包内的或无包装的LSA物质和SCO用的运输工具放射性活度限值

表5

放射性物质的类别	运输工具(内河航道用运输工具除外)的放射性活度限值	内河船舶的船舱或隔舱的放射性活度限值
LSA-I	无限值	无限值
LSA-II和LSA-III 不可燃性固体	无限值	$100A_2$
LSA-II和LSA-III 可燃性固体及各种液体和气体	$100A_2$	$10A_2$
SCO	$100A_2$	$10A_2$

6.8 运输指数(*TI*)的确定

6.8.1 货包、外包装或货物集装箱,或无包装的LSA-I或SCO-I的运输指数(*TI*)应是按照下述步骤导出的数值:

a)确定距货包、外包装、货物集装箱或无包装的LSA-I和SCO-I的外表面1m处的最高辐射水平(以mSv/h为单位),运输指数应为该值乘以100。

对于铀矿石和钍矿石及其浓缩物，在距装载物的外表面1m处的任一点的最高辐射水平可以取：

0.4mSv/h 对铀矿石和钍矿石及其物理浓缩物；

0.3mSv/h 对钍的化学浓缩物；

0.02mSv/h 以铀的化学浓缩物(六氟化铀除外)。

b)对于罐、货物集装箱和无包装的LSA-I和SCO-I的运输指数，应对a)确定的值乘以表6所所列的相应系数进行修正。

c)按照上述程序a)和b)计算得到的值应进位至小数点后第一位(例如将1.13进到1.2)，只有当计算结果等于或小于0.05时才可以认为运输指数为零。

罐、货物集装箱和无包装LSA-I与SCO-I的放大系数 表6

装载物尺寸[a]	放大系数	装载物尺寸[a]	放大系数
装载物尺寸≤$1m^2$	1	$5m^2$<装载物尺寸≤$20m^2$	3
$1m^2$<装载物尺寸≤$5m^2$	2	$20m^2$<装载物尺寸	10

[a] 装载物所测得的最大截面积。

6.8.2 每个外包装、货物集装箱或运输工具的运输指数应以所装的全部货包的运输指数(*TI*)之和来确定。对于刚性外包装也可通过直接测量辐射水平来确定。

6.9 临界安全指数(*CSI*)的确定

6.9.1 装有易裂变材料货包的临界安全指数应由50除以7.11.6和7.11.7中导出的两个N值中的较小者得到(即$CSI=50/N$)。倘若无限多个货包是次临界的(即N在这两种情况下实际上均是无限大)，临界安全指数值可以为零。

6.9.2 每件外包装或货物集装箱的临界安全指数应以所装的全部货包的临界安全指数之和来确定。确定一批托运货物或一件运输工具的临界安全指数的总和时应当遵守同样的程序。

6.10 货包和外包装的运输指数、临界安全指数和辐射水平的限值

6.10.1 任何货包或外包装的运输指数应不超过10，而任何货包或外包装的临界安全指数应不超过50，但按独家使用方式运输的托运货物除外。

6.10.2 货包或外包装的外表面上任一点的最高辐射水平应不超过2

mSv/h，但在6.14.4.3a)规定的条件下按独家使用方式通过铁路或公路运输的货包或外包装，或者分别在6.14.5.1或6.14.6.3规定的条件下按独家使用方式和在特殊安排下用船舶或飞机运输的货包或外包装除外。

6.10.3 按独家使用方式运输的货包或外包装的任何外表面上任一点的最高辐射水平应不超过10mSv/h。

6.11 分级

6.11.1 货包和外包装应按照表7中规定的条件并按下述6.11.2～6.11.5的要求划分为Ⅰ级(白)、Ⅱ级(黄)或Ⅲ级(黄)。

货包和外包装的分级 表7

条件		分级
运输指数(*TI*)	外表面上任一点的最高辐射水平 H (mSv/h)	
0[a]	$H \leqslant 0.005$	Ⅰ级(白)
$0 < TI \leqslant 1$[a]	$0.005 < H \leqslant 0.5$	Ⅱ级(黄)
$1 < TI \leqslant 10$	$0.5 < H \leqslant 2$	Ⅲ级(黄)
$10 \leqslant TI$	$2 < H \leqslant 10$	Ⅲ级(黄)[b]

[a] 若测得的 *TI* 值不大于0.05，则依据6.8.1c)的规定，此数值可取为零。

[b] 按独家使用方式运输。

6.11.2 数满足某一级别，而表面辐射水平却满足另一级别时，应把该货包或外包装划归级别较高的一级。Ⅰ级(白)是最低的级别。

6.11.3 应依据6.8规定的步骤来确定运输指数。

6.11.4 若货包或外包装的表面辐射水平超过2mSv/h，应依据6.14.4.3a)、6.14.5.1或6.14.6.3的规定按独家使用方式运输。

6.11.5 在特殊安排下运输的货包和装有货包的外包装应划归Ⅲ级(黄)。

6.12 标记、标志和标牌

6.12.1 作标记

6.12.1.1 应在每个货包包装的外部标上醒目而耐久的托运人或收货人或两者的识别标记。

6.12.1.2 对于每个货包(例外货包除外)，应在包装外部标上醒目而耐久的前面带“UN”字母的联合国编号(见表8)和专用货运名称(见表8)。对例外货包(国际邮运接收的例外货包除外)，只要求有前面带“UN”字母的联合国编号。对国际邮运接受的货包，应满足6.14.7.2的要求。

联合国编号、专用货运名称和说明及附带危险　　表8

联合国编号(UN)	专用货运名称和说明[a]	附带危险
2910	放射性物质例外货包—有限量的放射性物质	
2911	放射性物质例外货包—含有放射性物质的仪器或物品	
2909	放射性物质例外货包—天然铀或贫化铀或天然钍的制品	
2908	放射性物质例外货包—运输放射性物质的空包装	
2912	I类低比活度放射性物质(LSA-I),非易裂变的或例外易裂变的[b]	
3321	II类低比活度放射性物质(LSA-II),非易裂变的或例外易裂变的[b]	
3322	III类低比活度放射性物质(LSA-III),非易裂变的或例外易裂变的[b]	
2913	放射性表面污染物体(SCO-I或SCO-II),非易裂变的或例外易裂变的[b]	
2915	放射性物质A型货包,非特殊形式的非易裂变的或非特殊形式的例外易裂变的[b]	
3332	放射性物质A型货包,特殊形式的非易裂变的或特殊形式的例外易裂变的[b]	
2916	放射性物质B(U)型货包,非易裂变的或例外易裂变的[b]	
2917	放射性物质B(M)型货包,非易裂变的或例外易裂变的[b]	
3323	放射性物质C型货包,非易裂变的或例外易裂变的[b]	
2919	特殊安排下运输的放射性物质,非易裂变的或例外易裂变的[b]	
2978	放射性物质六氟化铀,非易裂变的或例外易裂变的[b]	腐蚀品(联合国分类第8类)
3324	II类低比活度放射性物质(LSA-II),易裂变的	
3325	III类低比活度放射性物质(LSA-III),易裂变的	
3326	放射性表面污染物体(SCO-I或SCO-II),易裂变的	

续上表

联合国编号(UN)	专用货运名称和说明[a]	附带危险
3327	放射性物质A型货包,易裂变的,非特殊形式的[b]	
3333	放射性物质A型货包,特殊形式的,易裂变的	
3328	放射性物质B(U)型货包,易裂变的	
3329	放射性物质B(M)型货包,易裂变的	
3330	放射性物质C型货包,易裂变的	
3331	特殊安排下运输的放射性物质,易裂变的	
2977	放射性物质六氟化铀,易裂变的	腐蚀品(联合国分类第8类)

[a] "专用货运名称和说明"这一栏中,用黑体字表示"专用货运名称",用宋体字表示"说明"。在UN2909、UN2911、UN2913和UN3326这四行中,可替换的"专用货运名称"用"或"分开,只应使用其中相关的"专用货运名称"。

[b] "例外易裂变"只适用于符合7.11.2要求的那些货包。

6.12.1.3 总质量超过50kg的每个货包都应在其包装外部标上醒目而耐久的允许总质量。

6.12.1.4 符合下述类型设计的每个货包,应按下述要求贴标记:

a)在IP-1型、IP-2型、IP-3型货包的包装外部,应分别标上醒目而耐久的"IP-1型、IP-2型"或"IP-3型"标记;

b)在A型货包的包装外部,应标上醒目而耐久的"A型"标记;

c)在IP-2型货包、IP-3型货包或A型货包的包装外部,应标上醒目而耐久的原设计国的国际车辆注册代号(VRI代号)和制造者名称,或主管部门规定的对包装的其他识别标记。

6.12.1.5 符合按9.3要求批准设计的每个货包,应在其包装外部醒目而耐久地标上下述标记:

a)主管部门为该设计所规定的识别标记;

b)识别每一包装符合其设计用的专有序列号;

c)对B(U)型或B(M)型货包设计应标有"B(U)型"或"B(M)型"标记;

d)对C型货包设计应标有"C"型标记。

6.12.1.6 在符合B(U)型、B(M)型或C型货包设计的每个货包的最外层容器的外表面上,应该用刻印、压印或其他能防火和防水的方式清楚地显示

图1所示的三叶形符号。

6.12.1.7　当LSA-I或SCO-I装在容器或包装材料里并按6.7.3所容许的独家使用方式运输时，应在这些容器或包装材料的外表面标有“放射性LSA-I”或“放射性SCO-I”标记。

6.12.2　贴标志

6.12.2.1　应按照相应的级别给每个货包、外包装和货物集装箱贴上与图2、图3或图4所示样式相一致的标志，但对大型货物集装箱和罐来说，符合6.12.3.1的替代规定时，允许用放大型标志替代。此外，还应给装有易裂变材料的每个货包、外包装和货物集装箱贴上与图5所示样式相一致的标志，但符合7.11.2规定的关于例外易裂变材料货包要求的情况除外。应除去或覆盖任何与内容物无关的标志。对于放射性物质具有的其他危险性质标志的要求可见6.4。

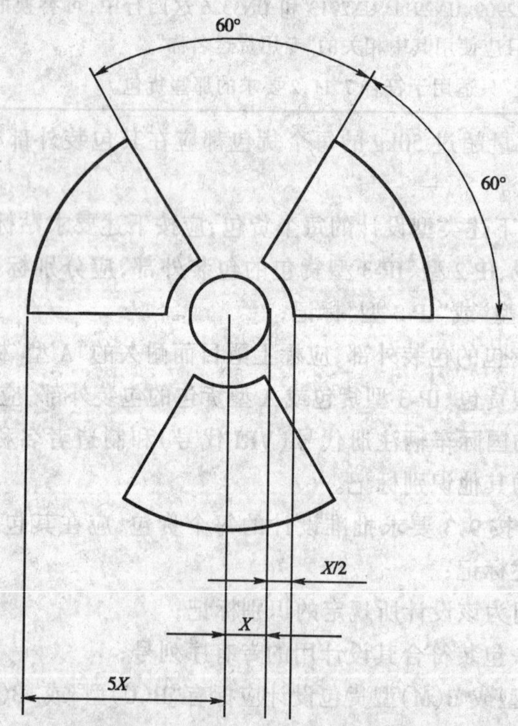

其尺寸比例基于半径为X的中心圆。X的最小允许尺寸为4 mm。

图1　基本的三叶形符号

6.12.2.2 在货包或外包装的两个相对的外侧面上应贴有与图 2、图 3 或图 4 所示样式相一致的标志，或贴在货物集装箱或罐的所有四个外侧面上。适用时，应将与图 5 所示样式相一致的标志贴在与图 2、图 3 或图 4 所示样式相一致的标志附近。这些标志不得覆盖 6.12.1.1～6.12.1.6 所规定的标记。

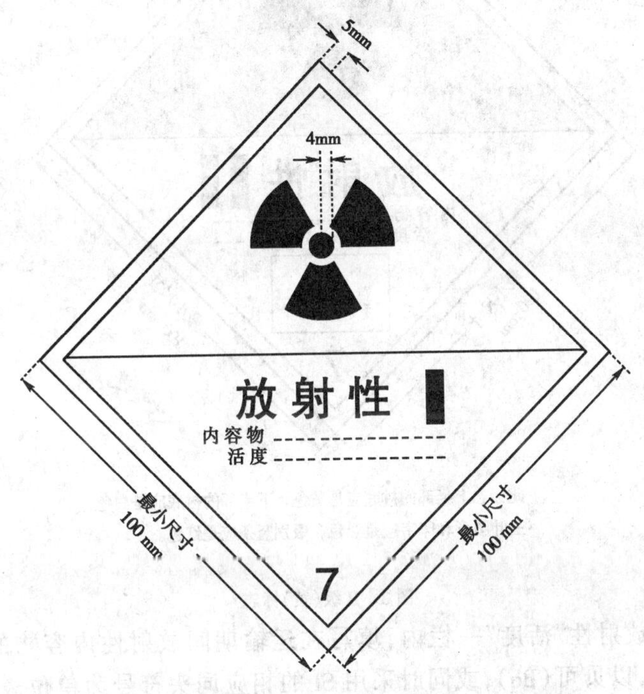

此标志的衬底应是白色，三叶图形和印字应是黑色，级别竖条应是红色。

图 2 Ⅰ级(白)标志

6.12.2.3 应在与图 2、图 3 和图 4 所示样式相一致的每个标志上按要求填写下述信息：

a)在内容物栏内，填写下述 1)、2)的信息：

1)除 LSA-I 物质外，用表 1 中的名称和符号填写放射性核素名称和符号，对于放射性核素的混合物，应在该行空余处列出限制最严的那些核素。对于 LSA 物质和 SCO 的类别，应在放射性核素名称的后面填写相应符号，例如“LSA-II”、“LSA-III”、“SCO-I”及“SCO-II”。

2)对于 LSA-I 物质，仅需填写符号“LSA-I”，无需填写放射性核素的名称。

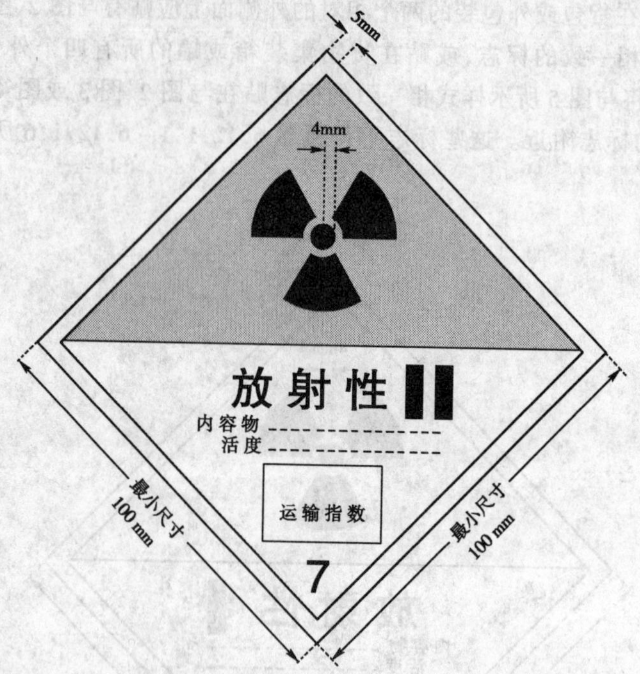

图 3 II 级（黄）标志

b)在放射性“活度”一栏内，填写在运输期间放射性内容物的最大放射性活度，以贝可(Bq)，或同时采用 SI 的相应词头符号为单位表示，对于易裂变材料，可以克(g)或其倍数为单位表示的质量数值来代替放射性活度。

c)对于外包装和货物集装箱，应在标志的“内容物”栏和“活度”栏里分别填写本条 a)和 b)所要求的关于外包装和货物集装箱内全部内容物的信息。当外包装或货物集装箱混合装载装有不同放射性核素的货包时，标志上的这两栏里可填写“见运输文件”。

d)在标志的运输指数方框内，填写运输指数，运输指数的确定见 6.8 [对 I 级(白)无运输指数栏]。

6.12.2.4 易裂变材料货包应贴有临界安全指数标志，具体要求如下：

a)应在与图 5 所示样式相一致的每个标志上填写临界安全指数，该指数应是主管部门颁发的特殊安排批准证书或货包设计批准证书上所表明的

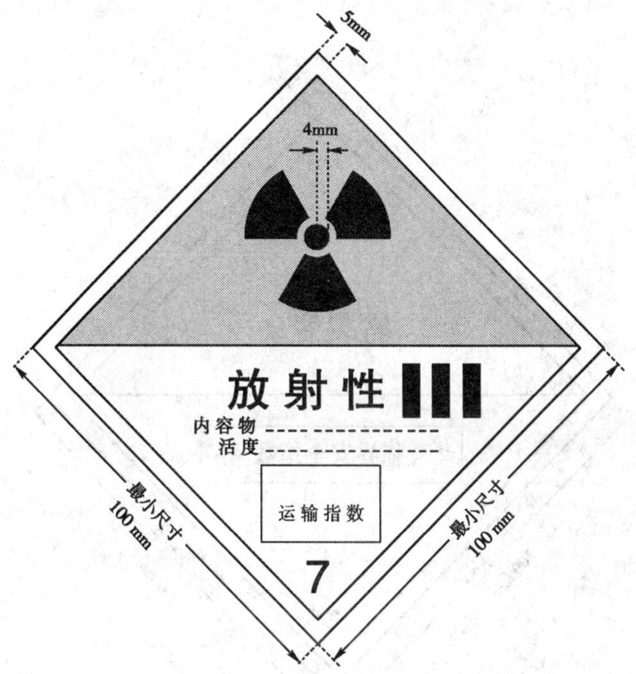

此标志上半部的衬底应是黄色，下半部的衬底应是白色，
三叶图形和印字均应是黑色，类别竖条应是红色。

图4 III级(黄)标志

临界安全指数(*CSI*)。

b)在外包装和货物集装箱的标志上的临界安全指数栏里应有本条 a)所要求的临界安全指数信息和外包装或货物集装箱的易裂变内容物的信息。

6.12.3 挂标牌

6.12.3.1 运载货包(例外货包除外)的大型货物集装箱和罐应挂有四块符合图6所示样式的标牌。这些标牌应竖直地固定在大型货物集装箱或罐相对的两个侧面和两个端面上。应除去任何与内容物无关的标牌。合适时,可以仅用图2、图3、图4或图5所示的放大型标志来替代,而不必同时使用标志和标牌,标志的最小尺寸不能小于图6所示的尺寸。

6.12.3.2 在货物集装箱或罐中的托运货物是无包装的 LSA-I 或 SCO-I 时,或者在货物集装箱中按独家使用方式运输的托运货物是具有单一联合国编

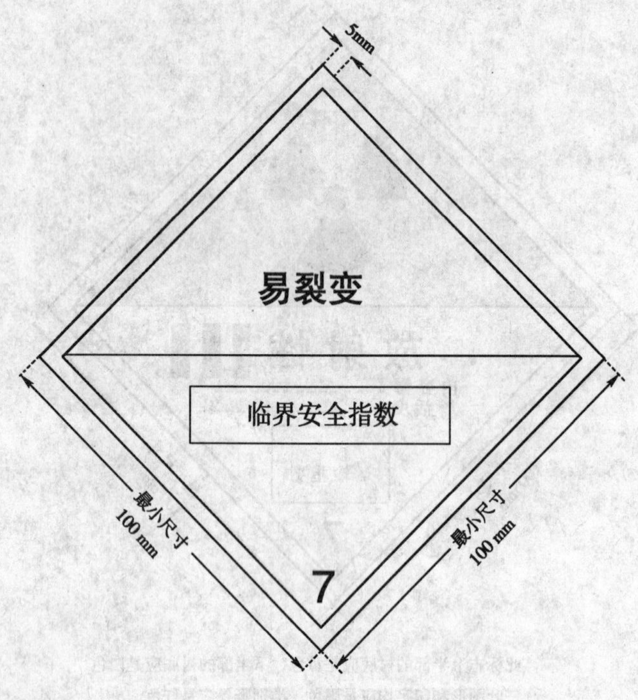

衬底应为白色，印字为黑色。

图 5　临界安全指数标志

号的有包装放射性物质时，与托运货物相对应的联合国编号(见表 8)也应以高度不小于 65mm 的黑体数字显示于：

a)图 6 所示标牌的白色衬底部分的下半部；或

b)图 7 所示的标牌上。

当采用上述 b)方案时，应将这种附加标牌固定在货物集装箱或罐的所有 4 个侧面上并紧靠图 6 所示的标牌。

6.13　托运人的职责

6.13.1　托运前的准备

托运人应遵守 6.6.6d)和 6.12 的规定，运输前应完成作标记、贴标志和挂标牌的各项要求。

6.13.2　托运货物的申报细目

在每批托运货物所附的运输文件中，托运人应根据实际情况填写下述内容：

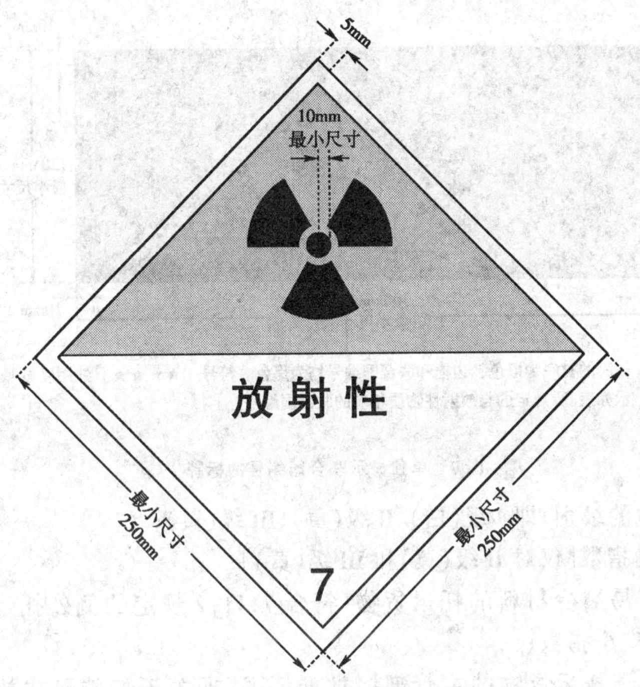

标牌的最小尺寸应如图所示，但6.14.4.1所允许的最小尺寸例外；在采用不同尺寸时，应保持相应的尺寸比例。数字"7"的高度应不小于25mm。此标牌上半部的衬底应是黄色，下半部的衬底应是白色，三叶图形和印字应是黑色。其下半部的"放射性"字样是可选项，此处允许用与托运货物相应的联合国编号替代。

图6 标牌

a)表8所规定的专用货运名称；

b)联合图分类号"7"；

c)放射性物质的联合国编号(按表8所规定的编号填写)，并在其前面加上"UN"字母；

d)每种放射性核素的名称或符号，而对放射性核素的混合物，适当地作一般性说明或列出限制最严的核素；

e)放射性物质的物理和化学形态的说明，或者表明该物质是特殊形式放射性物质或低弥散放射性物质的一种注释，或对化学形态所作的一般描述；

f)放射性内容物在运输期间的最大放射性活度，以贝可(Bq)或加相应的SI词头符号为单位表示。对于易裂变材料，可采用克(g)或其相应的倍数为单位表示的总质量数值来代替放射性活度；

标牌的衬底为橙色，边框和联合国编号均为黑色。符号“★★★★”处用以显示如表8所规定的与放射性物质相应的联合国编号。

图7　单独显示联合国编号的标牌

g)货包的级别，即Ⅰ级(白)、Ⅱ级(黄)、Ⅲ级(黄)；

h)运输指数[仅对Ⅱ级(黄)和Ⅲ级(黄)]；

i)含有易裂变材料的托运货物(符合7.11.2规定的例外托运货物除外)的临界安全指数；

j)适用于托运货物的主管部门批准证书(即关于特殊形式放射性物质、低弥散放射性物质、特殊安排、货包设计或装运的批准证书)的识别标记；

k)多于一个货包的任何货物，应对每个货包提供本条a)至j)规定的资料。对于装在外包装或货物集装箱或运输工具内的货包，应详细说明该外包装或货物集装箱或运输工具内所装每个货包内容物的情况。合适时，详细说明托运货物的每个外包装或货物集装箱或运输工具中内容物的情况。若打算在中途某处从外包装或货物集装箱或运输工具内卸出货包，则应有相应的运输文件；

l)在托运货包需按独家使用方式发运时，应注明“独家使用装运”字样；

m)对LSA-Ⅱ、LSA-Ⅲ、SCO-Ⅰ和SCO-Ⅱ类托运货物的总放射性活度值(以A_2的倍数表示)。

6.13.3　托运人的声明

6.13.3.1　托运人应在运输文件中以下述措词或具有同等意义的措词作出声明：“依据适用的国际规定和我国政府的规定，本托运货物的内容物已经以专用货运名称全面而准确地作了如上描述，并对其作了分级和包装，且作了标记和贴了标志，在各方面均处于（此处写入相应的运输方式）运输所需的适当条件，特此声明”。

6.13.3.2 涉及国际运输时，若这种声明的意图已是某一特定的国际公约范围内的一种运输条件，则托运人无需对该公约所涉及的那部分运输再作这种声明。

6.13.3.3 这种声明应由托运人签署并注明日期。在适用的法律和规定承认传真签字的法律效力时，应认可传真签字。

6.13.3.4 这种声明应在含有6.13.2所列托运货物申报细目的同一运输文件上作出。

6.13.4 标志的去除或覆盖

当依据6.6.6的规定将空包装作为例外货包运输时，原先的标志应去除或覆盖。

6.13.5 给承运人的信息

6.13.5.1 如有必要，托运人应在运输文件中说明关于要求承运人所采取的行动。这种说明应采用承运人或有关部门认为必要的语言书写，并且至少包括下述几点：

a)对货包、外包装或货物集装箱的装载、堆放、搬运、操作和卸载等的补充要求，包括用于安全散热的特殊堆放规定（见6.14.2.2），或无需这类要求的说明；

b)关于运输方式或运输工具的限制，以及必要的运输路线的指示；

c)适用于托运货物的应急安排。

6.13.5.2 主管部门的批准证书不必与托运货物放在一起。但是，托运人应准备好在装载和卸载之前向承运人提交这些证书。

6.13.6 通报有关主管部门

6.13.6.1 对需要主管部门批准的货包首次装运之前应通报主管部门。当涉及国际运输时，托运人应确保把该货包设计的主管部门批准证书副本提交给拟运输的托运货物途经国或抵达国的主管部门。托运人不必等候这些主管部门收到该副本的通知，这些主管部门亦不必在收到该证书之后寄回执。

6.13.6.2 对下面a)、b)、c)或d)所列项目的每次装运，托运人应通报主管部门，涉及国际运输的还应通报拟运输的托运货物途经国或抵达国的主管部门。在装运开始前，至少应提前7d将这类通报单送达上述各主管部门：

a)装有放射性活度大于3000A_1或3000A_2,或大于1000TBq(以三者中较小者为准)的放射性物质的C型货包;

b)装有放射性活度大于3000A_1或3000A_2,或大于1000TBq(以三者中较小者为准)的放射性物质的B(U)型货包;

c)B(M)型货包;

d)特殊安排下的装运。

6.13.6.3　托运货物通报单应包括:

a)识别货包用的足够资料,包括所有适用证书的编号和所有的识别标记;

b)关于装运日期、预期的到达日期及所建议的运输路线方面的资料;

c)放射性物质或核素的名称;

d)放射性物质的物理和化学形态的说明,或者是否为特殊形式放射性物质或低弥散放射性物质的说明;

e)放射性内容物在运输期间的最大放射性活度以贝可(Bq)或加SI相应词头符号为单位表示。对于易裂变材料,可采用克(g)或以其倍数为单位表示的质量数值来代替放射性活度。

6.13.6.4　如果在装运批准申请书中已包括所要求的资料,则托运人不必呈送一份单独的通报单(见9.6.3)。

6.13.7　各种证书和说明书的持有

在按照每种相应证书所规定的条件进行任何装运之前,托运人应持有本标准第9章所要求的有关证书的副本,以及关于货包正确封闭和装运的其他准备工作的说明书副本。

6.14　运输和中途贮存

6.14.1　运输期间和中途贮存期间的隔离

6.14.1.1　装有放射性物质的货包、外包装和货物集装箱在运输期间和中途贮存期间都应:

a)按照4.1.6和4.1.7的规定,与有人员逗留的场所相隔离,以及与未显影的照相胶片相隔离;

b)按照6.3.4的规定,与其他危险货物相隔离。

6.14.1.2　II级(黄)或III级(黄)货包或外包装均不应放在旅客乘用的隔舱中运载,但那些专门批准押运这些货包或外包装的人员所专用的隔舱除外。

6.14.2 运输期间和中途贮存期间的堆放

6.14.2.1 托运货物的堆放应安全稳妥。

6.14.2.2 只要货包或外包装表面的平均热流密度不超过 $15W/m^2$,且其紧邻的货物不是装在袋里或包里,则该货包或外包装可与有包装的普通货物放在一起运载或贮存,无需特殊的堆放要求,但批准证书中主管部门对堆放规定有专门要求的货包或外包装除外。

6.14.2.3 应按下述要求控制货物集装箱的装载及货包、外包装和货物集装箱的存放:

a)除独家使用的情况外,应限制单件运输工具上的货包、外包装和货物集装箱的总数,以使运输工具上的运输指数总和不大于表 9 所示数值,对托运的 LSA-I 物质,不限制其运输指数总和;

b)在托运货物按独家使用方式运输时,单件运输工具上的运输指数总和不受限制;

c)在运输的常规条件下运输工具外表面上任一点的辐射水平应不超过 2mSv/h,而在距运输工具外表面 2m 处的辐射水平应不超过 0.1mSv/h,除了以独家使用方式通过公路或铁路运输的托运货物之外,车辆周围的辐射水平应低于 6.14.4.3b)和 c)的限值;

d)货物集装箱内和运输工具上的临界安全指数总和应不超过表 10 所示限值。

6.14.2.4 运输指数大于 10 的货包、外包装或临界安全指数大于 50 的托运货物,应按独家使用方式运输。

6.14.3 装有易裂变材料的货包在运输期间和中途贮存期间的隔离

6.14.3.1 中途贮存期间,在任何一个贮存区内的任何一组装有易裂变材料的货包、外包装和货物集装箱的数量应受到限制,以使任一组的这种货包、外包装、货物集装箱的临界安全指数总和不超过 50。各组之间的间距应至少保持 6m。

6.14.3.2 若运输工具上或货物集装箱内的临界安全指数总和超过 50(如表 10 所允许的那样),该运输工具或货物集装箱在贮存时应与装有易裂变材料的其他货包、外包装组或货物集装箱组或运载放射性物质的其他运输工具之间的距离至少保持 6m。

6.14.4 与铁路运输和公路运输有关的附加要求

6.14.4.1 运载那些贴有图 2、图 3、图 4、或图 5 所示标志的货包、外包装或货物集装箱的铁路车辆和公路车辆或按独家使用方式运载托运货物的铁路车辆和公路车辆都应显示图 6 所示的标牌，该标牌的位置如下：

a)对铁路车辆，在两个外侧面上；

b)对公路车辆，在两个外侧面和后端面上。

对无侧面的车辆，只要标牌醒目，标牌可直接固定在货物容器上；显示在大型的罐或货物集装箱上的标牌应足够大。对于无足够大位置固定大型标牌的车辆，图 6 所示的标牌尺寸可以缩小到 100mm。应除去与内容物无关的其他标牌。

非独家使用的货物集装箱和运输工具的运输指数(*TI*)限值 表 9

货物集装箱或运输工具类型	货物集装箱内或运输工具上运输指数总和的限值
小型货物集装箱	50
大型货物集装箱	50
车辆	50
飞机：	
a)客机	50
b)货机	200
内河船舶	50
海船[a]：	
a)货舱、隔舱或限定的甲板区：	
1)货包、外包装和小型货物集装箱	50
2)大型货物集装箱	200
b)整船：	
1)货包、外包装、小型货物集装箱	200
2)大型货物集装箱	不限

[a] 依据 6.14.4.3 规定装在车辆内或车辆上运载的货包或外包装均可用船舶运输，其前提是这些货包或外包装在船舶上时，始终不从车辆上卸下。

装有易裂变材料的货物集装箱和运输工具的临界安全指数(*CSI*)限值　　表10

货物集装箱或运输工具的类型	在货物集装箱内或运输工具上的临界安全指数总和的限值	
	非独家使用	独家使用
小型货物集装箱	50	不适用
大型货物集装箱	50	100
车辆	50	100
飞机：		
a)客机	50	不适用
b)货机	50	100
内河船舶	50	100
海船[a]：		
a)货舱、隔舱或限定的甲板区：		
1)货包、外包装和小型货物集装箱	50	100
2)大型货物集装箱	50	100
b)整船：		
1)货包、外包装、小型货物集装箱	200[b]	200[c]
2)大型货物集装箱	无限值[b]	无限值[c]

[a] 依据6.14.4.3规定装在车辆内或车辆上运载的货包或外包装均可以用船舶运输，其前提是这些货包或外包装在船舶上时，始终不从车辆上卸下。此时，独家使用栏的限值是适用的。

[b] 托运货物的装卸和堆放应使任一组托运货物的临界安全指数总和均不大于50，而且每组的装卸和堆放应使各组之间相距至少6m。

[c] 托运货物的装卸和堆放应使任一组的临界安全指数总和均不大于100，而且每组托运货物的装卸和堆放应使各组之间相距至少6m。依据6.3.3的规定各组托运货物之间的空间可放置其他货物。

6.14.4.2　在车辆内或车辆上的托运货物是无包装的LSA-I物质或SCO-I时，或按独家使用方式运输的托运货物是带有单一联合国编号的有包装的放射性物质时，还应以高度不小于65mm的黑体字显示相应的联合国编号(见表8)，黑体字可显示在：

a)图6所示标牌的白色衬底的下半部；或

b)图7所示的标牌上。

在采用上面 b)所述的方案时,对铁路车辆应将该附加的标牌固定在两个外侧面上且紧邻图 6 所示标牌,对公路车辆固定在两个外侧面和后端外表面上。

6.14.4.3 对按独家使用方式运输的托运货物的要求:

a)货包或外包装外表面上任一点的辐射水平应不超过 2mSv/h,仅在满足下述条件下才可超过 2mSv/h,但不可超过 10mSv/h;

1)车辆应采取实体防护措施防止未经批准的人员在运输的常规条件下接近托运货物;

2)对货包或外包装采取了固定措施,在运输的常规条件下它们在车辆内的位置保持不变;

3)运载期间,无任何装载或卸载作业。

b)在车辆外表面(包括上、下表面)上任一点的辐射水平,或者就敞式车辆而言,在那些由车辆外缘延伸的铅直平面上、装运物的上表面上以及车辆下部外表面上任一点的辐射水平均应不超过 2mSv/h。

c)在距由车辆外侧面延伸的铅直平面 2m 处的任一点的辐射水平,或者就敞式车辆而言,在距由车辆外缘延伸的铅直平面 2m 处的任一点的辐射水平,均不得超过 0.1mSv/h。

6.14.4.4 对公路车辆,除驾驶人员及其辅助人员外,任何人均不允许搭乘运载贴有 Ⅱ 级(黄)或 Ⅲ 级(黄)标志的货包、外包装或货物集装箱的车辆。

6.14.5 与用船舶运输有关的附加要求

6.14.5.1 表面辐射水平超过 2mSv/h 的货包,除特殊安排下的船舶运输外,只有满足依据表 9 脚注 a 的要求按独家使用方式装在车辆内或车辆上,方可用船舶运输。

6.14.5.2 在使用为运载放射性物质而设计或租用的专用船舶运输托运货物时,只要满足下述各条件,这种运输可不受 6.14.2.3 所规定的各项要求的限制:

a)装运的辐射防护大纲应经该船舶的船旗国的主管部门批准,有要求时,还应经各停靠港国家的主管部门批准;

b)任何托运货物在整个航程(包括在停靠港装载)中,应预先作出堆放安排;

c)在运输放射性物质的过程中,托运货物的装载、运载和卸载都应由有资格人员监督。

6.14.6 与空运有关的附加要求

6.14.6.1 不得用客机运输属独家使用的B(M)型货包和托运货物。

6.14.6.2 不得空运需通风的B(M)型货包、需用辅助冷却系统进行外部冷却的货包、运输期间需进行操作控制的货包和装有液态自燃物质的货包。

6.14.6.3 除特殊安排外,不得空运表面辐射水平超过2mSv/h的货包或外包装。

6.14.7 与邮运有关的附加要求

6.14.7.1 符合6.6.1的要求而且放射性内容物的放射性活度不超过表3所规定限值的十分之一的托运货物在符合国内邮政机构规定的附加要求条件下可以进行国内邮运。

6.14.7.2 符合6.6.1的要求而且放射性内容物的放射性活度不超过表3所规定限值的十分之一的托运货物,特别在符合万国邮政联盟法中所规定的下述附加要求的条件下,邮局可接收该托运货物,进行国际邮运:

a)应仅由国家主管部门授权的托运人递交给邮政部门;

b)应通过最快的路线(通常是空运)发送;

c)应在其外表面上标上醒目而耐久的:"放射性物质——数量为邮运所允许"字样,如果包装空着返回,则应划去这些字;

d)应在其外表面上注明托运人的姓名和地址,并要求在无法交付该托运货物时,将其原封退回;

e)应在内包装上注明托运人的姓名和地址及托运货物的内容物。

6.15 海关作业

与检查货包的放射性内容物有关的海关作业应只在备有控制射线照射的适当手段的场所并有有资格人员在场的情况下进行。依据海关规程,被启封的任何货包在继续发往收货人之前应恢复其原样。

6.16 无法交付的托运货物

在托运货物无法交付时,应将托运货物置于安全场所,并尽快报告有关的主管部门和请示下一步如何处置。

7 对放射性物质以及对包装和货包的要求

7.1 对放射性物质的要求

7.1.1 对III类低比活度(LSA-III)物质的要求

LSA-III物质应是具有这样一种性质的固体,即若货包的全部内容物经受了8.2所规定的试验,水中的放射性活度不会超过$0.1A_2$。

7.1.2 对特殊形式放射性物质的要求

7.1.2.1 特殊形式放射性物质至少应有一维尺寸大于5mm。

7.1.2.2 特殊形式放射性物质应具有这样一种性质，或应是这样设计的，即当它经受了8.3所规定的试验，应满足下述要求：

a)在经受8.3.2.1、8.3.2.2、8.3.2.3和8.3.2.5a)所规定的冲击、撞击和挠曲试验时，它不会破碎或断裂；

b)在经受8.3.2.4和8.3.2.5b)所规定的耐热试验时，它不会熔化或弥散；

c)由8.3.3规定的浸出试验在水中生成的放射性活度不会超过2kBq；或者对于密封源，在进行GB 15849中所规定的体积泄漏评估试验时，其泄漏率满足该标准的要求或不会超过主管部门认可的其他可适用的验收阈值。

7.1.2.3 当密封件成为特殊形式放射性物质的组成部分时，应把这种密封件制成仅在将其毁坏时才可被打开。

7.1.3 对低弥散放射性物质的要求

低弥散放射性物质是指其在货包中的放射性物质的总量应满足下述要求：

a)距无屏蔽的放射性物质3m处的辐射水平不超过10mSv/h；

b)在经受8.5.10.3和8.5.10.4规定的试验时，气态的和空气动力学当量直径不大于100μm的微粒形态的气载放射性排放不超过100A_2。每种试验可用不同的试样；

c)在经受8.2规定的试验时，水中的放射性活度不会超过100A_2。应用这种试验时，应考虑7.1.3b)项规定试验的损伤效应。

7.2 对各项包装和货包的一般要求

7.2.1 在设计货包时，应考虑其质量、体积和形状，以便安全地运输。此外，还应把货包设计成在运输期间能便于固定在运输工具内或运输工具上。

7.2.2 这种设计应使货包上的提吊附加装置在按预期的方式使用时不会失效，而且，即使在提吊附加装置失效时，也不会削弱货包满足本标准的其他要求的能力。设计时应考虑相应安全的系数，以适应突然起吊。

7.2.3 货包外表面上的可能被误用于提吊货包的附加装置和任何其他部件，应依据7.2.2的要求设计成能够承受货包的重量，或应将其设计成是可以拆卸的，或使其在运输期间不能被使用。

7.2.4 应尽实际可能把包装设计和加工成其外表面无凸出部分并易于去污。

7.2.5 应尽实际可能把货包的外表面设计成可防止集水和积水。

7.2.6 运输期间附加在货包上的但不属于货包组成部分的任何部件均不得降低货包的安全性。

7.2.7 货包应能经受在运输的常规条件下可能产生的任何加速度、振动或共振的影响，并且无损于容器上的各种密闭器件的有效性或货包完好性。尤其应把螺母、螺栓和其他紧固器件设计成即使经多次使用后也不会意外地松动或脱落。

7.2.8 包装和部件或构件的材料在物理和化学性质上均应彼此相容，并且应与放射性内容物相容。应考虑这些材料在辐照下的行为。

7.2.9 有可能引起泄漏放射性内容物的所有阀门应具有防止其被擅自操作的保护措施。

7.2.10 货包的设计应考虑在运输的常规条件下有可能遇到的环境温度和压力。

7.2.11 对于具有其他危险性质的放射性物质，货包设计应考虑这些危险性质(见第1章和6.4)。

7.3 对空运货包的附加要求

7.3.1 对于空运的货包，在环境温度为38℃和不考虑曝晒的情况下，其可接近表面的温度不得高于50℃。

7.3.2 应把拟空运的货包设计成即使处于-40℃~+55℃的环境温度下，也不会有损于包容系统的完好性。

7.3.3 空运的装有放射性物质的货包，必须具有能经受不小于最大正常工作压力加95kPa的压力差的内压值且不会发生泄漏。

7.4 对例外货包的要求

应将例外货包设计成能满足7.2规定的对货包的一般要求。此外，若空运，还应满足7.3规定的要求。

7.5 对工业货包的要求

7.5.1 对IP-1型货包的要求

应将IP-1型货包设计成能满足7.2和7.7.2规定的要求。若空运，还应满足7.3规定的要求。

7.5.2 对IP-2型货包的要求

应将IP-2型货包设计成能满足7.5.1为IP-1型货包所规定的要求。此外，该种货包在经受了8.5.5.4和8.5.5.5规定的试验后，还要能防止：

a)放射性内容物的漏失或弥散；

b)屏蔽完好性的丧失(使得货包外表面上的辐射水平提高20%以上)。

7.5.3　对IP-3型货包的要求

应把IP-3型货包设计成能满足7.5.1中为IP-1型货包所规定的要求，以及7.7.2~7.7.15规定的对A型货包的要求。

7.5.4　对IP-2型货包和IP-3型货包可供选择的要求

7.5.4.1　满足以下条件的货包可作为IP-2型货包：

a)它们满足7.5.1中为IP-1型货包所规定的要求；

b)将它们设计成符合ST/SG/AC.10/1/Rev.9中有关包装的一般建议所规定的标准或至少相当于这些标准的其他要求；

c)在经受ST/SG/AG.10/1/Rev.9中包装组I和II所要求的试验时，要能防止：

1)放射性内容物的漏失或弥散；

2)屏蔽完好性的丧失(使得货包外表面上的辐射水平提高20%以上)。

7.5.4.2　满足以下条件的罐状容器亦可用作IP-2型货包或IP-3型货包：

a)满足7.5.1中为IP-1型货包所规定的要求；

b)将它们设计成符合ST/SG/AC.10/1/Rev.9中有关多种形式罐的运输中所规定的标准或至少相当于这些标准的其他要求，并且要能经受265kPa的试验压力；

c)为它们设计的附加屏蔽应能经受由装卸和运输的常规条件产生的静应力和动应力，并且能防止屏蔽完好性的丧失(即能防止使得罐状容器外表面上的辐射水平提高20%以上)。

7.5.4.3　除罐状容器以外，其他罐也可用作IP-2型货包或IP-3型货包来运输如表4规定的LSA-I和LSA-II液体和气体，其前提是它们应符合至少相当于7.5.4.2规定的那些标准。

7.5.4.4　货物集装箱也可用作IP-2型货包或IP-3型货包，其前提是：

a)放射性内容物限于固体材料；

b)满足7.5.1中为IP-1型货包所规定的要求；

c)将它们设计成符合GB/T 5338中所规定的标准(尺寸和额定值除外)。应把它们设计成在经受了该文件中所规定的试验和运输的常规条件下出现的加速度时，能防止：

1)放射性内容物的漏失或弥散；

2)屏蔽完好性的丧失(使得货包容器的外表面上的辐射水平提高20%以上)。

7.5.4.5 金属制造的散货集装箱也可用作 IP-2 型货包或 IP-3 型货包,其前提是:

a)它们满足 7.5.1 中为 IP-1 型货包所规定的要求;

b)将它们设计成符合 ST/SG/AC.10/1/Rev.9 中有关散货集装箱(IBCs)建议的章节中所规定的对于包装组 I 或 II 所用的标准,若它们经受了该文件中所规定的试验,且自由下落试验应该在损伤最严重的取向上进行。应能防止:

1)放射性内容物的漏失或弥散;

2)屏蔽完好性的丧失(使得散货集装箱外表面上的辐射水平提高 20% 以上)。

7.6 对六氟化铀货包的要求

7.6.1 设计的装运六氟化铀的货包应当满足本标准其他条文中对关于材料的放射性和易裂变特性规定的要求。除 7.6.4 所允许的条件外,超过 0.1kg(含0.1kg)的六氟化铀的包装和运输应符合 7.6.2~7.6.3 和 ISO 7195 中的规定。

7.6.2 用来装大于或等于 0.1kg 六氟化铀的货包应设计成满足下述要求:

a)能经受 8.5.4 规定的结构试验而无泄漏并无不可接受的应力(见 ISO 7195的规定);

b)能经受 8.5.5.4 规定的自由下落试验而六氟化铀无漏失或弥散;

c)能经受 8.5.7.3 规定的热试验而包容系统无破损。

7.6.3 设计用来装大于或等于 0.1kg 六氟化铀的货包不应设有减压装置。

7.6.4 设计用来装大于或等于 0.1kg 六氟化铀的货包,如果所有其他方面都满足 7.6.1 和 7.6.2 规定的要求,但具有下列情况的,在经主管部门批准后也可运输:

a)货包不是按照 ISO 7195 规定的要求设计的,但其具有与这些要求等效的安全水平;

b)把货包设计成能经受住小于 2.76MPa 的试验压力而无泄漏和无不可接受的应力(见 8.5.4 的规定);或

c)设计用来装大于或等于 9000kg 六氟化铀的货包不满足 7.6.2c)规定的要求。

7.7 对 A 型货包的要求

7.7.1 应把 A 型货包设计成能满足 7.2 和 7.7.2~7.7.17 规定的要求。此外,如果空运,还应满足 7.3 规定的要求。

7.7.2 货包最小的外部尺寸不得小于10cm。

7.7.3 货包的外部应具有类似铅封之类的部件。该部件应不易损坏,其完好无损即可证明货包未曾打开过。

7.7.4 应把货包上的任何栓系附件设计成在运输的正常条件和事故条件下其受力均不会降低该货包满足本标准要求的能力。

7.7.5 货包设计应考虑包装各部件的温度范围:-40℃~+70℃。应注意液体的凝固温度,以及在此给定温度范围内包装材料性能的可能下降。

7.7.6 设计和制造工艺均应符合我国标准或主管部门认可的其他要求。

7.7.7 设计的包容系统应被一种不能被意外打开的能动紧固器件牢固紧闭,或由货包内部可能产生的压力密封。

7.7.8 可把特殊形式放射性物质视为包容系统的一个组成部分。

7.7.9 若包容系统构成货包的一个独立单元,则它应能被一种能动紧固器件牢固地紧闭。该器件应独立于包装的其他构件。

7.7.10 包容系统的任何组件的设计,在必要时应考虑液体和其他易损物质的辐射分解,以及由化学反应和辐射分解所产生的气体。

7.7.11 在环境压力降至60kPa的情况下,包容系统应仍能保持其放射性内容物不泄漏。

7.7.12 除减压阀以外,所有阀门均应配备密封罩以包封通过阀门的任何泄漏物。

7.7.13 围绕着货包部件的被规定为包容系统一部分的辐射屏蔽层应设计成能防止该部件意外地与屏蔽层脱离。在辐射屏蔽层与其包容的部件构成一个独立单元时,应能使用一种独立于包装其他构件的能动紧固器件将该屏蔽层牢固地紧闭。

7.7.14 应把货包设计成在经受了8.5.5规定的试验时能防止:

a)放射性内容物的漏失或弥散;

b)屏蔽完好性的丧失(使得货包的任何外表面上的辐射水平提高20%以上)。

7.7.15 对液体放射性物质运输用的货包设计应考虑留出液面上部空间,以适应内容物的温度、动力学效应和充填动态效应方面的变化。

7.7.16 设计用来装液体的A型货包还应:

a)如果该货包经受8.5.6规定的试验,要满足上述7.7.14a)规定的条件;和

b)满足下述两项要求之一:

1)配备足以吸收两倍液体内容物体积的吸收剂。这种吸收剂必须置于适当的部位上,以便在发生泄漏事件时能与液体内容物相接触;或

2)配备一个由初级的内部包容件和次级的外部包容件组成的包容系统,用以保证即使在初级的内部包容件发生泄漏时仍将液体内容物截留在次级的外部包容件内。

7.7.17 设计用来装气体的货包在经受 8.5.6 规定的试验后,应防止放射性内容物的漏失或弥散,为氚气或惰性气体设计的 A 型货包可不受这种要求的限制。

7.8 对 B(U)型货包的要求

7.8.1 应把 B(U)型货包设计成能够满足 7.2 和 7.7.2~7.7.15 规定的要求,7.7.14a)规定的要求除外。若空运还应满足 7.3 中规定的要求。此外,这种设计还应满足 7.8.2~7.8.15 规定的要求。

7.8.2 货包在 7.8.4 和 7.8.5 规定的环境条件下,在运输的正常条件(如同 8.5.5 试验所验证的那些条件)下其放射性内容物在货包内产生的热量,不会因一周无人看管使得货包不能满足对包容和屏蔽的可适用要求,因而对货包造成不利影响。应特别注意这种热效应,它可能:

a)改变放射性内容物的排列、几何形状或物理状态,或若放射性物质是封装在包壳或容器内(例如带包壳的燃料元件)的,则可能使包壳、容器或放射性物质变形或熔化;

b)因辐射屏蔽材料产生不同程度的热膨胀或破裂或溶化而降低包装的功能;

c)因受湿气影响而加速腐蚀。

7.8.3 除按独家使用方式运输的货包外,应把货包设计成在 7.8.4 规定的环境条件下,货包的可接近表面的温度不得高于 50℃,7.3.1 对空运货包的要求除外。

7.8.4 应假设环境温度为 38℃。

7.8.5 应假设太阳曝晒条件如表 11 所示。

7.8.6 为满足 8.5.7.3 规定的耐热试验的要求,应把配备热保护层的货包设计成在货包经受 8.5.5 及 8.5.7.2a)和 b)或 8.5.7.2b)和 c)(视情况而定)规定的试验后,这种保护层仍将有效。在划伤、切割、滑伤、擦伤、腐蚀或野蛮装卸等情况时,货包外表面上的这种保护层均应有效。

7.8.7 应将货包设计成在经受:

a)8.5.5 规定的试验后能使放射性内容物的漏失限制在每小时不大于

$10^{-6}A_2$;

b)8.5.7.1、8.5.7.2b)、8.5.7.3 和 8.5.7.4 规定的试验以及在:

1)8.5.7.2c)规定的试验(对货包重量不超过 500kg,依据外部尺寸计算的总体密度不大于 1000kg/m^3,放射性内容物的活度大于 1000A_2,且不是特殊形式放射性物质时);或

2)8.5.7.2a)规定的试验(对所有其他的货包)。

试验后货包仍符合下述要求:

——能保持足够的屏蔽能力,保证在货包内装的放射性内容物达到所设计的最大数量时,距货包表面 1m 处的辐射水平不会超过 10mSv/h;

——能使一周内放射性内容物的累积漏失对氪-85 限制在不大于 10A_2 和对所有其他的放射性核素不大于 A_2。

在货包内装有不同放射性核素的混合物时,应实施 5.2.3～5.2.5 的规定,其中对氪-85 可应用一个相当于 10A_2 的 $A_2(i)$有效值。对上述 a)项的情况,评定时应考虑 6.5.1 中所述的外部污染限值。

曝晒数据　　表 11

状态	表面的形状和位置	每天曝晒 12h 的曝晒量/(W/m^2)
1	运输的水平平坦朝下表面	0
2	运输的水平平坦朝上表面	800
3	运输的垂直平坦侧表面	200
4	运输的其他朝向的非水平平坦表面	200[a]
5	所有其他表面	400[a]

[a] 另一种办法是在采用一种吸收系数并忽略邻近物体可能的反射效应时,可使用正弦函数。

7.8.8　应把装有放射性活度大于 10^5A_2 的放射性内容物的货包设计成在经受了 8.5.8 规定的强化水浸没试验后,包容系统不会破裂。

7.8.9　应该在不依赖于过滤器,也不得依赖于机械冷却系统的条件下,满足允许的放射性活度释放限值的要求。

7.8.10　货包的包容系统不应设置泄压装置,以避免包容系统一旦处在 8.5.5 和 8.5.7规定的试验条件的环境中导致放射性物质向环境释放。

7.8.11　应把货包设计成如果处于最大正常工作压力下和经受 8.5.5 和 8.5.7 规定的试验后,包容系统的变形不会达到使货包不能满足可适用要

求的程度。

7.8.12　货包的最大正常工作压力不得超过 700kPa 表压。

7.8.13　在 7.8.4 规定的环境条件下不受曝晒时，货包的任何易接近表面在运输期间的最高温度均不得高于 85℃，但 7.3.1 对空运货包的要求除外；若最高温度高于 50℃，如按 7.8.3 规定，应按独家使用方式来运载货包。可以考虑使用屏障或隔板来保护运输人员，而这些屏障或隔板不需经受任何试验。

7.8.14　设计低弥散放射性物质的货包时，应使附加在这种物质上的辅件（它不成为放射性物质的一部分）或包装内部的任何部件都不得对低弥散放射性物质的性能有不利影响。

7.8.15　应把货包设计成能适用于 -40℃ ~ +38℃的环境温度。

7.9　对 B(M)型货包的要求

7.9.1　B(M)型货包应满足 7.8.1 中对 B(U)型货包所规定的要求。经主管部门批准后，在国内或在几个指定国家间运输的货包，可采取不同于上述在 7.7.5、7.8.4、7.8.5 和 7.8.8 ~ 7.8.15 规定的条件。尽管如此，亦应尽实际可能，满足 7.8.8 ~ 7.8.15 中对 B(U)型货包所规定的要求。

7.9.2　运输期间可允许对 B(M)型货包进行间歇性通风，但该通风的操作管理应经主管部门认可。

7.10　对 C 型货包的要求

7.10.1　应把 C 型货包设计成能满足 7.2 和 7.3、7.7.2 ~ 7.7.15 [7.7.14a)除外]、7.8.2 ~ 7.8.5、7.8.9 ~ 7.8.15 和 7.10.2 ~ 7.10.4 规定的要求。

7.10.2　把货包置于热导率为 0.33W/m·K 和温度稳定在 38℃的环境后，货包应符合 7.8.7b)和 7.8.11 对试验所规定的评定标准。评定的初始条件应假定货包的热绝缘仍未受损、货包处于最大正常工作压力下和 38℃的环境温度下。

7.10.3　为使货包能承受最大正常工作压力，设计应满足下列条件：

a)经 8.5.5 规定的试验，放射性内容物的漏失限制在每小时不大于 $10^{-6}A_2$；

b)经 8.5.10.1 规定的系列试验，该货包要满足下述要求：

1)能保持足够的屏蔽能力，即在货包内装的放射性内容物达到所设计的最大数量时，能保证距离货包表面 1m 处的辐射水平不会超过 10mSv/h；

2)一周内放射性内容物的累积漏失能限制在：对氪-85 不大于 $10A_2$，对所有其他放射性核素不大于 A_2。

货包装有不同放射性核素的混合物时,应实施 5.2.3~5.2.5 的规定,但对氪-85,可应用一个相当于 $10A_2$ 的 $A_2(i)$ 有效值。对上述 a)的情况,评定时应考虑 6.5.1 所述的外部污染限值。

7.10.4 应把货包设计成在经受 8.5.8 规定的强化水浸没试验后,包容系统不会破裂。

7.11 对易裂变材料货包的要求

7.11.1 易裂变材料货包的运输

易裂变材料货包:

a)在运输的正常条件和事故条件下应保持次临界状态,特别应考虑下述意外事件:

1)水渗入货包或从货包泄出;

2)货包内的中子吸收剂或慢化剂失效;

3)放射性内容物在货包内可能重新排列或因其从货包内漏失而可能引起的重新排列;

4)货包内或货包之间的间距缩小;

5)货包浸没在水中或埋入雪中;

6)温度变化。

b)应满足下述要求:

1)7.7.2 中对盛装易裂变材料的货包的要求;

2)本标准的其他条款中有关易裂变材料的放射性特性的要求;

3)7.11.3~7.11.7 规定的要求,符合 7.11.2 规定的例外情况除外。

7.11.2 例外易裂变材料货包的要求

满足下述 a)~d)任一规定的易裂变材料货包的运输,可以不受 7.11.3~7.11.7 规定的要求以及本标准中适用于易裂变材料的其他要求的限制。每件这种例外货包的托运货物仅允许有下述一种例外类型存在。

a)每种托运货物的质量限值如下:

$$\frac{\text{铀-235 的质量(g)}}{X}+\frac{\text{其他易裂变材料的质量(g)}}{Y}<1 \qquad (3)$$

式中:X、Y——表 12 所确定的质量限值,其前提是:

1)单件货包装有的易裂变材料不超过 15g;对于无包装的物质,应对装在运输工具内或运输工具上运输的托运货物施行数量限制;或

2)易裂变材料是一种均匀的含氢溶液或混合物,其易裂变核素与氢之比小于 5%(质量);或

3)在任何容积为10L的材料内,易裂变材料不超过5g。

在氘浓缩含氢材料中无论铍或氘的含量均不得超过表12中规定的相应托运货物质量限值的0.1%。

对例外易裂变材料货包内容物的质量托运限值　　表12

易裂变材料	与平均氢密度小于或等于水的物质相混合的易裂变材料质量(g)	与平均氢密度大于水的物质相混合的易裂变材料质量(g)
铀-235(*X*)	400	290
其他易裂变材料(*Y*)	250	180

b)铀-235富集度最高为1%(质量),而且钚和铀-233的总含量不超过铀-235质量的1%,并且易裂变材料基本上均匀分布于该物质内。此外,若铀-235以金属、氧化物或碳化物形态存在,它不得形成一种栅格排列。

c)铀-235富集度最高为2%(质量)的硝酸铀酰水溶液,而且钚和铀-233的总含量不超过铀-235质量的0.002%,以及最小的氮铀原子比(N/U)为2。

d)单件货包装有钚的总质量不超过1kg,而且其中钚-239、钚-241或这两种放射性核素的任何组合的含量不超过钚质量的20%。

7.11.3　易裂变材料货包评定的内容说明

7.11.3.1　在化学或物理形态、同位素组成、质量或浓度、慢化比或密度,或几何构形未知时,在进行7.11.5~7.11.7的评定计算中与已知条件和参数组合所用的每个未知参数的假设应使中子增殖因子达到最大。

7.11.3.2　对于受辐照过的核燃料,7.11.5~7.11.7中的评定应基于已证实的同位素组成,以给出:

a)辐照期间的最大中子增殖因子;

b)货包评定所需的中子增殖系数的保守估计值。在装运前应进行测量,以确认同位素组成的保守性。

7.11.4　几何形状和温度要求

7.11.4.1　货包在经受了8.5.5规定的试验后必须防止边长为10cm的立方体进入。

7.11.4.2　除非主管部门在货包设计的批准书中作出规定,否则应把货包设计成能适用于-40℃~+38℃的环境温度范围。

7.11.5　孤立的单件货包的评定

7.11.5.1　对于孤立货包,应假设水能渗入货包的所有空隙或从货包的所

8.1.2　在试样、原型件或样品经受各种试验后，应使用适当的评定方法，以保证满足本章的要求与第7章规定的性能标准和验收标准相一致。

8.2　Ⅲ类低比活度（LSA-Ⅲ）物质和低弥散放射性物质的浸出试验

8.2.1　在环境温度下将那种代表货包全部内容物的固体样品置于水中浸没7d，在试验样品被浸没7d之后，应测定自由体积的水的总放射性活度。

8.2.2　该试验拟用水的体积应足以保证在7d试验期结束时所剩的未被吸收和未反应的水的自由体积至少为固体试验样品本身体积的10%，所用水的初始pH值应为6～8，在20℃下的最大电导率为1mS/m。

8.3　特殊形式放射性物质的试验

8.3.1　概述

含有或模拟特殊形式放射性物质的试样应经受8.3.2规定的冲击试验、撞击试验、挠曲试验和耐热试验。每种试验可以采用不同的试样。在每次试验后，均应对试样进行浸出评定或体积泄漏试验，而所用方法的灵敏度不低于8.3.3.1对不弥散固体物质和8.3.3.2对封装物质所规定方法的灵敏度。

8.3.2　试验方法

8.3.2.1　冲击试验：应使试样从9m高处自由下落到8.5.3规定的靶上。

8.3.2.2　撞击试验：应把试样置于一块由坚固的光滑表面支承的铅板上，并使其受一根低碳钢棒的一端平坦面的冲击，产生相当于1.4kg的物体从1m高处自由下落所产生的冲击力。该钢棒下端的直径应是25mm，边缘呈圆角，圆角半径为（3.0±0.3）mm。维氏硬度为3.5～4.5、厚度不超过25mm的铅板的面积应大于试样所覆盖的面积。在每次冲击时均应使用新的铅表面。钢棒应按引起最严重的损坏的条件撞击试样。

8.3.2.3　挠曲试验：此试验仅适用于长度不小于10cm，并且长度与最小宽度之比不小于10的细长形的试样。应把试样牢固地夹在某一水平位置上，其一半长度伸在夹钳外面。试样的取向是：当用钢棒的平坦面撞击该试样的自由端时，试样将受到最严重的损坏。钢棒撞击试样，应产生相当于1.4kg的物体从1m高处竖直自由下落所产生的冲击力。钢棒下端的直径应是25mm，边缘呈圆角，圆角半径为（3.0±0.3）mm。

8.3.2.4　耐热试验：应在空气中将试样加热至800℃并在此温度下保持10min，然后让其冷却。

8.3.2.5　含有或模拟封装在密封件内的放射性物质的试样可以不经受下列试验：

a)8.3.2.1 和 8.3.2.2 规定的试验,其前提是特殊形式放射性物质的质量小于 200g,并用经受 GB 4075 中规定的 4 级冲击试验所代替;

b)8.3.2.4 规定的试验,其前提是用经受 GB 4075 中规定的 6 级温度试验所代替。

8.3.3 浸出和体积泄漏评定方法

8.3.3.1 对于含有或模拟不弥散固体物质的试样应按下述方法依次进行浸出评定:

a)应在环境温度下把试样置于水中浸没 7d。该试验拟用水的体积应足以保证在 7d 试验期结束时所剩的未被吸收和未反应的水的自由体积至少为固体试验样品本身休积的 10%。所用水的初始 pH 值应为 6~8,在 20℃下的最大电导率为 1mS/m;

b)把该水连同试样一起加热至(50±5)℃,并在此温度下保持 4h;

c)测定该水的放射性活度;

d)把试样置于温度不低于 30℃、相对湿度不小于 90%的静止空气中至少 7d;

再把试样浸没在与上述 a)项所述相同的水中和把水连同试样一起加热至(50±5)℃,并在此温度保持 4h;

e)测定该水的放射性活度。

8.3.3.2 对含有或模拟封装在密封件内的放射性物质的试样,应按下述方法进行浸出评定或体积泄漏评定:

a)浸出评定应包括下述步骤:

1)应在环境温度下把试样浸没在水中。所用水的初始 pH 值应是 6~8,在 20℃下的最大电导率为 1mS/m。

2)应将水连同试样一起加热至(50±5)℃,并在此温度下保持 4h;

3) 测定该水的放射性活度;

4)然后把试样置于温度不低于 30℃、相对湿度不小于 90%的静止空气中至少 7d;

5)再重复一次 1)、2)和 3)的过程。

b)替代的体积泄漏评定应包括 GB 15849 中所规定试验的任何一种。

8.4 低弥散放射性物质的试验

含有或模拟低弥散放射性物质的试样应经受 8.5.10.3 规定的强化耐热试验和 8.5.10.4 规定的冲击试验。每种试验可以采用不同的试样,在每次试验后,试样应经受 8.2 规定的浸出试验。每次试验后还应确定 7.1.3

所述的可适用的要求是否已经满足。

8.5　货包试验

8.5.1　试验用试样的准备

8.5.1.1　试验前应检查所有的试样，以查明并记录包括下述各项的缺陷或损坏：

a)与设计的偏离；

b)制造缺陷；

c)腐蚀或其他损坏；

d)部件变形。

8.5.1.2　应清楚地说明货包的包容系统。

8.5.1.3　应清楚地标出试样的外部部件，以便简单明确地辨认出试样的任一部分。

8.5.2　包容系统和屏蔽的完好性试验及临界安全的评定

在进行了8.5.4~8.5.10.4规定的每项可适用的试验之后：

a)应查明并记录缺陷或损坏；

b)应确定包容系统和屏蔽的完好性是否保持在第7章中对承受试验的货包所规定的要求；

c)对装有易裂变材料的货包，应确定在7.11中对一个或多个货包要求评定所用的假设和条件是否正相符合。

8.5.3　自由下落试验用靶

在8.3.2.1、8.5.5.4、8.5.6a)、8.5.7.2和8.5.10.2中自由下落试验用靶规定为平坦的水平平面靶。在该靶受到试样冲击后，其抗位移能力或抗形变能力的增加不会使试样的受损有明显地增加。

8.5.4　六氟化铀货包包装的试验

含有或模拟用于装有等于或大于0.1kg六氟化铀的包装的试样应经受内压至少为1.38MPa的水压试验，但是当试验压力小于2.76MPa时，涉及国际运输的包装设计应经多方批准。为接受多方批准，需重新试验的包装可以使用其他等效无损试验的方法。

8.5.5　验证经受运输正常条件能力的试验

8.5.5.1　这些试验是：喷水试验、自由下落试验、堆积试验和贯穿试验。货包的试样应经受自由下落试验、堆积试验和贯穿试验，并在每种试验之前均应先经受喷水试验。只要满足8.5.5.2的要求，一个试样可用于所有的试验。

8.5.5.2 应按下述原则选择从喷水试验结束至后续试验开始的时间间隔，即试样水渗透达最大程度，并使其外表无明显干处。若同时从四面向试样喷水，则这段时间间隔应为2h（不存在不利证据的情况下）。若依次从四个方向相继向试样喷水，则不需要时间间隔。

8.5.5.3 喷水试验：试样应进行模拟在降水量为每小时约5cm的环境中暴露至少1h的喷水试验。

8.5.5.4 自由下落试验：试样应自由下落在靶上，以使试验部件的安全特性受到最严重的损坏。

a）从试样的最低点至靶的上表面的所测的下落高度不得小于表13中对应的可适用质量所规定的距离。该靶应满足8.5.3规定的要求。

在运输的正常条件下试验货包的自由下落距离 表13

货包质量（kg）	自由下落距离（m）	货包质量（kg）	自由下落距离（m）
货包质量 < 5000	1.2	10000 ≤ 货包质量 < 15000	0.6
5000 ≤ 货包质量 < 10000	0.9	15000 ≤ 货包质量	0.3

b）对质量不超过50kg的纤维板或木板作的矩形货包，应对一个试样的每个角进行高度为0.3m的自由下落试验。

c）对质量不超过100kg的纤维板或木板作的圆柱形货包，应对一个试样每个边缘的每四分之一取向，分别进行高度为0.3m的自由下落试验。

8.5.5.5 堆积试验：除非包装的形状能有效地防止堆积，否则试样应在24h内一直承受下述两种试验中压力荷载较大者：

a）相当于货包实际质量的5倍；

b）相当于13kPa与货包竖直投影面积的乘积。

应将荷载均匀地加在试样的两个相对面上，其中一个面应是货包通常搁置的底部。

8.5.5.6 贯穿试验：应把试样置于在试验中不会显著移动的刚性平坦的水平面上。

a）应使一根直径为3.2cm、一端呈半球形、质量为6kg的棒自由下落并沿竖直方向正好落在试样最薄弱部分的中心部位。这样，若贯穿深度足够深，则包容系统受到冲击。该棒不得因进行试验而显著变形。

b）所测棒的下端至试样的上表面预计的冲击点的下落高度应是1m。

8.5.6 装液体和气体的A型货包的附加试验

用一个或几个单个试样经受下述每一项试验。如果能证明试样的某项试验比其他项试验更为苛刻,则试样只需经受更为苛刻的试验。

a)自由下落试验:试样应下落在靶上,以使货包包容受到最严重的损坏。从试样的最低点至靶的上表面的高度应是9m。该靶应满足8.5.3规定的要求。

b)贯穿试验:试样应经受8.5.5.6规定的试验,但下落高度应从8.5.5.6b)所规定的1m增至1.7m。

8.5.7 验证经受运输事故条件能力的试验

8.5.7.1 试样应依次经受8.5.7.2和8.5.7.3规定的试验的累积效应的考验。继这些试验后,该试样或者另一个试样还应经受8.5.7.4和必要时经受8.5.8规定的水浸没试验的考验。

8.5.7.2 力学试验:力学试验包括三种不同的下落试验。每一试样都应经受7.8.7或7.11.7规定的相应可适用的自由下落试验。试样经受各种自由下落试验的次序应遵循这样的原则,即在完成力学试验后,试样所受的损坏将导致试样在后继的耐热试验中会受到最严重的损坏。

a)自由下落试验Ⅰ,试样应自由下落在靶上,以使试样受到最严重的损坏,而从试样的最低点至靶的上表面高度应是9m。该靶应满足8.5.3规定的要求。

b)自由下落试验Ⅱ,试样应自由下落在牢固地直立在靶上的一根棒上,以使试样受到最严重的损坏。从试样的预计冲击点至棒的端面高度应是1m。该棒应由直径为(15.0±0.5)cm、长度为20cm的圆形实心低碳钢制成,如果更长的棒会造成更严重的损坏,应采用一根足够长的棒。棒的顶端应是平坦而又水平的,其边缘呈圆角,圆角半径不大于6mm。装有棒的靶应满足8.5.3规定的要求。

c)自由下落试验Ⅲ,试样应经受动态压碎试验,即把试样置于靶上,让500kg重的物体从9m高处自由下落至试样上,使试样受到最严重的损坏。该重物应是一块1m×1m的实心低碳钢板,并应以水平状态下落。下落高度应是从该板底面至试样最高点的距离。搁置试样的靶应满足8.5.3规定的要求。

8.5.7.3 耐热试验:试样在经受放射性内容物在货包内所产生的最大设计的内释热率和在表11中所规定的太阳曝晒条件下,在环境温度为38℃时仍处于热平衡状态。此外,允许这些参数在试验前和在试验期间具有不同的值,但在随后评定货包响应曲线时予以考虑。

然后耐热试验包括：

a)使试样暴露在热环境中 30min,该热环境提供的热流密度至少相当于在完全静止的环境条件下烃类燃料/空气火焰的热流密度,以给出最小平均火焰发射系数为 0.9,平均温度至少为 800℃,试样完全被火焰所吞没,使表面吸收系数为 0.8 或采用货包暴露在所规定的火焰中其实际具有的吸收系数值；

b)使试样经受放射性内容物在货包内所产生的最大设计内释热率和在表 11 中所规定的太阳曝晒条件下,暴露在 38℃环境温度中足够长的时间,以保证试样各部位的温度降至或接近初始稳定状态。此外,允许这些参数在加热停止后具有不同的值,但在随后评定货包响应曲线时予以考虑。

在试验期间和试验后,不得人为地冷却试样,并且应允许试样的材料自然燃烧。

8.5.7.4 水浸没试验:应使试样在水深至少 15m 并会导致最严重损坏的状态下浸没不少于 8h。为了论证的目的,应认为至少 150kPa 的外部表压即可满足这些条件。

8.5.8 含有超过 $10^5 A_2$ 的 B(U)型货包和 B(M)型货包以及 C 型货包的强化水浸没试验

强化水浸没试验:应使试样在水深至少 200m 处浸没不少于 1h。为了论证的目的,应认为至少 2MPa 的外部表压即可满足这些条件。

8.5.9 易裂变材料货包的水泄漏试验

8.5.9.1 根据 7.11.5~7.11.7 的规定进行评定已假设水渗入或泄出的程度能导致最大反应性的货包不必经受此项试验。

8.5.9.2 试样在经受 8.5.9.3 规定的水泄漏试验之前应经受 7.11.7 所要求的在 8.5.7.2b)或 a)或 8.5.7.2b)和 c)规定的试验,以及 8.5.7.3 规定的试验。

8.5.9.3 应使试样处在水深至少 0.9m 并预期会引起最严重泄漏的状态下浸没不少于 8h。

8.5.10 C 型货包的试验

8.5.10.1 试样应依照规定的次序经受下述每种试验：

a) 8.5.7.2a)、8.5.7.2c)、8.5.10.2 和 8.5.10.3 规定的各种试验；

b) 8.5.10.4 规定的试验。

a)和 b)的试验允许采用不同的试样。

8.5.10.2 击穿/撕裂试验:试样应经受低碳钢制实心棒的损坏效应试验。

该实心棒至试样表面的取向应是在经受了8.5.10.1a)规定的各种试验后能造成最严重损坏的取向。

a)对质量小于250kg货包,应把货包试样置于靶上并经受从预计冲击点上方3m高处自由下落的质量为250kg试验用棒的撞击。对于这种试验,试验用棒应是一根直径为20cm的圆柱形棒,其冲击端为正圆锥体:高30cm和顶端直径2.5cm,且边缘呈圆角,圆角半径不大于6mm。安置试样的靶应符合8.5.3的规定;

b)对于质量等于或大于250kg的货包,试验用棒的底部应该置于靶上,并且试样应自由下落在试验用棒上。从试样的冲击点至试验用棒上表面的高度应是3m。对于这种试验,试验用棒应具有如上述a)项规定的同样特性和尺寸,但试验用棒的长度和质量可以不同,只要能使试样受到最严重的损坏。放有试验用棒底部的靶应符合8.5.3的规定。

8.5.10.3　强化耐热试验:该试验的条件应符合8.5.7.3的规定,但在热环境中暴露的时间应是1h。

8.5.10.4　撞击试验:试样应该经受能将其造成最严重损坏的取向和不小于90m/s的速度冲击靶件,该靶件应符合8.5.3的规定,但靶面的取向不限,只要求与撞击方向垂直。

9　审批和管理要求

9.1　概述

9.1.1　对不需要有关主管部门颁发批准证书的货包设计,托运人应按要求向有关负责检查的主管部门提供表明该货包设计符合所有可适用要求的文件证据。

9.1.2　应经有关主管部门审批的事项如下:

a)下述诸项的设计:

1)特殊形式放射性物质(见9.2和9.4.3);

2)低弥散放射性物质(见9.2);

3)装有等于或大于0.1kg的六氟化铀的货包(见9.3.1);

4)装有易裂变材料的所有货包,除7.11.2所述的货包外(见9.3.4);

5)B(U)型货包和B(M)型货包(见9.3.2和9.3.3);

6)C型货包(见9.3.2);

b)特殊安排(见9.6);

c)某些装运(见9.5);

d)特殊用途船舶的辐射防护大纲[(见6.14.5.2a)];

e)表1未列出的放射性核素值的计算(见5.2)。

9.2 特殊形式放射性物质和低弥散放射性物质的审批

9.2.1 特殊形式放射性物质和低弥散放射性物质的设计应得到有关主管部门的批准。当涉及国际运输时,低弥散放射性物质的设计还应经多方批准。这两种设计申请书应包括:

a)放射性物质的详细描述,若所描述的是密封件,则是对内容物的详细描述;应特别说明其物理和化学形态;

b)拟使用的密封件设计的详细陈述;

c)已进行的试验及其结果的陈述,或基于多种计算方法用以表明放射性物质能符合性能标准的证据,或用以表明特殊形式放射性物质或低弥散放射性物质能满足本标准可适用要求的其他证据;

d)按4.3所要求的可适用质量保证大纲的详细说明;

e)对用于装有特殊形式放射性物质或低弥散放射性物质的托运货物装运前建议的行动。

9.2.2 主管部门应颁发批准证书,以说明所批准的设计能满足对特殊形式放射性物质或低弥散放射性物质的各项要求,并应赋予该设计一个识别标记。

9.3 货包设计的审批

9.3.1 六氟化铀货包的设计审批

a)装有等于或大于0.1kg的六氟化铀货包的设计应得到有关主管部门批准,对2000年12月31日后且在2003年12月31日前设计的只满足7.6.4要求的货包,当涉及国际运输时应经多方批准;

b)请求批准的申请书应包括让主管部门相信所必需的能证明设计符合7.6.1的要求的所有资料,以及按4.3要求的可适用的质量保证大纲的详细说明;

c)主管部门应颁发批准证书,以说明被批准的设计已满足7.6.1的要求,并应赋予该设计一个识别标记。

9.3.2 B(U)型货包和C型货包设计的审批

9.3.2.1 每种B(U)型货包和C型货包的设计均应得到有关主管部门批准,涉及下述情况的国际运输还应经多方批准:

a)要求符合9.3.4规定的易裂变材料的货包设计;

b)低弥散放射性物质的B(U)型货包设计。

9.3.2.2 请求批准的申请书应包括：

a)所提出的放射性内容物的详细描述，并说明其物理和化学形态以及所发射射线的特性；

b)设计的详细陈述，包括整套工程图纸、材料清单和制作方法；

c)证明该设计足以满足可适用要求的已进行的试验及其结果的陈述，或基于多种计算方法的证据或其他证据；

d)对包装使用提出的操作和维护规程；

e)包容系统制造材料的说明、拟取的样品和拟进行的试验(当需要把货包设计成具有超过 100kPa 表压的最大正常工作压力时)；

f)对经过辐照的核燃料货包的设计，申请者应陈述与该燃料的特性有关的安全分析方面的假设并证明这些假设是正当的，描述 7.11.3.2b)所要求的装运前的测量情况；

g)在考虑拟使用的各种运输方式和运输工具或货物集装箱的类型情况下，为保证货包安全散热所需的在堆放方面的所有特殊规定；

h)一张用于表明货包构造的尺寸不大于 21cm × 30cm 的示意图；

i)按 4.3 要求的质量保证大纲的详细说明。

9.3.2.3 主管部门应颁发批准证书，以说明经批准的设计能满足对 B(U)型货包或 C 型货包的要求，并应赋予该设计一个识别标记。

9.3.3 B(M)型货包设计的审批

9.3.3.1 每个 B(M)型货包的设计，包括那些还要求符合 9.3.4 规定的易裂变材料货包的设计和低弥散放射性物质货包的设计均应得到有关主管部门批准，涉及国际运输还应经多方批准。

9.3.3.2 请求 B(M)型货包设计批准的申请书，除应包括 9.3.2.2 对 B(U)型货包所要求的资料外，还应包括：

a)说明该货包不符合 7.7.5、7.8.4、7.8.5 和 7.8.8 ~ 7.8.15 条规定要求的清单；

b)本标准中通常未作规定的，但为确保货包安全或为弥补上述 a)所列的不足而建议的在运输期间有必要施行的附加操作管理措施；

c)关于运输方式的限制和特殊的装载、运载、卸载或操作程序的陈述；

d)预期在运输期间会遇到的并在设计中业已考虑的环境条件范围(温度、太阳照射)。

9.3.3.3 主管部门应颁发批准证书，以说明经批准的设计能满足对 B(M)型货包的可适用要求，并应赋予该设计一个识别标记。

9.3.4 易裂变材料货包设计的审批

9.3.4.1 每种易裂变材料货包的设计均应得到有关主管部门的批准，涉及国际运输的还要求多方批准，而根据 7.11.2 的规定，可以作为例外货包的除外。

9.3.4.2 请求批准的申请书应包括让主管部门相信该设计能满足 7.11.1 的各项要求所必需的全部资料和 4.3 要求的适用的质量保证大纲的详细说明。

9.3.4.3 主管部门应颁发批准证书，以说明经批准的设计能满足 7.11.1 各项要求，并应赋予该设计一个识别标记。

9.4 顺序编号的通报和注册

应将按照 9.3.2.1、9.3.3.1 和 9.3.4.1 等批准的某一设计所制造的每个包装的顺序编号通报主管部门备案。

9.5 装运的审批

装运放射性物质必须得到国家有关主管部门的批准。

9.5.1 当涉及国际运输时，下述事项应经多方批准：

a)不符合 7.7.5 要求的或设计成受控间歇通风的 B(M)型货包的装运；

b)装有放射性活度大于 3000A_1 或 3000A_2，或者大于 1000TBq(以两者中较小者为准)的放射性物质的 B(M)型货包的装运；

c)装有易裂变材料的货包在货包的临界安全指数总和超过 50 时的装运；

d)依据 6.14.5.2a)规定供特殊用途船舶装运用的辐射防护大纲。

9.5.2 根据设计批准证书中规定的设计和装运批准证书合二为一的一项特殊条款(见 9.7.1)，主管部门可在没有装运批准书的情况下批准那种抵达或途经我国的运输。

9.5.3 请求批准装运的申请书应包括：

a)请求批准的与装运有关的期限；

b)实际的放射性内容物、预期的运输方式、运输工具的类型以及可能经由的或所建议的运输路线；

c)依据 9.3.2.3、9.3.3.3 和 9.3.4.3 的规定颁发的货包设计的批准证书提及的预防措施以及行政管理或操作管理措施如何付诸实施的细节。

9.5.4 装运一经批准，主管部门就应颁发批准证书。

9.6 特殊安排下的装运审批

9.6.1 在特殊安排下国际间运输的每件托运货物均应经多方批准。

9.6.2　请求特殊安排下装运批准的申请书应包括足够的资料，以便让主管部门相信运输的总体安全水平至少能达到满足本标准全部可适用要求的安全水平。该申请书还应包括：

a)托运货物在哪些方面不能完全符合这些可适用要求及其理由的陈述；

b)为了弥补未能满足可适用要求之不足而在运输期间拟采取的任何特殊预防措施或者特殊行政管理或操作管理措施的陈述。

9.6.3　特殊安排下的装运一经批准，主管部门就应颁发批准证书。

9.7　主管部门的批准证书

9.7.1　主管部门可以颁发下述五种批准证书：特殊形式放射性物质、低弥散放射性物质、特殊安排、装运以及货包设计的批准证书。货包设计的批准证书和装运的批准证书亦可合二为一。

9.7.2　主管部门应为其颁发的每份批准证书指定一个识别标记。这种标记应采用下述通用形式：VRI/编号/类型代号。

a)除去9.7.3b)所述情况外，VRI代表证书颁发国的国际车辆注册识别代号，见附录A(资料性附录)的A4。

b)编号应由主管部门指定，并且对于特定的设计或装运来说应是特有的和专用的。装运批准证书的识别标记与设计批准证书的识别标记之间的联系应十分清楚。

c)应按所列次序使用下述类型代号，以表示所颁发的批准证书的类型：

1)AF　易裂变材料的A型货包设计；

2)B(U)　B(U)型货包设计[若是易裂变材料，则为B(U)F型]；

3)B(M)　B(M)型货包设计[若是易裂变材料，则为B(M)F型]；

4)C　C型货包设计(若是易裂变材料，则为CF型)；

5)IF　易裂变材料的工业货包设计；

6)S　特殊形式放射性物质；

7)LD　低弥散放射性物质；

8)T　装运；

9)X　特殊安排。

非易裂变材料或例外的易裂变六氟化铀的货包设计，在不使用上述代号时，应使用下述类型代号：

H(U)　单方批准

H(M)　多方批准

d)对于货包设计和特殊形式放射性物质的批准证书,以及对于低弥散放射性物质的批准证书将符号“—96”加在类型代号的后面。

9.7.3 应按下述方式使用这些类型代号:

a)每份设计批准证书和每个货包均应标有由上述9.7.2a)、b)、c)和d)规定的符号组成的相应识别标记。此外,对于标在货包上的识别标记的第二条斜线之后仅需标上可适用的设计类型代号,必要时,还可加上符号“—96”,而不应标上“T”或“X”,仅对运输批准证书应在类型代码或年代数字后标上“T”或“X”。在设计批准证书和装运批准证书合二为一时,不需要重复可适用的类型代号。代号示例见附录A(资料性附录)的A.1。

b)需要根据9.9取得多方批准生效的货包,在批准证书的批准生效栏里首先仅应使用原设计国或原装运国指定的识别标记。在一系列国家相继颁发证书使多方批准生效时,每份证书均应标上相应批准国的识别标记,并且应在已批准设计的货包上标各种相应的识别标记。举例见附录A(资料性附录)的A.2。

c)应在证书的识别标记后面用括号形式表示证书的修订。举例见附录A(资料性附录)的A.3。证书修订编号只能由颁发原批准证书的国家颁发。

d)附加的符号可以加在识别标记末尾的括号内。

e)在修订设计证书时,不必每次都改变包装上的识别标记。当涉及货包设计识别标记第二道斜线后面的字母类型代号的更改时,则需重新标记。

9.8 批准证书的内容

9.8.1 特殊形式放射性物质和低弥散放射性物质的批准证书

主管部门为特殊形式放射性物质和低弥散放射性物质颁发的每份批准证书均应包括下述资料:

a)证书类型;

b)主管部门指定的识别标记;

c)颁发日期和失效日期;

d)可适用的国家标准和法规及国际规则的附表;

e)特殊形式放射性物质或低弥散放射性物质的标识;

f)特殊形式放射性物质或低弥散放射性物质的描述;

g)特殊形式放射性物质或低弥散放射性物质的设计说明书,其中可包括图纸的附加说明;

h)放射性内容物的详细说明,包括放射性活度,还包括物理和化学形态;

i)对4.3所要求的质量保证大纲的详细说明；

j)申请者提供的关于装运前采取的专门措施的资料的说明；

k)申请者身份的说明(若主管部门认为有必要)；

l)批准负责人的签字和职务。

9.8.2 特殊安排的批准证书

主管部门为特殊安排颁发的每份批准证书均应包括下述资料：

a)证书类型；

b)主管部门指定的识别标记；

c)颁发日期和失效日期；

d)运输方式；

e)对运输方式、运输工具的类型和货物集装箱的限制以及必要的运输路线的说明；

f)可适用的国家标准和法规及国际规则的附表；

g)声明："本证书并不免除托运人应遵守所运输货包途经国或抵达国政府所规定的任何要求的责任"；

h)在主管部门认为必要时，提供可参考的放射性内容物的证书、其他主管部门的批准证书或者附加的技术数据或资料；

i)依据图纸或设计规格书对包装的描述。若主管部门认为有必要，则还应提供一张用以表明货包构造尺寸不大于21cm×30cm的示意图，并附上对包装(包括制造材料、总质量、一般外形尺寸和外观)的扼要说明；

j)所批准的放射性内容物的简要说明，包括那些也许不能从包装的特征明显看出的对放射性内容物的任何限制的简要说明。该说明应包括放射性内容物的物理和化学形态，所涉及的放射性活度(必要时，包括各种同位素的放射性活度)，以克为单位表示的质量(就易裂变材料而言)以及是否为特殊形式放射性物质或低弥散放射性物质(必要时)；

k)对于易裂变材料货包还应包括：

1)所批准的放射性内容物的详细描述；

2)临界安全指数值；

3)对论证内容物临界安全的文件说明；

4)在临界评价中所假设某些空隙不存有水所依据的任何特殊性质；

5)根据实际的辐照经历在临界评定中所假设的中子增殖改变的任何裕量[基于7.11.3.2b)]；

6)批准特殊安排所依据的环境温度范围。

l)托运货物的准备、装载、运载、卸载和搬运所需的补充操作管理措施的详细清单,包括为安全散热所作的任何特殊的堆放规定;

m)特殊安排的理由(若主管部门认为有必要);

n)对特殊安排下的装运拟采取的补偿措施的说明;

o)申请者提供的关于包装的使用或关于装运前拟采取的特殊措施的资料的说明;

p)关于为设计所假设的环境条件的陈述(若这些条件与7.8.4、7.8.5和7.8.15规定的环境条件不一致时,可酌情作出说明);

q)主管部门认为必要的任何应急安排;

r)对4.3所要求的质量保证大纲的详细说明;

s)申请者的身份和承运人的身份的说明(若主管部门认为有必要);

t)批准负责人的签字和职务。

9.8.3 装运的批准证书

主管部门为装运颁发的每份批准证书均应包括下述资料:

a)证书类型;

b)主管部门指定的识别标记;

c)颁发日期和失效日期;

d)可适用的国家标准和法规及国际规则的附表;

e)对运输方式、运输工具的类型和货物集装箱的限制以及必要的运输路线的指示;

f)声明:"本证书并不免除托运人应遵守所运输货包途经国或抵达国政府所规定的任何要求的责任";

g)托运货物的准备、装载、运载、卸载和搬运所需的任何补充操作管理措施的详细清单,包括为安全散热或维持临界安全所作的任何特殊的堆放规定;

h)申请者提供的关于装运前拟采取的特殊措施的资料的说明;

i)可适用的设计批准证书的说明;

j)实际所装的放射性内容物的简要说明,包括那些也许不能从包装的特征明显看出的对放射性内容物的任何限制的简要说明。该说明应包括放射性内容物的物理和化学形态,所涉及的总放射性活度(必要时包括各种同位素的放射性活度),以克为单位表示的质量(就易裂变材料而言)以及是否为特殊形式放射性物质或低弥散放射性物质(必要时);

k)有关主管部门认为必要的任何应急安排;

l)对4.3所要求的可适用质量保证大纲的详细说明；

m)申请者的身份说明(若主管部门认为有必要)；

n)批准负责人的签字和职务。

9.8.4　货包设计的批准证书

主管部门为货包设计颁发的每份批准证书均应包括下述资料：

a)证书类型；

b)主管部门指定的识别标记；

c)颁发日期和失效日期；

d)对运输方式的限制(必要时)；

e)可适用的国家标准和法规及国际规则的附表；

f)声明："本证书并不免除托运人应遵守所运输货包途经国或抵达国政府所规定的任何要求的责任"；

g)主管部门认为必要时，提供可参考的放射性内容物的证书、其他主管部门的批准书或者附加的技术数据或资料；

h)如认为有必要，给出依据9.6.1规定的要求对批准装运所进行的审批的陈述；

i)包装的标识；

j)依据图纸或设计规格书对包装的描述。若主管部门认为有必要，还应提供一张用以表明货包构造尺寸不大于21cm×30cm的示意图，并附有包装(包括制造材料、总质量、一般外形尺寸和外观)的扼要说明；

k)依据图纸对设计的详细说明；

l)所批准的放射性内容物的简要说明，应包括那些也许不能从包装的特征明显看出的对放射性内容物的任何限制的简要说明。该说明应包括放射性内容物的物理和化学形态，放射性活度(必要时，包括各种同位素的放射性活度)，以克为单位表示的质量(仅对易裂变材料)以及是否为特殊形式放射性物质或低弥散放射性物质(必要时)；

m)对于易裂变材料的货包还应包括：

1)所批准的放射性内容物的详细说明；

2)临界安全指数值；

3)对论证内容物临界安全的文件说明；

4)在临界评价中所假设的某些空隙不存有水所依据的任何特殊性质；

5)在依据实际的辐照经历对临界评定时，假设的中子增殖改变的裕量[基于7.11.3.2b)]；

6)批准货包设计所依据的环境温度范围。

n)对于B(M)型货包,就货包不符合7.7.5、7.8.4、7.8.5和7.8.8~7.8.15中的某些规定所作的陈述,以及对其他主管部门可能有用的补充资料;

o)托运货物的准备、装载、运载、卸载和搬运所需的补充操作管理措施的详细清单,包括为安全散热所作的特殊堆放规定;

p)申请者提供的关于包装的使用或关于装运前拟采取措施的资料的说明;

q)关于为设计所假定的环境条件的陈述(若这些条件与7.8.4、7.8.5和7.8.15规定的环境条件不一致时,可酌情作出说明);

r)对4.3所要求的质量保证大纲的详细说明;

s)主管部门认为必要的应急安排;

t)申请者的身份说明(若主管部门认为有必要);

u)批准负责人的签字和职务。

9.9 证书的生效

批准证书的有效期由主管部门签发时确定。

对抵达或途经我国的需多方批准的境外货包可通过认可原设计国或原装运国的主管部门所颁发的原始证书来完成。主管部门的这种认可可以采取在原始证书上批注的形式或颁发单独的附件、附录、附页等形式来实现。

附　录　A
识别标记举例
（资料性附录）

A1　货包识别标记示例

A1.1　A/132/B(M)F—96:须经多方批准的易裂变材料的 B(M)型货包设计，奥地利的主管部门为该设计指定的设计编号是 132(既标在货包上，也标在货包设计的批准证书上)；

A1.2　A/132/B(M)F—96T:为标有上述识别标记的货包颁发的装运批准证书(仅标在该证书上)；

A1.3　A/137/X:奥地利主管部门颁发的特殊安排批准证书，该部门为其指定的编号是 137(仅标在该证书上)；

A1.4　A/139/IF—96:奥地利主管部门批准的易裂变材料的工业货包设计，该部门为该货包设计指定的编号是 139(既标在货包上，也标在货包设计的批准证书上)；

A1.5　A/145/H(U)—96:奥地利主管部门批准的例外的易裂变六氟化铀的货包设计，该部门为该货包设计指定的编号是 145(既标在货包上，也标在货包设计的批准证书上)。

A2　多方批准识别标记示例

A/132/B(M)F—96

CH/28/B(M)F—96

最初由奥地利批准、随后由瑞士通过颁发单项证书所批准的某一货包的识别标记。附加的识别标记将以类似的方式标在货包上。

A3　证书修订识别标记示例

如 A/132/B(M)F—96(Rev.2)表示奥地利颁发的货包设计的批准证书的第二修订版；或者 A/132/B(M)F—96(Rev.0)表示奥地利颁发的货包设计的批准证书的初版。对于初版，括号内的词是可选的，也可用诸如“初次发行”等其他的词来代替“初版”。

A4 各国的 VRI 代号

VRI 代表各国的国际车辆注册识别代号,见表 A1。

部分国家的 VRI 代号 表 A1

国家	识别代号
阿富汗(Afghanistan)	AFG
阿尔巴尼亚(Albania)	AL
阿尔及利亚(Algeria)	DZ
安哥拉(Angola)	AO
阿根廷(Argentina)	RA
亚美尼亚(Armenia)	AM[a]
澳大利亚(Australia)	AUS
奥地利(Austria)	A
孟加拉国(Bangladesh)	BD
白俄罗斯(Belarus)	BEL
比利时(Belgium)	B
贝宁(Benin)	DY
玻利维亚(Bolivia)	BOL
波黑(Bosnia & Herzegovina)	BIH
巴西(Brazil)	BR
保加利亚(Bulgaria)	BG
布基纳法索(Burkina Faso)	BF
柬埔寨(Cambodia)	K
喀麦隆(Cameroon)	CM
加拿大(Canada)	CDN
智利(Chile)	RCH
中华人民共和国(China,People's Republic of)	CN
哥伦比亚(Colombia)	CO
哥斯达黎加(Costa Rica)	CR
科特迪瓦(Cote d'Ivoire)/象牙海岸(Ivory Coast)	CI
克罗地亚(Croatia)	HR
古巴(Cuba)	C

续上表

国　　家	识别代号
塞浦路斯(Cyprus)	CY
捷克(Czech Republic)	CZ
民主柬埔寨(Democratic Kampuchea[b])	KH[a]
刚果民主共和国(Democratic Republic of the Congo)	RCB
丹麦(Denmark)	DK
多米尼加共和国(Dominican Republic)	DOM
厄瓜多尔(Ecuador)	EC
埃及(Egypt)	ET
萨尔瓦多(El Salvador)	ES
爱沙尼亚(Estonia)	EW
埃塞俄比亚(Ethiopia)	ETH
芬兰(Finland)	FIN
法国(France)	F
加蓬(Gabon)	GA
格鲁吉亚(Georgia)	GE[a]
德国(Germany)	D
加纳(Ghana)	GH
希腊(Greece)	GR
危地马拉(Guatemala)	GCA
海地(Haiti)	RH
梵蒂冈(Holy See/Vatican)	VA
匈牙利(Hungary)	H
冰岛(Iceland)	IS
印度(India)	IND
印度尼西亚(Indonesia)	RI
伊朗(Iran, Islamic Republic of)	IR
伊拉克(Iraq)	IRQ

续上表

国　　家	识别代号
爱尔兰(Ireland)	IRL
以色列(Israel)	IL
意大利(Italy)	I
牙买加(Jamaica)	JA
日本(Japan)	J
约旦(Jordan)	HKJ
哈萨克斯坦(Kazakhstan)	KK
肯尼亚(Kenya)	EAK
朝鲜(Korea, Democratic People's Republic of)	KP
韩国(Korea, Republic of)	ROK
科威特(Kuwait)	KWT
拉脱维亚(Latvia)	LV
黎巴嫩(Lebanon)	RL
利比里亚(Liberia)	LB
利比亚(Libya)	LAR
列支敦士登(Liechtenstein)	FL
立陶宛(Lithuania)	LT
卢森堡(Luxembourg)	L
马达加斯加(Madagascar)	RM
马来西亚(Malaysia)	MAL
马里(Mali)	RMM
马耳他(Malta)	M
马绍尔群岛(Marshall islands)	PC
毛里求斯(Mauritius)	MS
墨西哥(Mexico)	MEX
摩纳哥(Monaco)	MC
蒙古(Mongolia)	MN

续上表

国　家	识别代号
摩洛哥(Morocco)	MA
缅甸(Myanmar)	BUR
纳米比亚(Namibia)	SWA
荷兰(Netherlands)	NL
新西兰(New Zealand)	NZ
尼加拉瓜(Nicaragua)	NIC
尼日尔(Niger)	RN
尼日利亚(Nigeria)	WAN
挪威(Norway)	N
巴基斯坦(Pakistan)	PAK
巴拿马(Panama)	PA
巴拉圭(Paraguay)	PY
秘鲁(Peru)	PE
菲律宾(Philippines)	RP
波兰(Poland)	PL
葡萄牙(Portugal)	P
卡塔尔(Qatar)	QA
摩尔多瓦共和国(Republic of Moldova)	MOL
罗马尼亚(Romania)	R
俄罗斯(Russian Federation)	RU
沙特阿拉伯(Saudi Arabia)	SA
塞内加尔(Senegal)	SN
塞拉利昂(Sierra Leone)	WAL
新加坡(Singapore)	SGP
斯洛伐克(Slovakia)	SK
斯洛文尼亚(Slovenia)	SLO
南非 (South Africa)	ZA

续上表

国　家	识别代号
西班牙(Spain)	E
斯里兰卡(Sri Lanka)	CL
苏丹(Sudan)	SUD
瑞典(Sweden)	S
瑞士(Switzerland)	CH
叙利亚(Syrian Arab Republic)	SYR
泰国(Thailand)	T
前南马其顿(the Former Yugoslav Republic of Macedonia)	MK
突尼斯(Tunisia)	TN
土耳其(Turkey)	TR
乌干达(Uganda)	EA
乌克兰(Ukraine)	UA
阿拉伯联合酋长国(United Arab Emirates)	SV
英国(United Kingdom)	GB
坦桑尼亚(United Republic of Tanzania)	EAT
美国(United States of America)	USA
乌拉圭(Uruguay)	U
乌兹别克斯坦(Uzbekistan)	US
委内瑞拉(Venezuela)	YV
越南(Viet Nam)	VN
也门(Yemen)	YE
南斯拉夫联盟共和国[c](Yugoslavia,Federal Republic of)	YU
赞比亚(Zambia)	Z
津巴布韦(Zimbabwe)	ZW

[a] 没有 VRI 代号,给出的是国际标准化组织规定的代号。

[b] 柬埔寨以前叫做民主柬埔寨。

[c] 现已更名为塞尔维亚和黑山。

9. 包装储运图示标志

（GB 191—2000
eqv ISO 780:1997
代替 GB 191—90）

Packaging-Pictorial marking for handing of goods

1 范围

本标准规定了包装储运图示标志的名称、图形、尺寸、颜色及使用方法。

本标准适用于各种货物的运输包装。

2 标志的名称和图形

图示标志共 17 种，其名称和图形如表 1 所示。

标志名称和图形 表 1

序号	标志名称	标志图形	含义	备注/示例
1	易碎物品	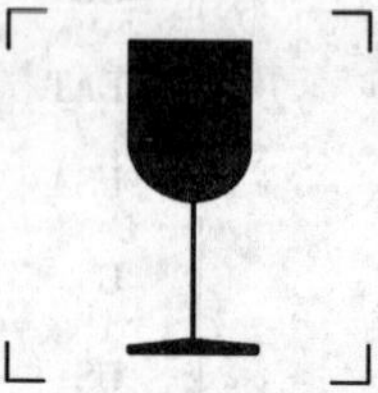	运输包装件内装易碎品，因此搬运时应小心轻放	见 4.2.3a)。使用示例：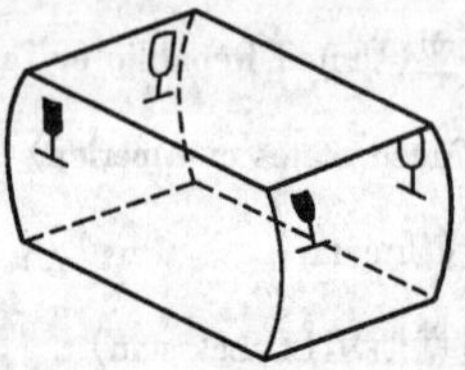
2	禁用手钩	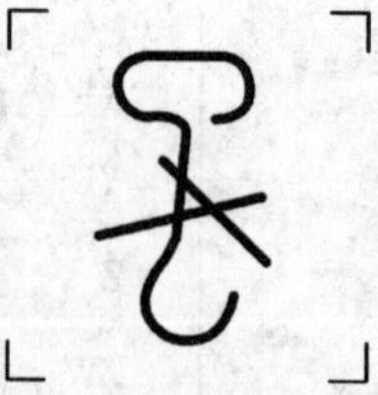	搬运运输包装件时禁用手钩	

国家质量技术监督局 2000-07-17 批准　　2000-12-01 实施

续上表

序号	标志名称	标志图形	含义	备注/示例
3	向上		表明运输包装件的正确位置是竖直向上	见 4.2.3b)。 使用示例： a) b) c)
4	怕晒		表明运输包装件不能直接照晒	
5	怕辐射		包装物品一旦受辐射便会完全变质或损坏	

续上表

序号	标志名称	标志图形	含义	备注/示例
6	怕雨		包装件怕雨淋	
7	重心		表明一个单元货物的重心	见4.2.3c)。 使用示例： 本标志应标在实际的重心位置上。
8	禁止翻滚		不能翻滚运输包装件	
9	此面禁用手推车		搬运货物时此面禁推放手推车	

续上表

序号	标志名称	标志图形	含义	备注/示例
10	禁用叉车		不能用升降叉车搬运的包装件	
11	由此夹起		表明装运货物时夹钳放置的位置	见 4.2.3d)。
12	此处不能卡夹		表明装卸货物时此处不能用夹钳夹持	
13	堆码重量极限	… kg_{max}	表明该运输包装件所能承受的最大重量极限	
14	堆码层数极限	*n*	相同包装的最大堆码层数，*n* 表示层数极限	

续上表

序号	标志名称	标志图形	含义	备注/示例
15	禁止堆码		该包装件不能堆码并且其上也不能放置其他负载	
16	由此吊起		起吊货物时挂链条的位置	见4.2.3e)。 使用示例： 本标志应标在实际的起吊位置上。
17	温度极限		表明运输包装件应该保持的温度极限	…℃max …℃min a) …℃min …℃max b)

3 标志的尺寸和颜色

3.1 标志的尺寸

标志尺寸一般分为4种,见表2。

如遇特大或特小的运输包装件,标志的尺寸可以比表2的规定适当扩大或缩小。

标志尺寸(单位:mm) 表2

序号＼尺寸	长	宽
1	70	50
2	140	100
3	210	150
4	280	200

3.2 标志的颜色

标志颜色应为黑色。

如果包装的颜色使得黑色标志显得不清晰,则应在印刷面上用适当的对比色,最好以白色作为图示标志的底色。

应避免采用易于同危险品标志相混淆的颜色。除非另有规定,一般应避免采用红色、橙色或黄色。

4 标志的使用方法

4.1 标志的打印

可采用印刷、粘贴、拴挂、钉附及喷涂等方法打印标志。印刷时,外框线及标志名称都要印上;喷涂时,外框线及标志名称可以省略。

4.2 标志的数目和位置

4.2.1 一个包装件上使用相同标志的数目,应根据包装件的尺寸和形状决定。

4.2.2 标志在各种包装件上的粘贴位置:

a)箱类包装:位于包装端面或侧面;

b)袋类包装:位于包装明显处;

c)桶类包装:位于桶身或桶盖;

d)集装单元货物:应位于四个侧面。

4.2.3　下列标志的使用应按如下规定：

a)标志1“易碎物品”应标在包装件所有四个侧面的左上角处(见表1标志1的使用示例)。

b)标志3“向上”应标在与标志1相同的位置上(见表1中标志3示例a所示)。当标志1和标志3同时使用时,标志3应更接近包装箱角(见表1标志3示例b所示)。

c)标志7“重心”应尽可能标在包装件所有六个面的重心位置上,否则至少也应标在包装件四个侧、端面的重心位置上(见表1标志7的使用示例)。

d)标志11“由此夹起”

Ⅰ.只能用于可夹持的包装件。

Ⅱ.标志应标在包装件的两个相对面上,以确保作业时标志在叉车驾驶人员的视线范围内。

e)标志16“由此吊起”至少贴在包装件的两个相对面上(见表1标志16的使用示例)。

第二篇

行　业　标　准

1.汽车运输危险货物规则

(JT 617—2004
代替 JT 3130—89)

The regulation of automobile transportation of dangerous goods

1 范围

本标准规定了汽车运输危险货物的托运、承运、车辆和设备、运输、从业人员、劳动防护等基本要求。

本标准适用于汽车运输危险货物的安全管理。

2 规范性引用文件

下列文件中的条款通过本标准的引用而成为本标准的条款。凡是注日期的引用文件,其随后所有的修改单(不包括勘误的内容)或修订版均不适用于本标准,然而,鼓励根据本标准达成协议的各方研究是否可使用这些文件的最新版本。凡是不注日期的引用文件,其最新版本适用于本标准。

GB 150 钢制压力容器

GB 190 危险货物包装标志

GB/T 191 包装储运图示标志(eqv ISO 780)

GB 6944 危险货物分类和品名编号

GB 7258 机动车运行安全技术条件

GB 11806 放射性物质安全运输规定

GB 12268 危险货物品名表

GB 12463 危险货物运输包装通用技术条件

GB 13392 道路运输危险货物车辆标志

GB 15258 化学品安全标签编写规定

GB/T 16563—96 液体气体及加压干散货罐式集装箱技术要求和试验方法(idt ISO 1496—3:1995)

GB 18564 汽车运输液体危险货物常压容器(罐体)通用技术条件

中华人民共和国交通部 2004-12-30 发布 2005-03-01 实施

JT/T 198　　　　营运车辆技术等级划分和评定要求

JT 230　　　　汽车导静电橡胶拖地带

3 术语和定义

下列术语和定义适用于本标准。

3.1 危险货物 dangerous goods

具有爆炸、易燃、毒害、腐蚀、放射性等性质，在运输、装卸和储存保管过程中，容易造成人身伤亡和财产损毁而需要特别防护的货物。

3.2 危险废物 dangerous disposal

列入国家危险废物名录或者根据国家规定的危险废物鉴别标准和鉴别方法认定的具有危险特性的废物。

3.3 医疗废物 medical disposal

医疗卫生机构在医疗、预防、保健以及其他相关活动中产生的具有直接或者间接感染性、毒性以及其他危害性的废物。

3.4 不可移动罐体车 vessel permanently fixed trailer

罐体永久性固定在车辆底盘上，与车辆不可分离的罐体运输车。

3.5 拖挂罐体车 semi-trailer

罐体永久性固定在挂车底盘上，与挂车不可分离，牵引车与挂车可分离的罐体运输车。

3.6 罐式集装箱 tank container

由箱体框架和罐体两部分组成的集装箱，有单罐式和多罐式两种（GB/T 1992—85，定义 2.2.2.2）。

4 分类和分项

危险货物的分类和分项应符合 GB 6944 的规定。

5 包装、标志和标签

5.1 包装

危险货物的包装应符合 GB 12463、GB 11806 和 GB 18564 的规定。

5.2 标志

危险货物的标志应符合 GB 190 和 GB/T 191 的规定。

5.3 安全标签

危险货物的安全标签应符合 GB 15258 的规定。

5.4　安全技术说明书

危险货物的安全技术说明书应符合国家有关规定。

6　托运

6.1　托运人应向具有汽车运输危险货物经营资质的企业办理托运，且托运的危险货物应与承运企业的经营范围相符合。

6.2　托运人应如实详细地填写运单上规定的内容，运单基本内容见附录A(规范性附录)，并应提交与托运的危险货物完全一致的安全技术说明书和安全标签。

6.3　托运未列入GB 12268的危险货物时，应提交与托运的危险货物完全一致的安全技术说明书、安全标签和危险货物鉴定表，危险货物鉴定表见附录B(规范性附录)。

6.4　危险货物性质或消防方法相抵触的货物应分别托运。

6.5　盛装过危险货物的空容器，未经消除危险处理、有残留物的，仍按原装危险货物办理托运。

6.6　使用集装箱装运危险货物的，托运人应提交危险货物装箱清单。

6.7　托运需控温运输的危险货物，托运人应向承运人说明控制温度、危险温度和控温方法，并在运单上注明。

6.8　托运食用、药用的危险货物，应在运单上注明"食用"、"药用"字样。

6.9　托运放射性物品，按GB 11806办理。

6.10　托运需要添加抑制剂或者稳定剂的危险化学品，托运人交付托运时应当添加抑制剂或者稳定剂，并在运单上注明。

6.11　托运凭证运输的危险货物，托运人应提交相关证明文件，并在运单上注明。

6.12　托运危险废物、医疗废物，托运人应提供相应识别标识。

7　承运

7.1　承运人应按照道路运输管理机构核准的经营范围受理危险货物的托运。

7.2　承运人应核实所装运危险货物的收发货地点、时间以及托运人提供的相关单证是否符合规定，并核实货物的品名、编号、规格、数量、件重、包装、标志、安全技术说明书、安全标签和应急措施以及运输要求。

7.3　危险货物装运前应认真检查包装的完好情况，当发现破损、撒漏，托运人应重新包装或修理加固,否则承运人应拒绝运输。

7.4 承运人自接货起至送达交付前,应负保管责任。货物交接时,双方应做到点收、点交,由收货人在运单上签收。发生剧毒、爆炸、放射性物品货损、货差的,应及时向公安部门报告。

7.5 危险货物运达卸货地点后,因故不能及时卸货的,应及时与托运人联系妥善处理;不能及时处理的,承运人应立即报告当地公安部门。

7.6 承运人应拒绝运输托运人应派押运人员押运而未派的危险货物。

7.7 承运人应拒绝运输已有水渍、雨淋痕迹的遇湿易燃物品。

7.8 承运人有权拒绝运输不符合国家有关规定的危险货物。

8 车辆和设备

8.1 基本要求

8.1.1 车辆安全技术状况应符合 GB 7258 的要求。

8.1.2 车辆技术状况应符合 JT/T 198 规定的一级车况标准。

8.1.3 车辆应配置符合 GB 13392 的标志,并按规定使用。

8.1.4 车辆应配置运行状态记录装置(如行驶记录仪等)和必要的通讯工具。

8.1.5 运输易燃易爆危险货物车辆的排气管,应安装隔热和熄灭火星装置,并配装符合 JT 230 规定的导静电橡胶拖地带装置。

8.1.6 车辆应有切断总电源和隔离电火花装置,切断总电源装置应安装在驾驶室内。

8.1.7 车辆车厢底板应平整完好,周围栏板应牢固;在装运易燃易爆危险货物时,应使用木质底板等防护衬垫措施。

8.1.8 各种装卸机械、工、属具,应有可靠的安全系数;装卸易燃易爆危险货物的机械及工、属具,应有消除产生火花的措施。

8.1.9 根据装运危险货物性质和包装形式的需要,应配备相应的捆扎、防水和防散失等用具。

8.1.10 运输危险货物的车辆应配备消防器材并定期检查、保养,发现问题应立即更换或修理。

8.2 特定要求

8.2.1 运输爆炸品的车辆,应符合国家爆破器材运输车辆安全技术条件规定的有关要求。

8.2.2 运输爆炸品、固体剧毒品、遇湿易燃物品、感染性物品和有机过氧化物时,应使用厢式货车运输,运输时应保证车门锁牢;对于运输瓶装气体的车辆,应保证车厢内空气流通。

8.2.3 运输液化气体、易燃液体和剧毒液体时,应使用不可移动罐体车、拖挂罐体车或罐式集装箱;罐式集装箱应符合 GB/T 16563 的规定。

8.2.4 运输危险货物的常压罐体,应符合 GB 18564 规定的要求。

8.2.5 运输危险货物的压力罐体,应符合 GB 150 规定的要求。

8.2.6 运输放射性物品的车辆,应符合 GB 11806 规定的要求。

8.2.7 运输需控温危险货物的车辆,应有有效的温控装置。

8.2.8 运输危险货物的罐式集装箱,应使用集装箱专用车辆。

9 运输

9.1 危险货物运输车辆严禁超经营范围运输。严禁超载、超限。

9.2 运输危险货物时应随车携带"道路运输危险货物安全卡",见附录 C(规范性附录)。

9.3 运输不同性质危险货物,其配装应按"危险货物配装表"规定的要求执行,"危险货物配装表"见附录 D(规范性附录)。

9.4 运输危险货物应根据货物性质,采取相应的遮阳、控温、防爆、防静电、防火、防振、防水、防冻、防粉尘飞扬、防撒漏等措施。

9.5 运输危险货物的车厢应保持清洁干燥,不得任意排弃车上残留物;运输结束后被危险货物污染过的车辆及工、属具,应按附录 E(规范性附录)的方法到具备条件的地点进行车辆清洗消毒处理。

9.6 运输危险废物时,应采取防止污染环境的措施,并遵守国家有关危险货物运输管理的规定。

9.7 运输医疗废物时,应使用有明显医疗废物标识的专用车辆;医疗废物专用车辆应达到防渗漏、防遗撒以及其他环境保护和卫生要求;专用车辆使用后,应当在医疗废物集中处置场所内及时进行消毒和清洁;运送医疗废物的专用车辆不得运送其他物品。

9.8 夏季高温期间限制运输的危险货物,应按有关规定执行。

9.9 运输危险货物的车辆禁止搭乘无关人员。

9.10 运输危险货物的车辆不得在居民聚居点、行人稠密地段、政府机关、名胜古迹、风景游览区停车。如需在上述地区进行装卸作业或临时停车,应采取安全措施。

9.11 运输爆炸物品、易燃易爆化学物品以及剧毒、放射性等危险物品,应事先报经当地公安部门批准，按指定路线、时间、速度行驶。

10 从业人员

10.1 运输危险货物的驾驶人员、押运人员和装卸管理人员应持证上岗。

10.2 从业人员应了解所运危险货物的特性、包装容器的使用特性、防护要求和发生事故时的应急措施，熟练掌握消防器材的使用方法。

10.3 运输危险货物应配备押运人员。押运人员应熟悉所运危险货物特性，并负责监管运输全过程。

10.4 驾驶人员和押运人员在运输途中应经常检查货物装载情况，发现问题及时采取措施。

10.5 驾驶人员不得擅自改变运输作业计划。

11 劳动防护

11.1 运输危险货物的企业(单位)，应配备必要的劳动防护用品和现场急救用具；特殊的防护用品和急救用具应由托运人提供。

11.2 危险货物装卸作业时，应穿戴相应的防护用具，并采取相应的人身肌体保护措施；防护用具使用后，应按照国家环保要求集中清洗、处理；对被剧毒、放射性、恶臭物品污染的防护用具应分别清洗、消毒。

11.3 运输危险货物的企业(单位)，应负责定期对从业人员进行健康检查和事故预防、急救知识的培训。

11.4 危险货物一旦对人体造成灼伤、中毒等危害，应立即进行现场急救，并迅速送医院治疗。

12 事故应急处理

运输危险货物的企业(单位)，应建立事故应急预案和安全防护措施。

附　录　A
危险货物运单基本内容
（规范性附录）

危险货物运单应包括以下基本内容：

a)托运、承运、收货者的单位名称、联系人、电话、传真、地址、邮编；

b)收发货地点、收发货时间；

c)危险货物品名、性质、编号、规格、数量、件重、包装形式、包装等级；

d)凭证运输证明文件、运输特殊要求；

e)运输注意事项。

附　录　B
危险货物鉴定表
（规范性附录）

危险货物鉴定表见表 B1。

危险货物鉴定表　　表 B1

<table>
<tr><td>品　名</td><td></td><td>别　名</td><td></td></tr>
<tr><td>英文名</td><td></td><td>分子式</td><td></td></tr>
<tr><td>理化性能[a]</td><td colspan="3"></td></tr>
<tr><td>主要成分[b]</td><td colspan="3"></td></tr>
<tr><td>包装方法[c]</td><td colspan="3"></td></tr>
<tr><td>中毒急救措施</td><td colspan="3"></td></tr>
<tr><td>撒漏处理和
消防方法</td><td colspan="3"></td></tr>
<tr><td>运输注意事项[d]</td><td colspan="3"></td></tr>
<tr><td>鉴定单
位意见</td><td colspan="3">属于________类________项危险货物
比照________________品名办理
比照危规第________号包装</td></tr>
<tr><td colspan="4">鉴定单位联系人：　　电话：　　传真：
地址：　　邮编：
鉴定单位及鉴定人________________（盖章）　年　月　日</td></tr>
<tr><td colspan="4">申请单位联系人：　　电话：　　传真：
地址：　　邮编：
申请鉴定单位________________（盖章）　年　月　日</td></tr>
<tr><td colspan="4">注：鉴定单位由国家安全生产监督管理局指定。</td></tr>
<tr><td colspan="4">[a] 性能包括色、味、形态、相对密度、熔点、沸点、闪点、燃点、爆炸极限、急性中毒极限及危险程度；
[b] 凡危险货物系混合物，应该详细填写所含危险货物的主要成分；
[c] 包装方法应注明材质、形状、厚度、封口、内部衬垫物、外部加固情况及内包装单位质量（重量）等；
[d] 对该种货物遇到何种物质可能发生的危险，提出防护措施。</td></tr>
</table>

附 录 C
道路运输危险货物安全卡
（规范性附录）

C1 道路运输危险货物安全卡正面样式见图 C1。

<table>
<tr><td rowspan="2">表示危险性的图形符号</td><td rowspan="2">化学品中文名称
化学品英文名称
（或危险组分名称、含量）
分子式</td><td>UN NO.</td></tr>
<tr><td>CN NO.</td></tr>
<tr><td colspan="2">危 险 性

（土要危险性）

储 运 要 求</td><td>泄 漏 处 理

急 救

灭 火 方 法</td></tr>
<tr><td colspan="3">防护措施：</td></tr>
</table>

图 C1 道路运输危险货物安全卡正面样式

C2　道路运输危险货物安全卡背面样式见图 C2。

（根据不同情况联系政府部门或其他相关部门的电话号码）

安全监督部门电话号码：

消防部门电话号码：

化学急救电话号码：

医疗急救电话号码：

环保部门电话号码：

公安交警电话号码：

运输单位电话号码：

×××电话号码：

国家化学事故应急咨询电话：0532—3889090

图 C2　道路运输危险货物安全卡背面样式

D1 危险货

表 D1

	19	20	21	22	23	24	25	26	27	28	29	30
爆炸												
压缩体和化气												
易燃物品												
氧化剂												
毒害品												
腐蚀物品 19	19											
20	Δ	20										
21	Δ	×	21									
22		×	×	22								
23	×	×	×	×	23							
24	×	×	×	×	×	24						
25	×	×	×	Δ	Δ		25					
普通货物[h] 化学 26	×	×	×	×	×			26				
非化 27	×	×	×	×	×	Δ			27			
饮食 28	×	×	×	×	×	×				28		
活动 29	×	×	×	×	×	×	×				29	
其他 30	×	×	×									30

表内无符号

[a] 不同的炸
[b] 其他爆炸
[c] 其中液氯
[d] 易自燃物
[e] 生石灰、
[f] 有恶臭及
[g] 含水的易
[h] 放射性货

附 录 D
危险货物配装表
（规范性附录）

D1 危险货物配装表见表 D1。

表 D1 危险货物配装表

序号	品名	1	2	3	4
1	起爆器材	1			
2	炸药及爆炸性药品[a]	×	2		
3	其他爆炸品[b]	×	×	3	
4	剧毒气体[c]	×	×	×	4
5	易燃气体	×	×	△	
6	助燃气体	×	×	×	×
7	不燃气体	×	×		
8	易燃液体	×	×	××	×
9	易燃固体	×	×	△×	×
10	易自燃物品[d]	×	×	××	×
11	遇潮湿时放出易燃气体物品	×	×	××	△△
12	氧化剂 硝酸盐类	××	×	×	××
13	氧化剂 亚硝、亚氯、次亚氯酸盐类	××	×	×	××
14	氧化剂 其他氧化剂	××	×	×	××
15	有机过氧化物	××	×	××	××
16	无机毒害品	△	△	△	
17	有机毒害品	×			
18	易燃腐蚀物品	××	××	××	××
19	无机酸性 溴	×	×	×	△
20	无机酸性 硝酸、发烟硝酸	××	××	××	××
21	无机酸性 硫酸、发烟硫酸、氯磺酸	××	××	××	××
22	无机酸性 其他无机酸性腐蚀物品	××	××	××	××
23	有机酸性腐蚀物品	××	××	××	××
24	碱性腐蚀物品[e]				
25	其他腐蚀物品				
26	可燃物品	×	×	△	×
27	化学可燃物品	×		△	
28	食品、饲料、药品、药材	×	×	△	×
29	动物	×		△	××
30	其他货物				

注：号表示可以配装；"×"符号表示不得配装；"△"表示可以配装但隔……

a 炸药及爆炸性药品相互间不得配装。

b 其他爆炸品中的点火绳、点火线等点火器材与本项的其他爆炸物品、……

c ……气和液氯不得配装；

d 易自燃物品中的黄磷，不得与其他易自燃、易燃物品配装，需配装时要隔离……

e ……漂白粉与起爆器材、炸药及爆炸性物品、其他爆炸品、易燃……

f ……有毒易燃液体及易燃固体，不得与活动物、饮食物、饲料、药品……

g ……水燃烧物品和用水、泡沫、二氧化碳作灭火方法的物品不得配装……

h ……货物与其他危险货物不可在同一车厢内配装，与普通货物配装时要……

D2 隔开距离见表 D2。

隔开距离(单位:m) 表 D2

对象	包装等级		
	一级	二级	三级
行李包裹	不隔离	不隔离	不得配装
普通货物	不隔离	不隔离	1.5
未定影的照相底片和感光材料	0.5	1	5

附　录 E

车辆清洗消毒方法

（规范性附录）

E1　凡装过危险货物的车辆，装卸后应进行清扫、洗刷和消毒工作。

E2　对洗刷、消毒的车辆，车辆四周根据原装危险货物的性质，对渗留的残货彻底清扫后，分别用水（一定压力的水）、酸、碱溶液或其他药剂以及高压空气、水蒸汽进行洗刷、消毒，具体方法见表 E1。

车辆清洗消毒方法　　表 E1

编　号	用　品	方　法
1	水（具有一定压力的水，如自来水）	用大量水冲刷
2	稀盐酸（如浓盐酸用水冲淡 20 倍）	药剂浸湿车辆木板后，用大量一定压力的水冲刷
3	碱或肥皂水、烧碱或纯碱（用水冲淡 50 倍）	
4	硫代硫酸钠（用水冲淡 30 倍）	
5	硫酸铜（用水冲淡 30 倍）	
6	高温高压水蒸汽	冲熏，尤其注意木板缝隙内的残留物
7	高压空气（5kg 左右）	
8	放射性货物用大量水冲洗，遇有放射性物质散落污染时，应用肥皂水洗刷后，再用大量水冲洗	

E3　凡经洗刷、消毒的车辆，应达到水清无异味、无污染的痕迹。

E4　检查方法，用眼看、鼻嗅；对放射性货物污染的车辆，洗后用仪器测定。

E5　车辆洗刷、消毒后应做好记录，注明原装危险货物品名和洗刷消毒方法及日期。

E6　经常办理危险货物的车队，应备有一定设备和材料，指定专人负责，建立责任制度。

E7　洗刷、消毒作业应在指定的地点进行，对洗刷消毒后的污水，应妥善处理。

E8　在远离车队的运输中途需对车辆洗刷消毒时，收货单位或货主单位应提供水源、污水处理等方便。

2. 汽车运输、装卸危险货物作业规程 (JT 618—2004 代替 JT 3145—91)

Rules of transportation, loading and unloading of dangerous goods by antomobile

1 范围

本标准规定了汽车运输、装卸危险货物的基本要求和安全作业要求。

本标准适用于爆炸品,压缩气体和液化气体,易燃液体,易燃固体、自燃物品和遇湿易燃物品,氧化剂和有机过氧化物,毒害品和感染性物品,放射性物品,腐蚀品,杂类等危险货物的汽车运输和装卸。

2 规范性引用文件

下列文件中的条款通过本标准的引用而成为本标准的条款。凡是注日期的引用文件,其随后所有的修改单(不包括勘误的内容)或修订版均不适用于本标准,然而,鼓励根据本标准达成协议的各方研究是否可使用这些文件的最新版本。凡是不注日期的引用文件,其最新版本适用于本标准。

GB 190　危险货物包装标志
GB 4387　工业企业厂内铁路、道路运输安全规程
GB 6944　危险货物分类和品名编号
GB 7258　机动车运行安全技术条件
GB 8978　污水综合排放标准
GB 11806　放射性物质安全运输规定
GB 12268　危险货物品名表
GB 13392　道路运输危险货物车辆标志
JT 230　汽车导静电橡胶拖地带
JT 617—2004　汽车运输危险货物规则

中华人民共和国交通部 2004-12-30 发布　2005-03-01 实施

3 术语和定义

下列术语和定义适用于本标准。

3.1 自行加速分解温度 self-accelerating decomposition temperature(SADT)

运输包装件中的自反应物质或有机过氧化物可能发生自行加速分解的最低温度。

3.2 控制温度 control temperature

自反应物质和有机过氧化物可以安全运输的最高温度。

3.3 应急温度 emergency temperature

对温度失去控制的自反应物质和有机过氧化物实施应急措施的最高温度。

3.4 最高容许浓度 threshold limit values(TLV)

又称极限阈值。健康成人长期经受而不致造成急性或慢性危害的最高浓度。

3.5 自反应物质 self-reactive substances

热不稳定物质,即使没有氧气(空气)参与也易产生强烈的放热分解,属于易燃固体(第 4.1 项)。

4 通则

4.1 基本要求

4.1.1 汽车运输危险货物应符合 JT 617—2004 的规定。

4.1.2 危险货物的装卸应在装卸管理人员的现场指挥下进行。

4.1.3 在危险货物装卸作业区应设置警告标志。无关人员不得进入装卸作业区。

4.1.4 进入易燃、易爆危险货物装卸作业区应:

a)禁止随身携带火种;

b)关闭随身携带的手机等通讯工具和电子设备;

c)严禁吸烟;

d)穿着不产生静电的工作服和不带铁钉的工作鞋。

4.1.5 雷雨天气装卸时,应确认避雷电、防湿潮措施有效。

4.1.6 运输危险货物的车辆在一般道路上最高车速为 60km/h,在高速公路上最高车速为 80km/h,并应确认有足够的安全车间距离。如遇雨天、雪天、雾天等恶劣天气,最高车速为 20km/h,并打开示警灯,警示后车,防止追尾。

4.1.7 运输过程中,应每隔 2h 检查一次。若发现货损(如,丢失、泄漏等),应及时联系当地有关部门予以处理。

4.1.8 驾驶人员一次连续驾驶 4h 应休息 20min 以上;24h 内实际驾驶车辆时间累计不得超过 8h。

4.1.9 运输危险货物的车辆发生故障需修理时,应选择在安全地点和具有相关资质的汽车修理企业进行。

4.1.10 禁止在装卸作业区内维修运输危险货物的车辆。

4.1.11 对装有易燃易爆的和有易燃易爆残留物的运输车辆,不得动火修理。确需修理的车辆,应向当地公安部门报告,根据所装载的危险货物特性,采取可靠的安全防护措施,并在消防员监控下作业。

4.2 作业要求

4.2.1 出车前

4.2.1.1 运输危险货物车辆的有关证件、标志应齐全有效,技术状况应为良好,并按照有关规定对车辆安全技术状况进行严格检查,发现故障应立即排除。

4.2.1.2 运输危险货物车辆的车厢底板应平坦完好、栏板牢固,对于不同的危险货物,应采取相应的衬垫防护措施(如,铺垫木板、胶合板、橡胶板等),车厢或罐体内不得有与所装危险货物性质相抵触的残留物。

4.2.1.3 检查运输危险货物的车辆配备的消防器材,发现问题应立即更换或修理。

4.2.1.4 驾驶人员、押运人员应检查随车携带的"道路运输危险货物安全卡"是否与所运危险货物一致。

4.2.1.5 根据所运危险货物特性,应随车携带遮盖、捆扎、防潮、防火、防毒等工、属具和应急处理设备、劳动防护用品。

4.2.1.6 装车完毕后,驾驶人员应对货物的堆码、遮盖、捆扎等安全措施及对影响车辆起动的不安全因素进行检查,确认无不安全因素后方可起步。

4.2.2 运输

4.2.2.1 驾驶人员应根据道路交通状况控制车速,禁止超速和强行超车、会车。

4.2.2.2 运输途中应尽量避免紧急制动,转弯时车辆应减速。

4.2.2.3 通过隧道、涵洞、立交桥时,要注意标高、限速。

4.2.2.4 运输危险货物过程中,押运人员应密切注意车辆所装载的危险货物,根据危险货物性质定时停车检查,发现问题及时会同驾驶人员采取措施妥善处理。驾驶人员、押运人员不得擅自离岗、脱岗。

4.2.2.5 运输过程中如发生事故时,驾驶人员和押运人员应立即向当地公安部门及安全生产管理部门、环境保护部门、质检部门报告,并应看护好车辆、货物,共同配合采取一切可能的警示、救援措施。

4.2.2.6 运输过程中需要停车住宿或遇有无法正常运输的情况时,应向当地公安部门报告。

4.2.2.7 运输过程中遇有天气、道路路面状况发生变化,应根据所装载危险货物特性,及时采取安全防护措施。遇有雷雨时,不得在树下、电线杆、高压线、铁塔、高层建筑及容易遭到雷击和产生火花的地点停车。若要避雨时,应选择安全地点停放。遇有泥泞、冰冻、颠簸、狭窄及山崖等路段时,应低速缓慢行驶,防止车辆侧滑、打滑及危险货物剧烈震荡等,确保运输安全。

4.2.2.8 工业企业厂内进行危险货物运输,应按 GB 4387 执行。

4.2.3 装卸

4.2.3.1 装卸作业现场要远离热源,通风良好;电气设备应符合国家有关规定要求,严禁使用明火灯具照明,照明灯应具有防爆性能;易燃易爆货物的装卸场所要有防静电和避雷装置。

4.2.3.2 运输危险货物的车辆应按装卸作业的有关安全规定驶入装卸作业区,应停放在容易驶离作业现场的方位上,不准堵塞安全通道。停靠货垛时,应听从作业区业务管理人员的指挥,车辆与货垛之间要留有安全距离。待装卸的车辆与装卸中的车辆应保持足够的安全距离。

4.2.3.3 装卸作业前,车辆发动机应熄火,并切断总电源(需从车辆上取得动力的除外)。在有坡度的场地装卸货物时,应采取防止车辆溜坡的有效措施。

4.2.3.4 装卸作业前应对照运单,核对危险货物名称、规格、数量,并认真检查货物包装。货物的安全技术说明书、安全标签、标识、标志等与运单不符或包装破损、包装不符合有关规定的货物应拒绝装车。

4.2.3.5 装卸作业时应根据危险货物包装的类型、体积、重量、件数等情况和包装储运图示标志的要求,采取相应的措施,轻装轻卸,谨慎操作。同时应做到:

a)堆码整齐,紧凑牢靠,易于点数;

b)装车堆码时,桶口、箱盖朝上,允许横倒的桶口及袋装货物的袋口应朝里;卸车堆码时,桶口、箱盖朝上,允许横倒的桶口及袋装货物的袋口应朝外;

c)装载平衡；堆码时应从车厢两侧向内错位骑缝堆码，高出栏板的最上一层包装件，堆码超出车厢前挡板的部分不得大于包装件本身高度的二分之一；

d)装车后，货物应用绳索捆扎牢固；易滑动的包装件，需用防散失的网罩覆盖并用绳索捆扎牢固或用苫布覆盖严密；需用多块苫布覆盖货物时，两块苫布中间接缝处需有大于15cm的重叠覆盖，且货厢前半部分苫布需压在后半部分的苫布上面；

e)包装件体积为450L以上的易滚动危险货物应紧固；

f)带有通气孔的包装件不准倒置、侧置，防止所装货物泄漏或混入杂质造成危害。

4.2.3.6 装卸过程中需要移动车辆时，应先关上车厢门或栏板。若车厢门或栏板在原地关不上时，应有人监护，在保证安全的前提下才能移动车辆。起步要慢，停车要稳。

4.2.3.7 装卸危险货物的托盘、手推车应尽量专用。装卸前，要对装卸机具进行检查。装卸爆炸品、有机过氧化物、剧毒品时，装卸机具的最大装载量应小于其额定负荷的75%。

4.2.3.8 危险货物装卸完毕，作业现场应清扫干净。装运过剧毒品和受到危险货物污染的车辆、工具应按JT 617—2004中附录E车辆清洗消毒方法洗刷和除污。危险货物的撒漏物和污染物应送到当地环保部门指定地点集中处理。

5 包装货物运输、装卸要求

5.1 爆炸品

5.1.1 出车前

5.1.1.1 运输爆炸品应使用厢式货车。

5.1.1.2 厢式货车的车厢内不得有酸、碱、氧化剂等残留物。

5.1.1.3 不具备有效的避雷电、防湿潮条件时，雷雨天气应停止对爆炸品的运输、装卸作业。

5.1.2 运输

5.1.2.1 应按公安部门核发的道路通行证所指定的时间、路线等行驶。

5.1.2.2 运输过程中发生火灾时，应尽可能将爆炸品转移到危害最小的区域或进行有效隔离。不能转移、隔离时，应组织人员疏散。

5.1.2.3 施救人员应戴防毒面具。扑救时禁止用沙土等物压盖，不得使用酸碱灭火剂。

5.1.3 装卸

5.1.3.1 严禁接触明火和高温;严禁使用会产生火花的工具、机具。

5.1.3.2 车厢装货总高度不得超过1.5m。无外包装的金属桶只能单层摆放,以免压力过大或撞击摩擦引起爆炸。

5.1.3.3 火箭弹和旋上引信的炮弹应横装,与车辆行进方向垂直。凡从1.5m以上高度跌落或经过强烈振动的炮弹、引信、火工品等应单独存放,未经鉴定不得装车运输。

5.1.3.4 任何情况下,爆炸品不得配装;装运雷管和炸药的两车不得同时在同一场地进行装卸。

5.2 压缩气体和液化气体

此条款特指包装件为气瓶装的压缩气体和液化气体。

5.2.1 出车前

5.2.1.1 车厢内不得有与所装货物性质相抵触的残留物。

5.2.1.2 夏季运输应检查并保证瓶体遮阳、瓶体冷水喷淋降温设施等安全有效。

5.2.2 运输

5.2.2.1 运输中,低温液化气体的瓶体及设备受损、真空度遭破坏时,驾驶人员、押运人员应站在上风处操作,打开放空阀泄压,注意防止灼伤。一旦出现紧急情况,驾驶人员应将车辆转移到距火源较远的地方。

5.2.2.2 压缩气体遇燃烧、爆炸等险情时,应向气瓶大量浇水使其冷却,并及时将气瓶移出危险区域。

5.2.2.3 从火场上救出的气瓶,应及时通知有关技术部门另做处理,不可擅自继续运输。

5.2.2.4 发现气瓶泄漏时,应确认拧紧阀门,并根据气体性质做好相应的人身防护:

a)施救人员应戴上防毒面具,站在上风处抢救;

b)易燃、助燃气体气瓶泄漏时,严禁靠近火种;

c)有毒气体气瓶泄漏时,应迅速将所装载车辆转移到空旷安全处。

5.2.2.5 除另有限运规定外,当运输过程中瓶内气体的温度高于40℃时,应对瓶体实施遮阳、冷水喷淋降温等措施。

5.2.3 装卸

5.2.3.1 装卸人员应根据所装气体的性质穿戴防护用品,必要时需戴好防毒面具。用起重机装卸大型气瓶或气瓶集装架(格)时,应戴好安全帽。

5.2.3.2 装车时要旋紧瓶帽,注意保护气瓶阀门,防止撞坏。车下人员须待车上人员将气瓶放置妥当后,才能继续往车上装瓶。在同一车厢内不准有两人以上同时单独往车上装瓶。

5.2.3.3 气瓶应尽量采用直立运输,直立气瓶高出栏板部分不得大于气瓶高度的四分之一。不允许纵向水平装载气瓶。水平放置的气瓶均应横向平放,瓶口朝向应统一;水平放置最上层气瓶不得超过车厢栏板高度。

5.2.3.4 妥善固定瓶体,防止气瓶窜动、滚动,保证装载平衡。

5.2.3.5 卸车时,要在气瓶落地点铺上铅垫或橡皮垫;应逐个卸车,严禁溜放。

5.2.3.6 装卸作业时,不要把阀门对准人身,注意防止气瓶安全帽脱落,气瓶应直立转动,不准脱手滚瓶或传接,气瓶直立放置时应稳妥牢靠。

5.2.3.7 装运大型气瓶(盛装净重在0.5t以上的)或气瓶集装架(格)时,气瓶与气瓶、集装架与集装架之间需填牢填充物,在车厢后栏板与气瓶空隙处应有固定支撑物,并用紧绳器紧固,严防气瓶滚动,重瓶不准多层装载。

5.2.3.8 装卸有毒气体时,应预先采取相应的防毒措施。

5.2.3.9 装货时,漏气气瓶、严重破损瓶(报废瓶)、异型瓶不准装车。收回漏气气瓶时,漏气气瓶应装在车厢的后部,不得靠近驾驶室。

5.2.3.10 装卸氧气瓶时,工作服、手套和装卸工具、机具上不得沾有油脂;装卸氧气瓶的机具应采用氧溶性润滑剂,并应装有防止产生火花的防护装置;不得使用电磁起重机搬运。库内搬运氧气瓶应采用带有橡胶车轮的专用小车,小车上固定氧气瓶的槽、架也要注意不产生静电。

5.2.3.11 配装时应做到:

a)易燃气体中除非助燃性的不燃气体、易燃液体、易燃固体、碱性腐蚀品、其他腐蚀品外,不得与其他危险货物配装;

b)助燃气体(如,空气、氧气及具有氧化性的有毒气体)不得与易燃易爆物品及酸性腐蚀品配装;

c)不燃气体不得与爆炸品、酸性腐蚀品配装;

d)有毒气体不得与易燃易爆物品、氧化剂和有机过氧化物、酸性腐蚀物品配装;

e)有毒气体液氯与液氨不得配装。

5.3 易燃液体

5.3.1 出车前

根据所装货物和包装情况(如,化学试剂、油漆等小包装),随车携带好遮盖、捆扎等防散失工具,并检查随车灭火器是否完好,车辆货厢内不得有与易燃液体性质相抵触的残留物。

5.3.2　运输

装运易燃液体的车辆不得接近明火、高温场所。

5.3.3　装卸

5.3.3.1　装卸作业现场应远离火种、热源。操作时货物不准撞击、摩擦、拖拉;装车堆码时,桶口、箱盖一律向上,不得倒置;箱装货物,堆码整齐;装载完毕,应罩好网罩,捆扎牢固。

5.3.3.2　钢桶盛装的易燃液体,不得从高处翻滚溜放卸车。装卸时应采取措施防止产生火花,周围需有人员接应,严防钢桶撞击致损。

5.3.3.3　钢制包装件多层堆码时,层间应采取合适衬垫,并应捆扎牢固。

5.3.3.4　对低沸点或易聚合的易燃液体,若发现其包装容器内装物有膨胀(鼓桶)现象时,不得装车。

5.4　易燃固体、自燃物品和遇湿易燃物品

5.4.1　出车前

5.4.1.1　运输危险货物车辆的货厢、随车工、属具不得沾有水、酸类和氧化剂。

5.4.1.2　运输遇湿易燃物品,应采取有效的防水、防潮措施。

5.4.2　运输

5.4.2.1　运输过程中,应避开热辐射,通风良好,防止受潮。

5.4.2.2　雨雪天气运输遇湿易燃物品,应保证防雨雪、防湿潮措施切实有效。

5.4.3　装卸

5.4.3.1　装卸场所及装卸用工、属具应清洁干燥,不得沾有酸类和氧化剂。

5.4.3.2　搬运时应轻装轻卸,不得摩擦、撞击、振动、摔碰。

5.4.3.3　装卸自燃物品时,应避免与空气、氧化剂、酸类等接触;对需用水(如,黄磷)、煤油、石蜡(如,金属钠、钾)、惰性气体(如,三乙基铝等)或其他稳定剂进行防护的包装件,应防止容器受撞击、振动、摔碰、倒置等造成容器破损,避免自燃物品与空气接触发生自燃。

5.4.3.4　遇湿易燃物品,不宜在潮湿的环境下装卸。若不具备防雨雪、防湿潮的条件,不准进行装卸作业。

5.4.3.5　装卸容易升华、挥发出易燃、有害或刺激性气体的货物时,现场应

通风良好、防止中毒;作业时应防止摩擦、撞击,以免引起燃烧、爆炸。

5.4.3.6 装卸钢桶包装的碳化钙(电石)时,应确认包装内有无填充保护气体(氮气)。如未填充的,在装卸前应侧身轻轻地拧开桶上的通气孔放气,防止爆炸、冲击伤人。电石桶不得倒置。

5.4.3.7 装卸对撞击敏感,遇高热、酸易分解、爆炸的自反应物质和有关物质时,应控制温度;且不得与酸性腐蚀品及有毒或易燃脂类危险品配装。

5.4.3.8 配装时还应做到:

a)易燃固体不得与明火、水接触,不得与酸类和氧化剂配装;

b)遇湿易燃物品不得与酸类、氧化剂及含水的液体货物配装。

5.5 氧化剂和有机过氧化物

5.5.1 出车前

5.5.1.1 有机过氧化物应选用控温厢式货车运输;若车厢为铁质底板,需铺有防护衬垫。车厢应隔热、防雨、通风,保持干燥。

5.5.1.2 运输货物的车厢与随车工具不得沾有酸类、煤炭、砂糖、面粉、淀粉、金属粉、油脂、磷、硫、洗涤剂、润滑剂或其他松软、粉状等可燃物质。

5.5.1.3 性质不稳定或由于聚合、分解在运输中能引起剧烈反应的危险货物,应加入稳定剂;有些常温下会加速分解的货物,应控制温度。

5.5.1.4 运输需要控温的危险货物应做到:

a)装车前检查运输车辆、容器及制冷设备;

b)配备备用制冷系统或备用部件;

c)驾驶人员和押运人员应具备熟练操作制冷系统的能力。

5.5.2 运输

5.5.2.1 有机过氧化物应加入稳定剂后方可运输。

5.5.2.2 有机过氧化物的混合物按所含最高危险有机过氧化物的规定条件运输,并确认自行加速分解温度(SADT),必要时应采取有效控温措施。

5.5.2.3 运输应控制温度的有机过氧化物时,要定时检查运输组件内的环境温度并记录,及时关注温度变化,必要时采取有效控温措施。

5.5.2.4 运输过程中,环境温度超过控制温度时,应采取相应补救措施;环境温度超过应急温度,应启动有关应急程序。其中,控制温度低于应急温度,应急温度低于自行加速分解温度(SADT),三者之间的关系见附录A(规范性附录)。

5.5.3 装卸

5.5.3.1 对加入稳定剂或需控温运输的氧化剂和有机氧化物,作业时应认真检查包装,密切注意包装有无渗漏及膨胀(鼓桶)情况,发现异常应拒绝装运。

5.5.3.2 装卸时,禁止摩擦、振动、摔碰、拖拉、翻滚、冲击。防止包装及容器损坏。

5.5.3.3 装卸时发现包装破损,不能自行将破损件改换包装,不得将撒漏物装入原包装内,而应另行处理。操作时,不得踩踏、碾压撒漏物,禁止使用金属和可燃物(如,纸、木等)处理撒漏物。

5.5.3.4 外包装为金属容器的货物,应单层摆放。需要堆码时,包装物之间应有性质与所运货物相容的不燃材料衬垫并加固。

5.5.3.5 有机过氧化物装卸时严禁混有杂质,特别是酸类、重金属氧化物、胺类等物质。

5.5.3.6 配装时还应做到:

a)氧化剂不能和易燃物质配装运输,尤其不能与酸、碱、硫磺、粉尘类(炭粉、糖粉、面粉、洗涤剂、润滑剂、淀粉)及油脂类货物配装;

b)漂白粉及无机氧化剂中的亚硝酸盐、亚氯酸盐、次亚氯酸盐不得与其他氧化剂配装。

5.6 毒害品和感染性物品

5.6.1 毒害品

5.6.1.1 出车前

除有特殊包装要求的剧毒品采用化工物品专业罐车运输外,毒害品应采用厢式货车运输。

5.6.1.2 运输

运输毒害品过程中,押运人员要严密监视,防止货物丢失、撒漏。行车时要避开高温、明火场所。

5.6.1.3 装卸

5.6.1.3.1 装卸作业前,对刚开启的仓库、集装箱、封闭式车厢要先通风排气,驱除积聚的有毒气体。当装卸场所的各种毒害品浓度低于最高容许浓度时方可作业。

5.6.1.3.2 作业人员应根据不同货物的危险特性,穿戴好相应的防护服装、手套、防毒口罩、防毒面具和护目镜等。

5.6.1.3.3 认真检查毒害品的包装,应特别注意剧毒品、粉状的毒害品的包装,外包装表面应无残留物。发现包装破损、渗漏等现象,则拒绝装运。

5.6.1.3.4 装卸作业时,作业人员尽量站在上风处,不能停留在低洼处。

5.6.1.3.5　避免易碎包装件、纸质包装件的包装损坏，防止毒害品撒漏。

5.6.1.3.6　货物不得倒置；堆码要靠紧堆齐，桶口、箱口向上，袋口朝里。

5.6.1.3.7　对刺激性较强的和散发异臭的毒害品，装卸人员应采取轮班作业。

5.6.1.3.8　在夏季高温期，尽量安排在早晚气温较低时作业；晚间作业应采用防爆式或封闭式安全照明。积雪、冰封时作业，应有防滑措施。

5.6.1.3.9　忌水的毒害品（如，磷化铝、磷化锌等），应防止受潮。装运毒害品之后的车辆及工、属具要严格清洗消毒，未经安全管理人员检验批准，不得装运食用、药用的危险货物。

5.6.1.3.10　配装时应做到：

a)无机毒害品不得与酸性腐蚀品、易感染性物品配装；

b)有机毒害品不得与爆炸品、助燃气体、氧化剂、有机过氧化物及酸性腐蚀物品配装；

c)毒害品严禁与食用、药用的危险货物同车配装。

5.6.2　感染性物品

5.6.2.1　出车前

5.6.2.1.1　应穿戴专用安全防护服和用具。

5.6.2.1.2　认真检查盛装感染性物品的每个包装件外表的警示标识，核对医疗废物标签，标签内容包括：医疗废物产生单位、产生日期、类别及需要的特别说明等。标签、封口不符合要求时，拒绝运输。

5.6.2.2　运输

5.6.2.2.1　运输感染性物品，应经有关的卫生检疫机构的特许。

5.6.2.2.2　运输医疗废物，应符合 JT 617—2004 的 9.7 的要求。

5.6.2.2.3　运输医疗废物，应按照有关部门规定的时间和路线，从产生地点运送至指定地点。

5.6.2.2.4　车厢内温度应控制在所运医疗废物要求的温度范围之内。

5.6.2.3　装卸

5.6.2.3.1　根据不同的医疗废物分类，作业人员在工作中应穿戴好相应的防护服装、手套、防毒口罩、面具和护目镜等。

5.6.2.3.2　作业人员受到医疗废物刺伤、擦伤等伤害时，应采取相应的处理措施，并及时报告相关部门。

5.7　放射性物品

放射性物品的运输装卸应按 GB 11806 的有关规定执行。

5.8　腐蚀品

5.8.1　出车前

根据危险货物性质配备相应的防护用品和应急处理器具。

5.8.2　运输

5.8.2.1　运输过程中发现货物撒漏时,要立即用干砂、干土覆盖吸收;货物大量溢出时,应立即向当地公安、环保等部门报告,并采取一切可能的警示和消除危害措施。

5.8.2.2　运输过程中发现货物着火时,不得用水柱直接喷射,以防腐蚀品飞溅,应用水柱向高空喷射形成雾状覆盖火区;对遇水发生剧烈反应,能燃烧、爆炸或放出有毒气体的货物,不得用水扑救;着火货物是强酸时,应尽可能抢出货物,以防止高温爆炸、酸液飞溅;无法抢出货物时,可用大量水降低容器温度。

5.8.2.3　扑救易散发腐蚀性蒸气或有毒气体的货物时,应穿戴防毒面具和相应的防护用品。扑救人员应站在上风处施救。如果被腐蚀物品灼伤,应立即用流动自来水或清水冲洗创面 15~30min,之后送医院救治。

5.8.3　装卸

5.8.3.1　装卸作业前应穿戴具有防腐蚀的防护用品,并戴带有面罩的安全帽。对易散发有毒蒸气或烟雾的,应配备防毒面具。并认真检查包装、封口是否完好,要严防渗漏,特别要防止内包装破损。

5.8.3.2　装卸作业时,应轻装、轻卸,防止容器受损。液体腐蚀品不得肩扛、背负;忌振动、摩擦;易碎容器包装的货物,不得拖拉、翻滚、撞击;外包装没有封盖的组合包装件不得堆码装运。

5.8.3.3　具有氧化性的腐蚀品不得接触可燃物和还原剂。

5.8.3.4　有机腐蚀品严禁接触明火、高温或氧化剂。

5.8.3.5　配装时应做到:

a)特别注意:腐蚀品不得与普通货物配装;

b)酸性腐蚀品不得与碱性腐蚀品配装;

c)有机酸性腐蚀品不得与有氧化性的无机酸性腐蚀品配装;

d)浓硫酸不得与任何其他物质配装。

5.9　杂类

杂类危险货物汽车运输,应按货物特性采取相应措施。

6　散装货物运输、装卸要求

6.1　散装固体

6.1.1 运输散装固体车辆的车厢应采取衬垫措施,防止撒漏;应带好装卸工、属具和苫布。

6.1.2 易撒漏、飞扬的散装粉状危险货物,装车后应用苫布遮盖严密,必要时应捆扎结实,防止飞扬,包装良好方可装运。

6.1.3 行车中尽量防止货物窜动、甩出车厢。

6.1.4 高温季节,散装煤焦沥青应在早晚时段进行装卸。

6.1.5 装卸硝酸铵时,环境温度不得超过40℃,否则应停止作业。装卸现场应保持足够的水源以降温和应急。

6.1.6 装卸会散发有害气体、粉尘或致病微生物的散装固体,应注意人身保护并采取必要的预防措施。

6.2 散装液体

6.2.1 运输易燃液体的罐车应有阻火器和呼吸阀,应配备导除静电装置;排气管应安装熄灭火星装置;罐体内应设置防波挡板,以减少液体震荡产生静电。

6.2.2 装卸作业可采用泵送或自流灌装。

6.2.3 作业环境温度要适应该液体的储存和运输安全的理化性质要求。

6.2.4 作业中要密切注视货物动态,防止液体泄漏、溢出。需要换罐时,应先开空罐,后关满罐。

6.2.5 易燃液体装卸始末,管道内流速不得超过1m/s,正常作业流速不宜超过3m/s。其他液体产品可采用经济流速。

6.2.6 装卸料管应专管专用。

6.2.7 装卸作业结束后,应将装卸管道内剩余的液体清扫干净;可采用泵吸或氮气清扫易燃液体装卸管道。

6.3 散装气体

6.3.1 出车前

6.3.1.1 根据所装危险货物的性质选择罐体。与罐壳材料、垫圈、装卸设备及任何防护衬料接触可能发生反应而形成危险产物,或明显减损材料强度的货物,不得充灌。

6.3.1.2 装卸前应对罐体进行检查,罐体应符合下列要求:

a)罐体无渗漏现象;

b)罐体内应无与待装货物性质相抵触的残留物;

c)阀门应能关紧,且无渗漏现象;

d)罐体与车身应紧固,罐体盖应严密;

e)装卸料导管状况应良好无渗漏;

f)装运易燃易爆的货物,导除静电装置应良好;

g)罐体改装其他液体时,应经过清洗和安全处理,检验合格后方可使用。清洗罐体的污水经处理后,按指定地点排放。

6.3.2 运输

6.3.2.1 在运输过程中罐体应采取防护措施,防止罐体受到横向、纵向的碰撞及翻倒时导致罐壳及其装卸设备损坏。

6.3.2.2 化学性质不稳定的物质,需采取必要的措施后方可运输,以防止运输途中发生危险性的分解、化学变化或聚合反应。

6.3.2.3 运输过程中,罐壳(不包括开口及其封闭装置)或隔热层外表面的温度不应超过70℃。

6.3.3 装卸

6.3.3.1 装卸作业现场应通风良好。装卸人员应站在上风处作业。

6.3.3.2 装卸前要联好防静电装置。易燃易爆品的装卸工具要有防止产生火花的性能。装卸时应轻开、轻关孔盖,密切注视进出料情况,防止溢出。

6.3.3.3 装料时,认真核对货物品名后按车辆核定吨位装载,并应按规定留有膨胀余位,严禁超载。装料后,关紧罐体进料口,将导管中的残留液体或残留气体排放到指定地点。

6.3.3.4 卸料时,贮罐所标货名应与所卸货物相符;卸料导管应支撑固定,保证卸料导管与阀门的联接牢固;要逐渐缓慢开启阀门。

6.3.3.5 卸料时,装卸人员不得擅离操作岗位。卸料后应收好卸料导管、支撑架及防静电设施等。

6.4 液化气体

此条款的液化气体是指第5.2条“压缩气体和液化气体”中的液化气体。

6.4.1 一般规定

6.4.1.1 车辆进入贮罐区前,应停车提起导除静电装置;进入充灌车位后,再接好导除静电装置。

6.4.1.2 灌装前,应对罐体阀门和附件(安全阀、压力计、液位计、温度计)以及冷却、喷淋设施的灵敏度和可靠性进行检查,并确认罐体内有规定的余压;如无余压的,经检验合格后方可充灌。

6.4.1.3 严格按规定控制灌装量,做好灌装量复核、记录,严禁超量、超温、超压。

6.4.1.4 发生下列异常情况时，一律不准灌装，操作人员应立即采取紧急措施，并及时报告有关部门：

a)容器工作压力、介质温度或壁温超过许可值，采取各种措施仍不能使之下降；

b)容器的主要受压元件发生裂缝、鼓包、变形、泄漏等缺陷而危及安全；

c)安全附件失效、接管端断裂或紧固件损坏，难以保证运输安全；

d)雷雨天气，充装现场不具备避雷电作用；

e)充装易燃易爆气体时，充装现场附近发生火灾。

6.4.1.5 禁止用直接加热罐体的方法卸液。卸液后，罐体内应留有规定的余压。

6.4.1.6 运输过程中应严密注视车内压力表的工作情况，发现异常，应立即停车检查；排除故障后方可继续运行。

6.4.2 非冷冻液化气体

6.4.2.1 非冷冻液化气体的单位体积最大质量(kg/L)不得超过 50℃时该液化气体密度的 0.95 倍；罐体在 60℃时不得充满液化气体。

6.4.2.2 装载后的罐体不得超过最大允许总重，并且不得超过所运各种气体的最大允许载重。

6.4.2.3 罐体在下列情况下不得交付运输：

a)罐体处于不足量状态，由于罐体压力骤增可能产生不可承受的压力；

b)罐体渗漏时；

c)罐体的损坏程度已影响到罐体的总体及其起吊或紧固设备；

d)罐体的操作设备未经过检验，不清楚是否处于良好的工作状态。

6.4.3 冷冻液化气体

6.4.3.1 不可使用保温效果变差的罐体。

6.4.3.2 充灌度应不超过 92%，且不得超重。

6.4.3.3 装卸作业时，装卸人员应穿戴防冻伤的防护用品(如，防冻手套)，并戴带有面罩的安全帽。

6.5 有机过氧化物(第 5.5 条)和易燃固体(第 5.4 条)中的自反应物质

此条款适用于运输自行加速分解温度(SADT)为 55℃或以上的有机过氧化物和易燃固体项中的自反应物质。

6.5.1 罐体应配置感温装置。

6.5.2 罐体应有泄压安全装置和应急释放装置。在达到由有机过氧化物的性质和罐体的结构特点所确定的压力时，泄压安全装置就应启动。罐壳上不允许有易熔化的元件。

6.5.3 罐体的表面应采用白色或明亮的金属。罐体应有遮阳板隔热或保护。如果罐体中所运物质的自行加速分解温度(SADT)为55℃或以下,或者罐体为铝质的,罐体则应完全隔热。

6.5.4 环境温度为15℃时,充灌度不得超过90%。

6.6 放射性物质

6.6.1 运输放射性物质的可移动罐体不得用于装运其他货物。

6.6.2 运输放射性物质的可移动罐体的充灌度不得超90%或代以经主管机关批准的其他数值。

6.7 腐蚀品

6.7.1 运输腐蚀品的罐体材料和附属设施应具有防腐性能。

6.7.2 运输腐蚀品的罐车应专车专运。

6.7.3 装卸操作时应注意:

a)作业时,装卸人员应站在上风处;

b)出车前或灌装前,应检查卸料阀门是否关闭,防止上放下漏;

c)卸货前,应让收货人确认卸货贮槽无误,防止放错贮槽引发货物化学反应而酿成事故;

d)灌装和卸货后,应将进料口盖严盖紧,防止行驶中车辆的晃动导致腐蚀品溅出;

e)卸料时,应保证导管与阀门的连接牢固后,逐渐缓慢开启阀门。

7 集装箱货物运输、装卸要求

7.1 装箱作业前,应检查所用集装箱,确认集装箱技术状态良好并清扫干净,去除无关标志、标记和标牌。

7.2 装箱作业前,应检查集装箱内有无与待装危险货物性质相抵触的残留物。发现问题,应及时通知发货人进行处理。

7.3 装箱作业前,应检查待装的包装件。破损、撒漏、水湿及沾污其他污染物的包装件不得装箱,对撒漏破损件及清扫的撒漏物交由发货人处理。

7.4 不准将性质相抵触、灭火方法不同或易污染的危险货物装在同一集装箱内。如符合配装规定而与其他货物配装时,危险货物应装在箱门附近。包装件在集装箱内应有足够的支撑和固定。

7.5 装箱作业时,应根据装载要求装箱,防止集重和偏重。

7.6 装箱完毕,关闭、封锁箱门,并按要求粘贴好与箱内危险货物性质相一致的危险货物标志、标牌。

7.7 熏蒸中的集装箱,应标贴有熏蒸警告符号。当固体二氧化碳(干冰)用作冷却目的时,集装箱外部门端明显处应贴有指示标记或标志,并标明“内有危险的二氧化碳(干冰),进入之前务必彻底通风!”字样。

7.8 集装箱内装有易产生毒害气体或易燃气体的货物时,卸货时应先打开箱门,进行足够的通风后方可装卸作业。

7.9 对卸空危险货物的集装箱要进行安全处理;有污染的集装箱,要在指定地点、按规定要求进行清扫或清洗。

7.10 装过毒害品、感染性物品、放射性物品的集装箱在清扫或清洗前,应开箱通风。进行清扫或清洗的工作人员应穿戴适用的防护用品。洗箱污水在未作处理之前,禁止排放。经处理过的污水,应符合 GB 8978 的排放标准。

8 部分常见大宗危险货物运输、装卸要求

8.1 液化石油气

此条款是指汽车罐车运输液化石油气。

8.1.1 运输

8.1.1.1 运输液化石油气罐车应按当地公安部门规定的路线、时间和车速行驶,不准带拖挂车,不得携带其他易燃易爆危险物品。罐体内温度达到40℃时,应采取遮阳或罐外冷水降温措施。

8.1.1.2 运输过程中,液化石油气罐车若发生大量泄漏时,应切断一切火源,戴好防护面具与手套;同时应立即采取防火、灭火措施,关闭阀门制止渗漏,并用雾状水保护关闭阀门的人员;设立警戒区,组织人员向逆风方向疏散。一般不得起动车辆。

8.1.2 装卸

8.1.2.1 作业前应接好安全地线,管道和管接头连接应牢固,并排尽空气。

8.1.2.2 装卸人员应相对稳定。作业时,驾驶人员、装卸人员均不得离开现场。在正常装卸时,不得随意起动车辆。

8.1.2.3 新罐车或检修后、首次充装的罐车,充装前应作抽真空或充氮置换处理,严禁直接充装。

8.1.2.4 液化石油气罐车充装时须用地磅、液面计、流量计或其他计量装置进行计量,严禁超装。罐车的充装量不得超过设计所允许的最大充装量。

8.1.2.5 充装完毕,应复检重量或液位,并应认真填写充装记录。若有超

装,应立即处理。

8.1.2.6 液化石油气罐车抵达厂(站)后,应及时卸货。罐车不得兼作贮罐用。一般情况不得从罐车直接向钢瓶直接灌装;如临时确需从罐车直接灌瓶,现场应符合安全防火、灭火要求,并有相应的安全措施,且应预先取得当地公安消防部门的同意。

8.1.2.7 禁止采用蒸气直接注入罐车罐内升压,或直接加热罐车罐体的方法卸货。

8.1.2.8 液化石油气罐车卸货后,罐内应留有规定的余压。

8.1.2.9 凡出现下列情况,罐车应立即停止装卸作业,并作妥善处理:

a)雷击天气;

b)附近发生火灾;

c)检测出液化气体泄漏;

d)液压异常;

e)其他不安全因素。

8.2 油品

此条款是指用常压燃油罐车运输燃油。

8.2.1 运输

当罐车的罐体内温度达到40℃时,应采取遮阳或罐外冷水降温措施。

8.2.2 装卸

8.2.2.1 在灌油前和放油后,驾驶人员应检查阀门和管盖是否关牢,查看接地线是否接牢,不得敞盖行驶,严禁罐车顶部载物。

8.2.2.2 燃油罐车可采用泵送或自流灌装。

8.2.2.3 罐车进加油站卸油时,要有专人监护,避免无关人员靠近。

8.2.2.4 卸油时发动机应熄火。雷雨天气时,应确认避雷电措施有效,否则应停止卸油作业。

8.2.2.5 卸油时应夹好导静电接线,接好卸油胶管,当确认所卸油品与贮油罐所贮的油品种类相同时方可缓慢开启卸油阀门。

8.2.2.6 卸油前要检查油罐的存油量,以防止卸油时冒顶跑油。卸油时应严格控制流速,在油品没有淹没进油管口前,油品的流速应控制在0.7~1m/s以内,防止产生静电。

8.2.2.7 卸油过程要做到不冒、不洒、不漏,各部分接口牢固,卸油时驾驶人员不得离开现场,应与加油站工作人员共同监视卸油情况,发现问题随时采取措施。

8.2.2.8 卸油时,卸油管应深入罐内。卸油管口至罐底距离不得大于300mm,以防喷溅产生静电。

8.2.2.9 卸油要尽可能卸净,当加油站工作人员确认罐内已无贮油时方可关闭放油阀门,收好放油管,盖严油罐盖。

8.2.2.10 测量油量要在卸完油30min以后进行,以防测油尺与油液面、油罐之间静电放电。

附 录 A
自行加速分解温度、控制温度和应急温度的关系
(规范性附录)

自行加速分解温度、控制温度和应急温度的关系见表A1。

自行加速分解温度、控制温度和应急温度的关系(单位:℃)　　表A1

容器类别	自行加速分解温度(SADT)	控制温度	应急温度
单一包装和中型散装容器(IBCs)	<20	比SADT低20	比SADT低10
	20~35	比SADT低15	比SADT低10
	>35	比SADT低10	比SADT低5
可移动罐体	<50	比SADT低20	比SADT低5

3.公路、水路危险货物运输包装基本要求和性能试验 (JT 0017—88)

Basic requirements and performance tests of dangerous goods packages for waterway or highway transportation

1 引言

1.1 本标准规定了公路、水路危险货物运输包装等级、型号、标记、基本要求和性能试验,以保证危险货物运输包装的质量。

1.2 本标准适用于公路、水路危险货物的运输包装,但不包括:

a.盛装放射性物品的包装;

b.盛装气体的压力容器;

c.净重超过400kg的包装;

d.容积超过450L的包装。

考虑到科学技术的发展,允许使用与本标准规定不相一致的等效包装,但必须满足与本标准有关的试验要求。

1.3 本标准作为运输、生产、检验部门危险货物运输包装件试验和检验的依据。

2 包装等级

除第1、2、6.2和7类危险货物的运输包装外,其余各类应根据内装危险货物程度分为:

I类包装——适用于内装具有较大危险性的货物;

II类包装——适用于内装具有中等危险性的货物;

III类包装——适用于内装具有较小危险性的货物。

国内公路、沿海、内河运输,在保证安全运输前提下,可适当降低等级,但不得低于III类包装要求。

注:各种货物的包装类别见联合国《危险货物运输》有关规定。

交通部1988-01-09批准 1988-06-01实施

3 基本要求

3.1 包装的材质、形式、规格、方法和件重应与拟装危险货物的性质、容积和用途相适应,并应便于装卸和运输。

3.2 包装应质量良好,具有一定的强度,其构造和封闭装置能够承受正常运输条件下的风险。不应由于温度、湿度或内部压力的变化而发生任何渗漏。包装表面不应粘附有害的危险物质。

3.3 包装与内装物直接接触部分,必要时应有内涂层或进行相应处理,不得与内装物发生化学反应而形成危险产物或导致削弱包装强度。

3.4 内容器应予固定,如属易碎容器应使用与内装物性质相适应的衬垫材料或吸收性材料衬垫妥实。

3.5 盛装液体的包装,在正常运输条件下应具有适当的抗压强度,灌装时必须留有足够的膨胀余量(预留容积),至少在温度55℃时不应完全装满液体,防止在运输中因温度变化所造成液体的膨胀导致容器渗漏和危及安全。

3.6 包装的封口应根据内装物的性质予以严密封口,液密封口或气密封口。盛装需浸湿或加有稳定剂的物质,其容器封闭装置应能有效地保证液体(水、溶剂和稳定剂)的百分比在储运期间保持在规定的范围内。

3.7 装有通气装置的包装,其设计和安装应能防止内装物泄漏和外界杂质进入,排出的气体不得造成危险和污染。

3.8 重复使用或修理过的包装均应符合本章条款的规定,并能承受第7章规定的性能试验。

3.9 盛装爆炸品包装的附加要求:

3.9.1 盛装液体爆炸品的容器封闭装置,应具有防止渗漏的双重保护。

3.9.2 除内包装能充分防止爆炸品与金属接触外,铁钉和其他没有防护涂料的金属部件不得穿透外包装。

3.9.3 双重卷边接合的钢桶、金属或以金属做衬里的包装箱,应能防止爆炸物进入缝隙。钢桶或铝桶的封闭装置必须有合适的垫圈。

3.9.4 包装内的爆炸物质或物品,包括内容器,必须衬垫妥实,在运输中不得发生危险性移动。

3.9.5 盛装对外部电磁辐射敏感的电引发装置的爆炸物品的包装,应具有防止所装物品受外部电磁辐射影响的效能。

3.10 包装应在明显部位标有所装危险货物的名称、规格、重量,其标志应符合GB 190—85《危险货物包装标志》和GB 191—85《包装储运图示标志》及其有关补充规定。

4 包装型号

4.1 下列阿拉伯数字表示包装形式：

1——桶

2——琵琶桶

3——罐

4——箱

5——袋

6——复合包装

7——瓶、坛

4.2 下列大写英文字母表示包装材质：

A——钢

B——铝

C——木

D——胶合板

F——再生木板(锯末板、硬质纤维板)

G——纸板(瓦楞纸板、硬纸板、钙塑板)

H——塑料材料

L——编织材料

M——多层纸

N——金属(除钢、铝外)

P——玻璃、陶、瓷

4.3 包装型号的表示方法：

4.3.1 单一包装：

单一包装型号由一个阿拉伯数字和一个大写英文字母组成。

例:1A——钢桶。

单一包装还可在型号右下角增加一个阿拉伯数字,表示具体包装类型。

例:$1A_1$——闭口钢桶。

4.3.2 组合包装：

组合包装型号由若干组数码组成,从左至右分别表示外包装和内包装,多层包装以此类推。每组数码由一个阿拉伯数字和一个大写英文字母组成。

例:4C7P——外包装为木箱,内包装为玻璃瓶的组合包装。

4.3.3 复合包装：

复合包装型号由一个表示复合包装的阿拉伯数字6和一组表示包装材质和包装形式的数码组成。数码为两个大写英文字母和一个阿拉伯数字，第一个大写英文字母表示内包装的材质；第二个大写英文字母表示外包装的材质，最后一个阿拉伯数字表示包装形式。

例：6HA1——内包装为塑料容器，外包装为钢桶的复合包装。

5 包装标记

5.1 符合本标准性能要求的包装应标注持久清晰的标记，项目如下：

a. 包装符号：

JT——包装符合交通部标准。

b. 包装型号。

c. 相对密度，如对拟装液体的包装，采用相对密度不大于1.2时，标记可以省略。

d. 货物重量，如对拟装固体的包装，其最大总重以kg表示。

e. 包装类别，可用下列符号表示：

X——用于Ⅰ类包装；

Y——用于Ⅱ类包装；

Z——用于Ⅲ类包装。

f. 试验压力，如拟装液体的包装，液压试验的压力，以kPa表示。

g. 固体代号，如拟装固体的包装，用“S”表示。

h. 制造年份，只需标明年份的后两位数，对塑料桶和塑料罐还应标明生产月份。

i. 生产国别，如中国用符号CHN表示。

j. 生产厂代号。

k. 修复包装应标明修复的年份和符号R。

5.2 包装标记举例：

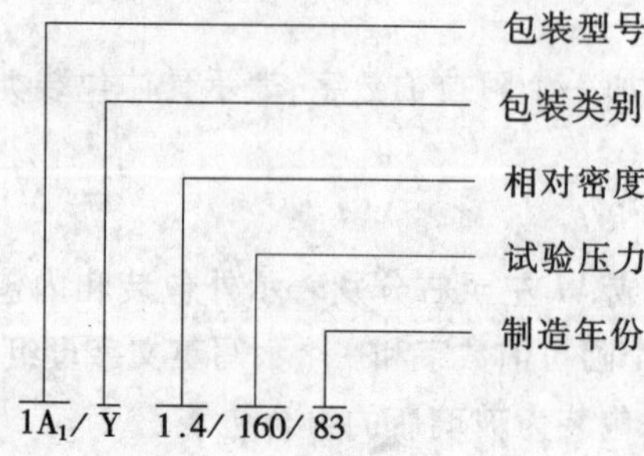

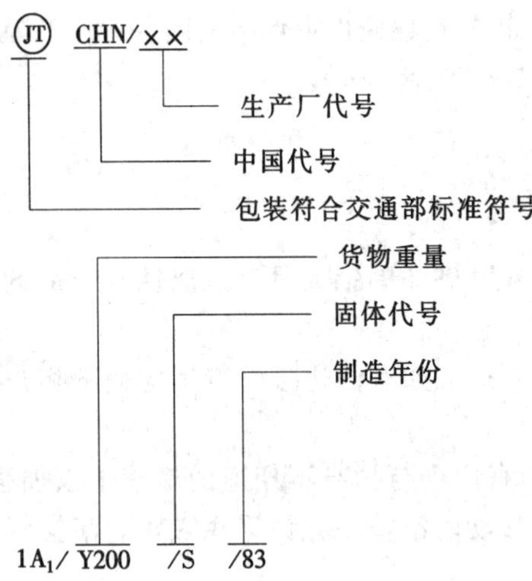

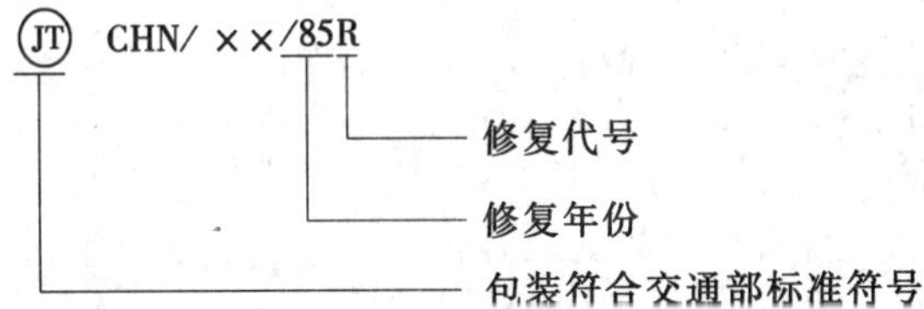

6 包装容器

6.1 钢桶

$1A_1$——闭口型；

$1A_2$——中开口型；

$1A_3$——开口型。

6.1.1 桶端应采用焊接或双重机械卷边，卷边内均匀填涂封缝胶。桶身直缝应焊接，盛装固体或40L以下（包括40L）的液体桶，桶身接缝可采用焊接或机械接缝。

6.1.2 桶的两端凸缘应采用机械接缝或焊接，也可使用加强箍。

6.1.3 桶身应有两组若干道波纹。容积大于60L的桶，桶身应有两道模压外凸环筋或两道与桶身不相连的滚箍。滚箍必须紧套在桶身上，使其不得移动。滚箍不允许采用点焊。滚箍焊缝与桶身焊缝不得重叠。

6.1.4 桶内防护层应采用坚韧的涂料，并紧密地附着在桶内各部位，包括封闭装置。

6.1.5 封闭装置应配套完好,在正常运输条件下保持紧固、密闭、不漏。

6.1.6 闭口型桶口孔径不大于7cm(包括7cm)。

6.1.7 最大容积为450L。

6.1.8 最大净重为400kg。

6.2 铝桶 1B

6.2.1 制桶材料应选用纯度至少为99%的铝或具有抗腐蚀和合适的机械强度的铝合金。

6.2.2 桶的全部接缝必须采用焊接。如有凸边接缝应用与桶不相连的加强箍予以加强。

6.2.3 容积大于60L的桶,至少有两个与桶身不相连的滚箍予以加强,滚箍必须紧套在桶身上,使其不得移动。滚箍不允许采用点焊。滚箍焊缝与桶身焊缝不得重叠。

6.2.4 封闭装置应符合6.1.5条的规定。

6.2.5 桶口孔径不大于7cm(包括7cm)。

6.2.6 最大容积为450L。

6.2.7 最大净重为400kg。

6.3 钢罐 3A

6.3.1 钢罐两端的接缝应是焊接或双重机械卷边。40L以上的罐身接缝应采用焊接;40L以下(包括40L)的罐身接缝可采用焊接或双重机械卷边。

6.3.2 罐内防护层应符合6.1.4条的规定。

6.3.3 封闭装置应符合6.1.5条的规定。

6.3.4 罐口孔径不大于7cm(包括7cm)。

6.3.5 最大容积为60L。

6.3.6 最大净重为120kg。

6.4 胶合板桶 1D

6.4.1 胶合板所用材料应质量良好,板层之间应用抗水黏合剂按交叉纹理粘接,经干燥处理,不得有降低其预定效能的缺陷。

6.4.2 桶身至少用三合板制造。若使用胶合板以外的材料制造桶端,其质量应与胶合板等效。

6.4.3 桶口内缘应有衬肩。桶盖的衬层应牢固地固定在桶盖上,并能有效地防止内装物撒漏。

6.4.4 桶身两端应用钢带加强。必要时桶端应用十字形木撑予以加固。

6.4.5 最大容积为250L。

6.4.6 最大净重为400kg。

6.5 木桶 1C

木琵琶桶 2C

6.5.1 所用木材应质量良好,纹理顺直,彻底风干,无节头、裂缝、朽木、边材或其他可能降低木桶预定用途效能的缺陷。

6.5.2 板条应顺着纹理开料,年轮不得超过板条厚度的一半。

6.5.3 桶身应用若干道加强箍加强。加强箍应选用质量良好的材料制造。

6.5.4 桶底应紧密地镶在桶身端槽内。

6.5.5 最大容积为50L。

6.5.6 最大净重为50kg。

6.6 再生木板桶 1F

6.6.1 所用材料应选用具有良好抗水能力的再生木板。桶端可使用其他等效材料。

6.6.2 桶身接缝应加钉结合牢固,并具有与桶身相同的强度。桶身两端应用钢带加强。

6.6.3 桶口内缘应有衬肩。桶底、桶盖应用十字形木撑予以加固,并与桶身结合紧密。

6.6.4 最大容积为450L。

6.6.5 最大净重为400kg。

6.7 硬纸板桶 1G

6.7.1 桶身应用硬纸板制成。桶身外表应涂、镀具有良好抗水能力的防护层。

6.7.2 桶端若采用与桶身相同材料制造,应符合6.6.2条的规定。也可用其他等效材料制造。

6.7.3 桶端及桶底与桶身的结合处应用钢带卷边压制接合。

6.7.4 最大容积为100L。

6.7.5 最大净重为100kg。

6.8 塑料桶

$1H_1$——闭口型;

$1H_2$——开口型。

塑料罐

$3H_1$——闭口型;

$3H_2$——开口型。

6.8.1 所用材料至少应具有与聚乙烯相同的强度,并能承受正常运输条件下的磨损、撞击、温度、光线及老化作用的影响。

6.8.2 材料内可加入炭黑或其他合适的紫外线防护剂,但应与桶(罐)内装物性质相容,并在使用期内保持其效能。用于其他用途的添加剂,不得对包装材料的化学和物理性质产生有害使用。

6.8.3 桶(罐)身任何一点的厚度均应与桶(罐)的容积、用途和每一点可能受到的压力相适应。

6.8.4 封闭装置应符合6.1.5条的规定。

6.8.5 闭口型桶(罐)口孔径不大于7cm(包括7cm)。

6.8.6 最大容积:$1H_1$,$1H_2$ 为450L。

$3H_1$,$3H_2$ 为60L。

6.8.7 最大净重:$1H_1$,$1H_2$ 为400kg。

$3H_1$,$3H_2$ 为120kg。

6.9 木箱

$4C_1$——普通型;

$4C_2$——箱壁防撒漏型;

$4C_3$——半花格型;

$4C_4$——花格型。

6.9.1 所用木材应质量良好,经干燥处理,不得有降低木箱任何部位强度的缺陷。

6.9.2 箱体应有与容积和用途相适应的加强条档和加强带。箱顶和箱底可由抗水的再生木、硬质纤维板、塑料板或其他合适的材料制成。

6.9.3 $4C_2$ 型木箱各部位应为一块板或与一块板等效的材料组成。如平板榫接、搭接、槽舌接,或者在每个接合处至少用两个波纹金属扣件对头连接,可视作与一块板等效的材料。

6.9.4 最大净重为400kg。

6.10 胶合板箱 4D

6.10.1 所用材料应符合6.4.1条的规定。

6.10.2 胶合板箱应至少用三合板制造。箱的角柱件和顶端应用有效的方法装配牢固。

6.10.3 最大净重为400kg。

6.11 再生木板箱 4F

6.11.1 箱体应用抗水的再生木板、硬质纤维板、木屑板或其他合适类型的板材制成。

6.11.2 箱体应用木质框架加强。箱体与框架应装配牢固,接缝严密不漏。

6.11.3 最大净重为100kg。

6.12 纸板箱

$4G_1$——瓦楞纸箱;

$4G_2$——硬纸板箱;

$4G_3$——钙塑箱。

6.12.1 所用材料应使用坚固、质量良好的瓦楞纸板、硬纸板或钙塑板,应能抗水,并具有一定的弯曲性能、切割、折缝时应无裂缝。装配时无破裂,表皮断裂或过度弯曲,板层之间应粘合牢固。

6.12.2 箱体结合处应用胶带粘贴,搭接胶合,或者搭接并用钢钉或U形钉钉合。搭接处应有适当的重叠。如封口采用胶合或胶带粘贴,应使用抗水胶合剂。

6.12.3 钙塑箱外部表层应具有防滑性能。

6.12.4 最大净重为100kg。

6.13 钢箱

$4A_1$——防撒漏型;

$4A_2$——花格型。

6.13.1 箱体应采用焊接或铆接。$4A_2$型箱如采用双重卷边接合,应防止内装物进入接缝的凹槽处。

6.13.2 封闭装置应采用合适的类型,在正常运输条件下保持紧固。

6.13.3 最大净重为400kg。

6.14 编织袋

$5L_1$——普通型;

$5L_2$——防撒漏型;

$5L_3$——防水型。

6.14.1 使用材料应质量良好,并具有足够强度的棉、麻等纺织品制成。

6.14.2 袋应缝制、编织或用其他等效强度的方法加以封闭。

6.14.3 $5L_2$型袋应用纸、塑料薄膜或其他材料粘在或衬在袋的内表面上。

6.14.4 $5L_3$型袋应将塑料薄膜粘在袋的内表面上。

6.14.5 最大净重为50kg。

6.15 塑料编织袋

$5H_1$——普通型；

$5H_2$——防撒漏型；

$5H_3$——防水型。

6.15.1 使用材料应质量良好，并具有足够强度的塑料编织品制成。

6.15.2 袋应编制、编织或用其他等效强度的方法加以封闭。

6.15.3 $5H_2$ 型袋应用纸、塑料薄膜或其他材料粘在或衬在袋的内表面上。

6.15.4 $5H_3$ 型袋应用塑料薄膜粘在袋的内表面上。

6.15.5 最大净重为50kg。

6.16 塑料袋 $5H_4$

6.16.1 使用材料应质量良好，并具有足够强度的塑料制成。

6.16.2 袋的接缝和封口应牢固、密闭，并在正常运输条件下保持其效能。

6.16.3 最大净重为50kg。

6.17 纸袋

$5M_1$——普通型；

$5M_2$——防水型。

6.17.1 使用材料应质量良好。并具有足够强度和韧性的多层牛皮纸或与牛皮纸等效的纸制成。

6.17.2 袋的接缝和封口应牢固、密闭，并在正常运输条件下保持其效能。

6.17.3 $5M_2$ 型袋应有一层防潮层。

6.17.4 最大净重为50kg。

6.18 易碎容器

$7P_1$——玻璃瓶；

$7P_2$——陶、瓷坛；

$7P_3$——安瓿瓶。

6.18.1 使用材料应质量良好，并具有足够强度的玻璃或陶、瓷材料制成。应有足够厚度，容器壁厚均匀，无气泡或砂眼。陶、瓷容器外部表面不得有明显的剥落和影响其效能的缺陷。

6.18.2 封闭装置应符合6.1.5条的规定。

6.18.3 最大容积为30L。

6.18.4 最大净重为50kg。

6.19　组合包装

6.19.1　组合包装系指一个以上内包装合装在一个外包装内而组成一个整体的包装。

6.19.2　组合包装内、外包装的材质应符合本章的有关规定。

6.19.3　包装的衬垫应符合3.4条的要求。

6.20　复合包装

6.20.1　复合包装系指由一个外包装和一个内容器组成一个整体的包装。经过组装，即保持为独立的完整包装。

6.20.2　复合包装外包装，内容器的材质应符合本章的有关规定。

6.20.3　复合包装的内容器和外包装应紧密吻合，外包装不得有可能擦伤内容器的凸出面。

7　性能试验

7.1　一般要求

7.1.1　各种新设计包装均应试验合格后方可使用。

7.1.2　定型包装应定期进行抽样复验，其周期最长不得超过一年。

7.1.3　包装的设计、材料、制造工艺、包装方法和表面处理等改变时，均应重新进行试验。

7.1.4　对仅属次要方面与经过试验的定型包装有所不同，如内包装尺寸或净重减少，以及外包装尺寸减少等，可作选择性的试验。

7.2　试验准备

7.2.1　准备试验的包装件应处于待运状态。可用拟装的固体或液体做试验。凡盛装固体的包装件，也可采用与拟装货物相同的物理特性（如重量、粒径等）的其他物品代替；凡盛装液体的包装件，也可采用与拟装货物相同的物理特性（如密度、粘度）的其他物品代替，一般可用水代替。

7.2.2　盛装固体的包装应装至其容积的95%，盛装液体的包装应装至其容积的98%。

7.2.3　纸质和硬质纤维板包装应符合《运输包装件基本试验　温湿度调节处理》（GB 4857.2—84）的规定，在相对湿度48%～52%、环境温度23±2℃的大气中进行至少持续24h的预处理。

7.2.4　塑料包装和钙塑箱进行跌落试验前，应将试样和内装物的温度降至－18℃以下。内装物为液体时，温度降低后仍应是液态，如需要可加入防冻剂。

7.2.5 包装件预处理后,进行性能试验的间隔时间不得超过 5min。

7.2.6 包装上的通气装置应用类似不通气的封闭装置代替或将通气孔封闭。

7.2.7 直接包装危险货物的容器在性能试验前,还应进行盛装拟装物为期六个月的相容性试验。

7.2.8 复合包装的内容器为易碎容器,在进行跌落试验时,可用非易碎容器代替。

7.3 跌落试验

7.3.1 冲击面和提升、释放装置:

冲击面和提升、释放装置应符合《运输包装件基本试验 垂直冲击跌落试验方法》(GB 4857.5—84)的规定。

7.3.2 包装件、试样数量和跌落部位:

包装件、试样数量和跌落部位见表 1。表中跌落部位的表示方法应符合《运输包装件各部位的标示方法》(GB 3588—83)的规定。

表 1

包装件	试样数量	跌 落 部 位
钢桶(罐) 铝桶 胶合板桶 再生木板桶 硬纸板桶 塑料桶(罐) 木(琵琶)桶 桶状复合包装	6 个(每次跌落 3 个)	第一次跌落:应以桶的凸边成对角线(如 1-2-6 角)撞击在冲击面上,如包装件没有凸边则以圆周的接缝处或边缘撞击; 第二次跌落:将桶以第一次跌落时没有试验到最薄弱部位撞击在冲击面上,如封闭装置或对某些圆柱形桶则以桶体纵向焊接接缝(如 5-6 线)处撞击
钢箱 木箱 胶合板箱 再生木板箱 纸板箱 塑料箱 箱状复合包装	5 个(每次跌落 1 个)	第一次跌落:以箱底(3)平落; 第二次跌落:以箱顶(1)平落; 第三次跌落:以一长侧面(2 或 4)平落; 第四次跌落:以一短侧面(5 或 6)平落; 第五次跌落:以一个角(如 1-2-5 角)跌落
编织袋 纸袋	3 个(每个跌落 2 次)	第一次跌落:以袋的平面(1 或 3)平落; 第二次跌落:以袋的端部(5 或 6)平落
塑料袋 塑料编织袋	3 个(每个跌落 3 次)	第一次跌落:以袋的宽面(1 或 3)平落; 第二次跌落:以袋的窄面(2 或 4)平落; 第三次跌落:以袋的端部(5 或 6)平落

7.3.3 跌落要求:除平落外,包装件重力线应垂直于冲击面上。

7.3.4 跌落高度:跌落高度按悬吊包装件最低点和冲击面之间最近距离计算。

固体:跌落高度见表2。

表2

包装等级	I类包装	II类包装	III类包装
跌落高度(m)	1.8	1.2	0.8

液体:如用水做试验:

a. 拟装物质的相对密度不大于1.2。

各类包装等级的跌落高度见表2。

b. 当拟装物质的相对密度大于1.2,其跌落高度用拟装物质的相对密度ρ乘表3中的系数确定(四舍五入至第一位小数)。

各类包装等级的跌落高度见表3。

表3

包装等级	I类包装	II类包装	III类包装
跌高度落(m)	$\rho\times1.5$	$\rho\times1.0$	$\rho\times0.67$

7.3.5 验收要求:

7.3.5.1 盛装液体的包装件,除复合包装外,包装内外压力达到平衡时包装件保持不漏。

7.3.5.2 包装(包括复合包装和组合包装的外包装)不应有影响运输安全的任何损坏。但盛装固体的包装件,如内包装保持完整无损,即使外包装的封闭装置不再具有防漏能力,应视为包装合格。

7.3.5.3 试验时,如封闭处内装物有轻微漏出,试验后只要不再继续渗漏应视为包装合格。

7.3.5.4 盛装爆炸品的包装不允许有破裂。

7.3.5.5 包装的内处理层或内涂层应保持其良好的防护性能。

7.4 气密试验

7.4.1 适用包装:

所有拟盛装液体的包装,均应做气密试验,但不包括组合包装的内包装。

7.4.2 试样数量:

每种包装取3个试样。

7.4.3 试验方法：

将测试包装完全浸入水中，然后向包装内充气，浸入水中的方法不得影响试验效果。也可使用其他等效方法。

7.4.4 试验压力：

各类包装等级的试验压力(表压)见表4。

表4

包装等级	I类包装	II类包装	III类包装
试验压力(kPa)	不小于30	不小于20	不小于20

7.4.5 验收要求：

试验后要求包装不漏气。

7.5 液压试验

7.5.1 适用包装：

所有拟盛装液体的包装均应做液压试验，但不包括组合包装的内包装。

7.5.2 试样数量：

每种包装取3个试样。

7.5.3 试验方法：

塑料包装和内容器为塑料材质的复合包装，应经受试验压力持续时间为30min的压力试验。其他材质的包装和复合包装应经受试验压力持续时间为5min的压力试验。试验过程中的压力应均匀连续地施加，并保持稳定。试样如用支撑，不得影响试验的效果。

7.5.4 试验压力：

试验压力应在温度不低于55℃时，包装内测得的总表压乘上安全系数1.5的值，总表压按表7.2.2条的要求和充灌温度为15℃时进行最大限度充罐的基础上确定。但对拟盛装I类包装货物的包装试验压力不得少于250kPa，II、III类包装不得少于100kPa。

7.5.5 验收要求：

试验后要求包装不漏。

7.6 堆码试验

7.6.1 适用包装件：

除袋以外的其他所有包装件。

7.6.2 试样数量：

每种包装件取3个试样。

7.6.3　试验方法：

试验方法应符合《运输包装件基本试验　堆码试验方法》(GB 4857.3—84)的规定。

7.6.4　试验条件：

包装堆码高度一般为 3m。海运出口货物除塑料材质外其他材质包装(包括内容器为塑料材质的复合包装)堆码高度一般为 8m。如在甲板上运输，堆码高度可为 3m。以上高度均包括试样本身高度。试验时间不少于 24h。对塑料材质包装(不包括内容器为塑料材质的复合包装)和钙塑箱试验环境温度不应低于 40℃，试验时间为 28d。

7.6.5　验收要求：

包装(包括组合包装和复合包装的内包装)不漏。但包装不得出现可能影响运输安全的损坏，或出现可能会降低其强度，或引起包装件堆码不稳定的任何变形。

4.营运车辆技术等级划分和评定要求

(JT/T 198—2004
代替 JT/T 198—95,
JT/T 199—95)

Dividing and rating requirements for technical classification of commercial vehicle

1 范围

本标准规定了营运车辆技术状况等级的评定内容、评定规则、等级划分、评定项目和技术要求。

本标准适用于营运车辆。

2 规范性引用文件

下列文件中的条款通过本标准的引用而成为本标准的条款。凡是注日期的引用文件,其随后所有的修改单(不包括勘误的内容)或修订版均不适用于本标准。然而,鼓励根据本标准达成协议的各方研究是否可使用这些文件的最新版本。凡是不注日期的引用文件,其最新版本适用于本标准。

GB/T 18276—2000 汽车动力性台架试验方法和评价指标
GB 18352 轻型汽车污染物排放限值及测量方法
GB 18565—2001 营运车辆综合性能要求和检验方法
GB/T 18566 运输车辆能源利用检测评价方法
QC/T 476 车辆防雨密封性限值

3 评定内容

评定营运车辆整车装置及外观检查、动力性、燃料经济性、制动性、转向操纵性、前照灯发光强度和光束照射位置、排放污染物限值、车速表示值误差等。

4 评定规则

4.1 评定原则

中华人民共和国交通部 2004-03-17 发布 2004-06-01 实施

4.1.1 营运车辆应达到 GB 18565 规定的要求。

4.1.2 营运车辆技术等级评定项目和技术要求按表 1 的规定执行。

4.1.3 营运车辆的技术等级评定的检测方法应按 GB 18565 规定的方法执行。

4.2 等级划分

营运车辆技术等级划分为一级、二级和三级。

4.2.1 一级:表 1 中分级的项目应达到规定的一级技术要求:没分级的项目应为合格。

4.2.2 二级:表 1 中 5.1.2、5.1.9 和 5.4.2 应达到规定的技术要求;5.1.1、5.1.3、5.2.1、5.3.1、5.4.4、5.5.2、5.7 和 5.10 八个项目中至少有三项应达到规定的一级技术要求;没分级的项目应为合格。

4.2.3 三级:表 1 中分级的项目应达到三级技术要求;没分级的项目应为合格。

5 评定项目和技术要求

营运车辆技术等级的评定项目和技术要求,见表 1。

营运车辆技术等级的评定项目和技术要求 表 1

序号	项目	技术要求		
		一级	二级	三级
5.1	整车装置与外观			
5.1.1	整车装置与标识	①整车装置应齐全、完好、有效、各连接部件坚固完好,车体应周正;车体外缘左右对称部位(在离地高 1.5m 以内测量)高度差不大于 20mm;左、右轴距差不大于轴距的 1.2/1000; ② GB 18565—2001 的 11.1.2 和 11.1.3	GB 18565—2001 的 11.1	
5.1.2	车架、车身、驾驶室	GB 18565—2001 的 11.8.1、11.8.2、11.8.4、11.8.5 和 11.8.7 表面无锈迹、无脱掉漆		GB 18565—2001 的 11.8.1、11.8.2、11.8.4、11.8.5 和 11.8.7

续上表

序号	项目	技术要求		
		一级	二级	三级
5.1.3	车门、车窗	① GB 18565—2001 的 11.8.6.1；② 玻璃应完好无损	①GB 18565—2001 的 11.8.6.1；②玻璃不得缺损	
5.1.4	驾乘座椅	GB 18565—2001 的 11.8.3 和 11.8.10		
5.1.5	卧铺[a]	GB 18565—2001 的 11.8.12		
5.1.6	行李架(舱)[a]	GB 18565—2001 的 11.8.11		
5.1.7	安全出口[a]、安全带	GB 18565—2001 的 11.8.9 和 11.11.1		
5.1.8	车厢、地板、护轮板(挡泥板)	GB 18565—2001 的 11.8.3 和 11.8.15		
5.1.9	车轮、轮胎	微型车辆胎冠花纹深度不小于3.2mm，其他车辆转向轮的胎冠花纹深度不小于3.5mm，其余轮胎花纹深度不小于2.5mm		GB 18565—2001 的 11.9.1
5.1.10	悬架装置	GB 18565—2001 的 11.9.2、11.9.3 和 11.9.5		
5.1.11	传动系、车桥	GB 18565—2001 的 11.10 和 11.9.4		
5.1.12	转向节及臂、横、直拉杆及球销	GB 18565—2001 的 7.11		
5.1.13	制动装置(行车、应急、驻车)	GB 18565—2001 的 6.1、6.2、6.9 和 6.13.2.2		
5.1.14	螺栓、螺母坚固	GB 18565—2001 的 11.9.1.8 和 11.9.2		
5.1.15	灯光数量、光色	GB 18565—2001 的 8.4 ~ 8.13		
5.1.16	信号装置与仪表	GB 18565—2001 的 8.14 ~ 8.20		
5.1.17	漏气、漏油、漏水、漏电	GB 18565—2001 的 10.2 和 8.21		
5.1.18	底盘异响	GB 18565—2001 的 11.6.2		

续上表

序号	项目	技术要求		
		一级	二级	三级
5.1.19	发动机异响	GB 18565—2001 的 11.6.1		
5.1.20	润滑	GB 18565—2001 的 11.7.1 和 11.7.3		
5.1.21	灭火器	GB 18565—2001 的 11.11.12		
5.1.22	车内外后视镜、前下视镜	GB 18565—2001 的 11.11.2		
5.1.23	侧面、后下部防护装置[b]	GB 18565—2001 的 11.11.9		
5.2	动力性			
5.2.1	驱动轮输出功率	GB/T 18276—2000 表 1 中额定值的要求	GB/T 18276—2000 表 1 中允许值的要求	
5.2.2	滑行性能	GB 18565—2001 的 11.5		
5.3	燃料经济性			
5.3.1	等速百公里油耗	不大于该车型制造厂规定的相应车速等速百公里油耗的 103%	GB/T 18566	
5.4	制动性			
5.4.1	制动力	GB 18565—2001 的 6.13.1.1 和 6.13.1.2		
5.4.2	制动力平衡	在制动力增长全过程中同时测得的左右轮制动力差的最大值，与全过程中测得的该轴左右轮最大制动力中大者之比：对前轴不得大于 16%，对后轴不得大于 20%；当后轴制动力小于后轴轴荷的 60% 时，在制动力增长全过程中，同时测得的左右轮制动力之差的最大值不得大于后轴轴荷的 5%		GB 18565—2001 的 6.13.1.3
5.4.3	制动协调时间	GB 18565—2001 的 6.13.1.4		
5.4.4	车轮阻滞力	各轴的阻滞力均不得大于该轴轴荷的 2.5%	GB 18565—2001 的 6.13.1.5	

续上表

序号	项目	技术要求		
		一级	二级	三级
5.4.5	驱车制动	GB 18565—2001 的 6.13.3		
5.5	转向操纵性			
5.5.1	转向轮横向测滑量	GB 18565—2001 的 7.3		
5.5.2	转向盘最大自由转动量	最大设计车速大于或等于100km/h的汽车为15°，最大设计车速小于100km/h的汽车为20°	GB 18565—2001 的 7.1	
5.5.3	悬架特性[c]	GB 18565—2001 的 7.6		
5.6	前照灯			
5.6.1	发光强度	GB 18565—2001 的 8.2		
5.6.2	光速照射位置	GB 18565—2001 的 8.1.1~8.1.3		
5.7	排放污染物控制			
5.7.1	汽油车怠速污染物排放[d]	轻型 CO≤3.5%；HC≤700×10^{-6} 重型 CO≤4.0%；HC≤1000×10^{-6}	GB 18565—2001 的 9.1.1.2	
5.7.2	汽油车双怠速污染物排放[d]	M1类怠速： CO≤0.7%；HC≤135×10^{-6} 高怠速： CO≤0.25%；HC≤90×10^{-6} NI类怠速： CO≤0.85%；HC≤180×10^{-6} 高怠速： CO≤0.45%；HC≤130×10^{-6}	GB 18565—2001 的 9.1.1.1 表4	
5.7.3	柴油车自由加速烟度[e]	R_b≤3.6	GB 18565—2001 的 9.1.2.2 表8	
5.7.4	柴油车排气可见污染物[e]	头吸收系数(m^{-1})：2.2	GB 18565—2001 的 9.1.2.1 表7	

续上表

<table>
<tr><th rowspan="2">序号</th><th rowspan="2">项 目</th><th colspan="3">技 术 要 求</th></tr>
<tr><th>一级</th><th>二级</th><th>三级</th></tr>
<tr><td>5.8</td><td>喇叭声级</td><td colspan="3">GB 18565—2001 的 9.2.4</td></tr>
<tr><td>5.9</td><td>车辆防雨密封性[a]</td><td colspan="3">QC/T 476</td></tr>
<tr><td>5.10</td><td>车速表示值误差</td><td>车速表示值误差 0～+15%</td><td colspan="2">GB 18565—2001 的 11.4</td></tr>
<tr><td colspan="5">a 载客汽车。
b 载货汽车。
c 用于对最大设计车速大于或等于 100km/h、轴载质量小于或等于 1500kg 的载客汽车。
d 按 GB 18352 通过形式认证装配点燃式发动机的轻型汽车，应进行双怠速试验；其他装配点燃式发动机的车辆应进行怠速试验。
e 按 GB 18352 通过形式认证装配压燃式发动机的轻型汽车，应进行排气可见污染物试验；其他装配压燃式发动机的车辆应进行自由加速烟度试验。</td></tr>
</table>

5.汽车导静电橡胶拖地带

(JT 230—95)

Rubber belt of electrostatic conductivity for motor vehicle

1 范围

本标准规定了汽车导静电橡胶拖地带(以下简称拖地带)的产品分类、技术要求、试验方法、检验规则以及包装、标志、运输、装卸和储存。

本标准适用于油罐车、液化石油气罐车等装运易燃易爆货物的车辆和其他需导除静电的车辆所安装的拖地带。

2 引用标准

下列标准所包含的条文,通过在本标准中引用而构成本标准的条文。在标准出版时,所示版本均为有效。所有标准都会被修订,使用本标准的各方应探讨、使用下列标准最新版本的可能性。

GB 191—90 包装、储运图示标志
GB/T 528—92 硫化橡胶和热塑橡胶拉伸性能的测定
GB 531—83 橡胶邵尔 A 型硬度试验方法
GB 1682—82 硫化橡胶脆性温度试验方法
GB 1689—88 硫化橡胶耐磨性能的测定
GB 2439—88 导电和抗静电橡胶电阻率的测定方法
GB 3511—88 橡胶大气老化试验方法
GB 6543—86 瓦楞纸箱
GB 11210—89 硫化橡胶抗静电和导电制品电阻的测定

3 产品分类

3.1 产品结构

拖地带由导电橡胶带、固定件、调节装置、配重件组成,见图 1、图 2。

3.2 产品形式

中华人民共和国交通部 1995-08-24 批准 1996-03-01 实施

拖地带按车辆种类分为三种形式：

A1、A2 型：适用于微型货车及轿车，见图 1。

B1、B2 型：适用于轻型货车及其他轻型车辆，见图 1。

C 型：适用于中型以上车辆，见图 2。

3.3 规格与尺寸(长 mm × 宽 mm × 厚 mm)

A1 型：500 × 20 × 6；

A2 型：500 × 23 × 6；

B1 型：600 × 28 × 6；

B2 型：600 × 32 × 6；

C 型：1600 × 55 × 8。

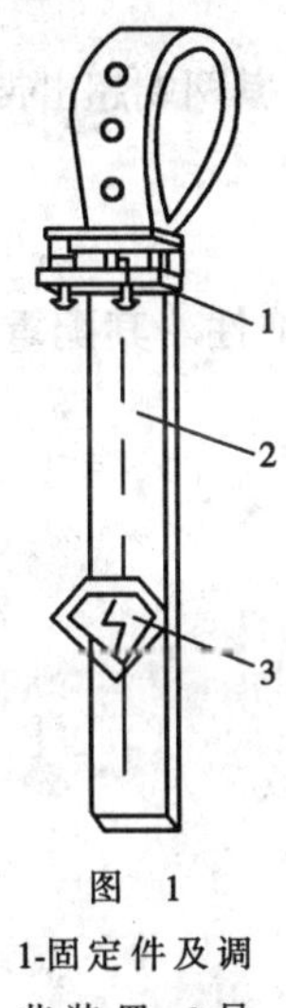

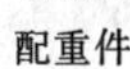

图 1

1-固定件及调节装置；2-导电橡胶带；3-配重件

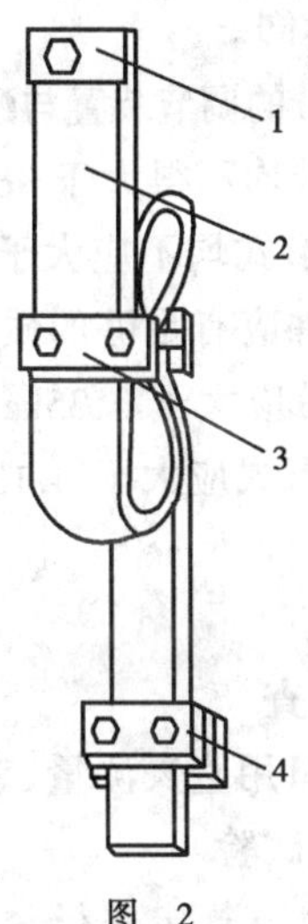

图 2

1-配重件；2-导电橡胶带；3-调节装置；4-配重件

4 技术要求

4.1 拖地带的厚度、宽度均匀，表面应光洁，无油污，不得有裂纹、气泡，应顺直无弯折等。

4.2 拖地带应采用耐油性、耐化学腐蚀性、耐寒性好的导静电橡胶材料。

4.3 导电性

4.3.1 拖地带的体电阻率应在 $1 \times 10^3 \sim 1 \times 10^6 \Omega \cdot m$ 范围内。

4.3.2 拖地带的表面电阻率应在 $1\times10^3\sim1\times10^6\Omega\cdot m$ 范围内。

4.4 拖地带的拉伸强度应大于5.3MPa。

4.5 拖地带的脆性温度不低于-40℃,并在-40℃条件下能满足4.1、4.3、4.4的要求。

4.6 拖地带的磨耗量每1.61km应小于 $0.70cm^3$。

4.7 拖地带的邵尔A型硬度不得大于68±3℃。

4.8 拖地带经过耐腐试验后应满足4.1、4.3、4.4的要求。

4.9 拖地带经过自然暴露1年或人工气候加速老化试验1000h后应满足4.3的要求。其机械性能下降不超过20%。

4.10 拖地带上端应配有与车体的联接装置,联接装置应保证联接可靠、坚固,并易于拆卸。

4.11 拖地带的调节装置与配重件应易于调整。其两端超出带宽的面积:

a.C型带均不得大于 $9cm^2$;

b.其他形式均不应大于 $3cm^2$。

4.12 配重件应有足够的质量,以保证可靠接地性。其配重件质量:

a.C型带应大于0.35kg;

b.其他形式应大于0.15kg。

5 试验方法

5.1 外观检查

尺寸测量用直尺测量,表面质量用目测检验。

5.2 导电性试验

按GB 2439规定进行。

5.3 拉伸强度试验

按GB/T 528规定进行。试样选取哑铃状1型。

5.4 脆性温度试验

按GB 1682规定进行。

5.5 磨耗试验

按GB 1689规定进行。

5.6 硬度试验

按GB 531规定进行。

5.7 耐腐蚀试验

将至少五条试样分别置于下列溶剂中,按规定条件进行试验。在达到规定时间后，将试样取出，用清水冲刷干净并晾干，然后分别进行外观检查、导电性、拉伸强度试验。

耐腐蚀试验　　表1

介质 条件	20%盐酸	10%氢氧化钠	1号标准油	2号标准油	3号标准油
温　度(℃)	40±1	40±1	40±1	40±1	40±1
时　间(h)	24	24	72	72	72

5.8　耐候性试验

5.8.1　自然暴露试验应按 GB 3511 规定进行。

5.8.2　人工气候加速老化试验需在老化试验箱内进行，采用三灯作为光源，连续光照，周期性喷水。箱内黑板温度为63℃；湿度：(65±5)%；降水周期：120min，其中降水时间：18min；水压：0.08～0.12MPa，具体试验步骤参照试验箱说明书。

6　检验规则

6.1　产品出厂需经厂方质量检验部门检验合格；并签发合格证后方能出厂。

6.2　出厂检验项目：外观、导电性能。

6.2.1　外观检验结果应按4.1的要求，如有一项不符即为不合格产品。

6.2.2　导电性检验

出厂成品拖地带检验应按 GB 11210 逐条进行，检验结果应不大于 $10^5\Omega$ 量级，否则为不合格产品。

6.3　形式检验

有下列情况之一者，应进行形式检验：

a.新产品或老产品转厂生产的试制定型鉴定；

b.正式生产后，如结构、材料、工艺有较大改变，可能影响产品性能时；

c.正式生产时，定期或积累一定产量后，应周期性进行一次检验；

d.产品长期停产后，恢复生产时；

e.出厂检验结果与上次形式检验有较大差异时；

f.国家质量监督机构提出进行形式检验的要求时。

形式检验应按第5章的试验方法逐条进行。检验结果应满足第4章的全部要求，否则有一项不符，需进行复查，若仍有不符即判为不合格产品。

7 包装、标志、运输、装卸、储存

7.1 包装

7.1.1 拖地带的外包装为瓦楞纸箱

A、B型每箱装30条,内包装为硬纸盒,每盒装一条并用塑料薄膜封装,并附有产品说明书、产品检验合格证。C型每箱装10条,并附有产品说明书及产品检验合格证。产品说明书应包括适用车型、安装要求、电阻值通路检验及使用要求等内容。

7.1.2 外包装所用瓦楞纸箱应符合GB 6543的规定,以保证产品在运输、装卸、储存过程中不致受损。

7.2 标志

7.2.1 产品标志

拖地带基体上表面非磨耗区应铸造有生产厂或公司名称、产品名称、型号、标准号、商标,并标记有生产年、月、日。

7.2.2 包装件标志

包装件上应印有GB 191规定的防潮、防腐蚀等图示标志,正、反两面印有产品标志、生产单位、出厂日期,两侧面印有包装件的外形尺寸、质量、内装数量。

7.3 运输、装卸

运输装卸时,应堆码整齐、捆扎牢固。

7.4 储存

库内存放注意防潮、防高温,一般储存温度在-10~30℃,相对湿度低于80%,不得有溶解介质和易燃物等。储存期不宜超过2年(以出厂日期为限)。

6.运油车、加油车技术条件

（QC/T 653—2000
代替 GB/T 9419—88）

1 范围

本标准规定了装运轻质燃油的运油车、加油车（含飞机加油车）的定义，分类及主要性能参数，要求，试验方法，检验规则，标志、使用说明书，随车文件、运输、贮存。

本标准适用于用定型汽车底盘改装的装运轻质燃油的运油车、加油车（含飞机加油车）（以下简称油车）。

2 引用标准

下列标准所包含的条文，通过在本标准中引用而构成为本标准的条文。本标准出版时，所示版本均为有效。所有标准都会被修订，使用本标准的各方应探讨使用下列标准最新版本的可能性。

GB 190—90 危险货物包装标志
GB 1495—79 机动车辆允许噪声
GB 1589—89 汽车外廓尺寸限界
GB 3847—99 压燃式发动机和装用压燃式发动机的车辆排气可见污染物排放限值及测试方法
GB 5296.1—97 消费品使用说明 总则
GB 7258—97 机动车运行安全技术条件
GB 10543—89 飞机地面加油和泄油用橡胶胶管
GB 11567—94 汽车和挂车侧面及后下部防护装置要求
GB 12676—99 汽车制动系统结构、性能和试验方法
GB 13348—92 液体石油产品静电安全规程
GB 14761—99 汽车排放污染物限值及测试方法
GB/T 1496—79 机动车辆噪声测量方法

国家机械工业局 2000-08-15 批准 2001-01-01 实施

GB/T 12534—90　汽车道路试验方法通则
GB/T 12536—90　汽车滑行试验方法
GB/T 12538—90　汽车重心高度测定方法
GB/T 12539—90　汽车爬陡坡试验方法
GB/T 12540—90　汽车最小转弯直径测定方法
GB/T 12543—90　汽车加速性能试验方法
GB/T 12544—90　汽车最高车速试验方法
GB/T 12545—90　汽车燃料消耗量试验方法
GB/T 12547—90　汽车最低稳定车速试验方法
GB/T 12673—90　汽车主要尺寸测量方法
GB/T 12674—90　汽车质量(重量)参数测定方法
GB/T 12677—90　汽车技术状况行驶试验方法
QC/T 252—98　专用汽车定型试验规程
QC/T 484—99　汽车油漆涂层
QC/T 486—99　汽车标牌
QC/T 503—99　特种挂车通用技术条件
QC/T 625—99　汽车用涂镀层和化学处理层
JB/T 4185—86　半挂车通用技术条件
JB/T 5943—91　工程机械焊接件通用技术条件
JT 230—95　汽车导静电橡胶拖地带
HB 6122—87　飞机压力加油接嘴通用技术条件
HB 6130—87　飞机压力加油接嘴外形尺寸标准

3　定义

本标准采用下列定义。

3.1　油罐总容量

油罐装满燃油的全部容量。

3.2　余油量

不能通过油车管路系统排出的罐内燃油量。

3.3　油罐额定容量

设计要求的能通过泵油系统泵出的罐内燃油量。

3.4　膨胀容量

罐内燃油(其体积为油罐额定容量及余油量之和)膨胀用的额外空间容量。

3.5 额定加油流量

设计要求的最大加油流量。

3.6 额定工作压力

在额定加油流量加油时的油泵出口压力。

3.7 吸油深度

油泵吸油口中心至所吸燃油油面的垂直距离。

3.8 自吸时间

油泵自开始运转到燃油开始泵到本车油罐所需的时间。

3.9 吸油流量

泵油系统吸注到本车油罐的燃油量及吸注时间(不含自吸时间)之比。

4 分类及主要性能参数

分类及主要参数参照表1。

分类及主要参数 表1

<table>
<tr><th rowspan="2">类别</th><th rowspan="2">油罐额定容量
(L)</th><th rowspan="2">加油软管
内径
(mm)</th><th rowspan="2">单管额定
加油流量
(L/min)</th><th colspan="3">吸 油 性 能</th></tr>
<tr><th>吸油深度
(m)</th><th>自吸时间
(min)</th><th>吸油流量
(L/min)</th></tr>
<tr><td rowspan="2">小型</td><td rowspan="2">≤5000</td><td>25</td><td>150</td><td rowspan="6">≥4</td><td rowspan="6">≤4</td><td>30~80</td></tr>
<tr><td>38</td><td>350</td><td>80~220</td></tr>
<tr><td rowspan="2">中型</td><td rowspan="2">>5000~≤12000</td><td>51</td><td>750</td><td>220~400</td></tr>
<tr><td>63</td><td>1200</td><td>400~800</td></tr>
<tr><td rowspan="2">大型</td><td rowspan="2">>12000</td><td>51</td><td>750</td><td>400~600</td></tr>
<tr><td>63</td><td>1200</td><td>400~800</td></tr>
<tr><td colspan="7">注:吸油性能是指在标准大气压和环境温度(20±5)℃条件下的性能</td></tr>
</table>

5 要求

5.1 整车

5.1.1 油车应符合本标准的要求,并按经规定程序批准的图样及技术文件制造。

5.1.2 外购件、外协件应符合有关标准的规定,并有制造厂的合格证。经油车生产厂检验合格后,方能使用。所有自制零、部件经检验合格方可装配。

5.1.3　油车应能在环境温度为(-40～+40)℃条件下正常工作。

5.1.4　油车外廓尺寸应符合GB 1589的规定。

5.1.5　油车厂定最大总质量不得超过底盘最大许用值,转向轴(轮)载质量和侧倾稳定角应符合GB 7258的规定。

5.1.6　油车的运行安全要求应符合GB 7258的规定。

5.1.7　油车制动性能应符合GB 12676的有关规定。

5.1.8　运油挂车、加油挂车或运油半挂车、加油半挂车除应符合本标准的规定外,还应分别符合QC/T 503和JB/T 4185的规定。

5.1.9　黑色金属件表面须经防腐蚀处理,凡与燃油接触的零件不得污染燃油并满足耐油的要求。

5.1.10　橡胶制品应耐油。

5.1.11　焊接质量应符合JB/T 5943的规定。

5.1.12　仪表管和电线贯穿板孔应加装合适的保护圈。

5.1.13　零、部件装配前应清洗干净,不应有泥沙、灰尘、纤维和金属屑等杂物。

5.1.14　油车的所有零、部件应布置合理,联接牢固,使用可靠,操作和维修方便。

5.1.15　涂漆质量应符合QC/T 484的规定。

5.1.16　涂镀层和化学处理层应符合QC/T 625的规定。

5.1.17　飞机加油车应设置作业时的停车制动联锁装置和在紧急情况下的超越停车制动联锁装置和应急熄火装置。

5.2　油罐及其附件

5.2.1　油罐额定容量应符合有关技术文件的规定,膨胀容量不得小于额定容量的3%,不得大于额定容量的10%。余油量不得大于额定容量的1%。

5.2.2　油罐内设置带人孔的横向防波挡板,其上的人孔尺寸任一方向不得小于450mm,必要时可设置纵向水平的防波挡板。

5.2.3　油罐表面纵向任一素线直线度公差在每米范围内应不大于5mm,全长范围内,中小型容量的油罐表面任一素线直线度公差应不大于12mm,大型油罐表面任一素线直线度公差应不大于15mm。

5.2.4　油罐应设置上、下油罐的梯子,顶部应设置人孔、人孔盖和护栏。人孔直径不得小于450mm,人孔盖上应设观察口、通气阀。

5.2.5　通气阀应能调节油罐内、外压差,其出气阀门应在罐内压力高于外界压力 6～8kPa 时开启，进气阀门应在罐内压力低于外界压力 2～3kPa 时开启，使油罐内、外气体相通。

5.2.6 油罐底部应设置底部加油管、沉淀槽。油罐的设计应便于水分和杂质积聚于沉淀槽，沉淀槽最低处应设置排放沉淀物装置。

5.2.7 油罐应能承受至少 35kPa 空气压力，不得出现渗漏和永久变形。

5.2.8 飞机加油车采用碳素钢板材料制造的油罐内表面应使用符合 GB 13348 规定的导静电防腐涂料。

5.2.9 油罐内应设置指示容量的液位计或标尺，液位计表盘应装在油罐左侧；飞机加油车还应设置低液位控制装置和高液位控制装置，低液位控制装置应能自动控制油罐燃油的最低液位；高液位控制装置应能自动控制油罐燃油的最高液位。

5.3 加油车泵油系统

5.3.1 泵油系统应能完成下述作业：

a.将本车油罐中的燃油，经过滤、计量加注到其他受油设备；

b.将满足吸油条件的其他容器中的燃油吸注到本车油罐；

c.循环和搅拌本车油罐中燃油；

d.作为移动泵站使用；

e.抽回本车加油胶管中的部分燃油（飞机加油车不要求）。

5.3.2 泵油系统工作应满足下列要求：

a.泵油系统加油流量和吸油性能应符合表 1 的规定；

b.平均无故障工作时间（T_b）不低于 60h；

c.平均连续工作时间（T_c）不低于 4h；

d.可靠度应不小于 92%。

5.3.3 过滤分离器应满足下列要求：

a.过滤后的燃油质量要满足受油设备对油品质量的要求；

b.便于清洗和更换滤芯，能自动或手动排放沉淀物，上部应设置手动或自动放气阀；

c.飞机加油车的过滤分离器进、出口处应设置油品取样点。

5.3.4 流量计应满足下列要求：

a.允许为表 1 中加油软管流量的 125% 瞬时超量而无机械损坏和精度的降低；

b.计量轻质燃油精度不低于 0.5 级；

c.适用于计量汽油、煤油和柴油；

d.计量数值应显示清晰,便于观察。

5.3.5 泵油系统压力管路应能承受1.5倍的额定工作压力,吸油管路应能承受200kPa煤油压力,历时5min不得渗漏。

5.3.6 油泵进口前的管路中应设置一个符合油泵要求的滤网。

5.3.7 油泵最高工作压力应不大于额定工作压力的125%,否则应设置泄压阀。

5.3.8 飞机加油车应设置能控制加油接头出口压力的压力控制系统。

5.3.9 加油胶管应能导静电,一般油车的管端接头采用插入式CRJ型软管接头,飞机加油车管端接头采用符合HB 6122、HB 6130规定的压力加油接嘴。

5.3.10 泵油系统应形成导静电通路,系统中不允许出现没有导通的孤立导体,加油车与受油对象之间也要形成导静电通路。

5.3.11 管路最低处应设置能放尽管路中的燃油的放油塞。

5.3.12 工作仪表和操作装置应设在便于观察和操作处。

5.4 安全和环保要求

5.4.1 油车应具备防止和消除静电起火的安全装置。

5.4.2 油车须配带灭火器,且便于存取,固定可靠。

5.4.3 油车应设置接地线卷盘,接地线应柔韧,展开、回收方便。一般油车的接地线末端应设置便于插入潮湿地的插杆;飞机加油车的接地线应能自动回收,接地线末端应安装弹性"鳄鱼夹",以便车辆与地面、车辆与飞机形成导静电通路。

5.4.4 油车下部防护装置应符合GB 11567的规定。

5.4.5 油罐底部应设置符合JT 230导静电橡胶拖地带。

5.4.6 金属管路的任意两点间或任意一点到接地线末端,油罐内部导电部件上任意一点到橡胶拖地带末端的电阻应不大于5Ω。加油软管两端金属件之间的电阻应不大于5Ω,飞机加油车用导静电加油胶管的性能应符合GB 10543的规定。

5.4.7 电器元件和导线必须连接可靠、屏蔽良好、有防爆措施。

5.4.8 发动机的排气管消声器应选用防火型或加装防火装置,应改装于驾驶室前端,消声器出口应远离油罐及泵油系统,其距离不得小于1.5m。飞机加油车发动机的排气管消声器出口应避开作业操作面。

5.4.9 油罐两侧要有明显的"严禁烟火"字样,油罐后部要有易燃液体标志且符合GB 190的规定。

5.4.10 油车的排放应符合 GB 3847 或 GB 14761 的有关规定。

5.4.11 油车的行驶噪声应符合 GB 1495 的规定。

5.4.12 在额定流量加油时,泵油系统噪声应不超过 90dB(A)。

6 试验方法

6.1 油车试验条件和试验准备按 GB/T 12534 的规定。试验装载物可以用水代替燃油。

6.2 技术状态行驶检查按 GB/T 12677 的规定进行。

6.3 尺寸参数的测量按 GB/T 12673 的规定进行。

6.4 质量参数的测量按 GB/T 12674 的规定进行。

6.5 质心高度的测量按 GB/T 12538 的规定进行。

6.6 最高车速试验按 GB/T 12544 的规定进行。

6.7 最低稳定车速试验按 GB/T 12547 的规定进行。

6.8 加速性能试验按 GB/T 12543 的规定进行。

6.9 爬坡试验按 GB/T 12539 的规定进行。

6.10 燃料消耗量试验按 GB/T 12545 的规定进行。

6.11 滑行试验按 GB/T 12536 的规定进行。

6.12 最小转弯直径测量按 GB/T 12540 的规定进行。

6.13 制动性能试验按 GB 12676 的规定进行。

6.14 汽油车排放物测量按 GB 14761 的规定进行;柴油车排放物测量按 GB 3847 的规定进行。

6.15 噪声测量按 GB/T 1496 的规定进行。

6.16 行驶可靠性试验按 QC/T 252 的规定进行。

6.17 工作噪声测量

加油车按额定加油流量加油时,用声级计测量距操作舱中部正前方 1.0m、离地面高度 1.5m 处噪声级声值。测量结果记录入附录 A(标准的附录)表 A1 中。

6.18 油罐容量参数测量

a.油罐总容量测量

在油罐和管路均无燃油的条件下,置油车于平坦的场地上,给油罐计量注油到满罐为止,注入的燃油量为油罐总容量。注油系统的计量精度应不低于 0.5 级。测量结果记录入附录 A 表 A1 中。

b.余油量测量

当 a 项试验结束后,通过本车泵油系统(或管路系统)将油罐的燃油加注到其他受油设备,直到排不出燃油为止。打开油罐底部放油阀,放出的燃油量即为油罐余油量。测量结果记录入附录 A 表 A1 中。

c.膨胀容量计算

通过测定的油罐总容量、余油量和设计给定的油罐额定容量,根据公式(1)计算膨胀容量:

$$V_p = V_z - V_e - V_y \tag{1}$$

式中:V_p——膨胀容量,L;

V_z——油罐总容量,L;

V_e——额定容量,L;

V_y——余油量,L。

d.余油量与油罐额定容量的百分比

按 b 项的测量结果,根据公式(2)计算百分比:

$$\zeta_y = \frac{V_y}{V_e} \times 100\% \tag{2}$$

式中:ζ_y——余油量与油罐额定容量的百分比。

e.膨胀容量与油罐额定容量的百分比。

按 c 项的计算结果,根据公式(3)计算百分比:

$$\zeta_p = \frac{V_p}{V_e} \times 100\% \tag{3}$$

式中:ζ_p——膨胀容量与油罐额定容量的百分比。

6.19 油罐及管路渗漏试验

6.19.1 油罐涂漆前,封闭油罐上所有孔,从适当位置向罐内通入 35kPa 的气压,保持 10min,对焊缝涂抹肥皂水,观察有无渗漏、变形或压力下降。试验结果记录入附录 A 表 A2 中。

6.19.2 按 5.3.5 中规定的压力和时间做管路渗漏试验,应无渗漏;吸油管路在做自吸试验时,应无渗漏;压力管路在作业时应无渗漏。

6.20 检查通气阀的工作情况

关闭油罐各排出阀,向罐内充气或抽气到 5.2.5 规定的气压,检查通气阀的工作情况。试验结果记录入附录 A 表 A1 中。

6.21 导静电电阻测量

用万用表或其他相关仪器测量下列部位导静电电阻：

a.从金属管路上任意一点到接地线末端；

b.从油罐内导电部件上任意一点到橡胶拖地带末端；

c.金属管路任意两点之间；

d.加油胶管两端金属件之间。

测量结果记录入附录 A 表 A1 中。

6.22 泵油系统作业性能试验

6.22.1 加油性能试验

在油泵额定转速下全部油管展开进行加油（可以用本车油料进行循环），记录流量、加油管端部出口压力、油泵出口压力、油泵转速等有关数据，重复 3 次。测量结果记录入附录 A 表 A3 中。

6.22.2 吸油性能试验

油泵按不同转速分别进行吸油性能试验，记录吸油深度、自吸时间、油泵转速且计算流量，绘制油泵转速与吸油流量、自吸时间的关系曲线，计算吸满罐时间，确定最佳吸油工况。测量结果记录入附录 A 表 A4 中。

6.22.3 抽回油试验

展开加油软管使其出口端高出地面 2.5m，操作有关阀门，启动油泵，抽回加油软管中的燃油到本车油罐。

6.22.4 油品检验

在额定加油流量状态下，从过滤水分离器出口取样检测点取样，检查油品质量。

6.23 泵油系统可靠性试验

6.23.1 试验方法按 6.22.1 的规定，油泵转速和运转时间按表 2 的规定。

泵油系统可靠性试验 表 2

项目		试验时间(h)		
		油泵额定转速 60%	油泵额定转速 80%	油泵额定转速 100%
出厂试验		0	0	1.5
形式试验	新产品定型试验	70	100	70
	其他试验	30	40	30

6.23.2 试验中记录油泵启动次数，试验车每次故障名称和排除故障时间

及流量、压力等数据,测量结果分别记录入附录 A 表 A5 和表 A6 中。试验结束后计算下列指标:

a.平均无故障工作时间 T_b

$$T_b = \frac{nT}{r} \tag{4}$$

式中:T_b——平均无故障工作时间,h;

n——试验样车总数;

r——排除故障时间超过 1h 以上的次数;

T——泵油系统可靠性试验时间,h。

注:当 $r=0$ 和 $r<n$ 时,按 $T_b = T$ 计算。

b.平均连续工作时间 T_c

$$T_c = \frac{nT}{m} \tag{5}$$

式中:T_c——平均连续工作时间,h;

n——试验样车总数;

T——泵油系统可靠性试验时间,h;

m——泵油系统可靠性试验时间内启动油泵次数。

c.可靠度 A_i

$$A_i = \frac{nT}{nT + \sum_{i=1}^{n} T_i} \times 100\% \tag{6}$$

式中:A_i——可靠度;

n——试验样车总数;

T——泵油系统可靠性试验时间,h;

T_i——第 i 台试验车排除故障时间,h。

计算结果记录入附录 A 表 A5 中。

7 检验规则

7.1 检验分类

油车的检验分出厂检验、形式检验。出厂检验、形式检验项目见表 3。

油 车 的 检 验　　　　表3

检验项目	检验内容	出厂检验	形式检验
外观质量及主要结构参数检查	样车检查	Δ	Δ
	整车外廓尺寸测量		Δ
	质量参数测量		Δ
	质心高度测量		Δ
	油罐容量参数测量		Δ
	最小转弯直径测量		Δ
行驶性能	最低稳定车速试验		Δ
	加速性能试验		Δ
	最高车速试验		Δ
	爬坡试验		Δ
	滑行试验		Δ
	限定条件下平均燃料消耗量试验		Δ
安全与环境保护	排放测量		Δ
	整车噪声测量		Δ
	泵油系统噪声测量		Δ
	制动试验	Δ	Δ
专用性能	导静电通路电阻测量	Δ	Δ
	油罐及管路渗漏试验	Δ	Δ
	检查通气阀工作情况	Δ	Δ
	加油性能试验	Δ	Δ
	吸油性能试验	Δ	Δ
	抽回油试验		Δ
	过滤性能检查		Δ
可靠性试验	泵油系统可靠性试验	Δ	Δ
	行驶试验		Δ
注:Δ为检验项目			

7.2 出厂检验

按规定的项目对每辆油车实施检验,检验合格并附有产品质量合格证后方可出厂。

7.3 形式检验

7.3.1 有下列情况之一时,应进行形式检验:

a.新产品或老产品转厂生产的试制定型时;

b.产品停产三年后;

c.正常生产产量累计 1000 辆时;

d.正式生产后,如材料、工艺有较大改变,可能影响产品性能时;

e.出厂检验与定型检验有重大差异时。

7.3.2 形式检验时,如果属 7.3.1 中 a、b 等两种情况,应按第 5 章的内容和 QC/T 252 及国家有关规定进行检验;如果属 7.3.1 中 c 情况,应对专用性能进行检验;如果属 7.3.1 中 d、e 两种情况,可仅对受影响项目进行检验。

8 标志、使用说明书

8.1 标志

油车应在明显部位固定产品标牌。标牌应符合 QC/T 486 的规定,包括以下内容:

a.产品名称与型号;

b.产品外形尺寸(长×宽×高),mm;

c.厂定最大总质量,kg;

d.整车整备质量,kg;

e.油罐额定容量,m^3;

f.出厂编号及出厂日期;

g.制造厂名及厂牌;

h.车辆识别代码。

8.2 使用说明书

油车的使用说明书编写应符合 GB 5296.1 的有关规定,应包括以下内容:

a.产品名称与型号;

b.生产企业名称、详细地址;

c.技术特点;

d.结构特点;

e.使用和维修;

f.技术保养。

9 随车文件、运输、贮存

9.1 随车文件

a.产品合格证和底盘合格证；

b.使用说明书；

c.随车备附件清单。

9.2 运输

油车在铁路(或水路)运输时以自驶(或拖曳)方式上下车(船),若必须用吊装方式装卸时,需用专用吊具装卸,防止损伤产品。

9.3 贮存

油车长期停放时,应将冷却液和燃油放尽,切断电源,锁闭车门、窗,放置于通风、防潮及有消防设施的场所并按产品使用说明书的规定进行定期保养。

附　录　A
专用装置试验记录表
（标准的附录）

专用结构参数和安全、环保试验记录表　　表 A1

试验车型号＿＿＿＿＿＿　　出厂编号＿＿＿＿＿＿

底盘型号＿＿＿＿＿＿　　试验地点＿＿＿＿＿＿

试验时间＿＿＿＿＿＿　　试验人员＿＿＿＿＿＿

序号	项　目		测量结果	备注
1	油罐总容量(L)			
2	油罐余油量(L)			
3	导电通路电阻值检查(Ω)	从金属管路上任意一点到接地线末端		
		从油罐内导电部件上任意一点到橡胶拖地带末端		
		金属管路上任意两点		
		加油胶管两端金属件之间		
4	通气阀工作情况			
5	泵油系统噪声 dB(A)			

油罐及管路渗漏试验记录表　　表 A2

试验车型号＿＿＿＿＿＿　　出厂编号＿＿＿＿＿＿

底盘型号＿＿＿＿＿＿　　试验地点＿＿＿＿＿＿

试验时间＿＿＿＿＿＿　　试验人员＿＿＿＿＿＿

项目	试验压力(kPa)	保持时间(min)	结　论
油罐			
管路			

加油性能试验记录表　　表 A3

试验车型号＿＿＿＿＿＿　　出厂编号＿＿＿＿＿＿

底盘型号＿＿＿＿＿＿　　试验地点＿＿＿＿＿＿

试验时间＿＿＿＿＿＿　　试验人员＿＿＿＿＿＿

次　数	流　量 (L/min)	加油管端部出口压力 (Pa)	油泵出口压力 (Pa)	油泵转速 (r/min)
1				
2				
3				
平均值				

吸油性能试验记录表 表 A4

试验车型号________ 出厂编号________

底盘型号________ 试验地点________

试验时间________ 试验人员________

序 号	油泵转速 (r/min)	吸油深度 (m)	自吸时间 (min)	吸油流量 (L/min)	吸满罐时间 (min)

泵油系统可靠性试验记录表 表 A5

试验车型号________ 出厂编号________

底盘型号________ 试验地点________

试验时间________ 试验人员________

检 测 项 目	结 果	备 注
试验样车总数(辆)		
流量(L/min)		
压力(Pa)		
排除故障时间超过 1h 以上的次数		
泵油系统可靠性试验时间(h)		
泵油系统可靠性试验时间内启动油泵次数		
平均无故障工作时间(h)		
平均连续工作时间(h)		
可靠度		

泵油系统可靠性试验故障汇总表 表 A6

试验车型号______ 出厂编号______

底盘型号______ 试验地点______

试验时间______ 试验人员______

序号	试验车编号	故障出现日期	故 障 情 况	故障排除方法	排除故障时间	备 注